ED-5964를 이용한

X10/Z256 전력선 통신기술

구성 및 응용

남상엽·강이철·김석중 공저

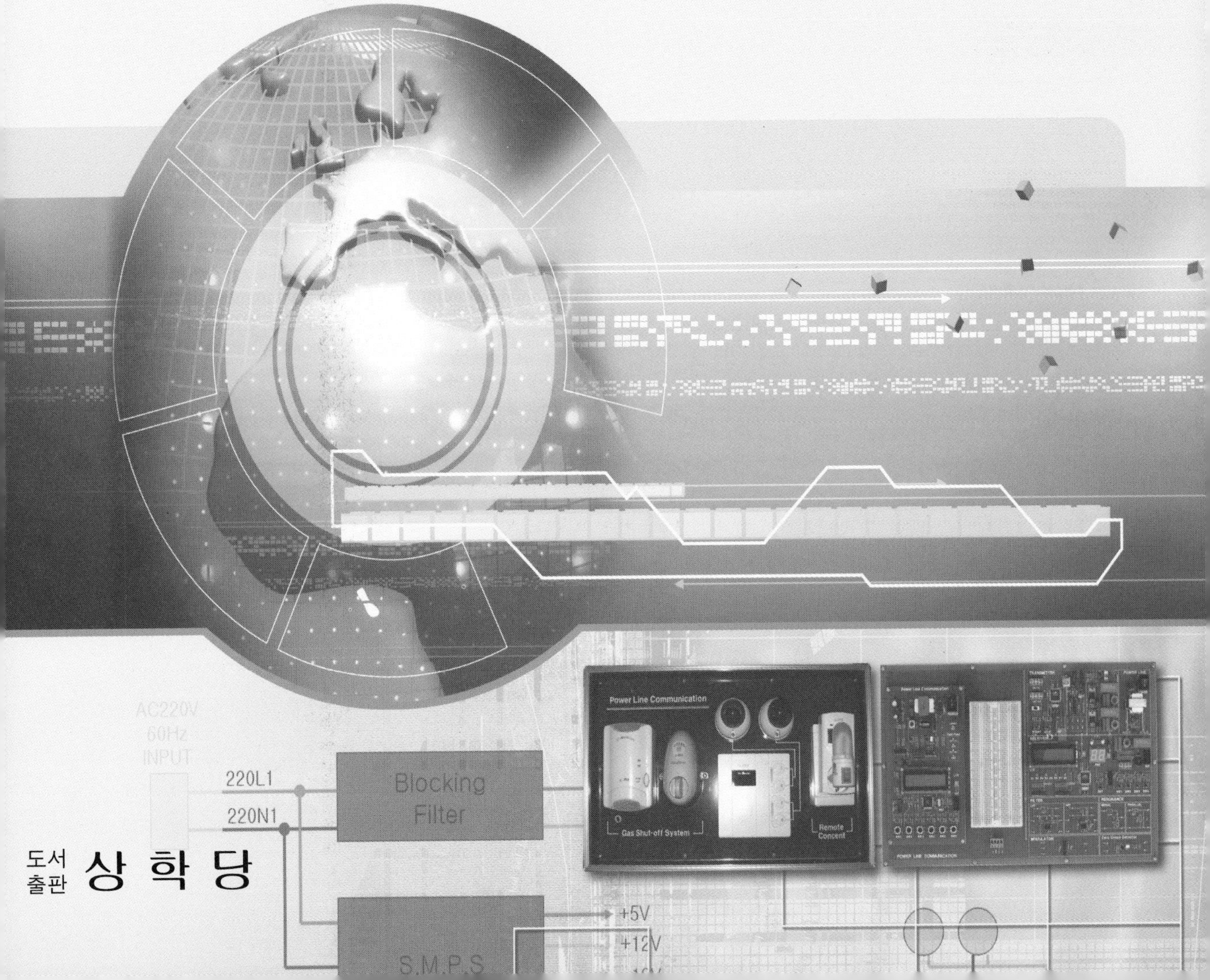

도서출판 상학당

머리말

1990년대 후반부터 가전, 방송, 통신, 컴퓨터가 서로 결합하는 디지털 컨버전스(Digital Convergence) 추세가 빠르게 확산되면서 전통산업과 IT 산업이 융합화하여 언제, 어디서나 IT 기술을 활용하는 IT의 생활화(IT everywhere)가 급진전되어 경제, 사회 전반에 걸쳐 IT 기술을 응용한 새로운 산업이 지속적으로 창출될 것이다. 디지털 컨버전스에 따라 새롭게 창출된 홈네트워크 산업은 하드웨어의 단순 결합이 아닌 소프트웨어를 포함하는 형태로 인간 생활 자체를 변화시키는 방향으로 발전하여 미래 가정인 디지털 홈을 실현하여 일반 국민의 디지털 라이프 시대를 열기 위한 기술 개발로 이어지고 있다.

홈네트워크 산업은 단순히 기존 가전기기를 네트워크화하여 정보가전단말 및 관련 서비스 시장만을 활성화시키는 것을 뛰어넘어, PC와 초고속 인터넷 보급이 사이버 공간에서의 정치, 경제, 문화 및 생산/소비 활동을 활성화시킨 주요 기반이 된 것처럼 홈네트워크 환경에서 일상생활과 밀접한 다양한 비즈니스 모델을 창출하고 다른 신성장 산업 활성화의 동인 역할을 수행하여 새로운 수요와 부가가치를 창출하여 세계 시장 선도 및 국민 소득 2만 달러 시대 달성을 선도할 수 있는 한국의 대표적인 산업군이 될 것으로 전망되고 있다. 특히, 양적으로 팽창해 온 국내 초고속 정보통신 인프라가 외형적으로 세계 최고 수준의 IT 국가로 도약하는 발판을 제공하였다면, 홈네트워크 산업은 다양한 서비스를 활성화시킬 구동력을 제공하여 내실을 갖춘 명실상부한 IT 강국으로 입지를 확고히 할 수 있는 초석이 될 것으로 예상하고 있다.

홈네트워크 시장은 광대역 서비스의 확대, 다수의 PC를 보유한 가구의 증가, 랩탑의 가정 내 이용 증가로 무선 기술의 홈네트워킹 도입 확대, 네트워킹 디지털 가전 시장 확대, 홈엔터테인먼트 · 홈오토메이션 · 홈시큐리티 등 생활편의에 대한 소비자 욕구 증가, WLAN을 위시한 다양한 네트워킹 기술의 발달 등으로 성장 가능성이 높다. 반면에, 기술 표준화 지연, 호환성 확보과제, 가격, DRM 이슈 및 개인정보 보안 우려, 소비자 인식 부족 등이 저해 요인으로 작용할 가능성이 있다.

홈네트워크 시장은 UWB, 블루투스, HomePNA 등을 포함하는 홈게이트웨이/서버 시장, PC, 멀티미디어 장비, 홈오토메이션 등 네트워크를 통해 접근이 가능한 장비 시장, 그리고 서비스 시장으로 구분할 수 있다.

홈네트워크 시스템은 집안의 가전기기 및 시스템을 상호 또는 외부 인터넷상의 정보 기기와 연결하여 각각의 기기 및 시스템에 대한 원격접근과 제어가 가능하고, 음악, 비디오, 데이터 등과 같은 콘텐츠를 사용할 수 있도록 양방향 통신 서비스 환경을 구현하는 기술로 정의된다.

홈네트워크 기술은 크게 홈플랫폼 분야, 유 · 무선 홈네트워킹 분야, 지능형 가전 분야, 유비쿼터스 홈컴퓨팅 분야로 나눌 수 있다.

홈플랫폼 분야는 외부망과 가정을 연결하고 가정 내 다양한 서비스를 관장하여 유 · 무선 통합 홈네트워크 환경을 제공하는 홈서버/홈게이트웨이, 홈네트워크 보안 및 개방형 서버 기술로 구성되고, 유 · 무선 홈네트워킹 분야는 Ethernet, PLC, IEEE1394, HomePNA, 광홈랜 등의 유선 홈네트워킹 기술과 무선 LAN, 블루투스, WPAN, ZigBee, UWB, 무선 1394 등의 무선 홈네트워킹 기술로 구성된다. 지능형 정보가전 분야는 기존 백색가전기기들과 센서들을 네트워크로 연결하여 새로운 서비스를 창출할 수 있는 환경을 제공하는 지능형 정보가전 기술과 홈센서 기술로 구성되며, 유비쿼터스 홈컴퓨팅 분야는 매체 및 OS에 상관없이 정보 가전기기의 제어 및 감시를 수행하고, 홈에서의 다양한 상황에 대한 적응력을 가지는 미들웨어, 상황적응 미들웨어 및 멀티모달 인터페이스 기술로 구성된다.

이와 같은 분류는 홈네트워크 서비스를 제공하기 위해 적용되는 주요 기술을 기준으로 한 분류이며, 실제로 홈네트워크를 구축하기 위해서는 위의 분류 외에 서비스 제공자(Service Provider)로부터 제공되는 다양한 홈네트워크 콘텐츠 및 솔루션과 같은 홈서비스 분야, 배관 및 배선 등의 건축 기술 분야 등이 포함되어, 홈네트워크는 다양한 분야의 기술이 복합화된 융합 기술의 대표적인 경우라고 할 수 있다.

디지털화, 네트워크화가 점차 가속화되면서 기업간, 국가간의 표준경쟁이 총성 없는 전쟁으로 비유될 만큼 기업의 생사는 물론 국가 흥망을 좌우할 정도로 표준의 중요성이 부각되고 있으며, 홈네트워크 분야는 자국의 표준을 세계 표준으로 유도하여 세계 시장을 선점하기 위해 각 국에서는 다각도로 노력 중에 있다.

홈네트워크 산업은 초고속정보통신망의 궁극적인 결과라 할 수 있고, 국가 산업 전체에 미치는 파급효과가 매우 큰 산업 분야이며, 고품질의 다양한 통신 및 방송 서비스를 제공하여 정보문화의 확산 및 지역간 계층간 정보격차를 해소하고, 국민의 삶의 질을 획기적으로 향상시킬 수 있는 "마지막 1마일(last 1mile)"의 결정체가 될 것이다.

홈네트워크는 다양한 기기들이 네트워크로 연결되어 새로운 가치를 창출하는 것이 목적인만큼 표준 기술과 표준 모델의 개발은 필수불가결하다. 현재 홈네트워크와 관련하여 상당히 많은 표준과 기술들이 존재하며 새롭게 개발되는 기술과 제정되고 있는 표준 규격들도 많다. 이와 같은 다양한 기술과 표준들에 대해 홈네트워크 산업 활성화를 위한 수용 및 응용 활동과 더불어 선도할 수 있는 기술개발 과제의 발굴 또한 해결해야 할 과제로 남아 있다.

우리나라는 세계 최고수준의 초고속 정보통신 인프라 및 밀집형 주거형태 등 홈네트워크 산업이 조기에 활성화 될 수 있는 좋은 여건을 갖추고 있어 현재 진행 중인 국내 및 국제 표준화 활동과 더불어 방송, 가전, 서비스 등 우리나라가 국제 경쟁력을 확보한 영역을 중심으로 사업자간 협력체계를 구축하고, 홈네트워크 인증센터를 통한 인증체계 구축 및 시범사업을 통한 기술 및 서비스 검증, 법, 제도 개선 등을 추진하면 홈네트워크 산업을 활성화하고 국민소득 2만 달러 달성으로 국민의 디지털라이프를 실현하는 핵심 산업이 될 것으로 전망한다.

이 책에서는 유비쿼터스 홈네트워크 시스템의 개념과 이에 관련된 시스템 환경

설정과 그와 관련된 응용에 대한 개념의 이해와 그와 관련된 실습과정에 대하여 서술하였다.

유비쿼터스 홈네트워크 시스템을 접하면서 가장 어려운 점은 참고서적과 충실한 교육과정의 부재를 들 수 있을 것이다. 아무리 인터넷을 통해 방대한 자료를 수집할 수 있다고 해도 정작 개발에 필요한 정확한 자료를 찾기 어렵다. 그래서 이 책은 입문자의 관점에서 해석하여 실습자로 하여금 동작의 흐름과 이해를 돕고, 차후 개발을 위한 밑거름이 될 수 있도록 하였다. 그러나 처음 접해보는 초보개발자의 입장에서 설명한 것이기에 내용의 깊이보다는 전반적인 이해에 중점을 두었다.

이 책은 X10/Z256기반으로 한 ED-5964 전력선통신 기술 실습장비를 이용하여 컴퓨터 · 전자 · 통신 분야 관련 학생 및 개발자를 대상으로 한 X10/Z256 프로그램에 대한 기본학습 및 실습을 위한 교재이다.

X10/Z256 제어 네트워크 기술은 빌딩 자동제어 및 산업 자동화, 유틸리티, 철도 차량 분야뿐만 아니라 홈 제어 네트워크 분야에서도 개방형 제어 네트워크 기술로 각광받고 있는 솔루션이다.

처음 X10/Z256 전력통신 기술을 접하는 개발자에게 쉽고 빠르게 접근할 수 있도록 하는 데 초점을 맞추어 편찬되었기 때문에 X10/Z256 전력통신 기술을 기반으로 한 홈네트워크 및 전력선 통신 관련 시스템의 작동원리에 대한 이해와 감각을 키우기 위한 것에는 부족함이 없을 것이라 생각된다.

이 책의 제1장은 유비쿼터스 홈네트워크에 대하여 포괄적인 내용과 특징에 관한 내용을 간단히 설명하고, 유비쿼터스 홈네트워크 시스템에 사용되는 기술분류 및 그 기술에 대한 전반적인 이해를 돕기 위해 간략히 기술하였다.

제2장에서는 전력선통신 시스템의 구성으로서 ED-5964 시스템의 구성요소인 제어모듈, 구동모듈, 송신기 모듈, 수신기 모듈, 주요실습 모듈에 대하여 서술하였다. 제3장은 전력선 모뎀을 이용한 구동장치 응용으로써 전력선 모뎀 기술, 제작사별 전력선 모뎀의 주요기능, ED-5964를 이용한 각종 구동장치인 가스밸브, 콘센트제어, 스위치 제어 등 구동실습을 하도록 구성되어 있다. 제4장은 PDA를 이용한 구동

장치 응용으로써 PDA를 이용한 전력선통신 제어실습인 TCP/IP통신, PLC모뎀, RS232을 이용한 PDA실습을 할 수 있도록 구성하였다. 제5장은 전력선 통신 필터 응용으로써 전력선 통신 필터 실험을 할 수 있도록 수성하였다. 제6장은 전력선 통신 직병렬 공진회로 응용으로써 전력선 통신 직병렬 공진회로 실험을 할 수 있도록 구성하였다. 제7장은 전력선통신 ZCD응용으로 전력선 통신 ZCD의 실험을 할 수 있도록 구성하였다. 제8장은 전력선 통신 디지털 ASK변조응용으로써 전력선 통신 디지털ASK변조를 실습할 수 있도록 구성하였다. 제9장은 전력선 통신 송수신 프로그램 응용으로써 전력선 송수신 및 폼웨어 실습을 할 수 있도록 구성하였다. 제10장은 전력선 통신 충돌감지 응용으로써 전력선 통신 충돌에 대한 이론 및 전력선 통신의 충돌 감지 실습을 할 수 있도록 구성하였다. 제11장은 IAR컴파일과 PonyProg2000환경 설정에 대하여 컴파일러의 환경설정 방법 및 프로그램 다운로드 방법을 구성하였다. 제12장은 전력선통신 X10,Z256프로토콜 응용으로써 ED-5964전력선 통신 프로토콜 실습절차에 대하여 서술하였다. 제13장은 LabView환경 설정 및 응용으로 설치방법, 직렬포트 통신 및 응용 실습에 대하여 서술하였다. 제14장은 LabView 직렬 통신 응용으로 직렬통신 응용 실습 절차에 대하여 상세히 서술하였다.

이 과정을 통하여 소스를 장비에 적용함으로써 유비쿼터스 홈네트워크 시스템 장비의 실질적인 실험실습을 통해 다양한 기능과 특징을 실습을 통해 확인해봄으로써 유비쿼터스 홈네트워크 시스템에 대한 전반적으로 쉽고 빠른 이해를 얻을 수 있을 것이다.

끝으로 이 교재를 집필하는 데 많은 도움을 주신 (주)ED의 박용후 사장님,김창일 상무님, 마케팅의 양영규 팀장님, 이관희 팀장님, 권순갑 팀장님, 곽석민 과장님, 그리고 기술연구소의 박정석 차장님 등 관계자 여러분과 도서출판 상학당의 관계자 여러분에게 감사의 마음을 전한다. 그리고 어려운 환경 속에도 묵묵히 이 책의 집필에 많은 도움을 준 남상석님에게 감사의 말을 전한다.

2007년 7월 저자씀

차 례

1 유비쿼터스 홈네트워크 기술개론

1-1 유비쿼터스 홈네트워크의 개요

1-2 유비쿼터스 홈네트워크의 구성요소

1-3 유비쿼터스 홈네트워크 기술 개요

1-4 유비쿼터스 홈네트워크 분야별 기술

1-5 유비쿼터스 유선 및 무선 홈네트워크 기술

1-1 유비쿼터스 홈네트워크의 개요

1990년대 후반부터 가전, 방송, 통신, 컴퓨터가 서로 결합하는 디지털 컨버전스(Digital Convergence) 추세가 빠르게 확산되면서 전통산업과 IT 산업이 융합화하여 언제, 어디서나 IT 기술을 활용하는 IT의 생활화(IT everywhere)가 급진전되어 경제, 사회 전반에 걸쳐 IT 기술을 응용한 새로운 산업이 지속적으로 창출될 것이다.

디지털 컨버전스에 따라 새롭게 창출된 홈네트워크 산업은 하드웨어의 단순 결합이 아닌 소프트웨어를 포함하는 형태로 인간생활 자체를 변화시키는 방향으로 발전하여 미래 가정인 디지털 홈을 실현하여 일반 국민이 디지털 라이프 시대를 열기 위한 기술개발로 이어지고 있다.

홈네트워크는 가정 내의 모든 정보가전기기가 유무선 네트워크로 연결되어 누구나 기기 · 시간 · 장소에 구애받지 않고 다양한 서비스를 제공받을 수 있는 가정환경으로 국민들에게 편리하고, 안전하고, 즐겁고, 윤택한 삶을 제공할 수 있는 IT 기술 이용 환경이다.

또한 홈네트워크는 디지털 TV, 지능형 로봇, 차세대 이동통신, 디지털 콘텐츠, S/W 솔루션 분야와 연계되어 새로운 수요와 부가가치를 창출할 것으로 예상된다.

이에 따라 정부에서는 초고속 인터넷, 이동통신 등 세계 최고수준의 통신 인프라를 바탕으로 홈네트워크 관련 기술개발 및 표준화, 시범사업, 홈네트워크 인프라 구축을 위한 융자사업 등 산업활성화를 위한 다양한 지원정책을 추진하여 홈네트워크 시장을 조기에 활성화하고 세계 최고수준의 홈네트워크 국가를 건설할 계획이다.

홈네트워크 산업은 단순히 기존 가전기기를 네트워크화하여 정보가전단말 및 관련 서비스 시장만을 활성화시키는 것을 뛰어넘어, PC와 초고속 인터넷 보급이 사이버 공간에서의 정치, 경제, 문화 및 생산 · 소비 활동을 활성화시킨 주요 기반이 된 것처럼 홈네트워크 환경에서 일상생활과 밀접한 다양한 비즈니스 모델을 창출하고 다른 신성장 산업활성화의 동인 역할을 수행하여 새로운 수요와 부가가치를 창출하여 세계 시장 선도 및 국민소득 2만달러 시대 달성을 선도할 수 있는 한국의 대표적인 산업군이 될 것으로 전망되고 있다.

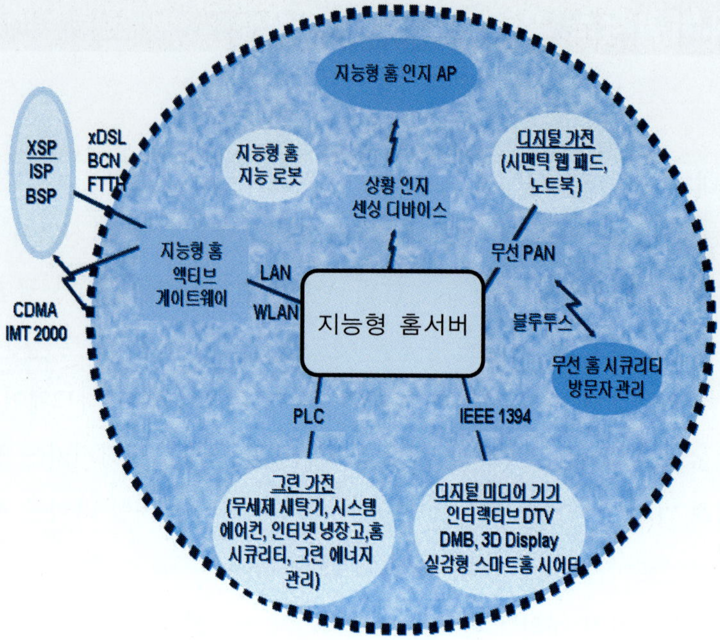

〈그림 1-1〉 유비쿼터스 홈네트워크 시스템

특히, 양적으로 팽창해 온 국내 초고속 정보통신 인프라가 외형적으로 세계 최고 수준의 IT 국가로 도약하는 발판을 제공하였다면, 홈네트워크 산업은 다양한 서비스를 활성화시킬 구동력을 제공하여 내실을 갖춘 명실상부한 IT 강국으로 입지를 확고히 할 수 있는 초석이 될 것으로 예상하고 있다.

(1) 유비쿼터스와 유비쿼터스 홈

유비쿼터스 측면에서 유비쿼터스 홈네트워크는 다음의 두 가지 특징을 갖게 된다.

첫째, 자동제어 네트워킹 주거공간이다. 네트워크를 이용해서 가전 기기 스스로 사용자가 원하는 대로 동작하는 것이다.

둘째, 유비쿼터스 홈네트워크는 내장 컴퓨터 상시 서비스 주거공간이다. 왜냐하면 항상 접속 중(alway log on)인 상태를 유지하고 있으므로 시간과 장소에 제약 없이 가정 내의 정보와 서비스를 얻을 수 있기 때문이다.

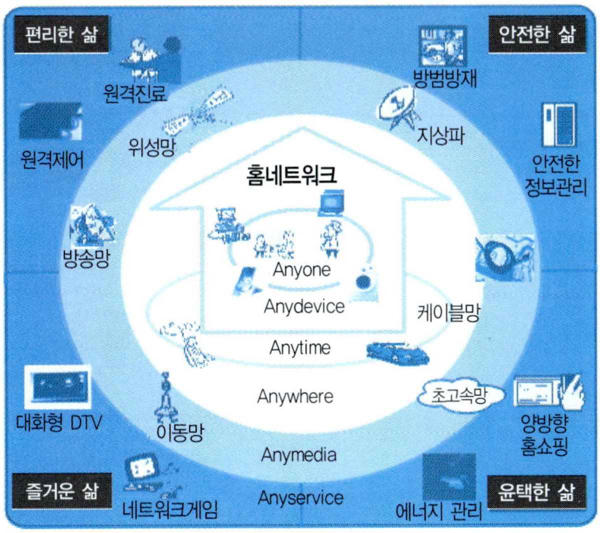

〈그림 1-2〉 유비쿼터스의 개념이 적용된 유비쿼터스홈

홈네트워킹은 이더넷(Ethernet)을 비롯한 전화선, 전력선, 그리고 무선을 포함하는 다양한 네트워킹 프로토콜을 통해 구현되며, 네트워크화된 가정 내 디지털 정보기기들 간의 기능공유, 데이터 공유, 원격제어 등을 가능하게 한다.

또한, 인터넷 액세스와 오디오 · 비디오 스트림, 홈컨트롤 애플리케이션 및 서비스를 비롯하여 기타의 네트워크화된 장비에 애플리케이션과 서비스를 분배해 주는 기능을 수행한다.

홈네트워크는 초고속 인프라를 기반으로 네트워크, 정보처리 등 다양한 IT 기술이 접목되어 서비스를 창출하는 복합 산업분야로, 가정 내의 정보가전기기가 네트워크로 연결되어 기기 · 시간 · 장소에 구애받지 않고 다양한 서비스를 제공할 수 있는 미래의 가정환경이다.

(2) 유비쿼터스 홈네트워크 개념 및 정의

유비쿼터스 홈네트워크는 집안의 가전기기 및 시스템을 상호 또는 외부 인터넷 상의 정보 기기와 연결하여 각각의 기기 및 시스템에 대한 원격접근과 제어가 가능하고, 음악, 비디오, 데이터 등과 같은 콘텐츠를 사용할 수 있도록 양방향 통신 서비스 환경을 구현하는 기술로 정의하고 홈시큐러티 확보, 홈케어 지원 등을 목표로 한다.

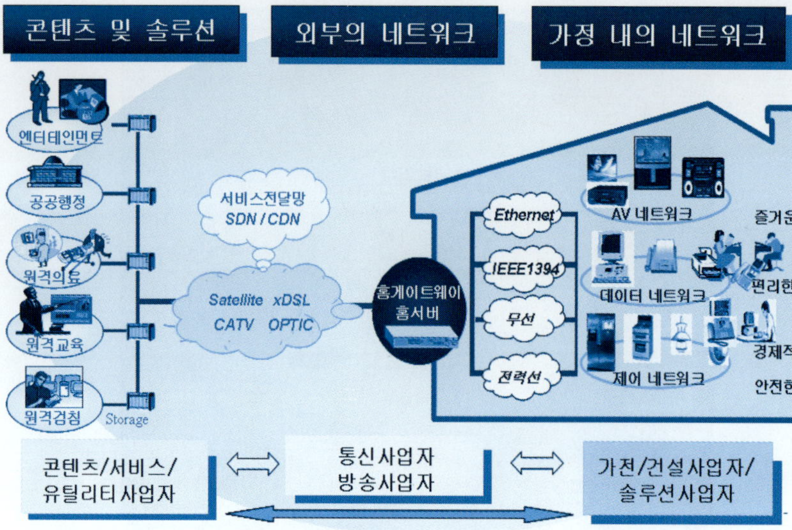

〈그림 1-3〉 유비쿼터스 홈네트워크의 개념도

(3) 유비쿼터스 홈네트워크의 요구조건

아직은 시장이 개발되고 있는 초기 단계로 볼 수 있고, 기술적인면에서도 정형화되어 있지는 않지만 무엇보다도 중요한 것은 고객이 홈네트워크를 꼭 필요한 장치로 받아들일 수 있을 것인가 하는 점이다. 이와 같은 관점에서 요구 조건을 살펴보면 다음과 같다.

- 저 비용 제어 대상기기 : 제어기(Controller) 간 시설비가 저렴해야 한다.
- 효율성 : 가정 내에서 기기 이동 시 간단하게 설치 변경할 수 있어야 한다.
- 편리성 : 복잡한 설치 및 설정 과정이 없이 Plug & Play가 이루어져야 한다.
- 간편성 : 원하는 장소에 설치할 수 있는 설치의 간편성이 보장되어야 한다.

이와 같은 점이 충분히 만족되어야만 사용자에게 만족을 줄 수 있는 홈네트워크 시스템이 될 것이다.

(4) 유비쿼터스 홈네트워크 서비스

가정 내의 모든 가전기기, 즉 단순 제어 장치(조명, 보안, 커튼, 가스, 난방 등) 디지털 가전(냉장고, 세탁기, 전자레인지, 가스 오븐 등)을 네트워크화하여 지금까지와는 전혀 다른 서비스를 제공할 수 있게 된다.

디지털 가전의 경우 지금까지는 제품이 고장이 난 경우에 서비스를 신청하는 A/S 형식을 취하고 있으며 얼마나 빨리 달려와서 이미 일어난 고장을 신속하게 복구시켜 줄 것인가가 관건이었다면, 이제는 제품에 이상이 나타나면 제품 스스로가 서비스 센터에 이상점을 통보할 것이고 문제점을 발견한 서비스 센터는 고객에게 전화나 이메일 등으로 그 내용을 알려서 사전에 수리를 받을 수 있도록 하는 사전 서비스 형태로 바뀔 수 있다.

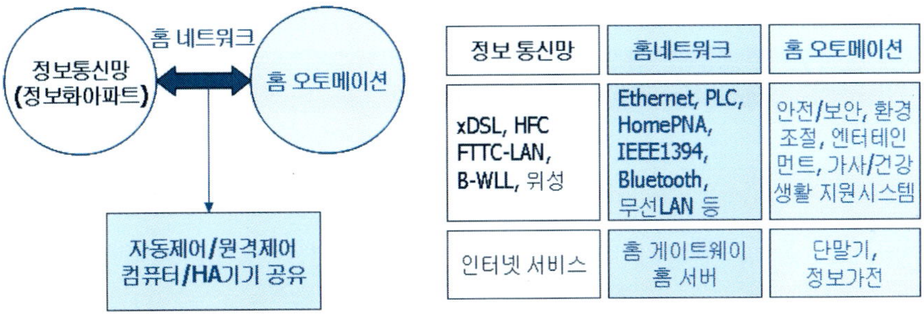

〈그림 1-4〉 유비쿼터스 홈네트워크 서비스

또한 냉장고나 세탁기 전자레인지, 가스 오븐 레인지 등은 새로 나온 음식의 요리방법이나 새로운 세척제를 이용한 적정한 세탁방법을 다운로드받아 사용할 수 있게 될 것이다. 유비쿼터스 홈네트워크를 통해 제공되는 서비스(customer needs)는 다음과 같다.

- 편리한 생활 : 원격제어, 원격의료, 원격제어, 원격교육 등
- 안전한 생활 : 방범, 방재 등의 각종 재해에 대한 예지, 예방 등
- 즐거운 생활 : VOD, 대화형 DTV, 네트워크게임, 인터넷 등
- 윤택한 가정 : 홈쇼핑, 홈뱅킹, 에너지 관리 등

〈표 1-1〉 유비쿼터스 홈네트워크의 서비스 분류 및 활용

서비스 분류	활용 내역
양방향 DTV 서비스	-T-Commerce -T-Banking -T-Education
홈 오토메이션 서비스	-정보가전 제어/지능형 로봇 -침입탐지/방문자확인 -재난방지/원격검칭
헬스 케어 서비스	-원격 의료 상담 -원격 체력/건강 진단
공공서비스	-민원발급 -전자 투표
텔레메틱스	-교통정보/위치 정보 -주변정보/길안내

1-2 유비쿼터스 홈네트워크의 구성요소

유비쿼터스 홈네트워크의 구성요소별 분류는 〈그림 1-5〉처럼 분류하였다. 3가지의 네트워크인 엔터테인먼트 네트워크, 컴퓨터 네트워크, 오토메이션 네트워크로 구분하고 항목별로는 요구 사항, 데이터 전송속도, 표준 네트워크, 서비스 등으로 구

	Entertainment Network	Computer Network	Automation Network
요구사항	• 고속의 멀티미디어 데이터 처리 • A/V 기기 연결	• 인터넷 연동 • 다수의 컴퓨터 및 OA 기기 연결	• 동작 안정성 • 기기들 상호 동작성 • 저가 네트워크 비용
데이터 전송속도	100 – 400 Mbps	1- 100 Mbps	1 Mbps 이하
표준 네트워크	• IEEE1394a/b • Same as Computer Network	• IEEE802.3 Ethernet • IEEE802.11b/a • HomePNA	• PLC(EIB, LonWorks) • Bluetooth
서비스	• Video-On-Demand • Interactive A/V for Edutainment	• Internet Access • Cyber Community • 재택근무, 원격진료	조명, 냉난방, 가전기기, 검침기 등의 모니터링 및 제어

〈그림 1-5〉 홈네트워크의 구성요소별 분류

분하여 정리하였다.

- 홈네트워크 망(댁내망) : 이더넷, 전력선, 무선랜, 블루투스 등
- 액서스(Access) 망(댁외망) : xDSL, FTTC, FTTH, Cable 등
- 정보단말기 : 홈서버, 게이트웨이(Home G/W), PAD, 정보가전, 감지기, 원격제어기
- 콘텐츠(Contents) : 인터넷, VOD, 원격교육, 원격진료 등

1-2-1. 물리적인 네트워크의 구성

우리 집에 홈네트워크를 구성한다면 어떻게 해야 할까? 고민이 될 수밖에 없다. 홈네트워크의 설치는 앞으로 지어질 집뿐 아니라 현재의 각 세대에도 설치할 수 있어야 한다. 그러므로 〈그림 1-6〉처럼 물리적인 네트워크 구성은 광역 네트워크, 지역 네트워크, 홈네트워크로 구성된다.

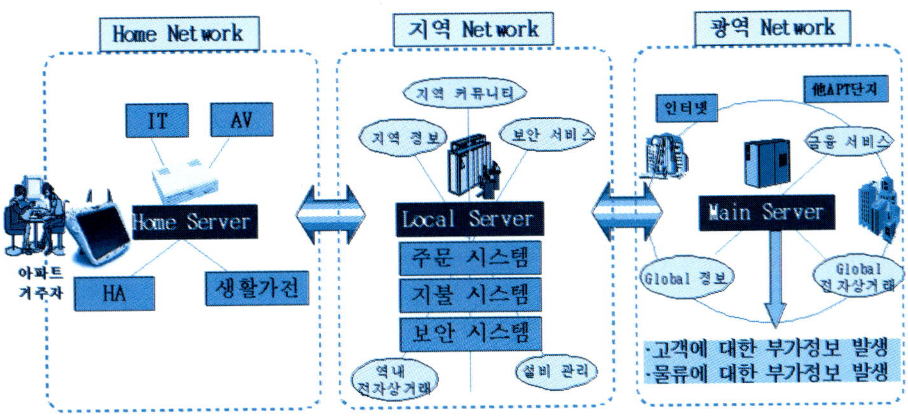

〈그림 1-6〉 물리적인 네트워크의 구성

1-2-2. 네트워크를 위한 매체 비교

현재 이용할 수 있는 네트워크 기술을 통해 살펴보면, 전력선 통신(PLC : Power Line Communication), 무선(RF : Radio Frequency), 유선의 3가지로 나누어 볼 수 있다. 각각의 장단점을 〈표 1-2〉의 비교표에 나타내었다. 표에서 보는 바와 같이 가

장 매력적인 방법이 전력선을 이용하여 홈네트워크를 구축하는 것임을 쉽게 알 수 있다.

〈표 1-2〉 네트워크별 매체비교

구분	특징	설치의 편의성	이동의 편의성	장비 가격	설치 비용	제품의 상용화
PLC	기존의 전력선을 이용 구성	좋음	좋음	저가	저가	시판 중
무선	주파수 간섭에 의한 오동작 가능성	보통	좋음	고가	저가	가능
유선	각 장치 간 통합 배선 복잡	나쁨	나쁨	저가	고가	가능

전 세계 홈네트워크의 시장을 리드한다고 할 수 있는 국내의 여러 회사들은 다양한 접근 방법으로 홈네트워크 시장진입을 했거나 준비를 하고 있다. 하지만 현재까지 가장 원활한 홈네트워크 시스템 구축의 네트워크 매체는 전력선제어(PLC : Power Line Control)이다. 가장 많은 구축 실적과 안정성이 이미 입증되었고 향후 대부분의 홈네트워크 제어장치에는 PLC가 사용될 것으로 예상된다.

1-2-3. 제어 네트워크의 구성요소

제어 네트워크의 요소는 최종적으로 인터넷에 연결되어야 한다. 홈네트워크는 AV기기-엔터테인먼트 네트워크, 가전 및 제어기기-컨트롤 네트워크, 컴퓨터, 스캐너-데이터 네트워크 등으로 구분되지만 최종적인 장소는 인터넷이 된다.

〈그림 1-7〉 게이트웨이

우리가 관심을 갖고 있는 가전 및 제어기기에 대해서 어떤 구성요소들이 있다. 집안과 집밖은 게이트웨이를 이용해서 인터넷과 하나가 된다.

가정 내에는 비디오폰을 대신하면서 각 네트워크 기기를 제어할 장치가 필요하다. 이 역할을 수행하는 장치가 홈 패드 또는 월 패드가 된다.

〈그림 1-8〉 7인치 터치스크린의 월 패드

다음 제품은 가스밸브를 원격에서 차단시킬 수 있으며 가스누출 시에는 자동으로 밸브를 차단하고 가스누출 사고가 났음을 입력된 휴대폰으로 문자메시지를 전송한다. 물론 외부에서 휴대폰으로 밸브의 상태 확인 및 잠금이 가능하다.

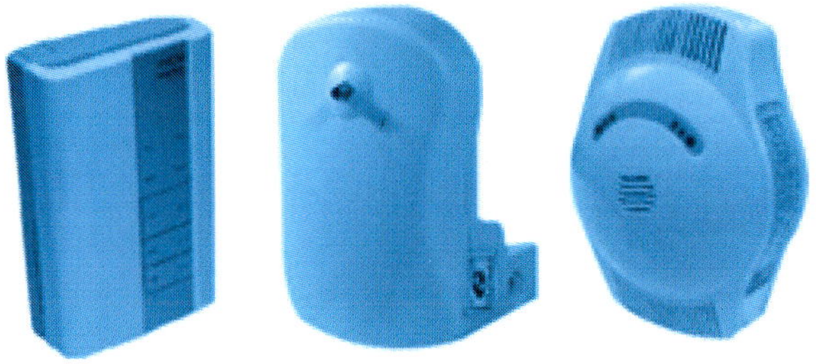

〈그림 1-9〉 가스 원격 차단기 및 사고 전송장치

이 제품은 콘센트 모듈과 조명 스위치 그리고 가정 내 모든 제어장치를 제어할 수 있는 리모컨이다.

각 스위치에는 리모컨 수신장치가 내장되어 있어 어느 조명 기기의 수신장치를 이용하더라도 제어가 가능하며, 조명 스위치는 원격지에서 조명의 상태를 알 수 있게 하고 콘센트 모듈은 불필요한 전원을 원초적으로 차단함으로써 누설전류를 최소화할 수 있다.

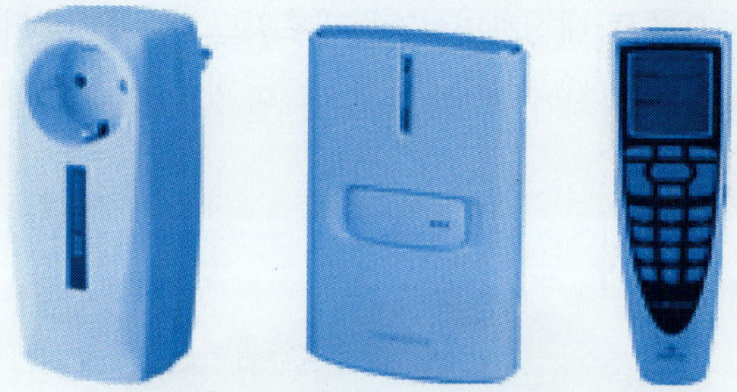

〈그림 1-10〉 콘센트 모듈, 조명 스위치 및 리모컨

1-3 유비쿼터스 홈네트워크 기술 개요

최근 디지털기술의 컨버전스화 추세에 있어서 가정 내의 사물들 및 집 자체가 지능화되어 가정 내에서 인간의 모든 생활과 활동을 지능적으로 처리하는 기반 환경을 갖춘 거주공간인 유비쿼터스 홈 환경이 여러 관련 분야에서 크게 대두되고 있다.

사용자환경 및 개인정보 단말의 급격한 발달로 인한 광의의 정보공유(컨트롤, 관리, 정보이용 등) 욕구가 다양화되어짐에 따라 가정 내에서 인간이 중심이 되는 유비쿼터스 서비스가 가능한 환경이 유비쿼터스 홈 기술이다.

유비쿼터스 홈 기술은 IT, BT, NT, ET, CT, 건축기술, 디지털 가전, 에너지 기술, 보안기술 등의 여러 산업 기술들이 유기적으로 연결되어 주택산업, 서비스 산업(원격 건강 컨설팅) 등에서 새로운 시장을 창출함과 동시에 관련된 새로운 직업을 창출하여 전문인력의 양성 및 고용 확대에 크게 기여하는 등의 다양한 파생 효과를 유발하므로 우리나라 산업, 문화 전반에 걸쳐 고르게 영향을 주는 혁신적인 산업 융합 기술 분야이다.

국내에는 이미 세계 최고의 유비쿼터스 홈 관련 산업기반 개별 인프라 기술 보유 및 세계 최고 수준의 IT 인프라를 보유하고 있으므로 이를 활용한 시스템 기술개발 및 산업기반이 구축될 경우 차세대 신개념의 복합 기술의 총체인 유비쿼터스 홈 시

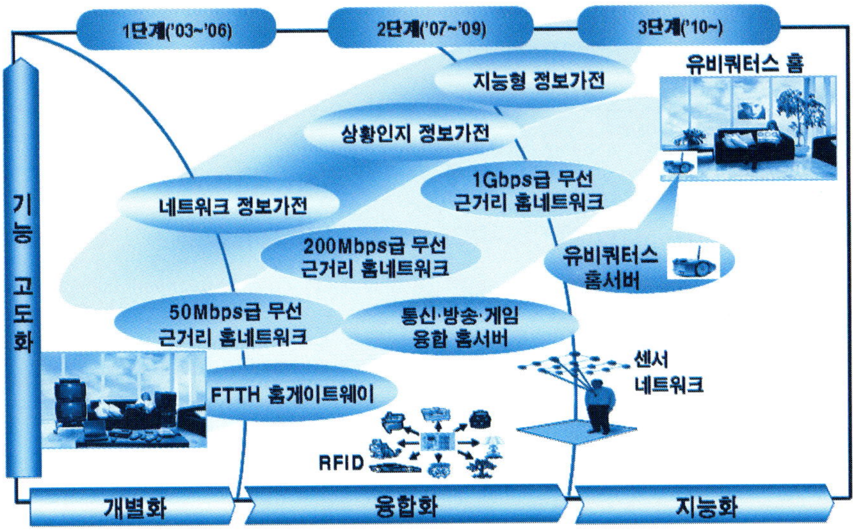

〈그림 1-11〉 유비쿼터스 홈네트워크 기술발전 단계

장의 비교우위를 점유할 것으로 예상된다.

홈네트워크란 정보의 처리, 관리, 전달 및 저장에 있어 가정 내에 설치되어 각종 계산, 관리, 감시 및 통신기능을 수행하는 기기들을 연결하고 통합할 수 있게 해주는 구성요소들의 집합으로 그 목적은 인간에게 가정에서의 편안함과 즐거움을 제공하기 위한 기술이다.

즉, 홈네트워크 기술은 가정 내외에 머물고 있는 사용자들이 편안하게 댁내의 디바이스들을 제어 및 관리하고 다양한 서비스를 공급받고자 하는데 있다.

이러한 홈네트워크는 초고속 인프라를 다양한 IT기술을 활용하여 원격교육, 엔터테인먼트, 건강검진(Healthcare), 정보가전기기의 제어 등 다양한 서비스들을 창출하는 신산업 분야로 가정 내부와 외부 네트워크의 연계를 통해 다양한 콘텐츠를 확보하고 실수요자 중심의 서비스를 개발하여 산업 경쟁력을 키울 수 있다.

유비쿼터스 홈서비스의 개발을 위해서는 유비쿼터스 홈과 관련된 요소 기술을 파악하고 각 요소 기술을 어떻게 활용하는가에 대한 분석이 필요하다. 또한 선진국의 기술 동향 파악을 통해 앞으로 우리가 나아가야 할 방향을 모색하며, 정책 방향도 함께 살펴볼 필요가 있다.

유비쿼터스 홈은 21세기 한국의 미래를 끌고 나아갈 차세대 성장 동력산업 중의 하나로 유비쿼터스 컴퓨팅을 이용한 생활환경의 지능화, 환경친화적 주거생활, 그리고 삶의 질 혁신을 추구하는 지능화된 가정 내의 생활환경과 주거공간을 만들어 내는 것이라고 말할 수 있다.

이와 관련된 구체적인 서비스는 크게 에너지 절약, 보안, 건강진료, 오락, 교육, 전자상거래, 재택근무 등 다양한 형태로 나타날 수 있으며, 이를 뒷받침하는 기술로는 유비쿼터스 홈서비스 기술, 유비쿼터스 홈 기기, 네트워크, 건축·환경 분야로 나눌 수 있다.

1-3-1. 유비쿼터스 홈서비스 기술

유비쿼터스 홈을 위한 서비스는 매우 다양하다. 그 중에서도 특히 홈 내의 제어를 순조롭게(Seamless)하고 각종 기기 및 환경 등의 제어를 지능적으로 하는 서비스가 있으며 이러한 서비스는 점차 인간이 개입하지 않는 형태로 발전할 것이다. 또한 홈 내의 사람에 대한 헬스케어에 대한 서비스 또한 중요하며 이것이 점차 실버케어 형태를 포함할 것으로 보인다.

1-3-2. 유비쿼터스 기기 기술

홈 내에는 유비쿼터스 서비스를 다양한 기기를 통해 제공하게 된다. 이때 여러 가지 형태와 플랫폼기반의 기기들 간의 자연스러운 인터렉션을 가능하게 하기 위해서는 기기간의 공통 인터페이스 및 미들웨어의 표준화가 필요하며 아울러 각각의 기기가 가져야 할 기능 및 사양에 대한 세부기술 및 통합 프레임워크 표준화를 수행한다.

1-3-3. 유비쿼터스 홈네트워크 기술

홈 내에는 유비쿼터스 서비스를 가능케 하는 핵심기능이 네트워크이다. 홈 내의 다양한 제어 및 서비스를 위한 네트워킹에 관한 것으로서 홈오토메이션을 위한 통신네트워크, 게이트웨이 서버, 그리고 이를 통합하는 네트워킹 프레임워크 표준화를 담당한다.

1-3-4. 유비쿼터스 건축 · 환경 기술

유비쿼터스 홈의 커다란 구조물과 에너지절약, 생활쓰레기 처리, 전기, 가스 등 각종 환경관련 컨테이너가 건축 · 환경 분야에서 다루어야 할 대상이다.

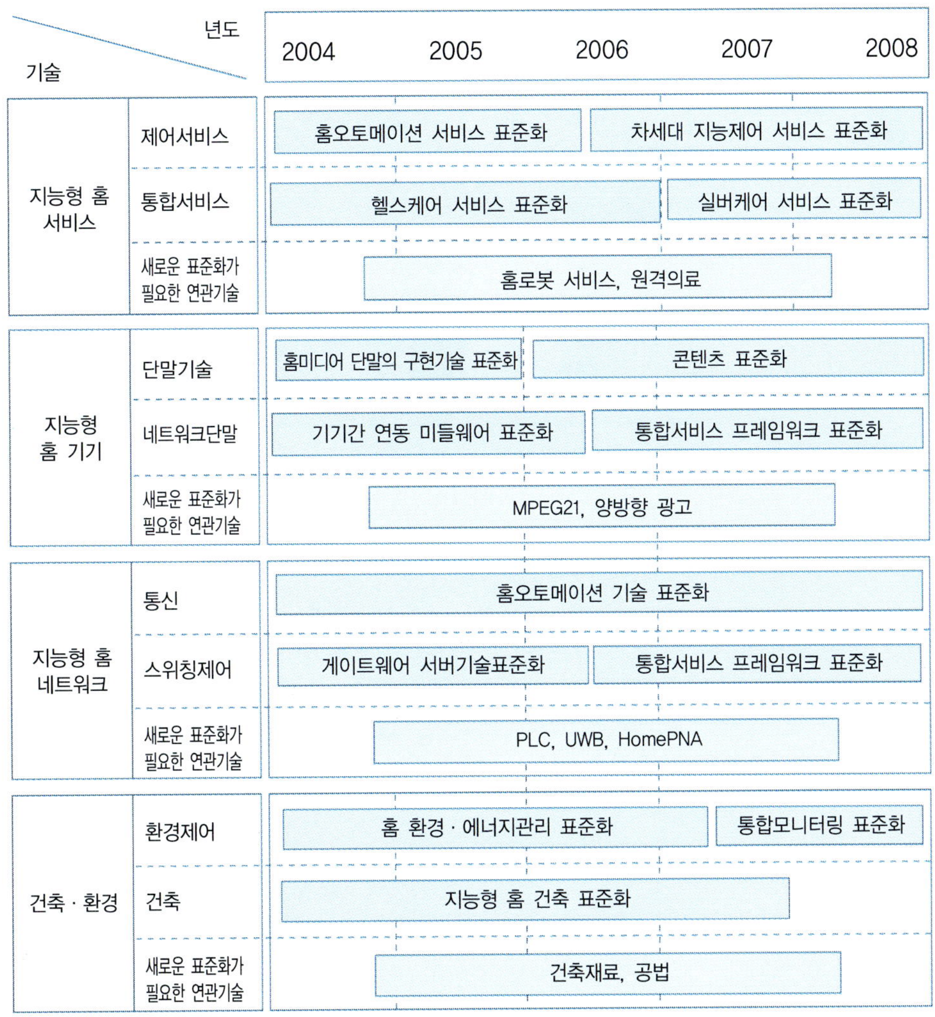

〈그림 1-12〉 유비쿼터스 홈 관련 기술

건축에서는 유비쿼터스 홈을 위한 건축자재, 구조물 등의 가이드라인을 제시하고 환경적 측면과 에너지 절감 측면이 결합된 건축·환경 모델을 제시하고 이를 표준화한다.

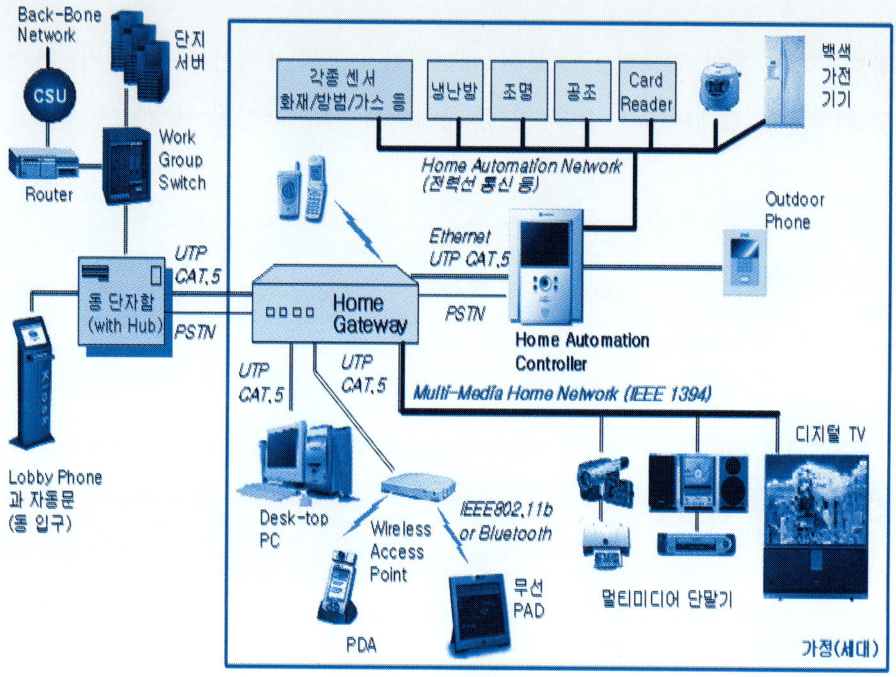

〈그림 1-13〉 유비쿼터스 홈네트워크 적용 기술

1-4 유비쿼터스 홈네트워크 분야별 기술

유비쿼터스 홈네트워크 기술은 유선기술로 전화선, 전력선, 이더넷, IEEE1394, USB, 무선기술로 IEEE802.11x 계열의 무선 LAN, HomeRF, Bluetooth, UltraWide Band(UWB), ZigBee, HiperLAN 등 물리적인 네트워크를 구성하는 기술과 홈네트워크를 구성하는 가전기기, 센서 간의 통신 프로토콜 기술, 구성된 홈네트워크 상에서 단말 간의 상호 발견, 구성, 관리를 위한 미들웨어 기술, 그리고 이러한 미들웨어를 기반으로 하는 서비스 기술들로 구분할 수 있다.

홈네트워크는 상황을 인지하여 각각의 구성원에게 적합한 서비스를 차별화하여 제공할 수 있는 네트워크 환경 및 서비스를 가능하게 하도록 발전하면서 상황인지 지식기반의 멀티모달 인터렉션에 의한 새로운 비즈니스 모델이 파생되는 사회 인프라 성격의 기반기술로 인식되고 있다.

유비쿼터스 홈네트워크 기술은 크게 4개의 중점 기술로 분류된다.

〈표 1-3〉 유비쿼터스 홈네트워크 기술 분류

1단계	2단계	3단계
유비쿼터스 홈네트워크 기술	홈플랫폼 기술	홈서버/홈게이트웨이 기술
		홈네트워크 보안
		개방형 서버 기술
	유 · 무선 홈네트워킹 기술	유선 홈네트워킹 기술 (Ethernet, PLC, IEEE1394, USB, HomePNA)
		무선 홈네트워킹 기술 (WLAN(802.11a/b/g/n), WPAN(UWB, ZigBee))
	정보가전 기술	지능형 정보가전
		홈센서 기술(센서, RFID)
	지능형 미들웨어 기술	홈네트워킹 미들웨어 기술
		상황적응형 미들웨어 기술
		멀티 모달 인터페이스 기술

① 홈플랫폼 기술

홈플랫폼 기술은 외부망과 가정을 연결하고 가정 내 다양한 서비스를 관장하여 유 · 무선 통합 홈네트워크 환경 및 고품질 · 융합형 서비스를 가능하게 하는 홈서버/홈게이트웨이, 홈네트워크 보안 및 개방형 서버 기술로 구성된다.

② 유 · 무선 홈네트워킹 기술

유 · 무선 홈네트워킹 기술은 이더넷, PLC, IEEE1394, HomePNA, 광홈랜 등의 유선 홈네트워킹 기술과 무선랜, ZigBee, UWB, Wireless1394, WirelessUSB 등의 무선 홈네트워킹 기술로 구성된다.

③ **정보가전 기술**

정보가전 기술 분야는 기존 백색가전기기들과 센서들을 네트워크로 연결하여 새로운 서비스를 창출할 수 있는 유비쿼터스 정보가전 기술과 홈센서 기술로 구성된다.

④ **미들웨어 기술**

미들웨어 기술 분야는 매체 및 OS에 상관없이 정보기기의 제어 및 감시를 수행하고 다양한 상황에 대한 적응력을 제공하여 유비쿼터스 서비스를 가능하게 하는 홈네트워크 미들웨어, 상황적응 미들웨어 및 멀티모달 인터페이스 기술로 구성된다.

홈네트워크 제품은 홈게이트웨이와 같이 홈네트워크와 액세스망을 연결시켜 주는 단순 네트워크 기능 중심의 제품으로부터 점차 네트워크에 연결되는 모든 기기와 서비스를 관장하여 방송, 통신과 게임 융합형 홈서버 제품군으로 발전해 나가고 있다. 또한, 홈네트워크 확산을 위해 유선 홈네트워크 기술 중심에서 무선 홈네트워크 기술 중심으로 발전하고 있으며, IPv6, 센서 네트워크와의 접목 등 유비쿼터스 사회의 기반을 구축할 수 있는 제품개발이 진행되고 있다.

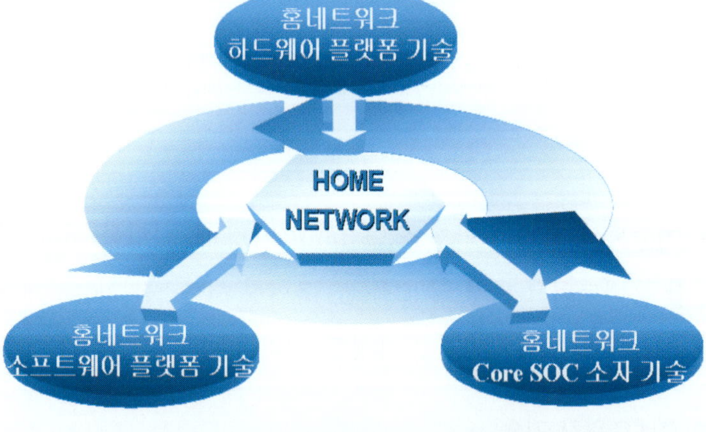

〈그림 1-14〉 홈네트워크의 주요 기술군

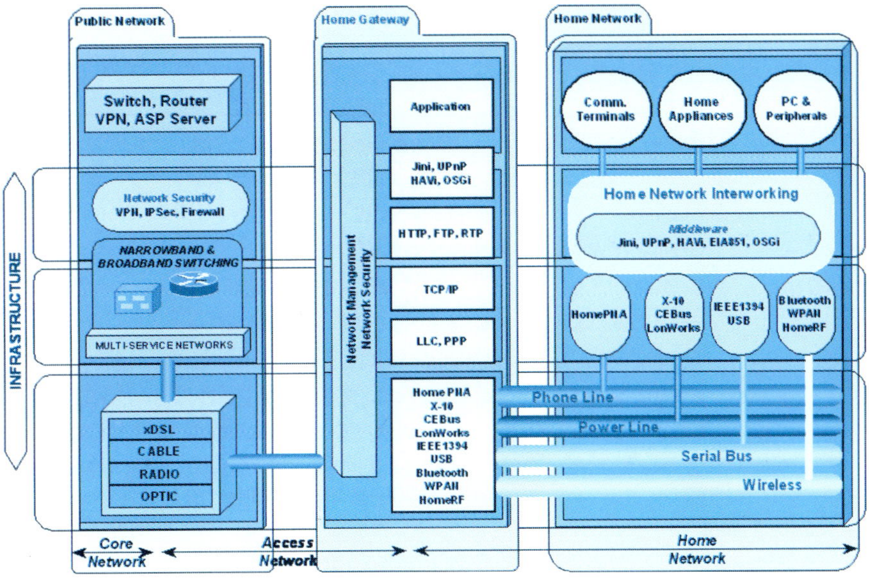

〈그림 1-15〉 홈네트워크 기술 구성

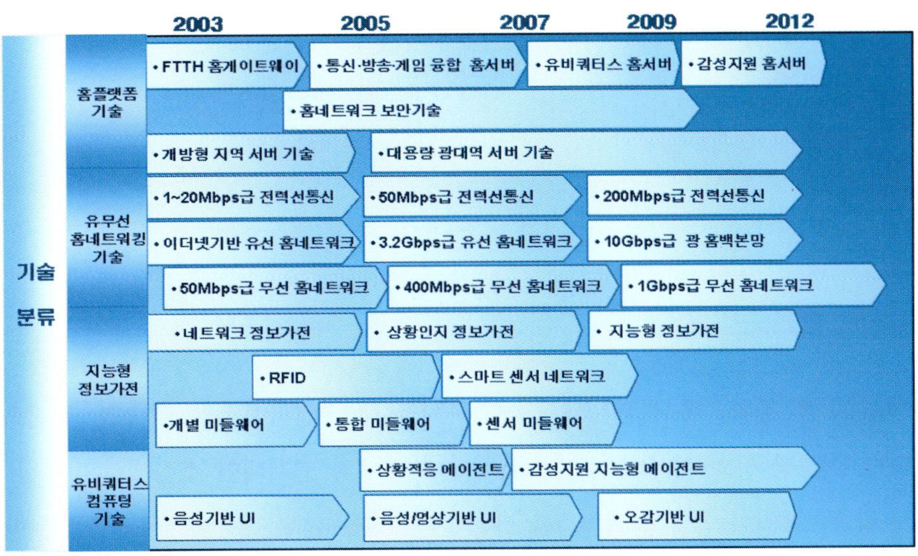

〈그림 1-16〉 홈네트워크 기술 분류

<표 1-4> 홈네트워킹 분야별 관련 기술

분야	기술		내용
홈네트워킹 기술	유선	이너넷	기업 내 표준 네트워킹 방식
		홈 PNA	전화선을 이용한 홈네트워킹 기술
		PLC	전력선을 이용한 홈네트워킹 기술
		IEEE1394	디지털 오디오 · 비디오 기기 간 디지털 데이터 전송 표준
	무선	IEEE802.11 WLAN	무선 네트워킹 표준(WIFI)
		홈 RF	가정 내 로컬 무선 네트워킹
		IEEE802.15.1 블루투스	정보가전 연결용 무선 네트워킹
		IEEE802.15.3 HR, WPAN	오디오 · 비디오용 고속 무속 네트워킹 기술
		IEEE802.15.3a LIWB	오디오 · 비디오용 초고속 근거리 무선 네트워킹 기술
		IEEE802.15.4 LB WPAN	센서 네트워크를 위한 저속 저전력 무선 네트워킹 기술
		Wireless 1394 기술	IEEE1394 기기들을 무선 네트워킹 기술을 이용하여 AV신호의 장거리 전송을 가능하게 하는 기술
정보가전기기	홈게이트웨이		인터넷과 유무선 홈네트워킹 기기들을 연결하는 장치
	홈서버		가정 내 홈네트워크 기기들을 통합 관리하는 서버
	디지털 TV		디지털 HDTV, P에 EMD
	정보가전 제품		인터넷 냉장고, 전자레인지, DVD
	게임기		PS2, XBOX 등 게임기
	휴대용 정보단말		PDA, 이동전화, 노트북 등
기반소프트웨어	RTOS		정보가전용 홈서버용 실시간 OS
	정보가전 제어 및 스트리밍 미들웨어		Jini, UPnP, HAVi, HWW, VHN, LonWorks, CEBus, OSGi 등
	시스템 미들웨어		JAVA Virtual Machine, KVM 등
	시스템 유틸리티		가전보안, 유저 인터페이스, DB 등

1-4-1. 홈플랫폼 기술

유 · 무선 통합, 통신 · 방송의 융합 등 디지털 컨버전스의 급속한 진전으로 FTTH, 이동망 등의 차세대 초고속 유무선 인터넷과 연계되어 가정에서 다양한 통신 · 방송 · 게임이 융합된 서비스를 제공할 수 있는 환경으로 발전하고 있다. 따라서 가정용 디지털 허브로서의 홈서버 기능이 부각되면서 엔터테인먼트 서비스를 제공할 수 있는 개방형 서비스 프레임워크 및 서비스 통합관리 솔루션 확보를 위한 기술개발이 활발히 추진되고 있다.

국외에서는 인텔, 모토로라 등이 미래 홈플랫폼 분야에서 우위를 점유하기 위해 차세대 홈서버용 SoC 기술을 개발 중이며, 소니와 MS는 자사가 경쟁 우위를 갖고 있는 PSX와 미디어센터 등을 기반으로 홈플랫폼을 구축함으로써 홈네트워크 조기시장 선점 전략을 추진하고 있다. IBM, Prosyst, GateSpace는 OSGi를 준수하는 개방형 서비스 프레임워크를 상용화하였으며, 일본은 HSAC(Hikari Service Architecture Consortium)을 구성하여 광케이블을 이용한 광대역 통신망을 기반으로 고품질의 홈서비스 제공을 위한 개방형 서비스 플랫폼 구축을 본격 추진 중이다.

구분	내용	
외국 동향	• 홈네트워크 중심인 홈서버 시장선점을 위한 업계간 경쟁 치열 –소니 : DVD, PVR 서비스 등을 홈서버 기능이 추가된 게임기(PSX) 개발 –MS : PVR과 홈네트워크 기능이 추가된 미디어 센터 PC 발표 –미쯔비시 : DTV/DTV-STB 중심의 홈서버 개발 • 개방형 서비스 프레임워크 기반의 홈서비스 플랫폼 구축 경쟁 –Prosyst, IBM 등은 OSGi 기반 서비스 플랫폼 및 통합 관리 솔루션 개발	
개발 방향	• 홈오토메이션, 양방향 멀티미디어 등 통신/방송/게임 융합 서비스를 지원하고 기기간 상호운용성을 보장하는 홈플랫폼 원천 기술 개발 • 개방형 서비스 프레임워크 상용화를 위해 DLNA, OSGi 등 기존 표준기술을 발전시킨 국내 홈서비스 플랫폼 기술 개발	
개발 계획	[1단계] • 개방형 서비스 지원 플랫폼 개발 • 통신, 방송, 게임 융합 서비스 기술 • 홈네트워크 암호 및 생체기반 인증 기술 • 유무선 복합 스트리밍 기술	[2·3단계] • Invisible 서비스 지원 플랫폼 개발 • 모바일, 감성형 융합 서비스 기술 • 지능화된 인증 서비스 기술 • 적응형 스트리밍 기술

〈그림 1-17〉 홈플랫폼 기술

국내에서는 DTV 보급과 연계하여 통신·방송이 융합된 홈플랫폼 상용화 기술개발을 추진하고 있으며, VOD와 실시간 스트리밍 방송, 홈뷰어 서비스 등이 가능한 홈서버를 개발 중에 있다.

이와 더불어 가정 내 다양한 가전기기들에 대해 홈플랫폼을 통한 정보보호 및 보안성 확보 연구가 진행되고 있다.

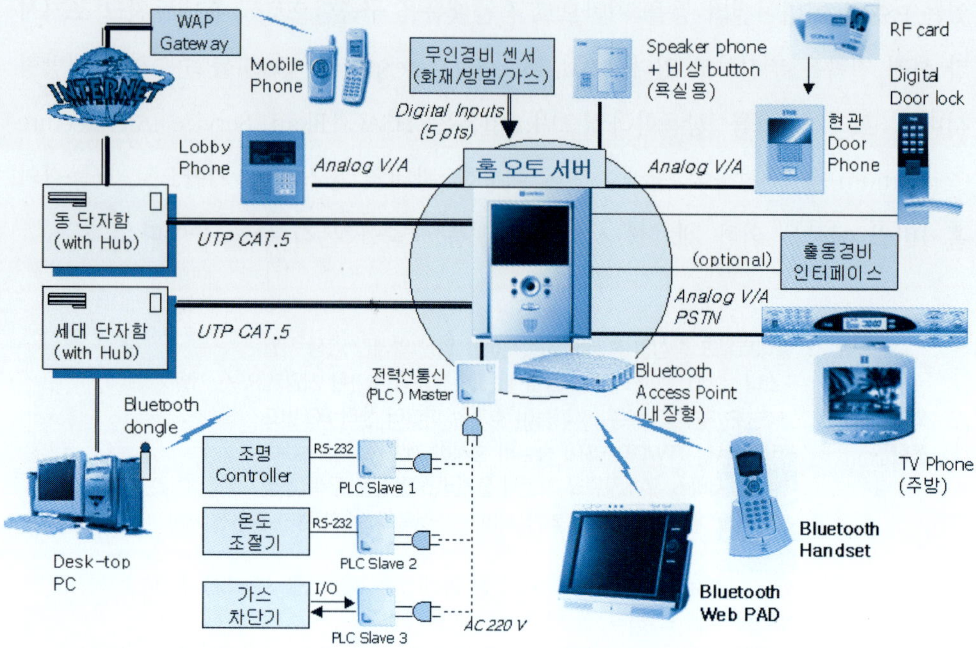

〈그림 1-18〉 **홈서버의 구축 사례**

1-4-2. 유·무선 홈네트워킹 기술

초고속 인터넷과 연계한 이더넷, 가전기기 제어를 위한 전력선 통신, AV 기기를 위한 IEEE1394 등 유선 기술과 Wi Media 및 IEEE WPAN(Wireless Personal Area Network) 등 무선 홈네트워크 기술의 표준 경쟁이 심화되고 있다.

특히, 홈네트워크 확산을 위해 선 없이 대용량의 멀티미디어 서비스를 제공할 수 있는 고속 무선 홈네트워크의 중요성이 확산되면서 무선 홈네트워크 기술 간 경쟁이 치열하게 전개되고 있다.

무선 홈네트워크는 기존 IEEE802.11x 기술의 대역폭을 확장하고 QoS를 추가하는 IEEE802.11e/n 규격의 표준화가 진행 중이며, HDTV급 전송이 가능한 UWB(Ultra Wide Band)와 같은 광대역 무선기술과 ZigBee 등 위치기반의 저속 센서기술이 등장하는 등 유선보다는 무선기술이 시장을 지배할 것으로 전망되고 있다.

현재 UWB는 모토로라(Motorola) 진영의 다이렉트 시퀀스(Direct Sequence) CDMA 방식과 미국의 인텔, TI 중심의 멀티밴드(Multiband) OFDM 방식이 표준 경쟁을 벌이고 있다. 국내에서도 50Mbps급 이상의 전력선 통신기술을 개발 중에 있으나, 480Mbps급 UWB 칩과 250kbps급 ZigBee 칩의 개발 등 무선 기술개발에 많은 기술력이 집중되고 있다.

외국 동향

- 무선기술이 시장을 지배할 것으로 전망되며 UWB, ZigBee, Zwave 관련 선도 기업간 표준 경쟁 첨예화
  - 인텔은 MB-OFDM 방식 UWB, 모토롤라는 DS-CDMA 방식 UWB 표준 주도
  - 홈 오토메이션 제어를 위해 사용되는 저속 PLC, ZigBee 및 Zwave간 경쟁
  - 미국의 HomePlug, 유럽의 PLC포럼 등에서 고속 전력선통신 개발 추진

개발 방향

- 다양한 무선 모뎀 상용화 기술을 확보하고 있으나 SoC 기술은 취약하므로 국제 공동 연구를 통해 IPR 및 세계표준 주도 기술 조기 확보
- 광대역 무선 네트워크 구축을 위해 고품질 AV용 UWB 핵심기술 개발
- 가정내의 센서 네트워크 구축을 위한 저전력 ZigBee 원천기술 개발

개발 계획

[1단계]
- 10m 반경에서 최대 480Mbps급 UWB개발
- 900MHz 대역의 ZigBee 개발
- UWB 기반 무선 1394 및 USB 개발

[2·3단계]
- 1Gbps급 이상의 UWB 개발
- 위치 인식 저속 WPAN 기술 개발
- UWB 기반 무선 홈네트워크 구축

〈그림 1-19〉 유·무선 홈네트워킹 기술

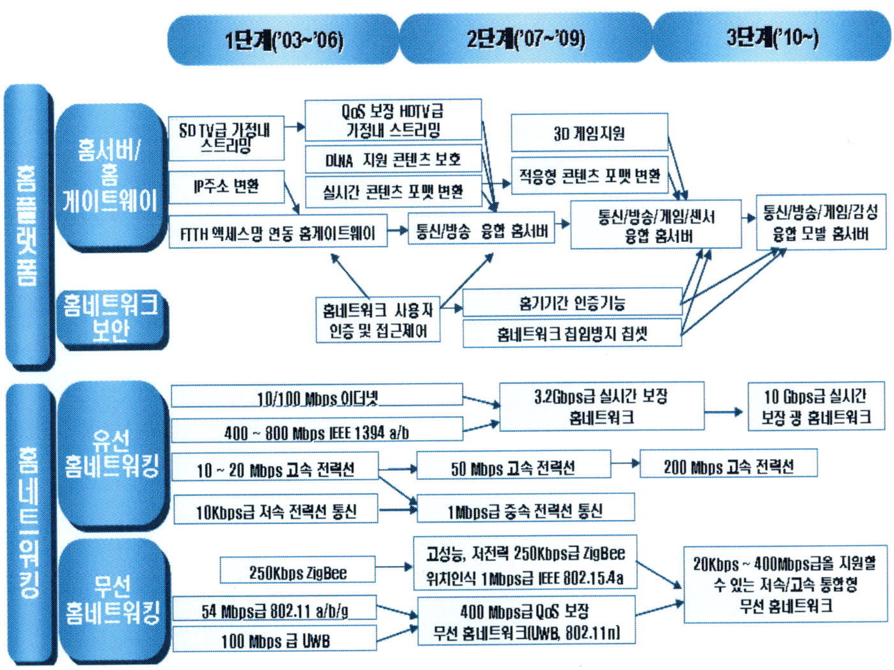

〈그림 1-20〉 홈플랫폼·네트워킹 기술발전 로드맵

1-4-3. 정보가전 기술

기존의 백색가전기기들이 정보가전으로 진화되어 홈네트워크에 연결되고 있으며, 오디오, 비디오 등 AV 기기들의 지능화가 빠르게 진행되고 있다. 이태리의 Meloni사는 전력선을 이용한 냉장고, 에어콘 등을 상용화하였으며, GE사 등도 전력선을 이용한 정보가전기기 시제품을 출시하였고 대부분의 AV기기들이 IEEE1394를 기본적으로 지원하고 있다.

미쯔비시사 등에서 HAVi기반의 HDTV와 VTR을 상용화하였으나, 2003년 이후 홈네트워크 기기 간의 상호운용성 제공이 홈네트워크 활성화에 중요한 요소로 인식됨에 따라 향후 DLNA(Digital Living Network Alliance)기반의 AV기기들이 주류를 이룰 것으로 전망된다.

또한 유비쿼터스 홈이 가시화되면서 홈센서 간 정보교환이 가능하도록 홈센서가 지능화되고 착용 가능한 형태로 발전할 것으로 전망된다. 센서는 홈오토메이션 서비스의 필수 구성요소로서 주로 방범 · 방재, 실내 환경조절, 원격검침 등에 사용되고 있으며, 향후 센서 기술은 마이크로미케니컬 센서(미소기계 소자), 바이오 센서 등으로 발전해 나갈 것으로 예상된다.

구분	내용	
외국 동향	• 기존 가전기기와 AV 기기들의 지능화 및 홈네트워크와의 연결 가속화 -Meloni : 전력선을 이용한 냉장고, 에어컨 상용 제품 출시 -미쯔비시 : HAVi가 지원되는 HDTV와 VTR 상용 제품 출시 -GE : 전력선을 이용한 정보가전기기 시제품 출시 • 홈센서의 지능화 및 RFID/유비쿼터스 ID 기반 정보교환 기술개발 활발 -홈센서를 이용한 홈오토메이션, 방범, 방재, 원격검침 등의 기술개발	
개발 방향	• 세계 최고의 상용화 기술력을 바탕으로 산업체 주도의 상용화 기술개발 • 사용자의 편이성과 휴대성 극대화를 위해 사용자 인터페이스를 고려한 지능형 정보단말 기술개발	
개발 계획	[1단계] • 데이터 콘텐츠 공유 • HAVi, UPnP 등 단일 표준 미들웨어 기술 • 표준 상황 적응형 플랫폼 개발 • 제한적 사용자 인터페이스 - 음성 인식	[2 · 3단계] • 멀티미디어 콘텐츠 공유 • 다양한 미들웨어간 상호운용 및 센서 네트워크 연계 • 사용자 이용 패턴 학습 • 지능형 멀티모달 인터페이스

〈그림 1-21〉 지능형 정보가전 기술

국내의 홈네트워크 솔루션인 삼성전자 homevita와 LG전자 LnCP도 전력선 통신을 이용한 냉장고, 세탁기, 에어컨 등의 상용화 제품을 개발하였으며, 온도, 습도 센서 기술은 일부 홈오토메이션 업체에서 개발하였으나 지능화된 홈센서 및 RFID의 핵심 기술에 대한 개발은 초기단계이다.

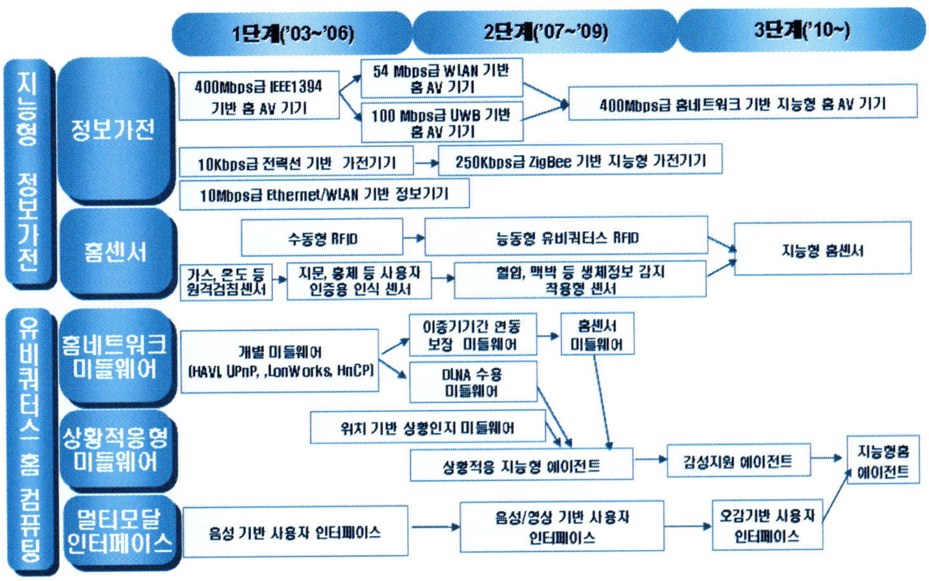

〈그림 1-22〉 지능형 정보가전 · 컴퓨팅 기술발전 로드맵

1-4-4. 유비쿼터스 컴퓨팅 기술

구분	내용	
외국 동향	• 유비쿼터스 홈과 센서의 지능화 추세에 따라 상황 적응형 미들웨어 개발 −MIT, IBM, MS, 소니 등은 다양한 가전기기들을 연결하여 주변상황에 따라 동적 제어 서비스가 가능한 상황 적응형 미들웨어 기술개발 중 • 센서간 정보 교환을 위한 스마트 센서 네트워크 및 홈센서 기술개발 −Washington, 조지아 대학 : 위치 센서 입력의 통합처리 방법 연구 −월마트 등에서 RFID 기반 물품관리 적용, 인텔은 바다자원 관리에 적용	
개발 방향	• 무선 및 센서 네트워킹 기술과 연동하여 상황기반 지식 서비스를 제공하는 유비쿼터스 홈 컴퓨팅 원천기술개발 • 주위 환경 및 사용자 특성에 따라 지능적 서비스가 가능한 지능형 에이전트 핵심 기술개발	
개발 계획	[1단계] • 소규모 네트워크 구성 라우팅 프로토콜 • 센서 내부 저전력관리 • 능동형 센서 태그와 유·무선망 연동 • 마이크로 암호화 기술개발	[2·3단계] • 대규모 네트워크 구성 라우팅 프로토콜 • 센서 네트워크 저전력 관리 • 지능형 센싱 태그간의 연동 • 지능형 상황 처리

〈그림 1-23〉 유비쿼터스 컴퓨팅 기술

1-4-5. 미들웨어 기술

미들웨어 기술은 UPnP(Universal Plug and Play), Jini, LonWorks 등 다양한 단체 표준이 혼재되고 있다.

점차 무선 홈네트워크 환경이 확산됨에 따라 무선 홈네트워크에 연결되는 디바이스를 안전하고 자동으로 구성, 관리할 수 있는 미들웨어 기술에 대한 연구가 활발히 진행되고 있으며, 다양한 이종 미들웨어 간에 상호호환성 부재가 홈네트워크 확산의 걸림돌로 인식되면서 이들 간 상호호환과 연동을 보장하려는 기술개발이 시작되고 있다.

2003년 6월 인텔, MS, 소니, 삼성전자 등은 디바이스 간에 상호호환성을 보장하는 미들웨어를 정의하기 위해 DLNA를 결성하고 2004년 6월에 버전 1.0을 발표하였다. 또한, MIT, IBM, MS, 소니 등은 유비쿼터스 홈 환경구현을 위해 홈센서 미들웨어 기술과 상황 적응형 미들웨어 기술개발을 진행 중이다.

국내에서는 이종 홈네트워크 환경에서 정보가전기기 간 상호연동을 제공하는 기술을 개발하고 있으며, DLNA와 UPnP 등의 표준화 활동을 통해 원천 기술확보에 노력하고 있다.

(1) UPnP

UPnP는 혼합된 미디어(Mixed-Media) 멀티밴더(Multi-Vendor) 홈네트워크 환경에서 운영체제, 언어 및 하드웨어에 독립적인 서비스 환경을 구축하기 위해 1999년 6월 마이크로소프트, Intel, Compaq, 미쯔비시, 필립스, 소니 등 150여개 기업이 참여한 가운데 PC 중심의 가전기기 제어 소프트웨어로서 표준을 정의한 것이다.

UPnP는 TCP/HP, HTTP, GENA, SOAP, SSDP 등 IETF 표준 인터넷 프로토콜을 기반으로 하고 있으며, DA(Device Architecture), AVA(Audio Video Architecture), 보안구조(Security Architecture) 등 3개의 구조로 이루어져 있다.

2004년 7월 UPnP AV 1.0 스펙이 공개되었고, 조만간 UPnP AV 스펙이 발표될 것으로 기대된다. DLNA DLNA는 홈네워크 상호운용 프레임워크의 제공을 목적으로 2003년 6월에 결성된 표준단체이다.

2004년 8월 8개의 BoD(Board of Director) 맴버들, 즉 HP, Intel, Microsoft, Nokia, Panasonic, Philips, 삼성, 소니를 중심으로 160여개의 업체가 참여하고 있다. 1.0스펙에서 UPnP DA와 AV를 기본 프로토콜로 활용하면서 UPnP의 입지는 향후 홈네트워크 미들웨어의 De-Facto 표준으로 자리잡은 전망이다.

그러나 취약한 시큐리티 문제와 더불어 상기한 표준 인터넷 프로토콜의 부담, non-IP로 구성될 것으로 보이는 가전 및 센서 · 액추에이터 네트워크와의 연결방법 등이 향후 풀어야 할 숙제로 남아 있으며, 1.0스펙이 6월에 발표된 DLAN의 요구사항을 만족하기 위해 보조를 맞추어야 하는 부담이 있다.

미들웨어 기술은 UPnP(Universal Plug and Play), Jini, LonWorks 등 다양한 단체 표준이 혼재되고 있다. 점차 무선 홈네트워크 환경이 확산됨에 따라 무선 홈네트워크에 연결되는 디바이스를 안전하고 자동으로 구성, 관리할 수 있는 미들웨어 기술에 대한 연구가 활발히 진행되고 있으며, 다양한 이종 미들웨어 간에 상호호환성 부재가 홈네트워크 확산의 걸림돌로 인식되면서 이들간 상호호환과 연동을 보장하려는 기술개발이 시작되고 있다.

2003년 6월 인텔, MS, 소니, 삼성전자 등은 디바이스간에 상호호환성을 보장하는 미들웨어를 정의하기 위해 DLNA를 결성하고 2004년 6월에 버전 1.0을 발표하였다.

또한, MIT, IBM, MS, 소니 등은 유비쿼터스 홈 환경구현을 위해 홈센서 미들웨어 기술과 상황 적응형 미들웨어 기술개발을 진행 중이다. 국내에서는 이종 홈네트워크 환경에서 정보가전기기 간 상호 연동을 제공하는 기술을 개발하고 있으며, DLNA와 UPnP 등의 표준화 활동을 통해 원천 기술확보에 노력하고 있다.

(2) HAVi

HAVi는 1998년, 전 세계 AV시장의 70% 이상을 점유하는 기업들, 즉 소니, 톰슨, 필립스, 도시바, 샤프, 히타치 등 8개 가전기기 제조사가 중심이 되어 다양한 디지털 오디오/비디오 기기 간의 상호운용성을 보장하기 위한 표준 제정을 위해 조직한 단체로서 1998년 11월 1.0 스펙을 발표하였고, 2000년 4월에 소니와 필립스사에서 프로타입 시스템을 데모하였다.

HAVi 기술은 IEEE1394 인터페이스 및 프로토콜과 JVM을 기반으로 하며, 디지털 TV를 중심으로 홈엔터테인먼트 기기들을 구성 관리하는 미들웨어이다. HAVi의 일부 기술은 DVB-MHP(Digital Video Broadcasting-Multimedia Home Platform)에 포함되고 있고, 미국 케이블 방송 표준인 Open Cable에서 IEEE1394를 채택하면서 많은 기대를 모이는 면도 있으나, IP over 1394 기술이 실제 필드에 적용되면서 IP를 기반으로 하는 UPnP 미들웨어에 많은 부분이 잠식되어 가고 있다. 실제로 초기의 8개 핵심 맴버 중에서 소니 등 4개사가 탈퇴하는 등 홈네트워크 표준으로서 다소 입지를 잃어가고 있다.

(3) Jini

Jini는 네트워크 상의 모든 종류의 디바이스와 소프트웨어 자원의 통합체를 구성하여 서비스와 자원을 공유하고 사용자의 위치변화에 관계없이 네트워크상의 자원에 대한 용이한 접근 및 네트워크의 개설, 갱신, 변경작업의 단순화를 목표로 하는 기술로서 1998년 선 마이크로시스템즈사에서 발표한 분산 환경의 홈네트워크 자원 공유 플랫폼이다.

홈네트워킹의 미들웨어 관점에서 본 Jini의 강점은 Plug and Play 기능에 의한 간단한 시스템 구성과, 실행코드의 이동성에 의한 가변성, 그리고 기존의 IP를 기반으로 하는 네트워크에 대한 자연스러운 확장성 및 Java 연관 제품 및 시스템과의 호환성 확보 등이다.

단점으로는 Jini 시스템에 JVM을 도입하므로 인하여 수행속도가 느리고 많은 양의 메모리를 차지하므로 시스템의 단가가 높아진다. 또한 Lookup Server에의 의존도가 높아 홈네트워크 시스템에 종종 발생하는 기기의 착탈 시 Lookup Server가 이탈할 경우 전체 네트워크가 동작하지 않을 위험성도 있다.

Jini가 안고 있는 고민 중의 하나는 Jini을 창안한 선 마이크로시스템즈(Sun Microsystems)사가 마이크로소프트(Microsoft)의 UPnP처럼 강력하게 Jini를 지원할 수 없는 상황에 있다는 것이다.

선 마이크로시스템즈의 주력 시장은 현재 Server 부문인데 Alpha 칩을 개발한 DEC사가 이 칩의 권한을 컴팩사에 매도하였으며, 컴팩사는 이 칩을 개발한 후 서버 시장에 진입하려 하였으나 어려움을 겪자 이 칩의 생산권을 인텔(Intel)에 인도하였다.

이에 따라 인텔과 컴팩이 손을 잡고 서버 시장에 도전장을 낸 격이 되었으며, 선 마이크로시스템즈사는 역사상 가장 커다란 경쟁자를 만난 셈이 된 것이다.

따라서 서버 시장의 수성에 대부분의 자원을 사용하여야 하므로 Jini를 프로토션하는 데에는 당연히 한계를 느낄 수밖에 없고, 인하여 Jini의 시장은 활성화하는 데에 다소 어려움을 겪을 것으로 보인다.

(4) 론웍스(LonWorks)

론웍스는 미들웨어 기술이 아니다. 보통 미들웨어는 게이트웨이에서 이기종 네트워크와 접속하는 플랫폼을 의미하므로 론웍스는 미들웨어가 연동해야만 할 수 있는 많은 네트워크 중의 하나이다. 그래서 LonWorks/UPnP 브리지가 있고, OSGi용 LonWorks Network Bundle가 있다.

국내 ETRI나 KETI(전자부품연구원)에서 개발한 미들웨어에도 모두 론웍스와 인터페이스가 가능하도록 인터페이스 드라이버를 포함하고 있다. 다만, 론웍스가 주목받는 이유는 이러한 미들웨어가 연결해야만 하는 수많은 네트워크 기술 중에서 가장 정돈이 잘 되어 있기 때문이다.

① 프로토콜 완성도가 높다(개별 디바이스에서 7계층 서비스 수행).
② 멀티벤더 제품 간의 상호 호환성에 대한 규격이 있다(NV, LonMark 가이드라인, program-id).
③ 설치/네트워크 유지보수(추가/삭제/변경)에 대해 표준 시나리오가 존재한다.
④ 가장 중요한 것은 실제로 많은 업체에서 론웍스를 탑재한 네트워크 제품을 제조하고 있는 것이다.
⑤ 미국(ANSI/CEA), 유럽(EN), 중국(GB/Z) 등에서 제어 네트워크의 표준으로 채택하고 있다.

이런 장점 때문에 론웍스 기술에 대해 많은 업체나 개발자가 관심과 사랑을 주고 있다.

빌딩·홈오토메이션을 목적으로 전력선을 활용한 저속 통신 기반의 미들웨어로서는 LonWorks, CEBus 등의 단체 표준 미들웨어가 관련 단체(LonMark, CEBus 등)를 통해서 1990년대에 이미 표준화되었다고 이 중 론웍스는 미국 ANSI 산하 EIA 709.1 표준으로 등록되었다고 유럽, 미주, 일본 등지에서 많은 제품을 시장에 선보여 빌딩 자동화의 산업 표준 수준으로 인정되고 있으며, 현재 홈네트워크 서비스로의 진화를 위해 론마크(LonMark) 등에서 지속적인 활동을 보이고 있다.

론웍스 기술은 론토크(LonTalk)라고 하는 네트워크 프로토콜과 디바이스 개발 프로그램 환경 등을 하드웨어적으로 구현한 뉴런 칩을 공급함으로써 디바이스 개발자가 손쉽게 론네트워크 프로그래밍을 개발할 수 있는 환경을 제공하고 있다.

또한, LNS라고 하는 윈도우즈 운영체제 기반의 강력한 관리 시스템을 제공하여 자동화 서비스의 생성 및 관리를 할 수 있는 토대로 제공하고 있다.

현재 론마크에서는 센서와 액추에이터 등에 편향적으로 구성된 론웍스의 응용표준에 백색가전기기에 적합한 표준을 추가하기 위하여 표준화 작업을 진행 중에 있으며 국내 삼성전자가 적극적으로 참여해 주도하고 있다.

1-5 유비쿼터스 유선 및 무선 홈네트워크 기술

1-5-1. 유선 홈네트워크 기술

가전 장비의 연결을 위한 방식은 크게 유선에 의한 방식과 무선에 의한 방식으로 나눌 수 있다. 유선 방식은 이용하는 선로에 따라 전화선을 이용하는 방식, 전력선을 이용하는 방식, 이더넷(Ethernet)을 이용하는 방식, IEEE1394, 구조적 배선(Structured Wiring) 방식으로 나눌 수 있다.

〈표 1-5〉 홈네트워킹을 위한 장비간 연결 기술

연결방식		관련기술
유선방식	전화선을 이용한 방식	HomePNA
	전력선을 이용한 방식	HomePlug, LonWorks, HNCP
	Ethernet을 이용한 방식	802.3
	Structured Wiring 방식	TIA 570-A
무선방식		Bluetooth, WLAN

〈표 1-6〉 유선전송 기술규격

	IEEE 1394	IEEE 1394b	MOST	Home PNA2.0	Ethernet 100BASE	USB 2.0	Home Plug1.0
Qos	Isochronous		Synchronous	8 Priority	× (802.1p)	Isochronous – like	4 Priority
전송배체	STP	UTP, POF, GOF, STP	POF	Phone Line	UTP, MMF	USB cable	Power Line
최대 전송속도	400 Mbps	3.2 Gbps	24.8 Mbps	10 Mbps	100 Mbps	480 Mbps	10 Mbps
전송거리	4.5m	4.5m(STP) 50m(POF) 100m(UTP, GOF)	250m	300m	100m	–3m	–

(1) 전화선을 이용하는 방식

전화선을 이용하는 방식(HomePNA : Phoneline Network Alliance)은 가정에 설치된 전화선로의 특성과 관련되어 있다. 대부분의 가정에서는 1개의 전화번호를 사용한다. 또한, 모든 방이나 주거공간에서 전화를 송수신할 수 있도록 해야 하기 때문에 집안의 대부분의 주거공간에는 전화를 꽂을 수 있는 연결단자가 1개 이상 나와 있다. 물론 주거공간에 따라 다른 번호를 사용할 수도 있기 때문에 건설업자는 MDF, 국선단자함, 세대단자함 등을 이용하여 각 주거공간으로 연결되는 전화선에 대한 배선을 처리하도록 하고 있다. 그러나 대부분의 가정에서 1개의 전화번호를 사용하고 있기 때문에 모든 주거공간의 전화선로는 함께 연결이 되어 하나의 독립된 망을 형성하고 있다. 가정별로 독립된 전화선 망이 형성되어 있고 대부분의 주거공간에서 이를 이용할 수 있도록 배선이 되어 있기 때문에 전화선 연결방식을 사용하면 추가적인 배선이 거의 필요 없게 된다. 이러한 점에서 전화선 연결방식이 홈네트워킹 사업자들에게 매력적인 연결방식으로 등장한 것이다.

특히, 전화선 연결방식은 다른 표준기술과는 달리 많은 경쟁 업체들이 기술규격에 합의하여 공동으로 기술을 개발하고 있다. 선도적으로 기술을 보유한 업체들간의 소유권이나 사용권에 대한 다툼이 적었기에 통일된 표준의 결정도 용이하였다. 그러나 전화선 자체가 고속의 통신을 고려한 것이 아니기 때문에 대용량의 고속 데이터 전송에 한계가 있고, 오래된 집에서는 주거공간의 일부에만 전화선 연결이 가능하며, 한 가정에서 2개 이상의 전화를 사용하는 경우에는 전화선 망이 분리되기 때문에 최근에는 그 사용 빈도가 점차 줄어드는 편이다.

전화선 연결방식에 대한 표준화를 위한 산업체의 자발적인 모임이 HomePNA(Phoneline Network Alliance)이다. 이 모임에서는 1Mbps와 10Mbps를 지원하는 네트워킹 기술규격을 발표하였으며, 사용자를 위한 교육에 심혈을 기울이고 있다. HomePNA 자체는 공인 로고로서 상호 연동성에 대한 승인의 표시로도 사용되고 있다. HomePNA에서는 최근 10Mbps 이상의 속도 지원을 위한 논의를 진행하고 있다.

홈네트워크의 백본 기술로 대두되고 있는 HomePNA는 기존의 댁내 전화선로를 이용하여 정보통신기기들을 하나의 망에 연결하고 허브나 라우터 등의 별도 장비

없이도 LAN환경을 구축할 수 있으며, 현재 최대 데이터 전송속도 10Mbps인 HomePNA 2.0이 표준이 되고 있다. 최근에는 전송률 향상과 QoS(Quality of Service)를 강화시킨 128Mbps의 HomePNA 3.0이 발표되었는데, 2004년 중반 경에는 HomePNA 3.0을 사용하는 선도제품이 시장에 출시될 예정이다. 기존의 댁내 전화회선을 사용한다는 장점을 바탕으로 유선 홈네트워킹 기술 가운데 비교적 안정적인 위치에 있기는 하나 최근 경쟁기술로 부각되고 있는 무선계 기술과 거의 맞먹는 가격과 사용상의 편이성, 보안 및 QoS 문제 등에서 확실한 해결책을 필요로 하고 있다.

(2) 전력선을 이용하는 방식(Lonworks/HomePlug)

홈네트워킹의 전신인 홈오토메이션이 시작된 계기는 X-10이라는 전력선 통신 기술의 등장에 기인한다. 전력선 통신은 가정의 어느 곳에나 산재되어 있는 전기 배선 자체를 통신수단으로 이용함으로써, 사용자가 장비의 사용을 위해 자연스럽게 전기를 꼽는 행위만으로 통신망을 연결시켜 주고, 전력선을 통해 장비 간의 통신이 가능하게 해주는 기술이다. 이 기술이 무엇보다도 관심을 끄는 이유는 전력선이 가정내의 거의 모든 곳에 연결되어 있고, 대부분의 가전장비 사용을 위해서는 전기가 필요하기 때문이다. 비교적 저속의 연결인 전력선 연결기술은 가전장비의 제어를 위한 데이터의 양이 많지 않았기 때문에 계속적인 관심을 얻고 있으며, 최근에는 LAN 정도의 속도로 데이터를 전송할 수 있는 기술이 개발되어 점차 그 사용영역을 넓혀가고 있다.

PLC는 가정이나 사무실에 포설된 전력선을 이용하여 통신신호를 100kHz~30MHz의 고주파 신호로 바꾸어 전송하고, 수신시에는 고주파 필터를 이용하여 신호를 수신하는 방식으로서 데이터 전송에 활용된 것은 이미 20년 가까이 된다.

저속(60bps)의 X-10 플랫폼이 초기 제품으로 출발하였으나 느린 속도 때문에 단방향이었으며 애플리케이션이 제한적이었다.

전력선 통신 기술에 관련된 모임으로 HomePlug라는 것이 있는데, 이 모임은 3Com, Cisco, Compaq, Intel, Motorola, TI 등의 회사들이 모여 가정을 위한 전력선 네트워크의 공동표준 개발을 위해 2000년 4월에 결성한 것으로서 첫번째 결과로

〈표 1-7〉 전력선 통신의 분류

속도에 따른 분류	전송속도	전용 Carrier 주파수	사용방안	비고
저속 전력선 통신	60bps~10kbps	10kHz~450kHz	인터넷 정보가전을 포함한 방법, 방재 등의 Automation Network	X-10 CEbus(EIA600) LonTalk(EIA709)
중속 전력선 통신	10kbps~1Mbps	10kHz~450kHz	인터넷 정보가전을 포함한 방법, 방재 등의 Automation Network	Proprietary Protocol
고속 전력선 통신	1Mbps~10Mbps	450kHz~300kHz	Internet Access Computer Network	HomePlug

10Mbps급 규격을 발표하여 가전장비의 제어뿐만 아니라 본격적인 데이터 통신을 위한 전력선 통신의 길을 열어 주었다.

최근에는 HomePlug 1.0이 2001년 말에 선보인 이래 2003년초에 열린 CES에서 버전 2가 재설계되어 출시되었으며, 차세대 스펙인 HomePlug AV이 개발 중이다.

이 표준은 HDTV 및 SDTV 포함해서 데이터와 멀티스트림 엔터테인먼트에 초점이 맞추어지고 있으며, 제품군은 2005년 초에 시장에 나올 것으로 전망하고 있다.

전력선을 이용한 홈네트워킹 기술은 아직까지 이더넷이나 무선계 기술보다 상대적으로 가격이 높은 편이다. 장기적인 관점에서 볼 때 QoS 문제에 영향을 받지 않는 가전제품이나 데이터 전송분야를 지원하는 편에 속하게 될 것으로 보인다.

HomePlug에서는 Intellon사의 PowerPacket라는 기술을 기반기술로 선정하여 500개의 가정을 대상으로 시범 서비스를 한 후, 2001년 최종 규격을 발표하였다. Intellon사에서는 같은 해부터 HomePlug 승인 반도체를 생산하였고 전력선 NIC(Network Interface Card)과 같은 기본적인 장비들이 속속 등장하고 있다.

국내에서는 저속의 가전장비 제어를 위한 표준으로 산업자원부의 PLC 포럼이라는 모임을 통해 HNCP(Home Network Communication Protocol)이라는 표준 전력선 통신 프로토콜이 준비되고 있다.

〈표 1-8〉 상용화된 저속 전력선 통신비교

Protocol / 항목	CEBus	X-10	Z-256	PL31xx(LonWokrs)
Protocol Type	Open	Proprietary(Patent expired)	Proprietary	Open(ANSI,EN,GB/Z -미국, 유럽, 중국)
Two way	Yes	Available but not popular	Yes	Yes
Reliability	Hiph	Medium	Low	High
Speed	10K bps	60 bps	360 bps	10K bps
Number of address	65,536	256	-	-
Commands	Unlimited	15	Limited	-
Configuration	Self configuration	User	User	Self / Automatic / Custom
Modulation	Spread spectrum	Zero crossing	Spread spectrum	Dual frequency BPSK
Tools	Intelon, Domosys and others	Standard modules	None	Echelon
Tools cast	Cheap	Cheap	Middle	vary
Availability of devices For house	Consumer and commercial	Large number of simple devices	Simple devices	None in consumer space
Technical suitability For metering	Within building	Within building	Within building	Within building
Other potential User of control language	1394(Home PNA and HomeRF under discussion)	None	None	None
can be used over internet	Yes	Limited	Limited	Yes

(3) 이더넷을 이용하는 방식

이더넷은 오래 전부터 대부분의 업무환경에서 LAN의 기본 프로토콜로 사용되고 있는 네트워킹 기술이다. 이 기술은 70년대 후반에 등장하여 저렴한 가격과 고속으로의 성능향상이 용이하기 때문에 성공적으로 폭 넓게 확장되었으며, 장비간의 연동성 유지를 위해 IEEE에 의해 관리되는 표준이다.

공식적인 표준이름은 IEEE802.3이며 첫번째 이더넷 표준은 동축케이블과 쌍꼬임선(twisted-pair ; 두 가닥의 선을 꼬은 것)를 이용하여 10Mbps의 속도로 통신을 할 수 있도록 고안된 것이었다(10Base-T 네트워크, 카테고리-3). 이후 고속 이더넷(Fast Ethernet ; 100Mbps), 기가비트 이더넷(Gigabit Ethernet ; 1000Mbps = 1Gbps)으로 발전하고 있다.

최근 IEEE에서는 10Gbps를 위한 이더넷 표준에 대해 연구하고 있다.

2대 이상의 PC를 보유한 가정이 늘어나고, 이더넷 NIC(일명 랜카드)와 허브(Hub)가 저렴해지면서 이더넷 하드웨어의 시장이 집에까지 확대되고 있다. 이더넷은 고속의 모뎀을 PC나 홈게이트웨이와 같은 인터넷 공유장비에 접속하는 표준 기술화하고 있다.

이더넷을 이용하는 방식은 홈네트워크 전체보다는 가정에 있는 컴퓨터 관련 장비 간의 연결에 주로 사용되고 있으며, 컴퓨터 네트워크를 아는 사람들이 직접 설치하여 사용하고 있다.

IEEE802.3 표준에 따른 네트워킹 기술로서 데이터 통신에서 이미 오래전에 검증을 받은 LAN기술이다. 기업 네트워크를 비롯한 홈네트워크의 기반을 이루고 있으며, 속도가 빠르고(현재 10Mbps 및 100Mbps) 안전성과 높은 신뢰성 그리고 무엇보다 타 경쟁기술보다 저렴하다는 점에서 주목받고 있다. 단말장치들은 CAT-3 혹은 CAT-5의 UTP(Unshielded Twisted Pair)선이나 동축케이블과 연결하고 CSMA/CD(Carrier Sense Multiple Access with Collision Detection) 프로토콜을 사용한다. 현재 1,000Mbps 전송속도의 IEEE802.3a가 표준화 완료 상태에 있으며, 이 기술을 이용한 장비가 출시되고 있다. 최근의 신형 PC들이 이더넷 카드나 마더보드위에 이더넷 LAN을 장착하고 있는 가운데, 소비가전 벤더들도 이더넷을 임베디드시킨 셋톱 박스, PVR(Personal Video Recorder), DVD 플레이어, 비디오 게임 콘솔, 디지털 오디오 수신기 등을 시장에 내놓고 있다.

(4) IEEE1394

차세대 홈네트워크 인터페이스 기술로 주목받기 시작한 IEEE1394는 원래 하드디스크 인터페이스로 1986년에 개발되기 시작하여, 1994년에 IEEE보급을 목적으로 1394 Trade Association이 설립되었으며 표준안 작업을 하고 있다.

IEEE1394의 특징을 살펴보면 다음과 같다.

첫째, IEEE1394 인터페이스의 가장 큰 장점은 전송속도가 빠르며, 모드에 따라 100Mbps, 200Mbps, 400Mbps로 규격화되어 있다. 이와 같은 속도라면 디지털 오디오나 동화상 정보를 실시간으로 처리할 수 있으며 스캐너, 디지털 카메라, 디지털 비디오 카메라 등과 같은 멀티미디어 기기를 연결하여 사용할 수 있다.

둘째, IEEE1394는 양방향 통신이 뛰어나다. 즉, 모든 주변기기마다 IEEE1394 인터페이스를 제어할 수 있는 IC를 내장할 수 있기 때문에 PC를 통한 화상회의 등의 응용분야에서 우수한 기능을 발휘할 수 있다.

셋째, IEEE1394는 PnP(Plug and Play)를 지원한다는 점이다.

넷째, IEEE1394는 직렬방식의 인터페이스 사용으로 한 기기의 전원이 꺼지더라도 다른 기기의 전원은 꺼지지 않는다.

네트워크 전송 표준으로서의 IEEE1394의 주된 장점은 가전산업과 PC 산업이 모두 이를 차세대 데이터 전송 표준으로 받아들이고 있다는 데 있다. 디지털 카메라, 디지털 VCR, 그리고 고용량 데이터 저장장치들은 이미 IEEE1394 인터페이스를 결합하고 있으며, 조만간 소비자용 PC에서도 도입될 것으로 보인다. 이 기술은 동일한 실내에서 엔터테인먼트 네트워크나 혹은 댁내나 다세대 주택내의 백본 기술로서 실질적인 응용이 될 수 있을 것으로 예상된다.

(5) 구조적 배선(Structured Wiring)

앞의 연결 기술들을 살펴보면 가정 내의 배선구조가 고속의 데이터 통신에는 적합하지 않기 때문에 또 다른 배선을 하거나(Ethernet) 난이도가 높고 가격이 비싼 기술을 개발하고 있다(HomePNA, HomePlug). 건물을 처음 건설할 때부터 통신에 대한 고려를 한다면 보다 저렴하게 홈네트워크를 구축할 수 있을 것이다. 미국에서는 이를 위해 고속 데이터 통신이 가능하도록 신축 건물 배선에 대해 구조적 배선을 고려한 규정을 통해 규제를 가하고 있다.

미국의 FCC에서는 구조적 배선의 사용을 독려하기 위하여 2000년 1월 FCC 99-405라는 문서를 승인하였다. 이 문서에 따르면 2001년 6월 10일 이후 설치되는 모든 구리 배선에 대해 카테고리-3(CAT-3, 10Mbps의 속도 보장)을 지원하는 굵기 24 가우스(Gauss) 이상의 쌍꼬임선(twisted pair)을 사용하도록 하였다. 일반적으로 구조적 배선은 카테고리-3보다 고급 쌍꼬임선인 카테고리-5(CAT-5, 100Mbps의 속도 보장)에 잘 어울리지만 카테고리-3의 요구 사항도 상위 기능으로의 진화를 지원하고 있기 때문에 카테고리-3을 채택하였다. 이는 FCC에서는 표준의 공표 없이는 건축업자들이 저급의 배선을 계속 사용할 것이고, 이로 인해 광대역 전송기술의 기능저하와 근처에 설치되는 전화선에 대한 간섭문제를 야기할 수 있기 때문에 건축업자들의 부담을 줄이면서 향상된 배선구조를 사용하도록 하기 위한 유인책이었다.

강제성은 없으나 현장의 요구 사항을 반영한 것으로서, FCC 99-405 채택에 앞서 개발된 표준으로 1999년 11월 발표된 ANSI/EIA/TIA 570-A(줄여서 TIA 570-A)가 있었다. TIA 570-A는 FCC 99-405의 기반을 이룬 표준으로서, 음성, 데이터, 화상, 멀티미디어, 홈오토메이션 시스템, 보안장비, 음향기기, TV, 감지장치, 경보장치, 인터컴을 지원할 수 있도록 구조적 배선에 대한 표준을 제시하고 있다. 이 표준은 기본사항과 멀티미디어 관련사항의 두 등급으로 구성되었다(〈표 1-9〉참조). 등급 1에서는 전화, 위성 및 케이블 TV, 데이터 서비스를 위한 최소한의 요구 사항을 설정하였으며, 카테고리-3 이상의 쌍꼬임선(twisted pair) 1개와 1개의 동축케이블을 사용하도록 하고, 선로의 연결방식에 대해서도 과거에 자주 사용되던 데이지 체인(Daisy-Chain) 구조를 스타(Star) 구조로 바꾸도록 요구하고 있다. TIA 570-A 표준은 기존의 가정 배선 규정(FCC 99-405)에 비해 전체적인 배선 시스템에 대한 승인사항이 광범위하게 되어 있다. TIA 570-A에는 구획, 연결구조, 통로, 여유공간, 분배장비, 콘센트, 선로 접속, 성능시험기준, 단일 및 복수 주거구조 등에 관한 권고안을 포함하고 있다.

TIA 570-A 표준을 지원하는 구조적 배선에서는 현재의 가정 내 모든 접속 요구사항을 지원할 수 있으며, 향후의 기술발전에 따른 변화에도 적응할 수 있는 여지를 제공하고 있다. 이러한 구조적 배선을 설치하면 여러 대의 PC와 프린터, 팩스 등으

〈표 1-9〉 TIA 570-A 배선 등급

서비스	등급 1	등급 2
전화서비스	CAT-3 twisted pairs 1회선 (선택사항 : CAT-5 1회선)	CAT-5 twisted pairs 1회선 (선택사항 : CAT-5 twisted pairs 2회선)
TV	RG-6 동축케이블 1회선	RG-6 동축케이블 1회선 (선택사항 : RG-6 동축케이블 2회선)
데이터	CAT-3 twisted pairs 1회선 (선택사항 : CAT-5 1회선)	CAT-5 twisted pairs 1회선 (선택사항 : 광케이블 2회선)
멀티미디어	권장하지 않음	CAT-5 twisted pairs 1회선 광케이블 2회선

로 구성된 가정 내 네트워크(HAN : Home Area Network)를 가능하게 할 수 있으며, 파일이나 프린터와 같은 자원을 공유할 수 있도록 할 수 있다. 구조적 배선을 사용함으로써 HAN 뿐만이 아니라 온 가족이 즐길 수 있는 가정용 오락(entertainment) 시스템이나 환경 제어, 보안관제 시스템 등을 원활히 설치할 수 있다.

국내에서는 정보통신부가 중심이 되어 신규 아파트 등의 구내배선을 인터넷, 케이블 TV와 같은 정보통신 서비스를 사용할 수 있도록 쌍꼬임선 케이블을 사용하도록 권고하여 구조적 배선이 가능하도록 준비하고 있다(전기통신설비의 기술기준에 관한 규칙). 이 규칙의 시행과 함께 건축업자들의 규칙 이행을 활성화하기 위하여 규칙에 대한 이행 정도를 평가하여 아파트 단위의 등급을 부여함으로써 자연스럽게 신규 아파트의 배선의 고급화를 유도하고 있다. 건축업자들의 입장에서는 아파트 분양이 성공적이어야 하기 때문에 경쟁적으로 높은 등급의 아파트 건설에 신경을 쏟을 수밖에 없게 되었다.

유선 방식인 경우 구조적 배선을 이용하는 것이 가장 효율적인 방법이다. 그러나 구조적 배선은 주택 전체의 배선을 바꾸어야 하기 때문에 기존의 가정에는 적용하기가 어렵다. 정부에서는 새로운 규칙의 원활한 이행을 촉구하여 신규 주택에 구조적 배선을 위한 통신선로를 미리 확보함으로써 홈네트워킹이 일상화되는 미래에 보다 많은 가정에서 안정적인 통신선로를 사용할 수 있도록 하여야 한다. 기존의 주택에 대해서는 전화선 방식이나 전력선 방식을 응용하는 방향으로 제품이 개발되고 있으며, 보다 저렴한 가격으로 고속의 다양한 데이터를 전송하기 위한 방안이 연구되고 있다. 유선 방식의 최대 난관은 전문성이 없는 사용자가 얼마나 쉽게 홈네트워크를 구성할 수 있는가(사용자는 홈네트워크의 구성이나 개념 자체를 모르게 하는 것이 최선)이다. 따라서 업계에서는 사용자의 개입이 없는 네트워크 구성 및 관리 방식을 미들웨어(HNCP, Jini, HAVi 등)라는 이름으로 속속 등장시키고 있다.

1-5-2. 무선 홈네트워크 기술

홈네트워킹에 도입할 수 있는 무선 통신기술로는 무선랜(WLAN)을 이용하는 기술, HomeRF를 이용하는 기술, 블루투스(Bluetooth)를 이용하는 기술 등을 들 수 있다.

〈표 1-10〉 무선전송 기술규격

인터페이스기술	규격		특징			
	버전	발표일시	Qos support	전송거리	최대전송속도 (Mbps)	사용주파수
1394	Wireless	2002~	802.11e	~20m	54	5GHz
WLAN	IEEE802.11a	1999.11	802.11e	12~57m	6,12,24,54	5GHz
	IEEE802.11b/g	1999.11			5.5,11	2.4GHz
Bluetooth	Ver 1.0B	199.12	-	10~50m	2	2.4GHz

(1) 무선랜을 이용하는 기술

최근 초고속 통신망 업체들이 주축이 되어 무선랜을 학교나 국제회의실, 주요 건물 주변 등의 공용 공간에 설치하면서 무선랜이 일반인들 사이에 많이 회자되고 있다. 홈네트워킹의 성공을 위한 주요 요소 중의 하나는 사용자가 네트워크 구성이나 관리를 위한 불편함을 거의 느낄 수 없도록 하고, 사용자들이 일상적인 생활방식에 자연스럽게 스며들도록 하는 것이다. 이러한 의미에서 무선랜이 일반인들에게 자주 노출되고 쉽게 접근할 수 있게 된다는 사실은 매우 고무적이다.

무선랜은 1990년대 초부터 시작되어 최근에 급속도로 보급되고 있는 기술로서 별도의 선로연결 없이 비교적 빠른 속도의 데이터 전송을 가능하게 해주는 기술이다. 하지만 무선랜은 호환성 없는 다수의 접속방식을 그 표준으로 인정하고 있고, 고속화를 위한 방안과 관련하여 다수의 기술이 다툼을 벌이고 있기 때문에 시장전망에 대해서는 판단하기가 쉽지 않다.

현재 가장 많이 사용되는 무선랜 표준은 IEEE802.11b로서 이 기술이 폭 넓은 용도에 사용되면서 차차 무선랜의 연동성 부족 문제가 해결되고 있다. 그러나 차세대 무선랜 기술표준을 위해 HiperLAN2와 IEEE802.11a가 치열한 공방을 벌이고 있고, 이 싸움에 802.11b와 호환성을 지닌 802.11g까지 가세하면서 승패를 가늠하기가 어려운 양상으로 치닫고 있다.

IEEE802.xx로 표시되는 표준은 IEEE라는 국제 표준기관에서 제정하는 LAN의 국제표준 규격이다. 우리가 일상적으로 컴퓨터 네트워크에 사용하는 이더넷이나 토큰링(Token Ring) 네트워크와 같은 대부분의 유선 네트워킹에 사용되는 규격이

IEEE802.3이다. IEEE802.11은 1997년에 승인된 규격으로 2.4GHz 주파수대역을 이용하며, 호환성이 없는 3가지 무선 접속기술을 모두 허용하는 대신, 동일한 기술을 채택한 제품 간의 연동성을 위한 지침을 제시하고 있다.

초기 802.11은 2Mbps까지의 제품에 적용되었으나, 1999년 802.11b의 발표와 함께 이더넷 정도의 속도인 11Mbps의 고속 통신이 가능하게 되었고 본격적인 시장의 호응을 얻기 시작하였다. IEEE802.11에서 승인된 무선 접속기술은 무선 주파수를 원시 데이터의 대역폭보다 넓게 확산시키는 방식(Spread Spectrum) 2가지와 적외선을 이용하는 방식이 있는데, 적외선 방식은 거의 사용되지 않고 있다.

주파수 확산 방식으로는 FHSS(Frequency Hopping Spread Spectrum)와 DSSS(Direct Sequence Spread Spectrum)가 승인을 얻었다. FHSS 방식은 장비의 접속 시마다 주파수를 임의로 선택하는 방식으로 통신속도는 상대적으로 느리지만(2Mbps) 통신의 보안성이 높은 방식이다. DSSS 방식은 원시 신호보다 훨씬 넓은 범위로 부호를 확산하는 방식으로 보안성은 뒤지지만 FHSS에 비해 훨씬 빠른 전송속도(11Mbps)를 지원한다. 국내의 경우 초고속 통신망 사업자들이 보안성보다는 전송속도를 우선시 하여 대부분 DSSS 방식을 지원하고 있다. 그러나 DSSS 방식은 통신속도가 접속 사용자 수의 증가나 통신거리에 민감하게 반응하며, 벽과 같은 장애물에 대한 전파 투과력이 약하고 잡음 및 전파간섭에 대한 저항력이 부족하기 때문에 종합적인 성능에서는 큰 차이가 없다고 말할 수 있다.

IEEE802.11에서는 매체접속기술(MAC : Media Access Control)의 개선을 위해 여러 개의 그룹(Task Group)을 유지하고 있는데, 그 중 802.11의 속도 개선에 집중하고 있는 그룹이 그룹-G이다. 그룹-G에서는 다음과 같은 요구 사항을 만족시키면서 54Mbps의 고속 통신이 가능한 802.11g 기술을 선택하였고, IEEE에서 잠정안이 승인되어 최종 승인을 기다리고 있다.

- IEEE802.11b의 확장판
- IEEE802.11b 물리계층 표준의 모든 필수부문을 구현 명시
- 최소의 사용료로 기술 라이센스를 하겠다는 IEEE 특허정책 준수
- IEEE802.11b와의 하향 호환성 제공

고속 무선랜(54Mbps) 시장에서의 대부분의 논쟁은 5GHz대역의 802.11a와 HyperLAN2를 중심으로 벌어지고 있고, 시장에서는 2.4GHz대역의 802.11b 제품이 주류를 이루고 있다. 이러한 상황에서 2.4GHz대역의 가속 모드인 802.11g의 등장은 지금까지의 고속 무선랜에 관련된 논란에 상당한 영향력을 끼칠 가능성이 높다. 즉, 5GHz대역의 고속 무선랜 제품은 다른 통신방식과 주파수 대역의 충돌이 없기 때문에 매력적이지만 지원장비가 적어 칩셋(chipset)의 가격이 비쌀 것이고, 802.11g는 802.11b와의 호환성을 지니기 때문에 칩셋의 가격도 상대적으로 싸고 사용자들도 업그레이드(upgrade)의 개념으로 이해하여 구매하고자 하는 욕구를 쉽게 느낄 것이다. 단순히 보면 802.11g가 매우 유리한 위치를 점할 것으로 보이지만, 802.11b 제품과 블루투스 제품이 2.4GHz대역을 같이 쓰기 때문에 통신에 간섭이 발생하는 공존 문제가 가장 큰 걸림돌이다. 따라서 802.11b에 관련된 업체에서는 802.11b와 블루투스의 공존을 위한 기술개발에 집중하고 있다.

5GHz대역에서 54Mbps의 속도로 동작하는 무선랜의 표준은 802.11a와 HyperLAN2의 싸움으로 좁혀져 있다. 이 기술들은 데이터 전송을 위해 ODFM (Orthogonal Frequency Division Multiplexing) 물리계층을 사용한다는 점에서 비슷하다. OFDM 기술은 특정 주파수에서 일정 간격으로 떨어져 있는 주파수의 전파(반송파)에 데이터를 분산시키는 방식으로 802.11b에서 지원하는 DSSS 기술보다 높은 대역폭을 지원하는 주파수 변조 기법이다.

802.11a는 매체접속방식(MAC)이 802.11b와 같기 때문에 무선 이더넷 호환성을 강조하는 WESA(Wireless Ethernet Compatibility Alliance) 구성원들이 주로 이 표준을 밀고 있다. 그러나 802.11a가 유럽에서는 불법이고, 두 가지 표준의 존재는 국가간 이동 시 사용자의 혼란과 비용을 증가시키기 때문에, IEEE에서는 HyperLAN2의 일부 요소를 802.11a에 반영하기 위한 그룹(그룹-H)을 결성하였다.

HiperLAN2는 유럽 통신표준 기구인 ETSI의 BRAN 프로젝트에서 개발되고 있는 기술이다. 이 표준화 프로젝트에는 북미, 유럽, 일본의 업체들이 참여하고 있으며, 유럽의 HyperLAN2 전용 주파수대역인 5GHz(미국과 아시아에서는 사용 불가)대역에서 동작하는 표준을 만들고 있다. IEEE802.11과 달리 HyperLAN2는 한 번 연결되면 끊길 때까지 계속 연결을 유지하는 Connection-oriented 기술이며, 무선 이더넷에 가까운 802.11a와 비교하여 무선 ATM으로 불린다. HyperLAN2는 이동 중 자동으로 가장 가까운 액세스 포인트(Access Point)를 연결해주고(Handover), 인증과 암호화를 포함하는 강력한 보안성을 지원하며, 자동적인 주파수 할당을 위한 기능을 제공한다. 이러한 서비스 품질보장 기능(QoS : Quality of Services)의 지원은 상이한 기술을 필요로 하는 음성, 영상, 데이터와 같은 정보의 복합적 전송을 가능하게 해준다. 또한, HyperLAN2에서는 54Mbps급의 고속 무선접속 / 기업 LAN 접속 / 차세대 무선통신 시스템과의 접속을 지원하며, 멀티미디어 / VoIP / 실시간 동영상을 위한 QoS를 제공한다.

HiperLAN2와 802.11a의 차이점은 매체접속방식(MAC)에서만 나타나며, 벽과 같은 장애물 극복 방안 등은 제품 제조업체들이 설계 및 개발 과정을 통해 자체적으로 해결하도록 하고 있다.

(2) HomeRF를 이용하는 기술

HomeRF는 가정에서 PC와 가전 장비의 연결을 위하여 1998년 3월에 형성되었으며, 무선 LAN업체, PC 및 가전기기 제조업체가 주축이 되었다. 이들은 802.11기반의 제품들이 기업환경에는 문제가 적지만, 가격이 비싸고 전력소모가 많다는 점에서는 가정환경에 적절하지 않다는 문제를 해결하기 위하여 HomeRF를 결성하였다.

HomeRF의 첫번째 산출물은 무선통신을 이용하여 음성 및 데이터 통신용 공통 인터페이스 제공을 위한 SWAP(Shared Wireless Access Protocol) 프로토콜이었다. HomeRF는 물리계층을 802.11로부터 가져와 이를 가정용으로 완화시킴으로써 가격에 민감한 소비자 시장을 겨냥할 수 있도록 하였으며, 음성 부문은 디지털 무선전화(DECT)의 확장으로 처리하였다.

HomeRF 기술은 블루투스와 마찬가지로 2.4GHz대역을 사용하여 가정 내의 PC를 중심으로 소비자 가전들을 연결하여 홈네트워킹을 구성하는 기술이며, 데이터 및 음성 트래픽 모두 지원하고 채널 접속은 TDMA와 CSMA/CD의 하이브리드를 사용한다.

HomeRF 표준화는 2002년 3월 HomeRF 워킹그룹에서 음성규격이 포함된 최대 10Mbps급 HomeRF 2.0을 제정하였다. HomeRF 3.0 버전은 20Mbps 이상의 데이터

속도를 요구하며 HomeRF 1.0 및 HomeRF 2.0과 backward compatible하다.

HomeRF 시장은 초기단계로서 지멘스는 HomeRF 전화단말기를 개발하였고, 프록심에서는 데이터 네트워킹 모델을 개발하였으나 다른 무선 기술에 비해 개발업체와 표준화 참여업체가 적으므로 시장형성이 활발하지 않은 편이다.

비교적 저가격이라는 점에서 홈네트워크 시장에서 강점을 지니고 있으나 전자레인지, 무선 전화기와의 간섭 등 무선 간섭문제가 남아 있다.

인텔이 IEEE802.11b로 방향을 선회하는 등 경쟁기술인 802.11b Wi-Fi의 포트당 저가격화와 블루투스와의 관계설정 등 시장에서 점점 입지가 좁아지고 있다.

(3) 블루투스를 이용하는 기술

블루투스(Bluetooth)는 10세기 덴마크 부족을 통일한 헬라드 블루투스(Harald Bluetooth)왕의 이름을 딴 것으로 전달거리가 짧은 RF 기술에 기반을 둔 저가의 새로운 무선통신기술이다. 에릭슨(Ericsson), IBM, 인텔(Intel), 노키아(Nokia), 도시바(Toshiba) 5개사는 1998년 2월 블루투스 모임을 결성하였다. 블루투스의 목적은 노트북 PC, PDA 장비, 디지털 카메라, 휴대용 게임기, 휴대폰 등의 매우 이동성이 강한 장비들이 임의의 상황에서 네트워크를 형성하여(ad-hoc 네트워크) 통신을 가능하게 하는 표준을 만드는 것이었다. 이 모임에서는 구성원들이 로열티 없이 블루투스 시스템을 만들 수 있도록 하기 위한 프로토콜 규격을 제공하였다.

블루투스는 통신 및 정보가전기기들을 서로 연결함으로써 어느 때나, 어느 곳에서나 서비스가 중단 없이 연결될 수 있다는 장점이 있으며, 제조업체의 저가 모듈 및 제품개발의 노력, 사용자에게 편리하면서도 친근한 응용제품의 지속적인 개발이 이루어져야 한다.

블루투스는 근거리, 일대다, 음성과 데이터 전송을 하기 위한 무선 방식으로 보통 10m에 이르는 거리내의 단말간 통신이 가능하고, 출력을 증가시키면 100m까지도 그 인식거리를 확장할 수 있다.

블루투스 표준은 전세계 휴대폰 시장의 40% 이상을 장악하고 있는 노키아, 에릭슨 등이 표준화를 주도하고 있으며, 블루투스 SIG(Special Interest Group)와 IEEE802.15 그룹을 통해 표준화가 진행 중이며 2001년에 블루투스 SIG에서 1Mbps

급 버전 1.1 표준을 완료하였다.

현재는 블루투스 SIG에서 2~11Mbps급의 버전 2.0에 대한 표준화가 진행 중이며, IEEE802.15.3에서는 20Mbps 이상의 고속 무선 PAN에 대한 표준이 진행 중이다. 블루투스 기술은 산업·과학·의료용으로 사용되는 2.45GHz ISM(Industrial, Scientific, Medical) 주파수 영역을 사용한다. ISM은 무료이며 가장 까다롭다는 FCC의 허가를 받지 않아도 되기 때문에 전세계 어디서나 사용이 가능하다.

블루투스 장비들은 소형의 무선 수신 칩(9×9mm 마이크로 칩에 장착 가능)을 통해 10미터 거리 이내에서 최대 1Mbps의 속도로 음성 및 데이터를 교환할 수 있으며, 출력을 높이면 100m까지 데이터를 전송할 수 있다. 일반적으로 블루투스는 전송거리가 짧기 때문에 사용자의 이동경로 주변에 있는 장비를 네트워크 엮는 개인 공간 네트워크(PAN : Personal Area Network)를 형성해 주고 통신을 하는 용도에 적합하다.

(4) UWB

UWB 기술은 무선 반송파를 사용하지 않고 기저대역에서 수 GHz 이상의 매우 넓은 주파수 대역을 사용하며, 통신이나 레이더 등에 주로 응용되었으며, 사용 대역폭이 중심 주파수의 25% 이상 혹은 1.5GHz 이상의 점유 대역폭을 차지하는 무선시스템이다. UWB의 핵심기술로는 100Mbps급 UWB 모뎀 기술과 고품질 QoS 지원을 위한 MAC 기술 그리고 광대역 전송에 적합한 소형 안테나 기술이 있다. 현재 UWB 시장은 아직 형성되지 않았지만, 2007년경에는 시장이 활성화될 것으로 예측된다.

(5) 지그비

지그비(ZigBee) 기술은 저속 전송속도를 갖는 홈오토메이션 및 네트워크를 위한 표준기술로서 버튼 하나의 동작으로 집안 어느 곳에서나 전동 제어 및 홈 보안 시스템, VCR on/off 등을 할 수 있고, 인터넷을 통한 전화 접속으로 홈오토메이션을 더욱 편리하게 이용하려는 것에서부터 출발하였다.

IEEE802.15.4는 2003년도에 물리계층 및 MAC 계층의 표준을 마무리한 상태이다. 표준안에는 전송속도를 주파수에 따라 250kbps(2.4GHz ISM대역에서 16개의 채널), 40kbps/20kbps(915MHz대역에서 10개의 채널/868MHz대역에서 1개의 채널) 전송속도로 되어 있으며 CSMA-CA 프로토콜과 255개의 기기를 연결하며 도달 거리는 1~100M로 설정할 수 있게 되어 있다.

IEEE802.15.4의 큰 특징 중의 하나인 저렴한 가격은 직접 방식인 스펙트럼 확산 기술을 기본으로 한 간이 변조 방식을 채용하여 무선 송수신 회로의 구성을 단순화하고 칩셋의 가격을 1.5달러 정도로 억제하는 것을 지향하고 있다.

그리고 블루투스가 1Mbps, 1mW 이상의 송신전력을 갖는데 반해 지그비는 250kbps, 1mW 미만의 송신전력을 사용하고, 2.4GHz 주파수대역에서 16채널을 지원하여 같은 대역 내에서 더 많은 사용자를 수용할 수 있다.

지그비의 RF 링크 프로토콜과 사용자 애플리케이션은 단지 8비트 마이크로컨트롤러를 기반으로 동작하고, 실행 코드 사이즈의 크기가 작으므로, 전체 지그비 스택을 위한 코드 사이즈가 32k바이트 이하로 설계하는 것을 규격으로 하고 있다.

현재 Chipcon, Motorola, Broadcom, CSR, Atheros, Philips 등에서 CMOS 기술을 이용한 무선 SoC 칩 시제품을 발표하고 있으며, CMOS RF 내장 SoC의 상용화가 급속하게 진전되고 있다.

1-5-3. 홈서버 · 홈게이트웨이

홈네트워크는 네트워크를 제어하는 기능의 위치에 따라 주종(Master · Slave) 방식과 개별제어(Peer-to-Peer) 방식으로 나눌 수 있다. 주종 방식은 네트워크에 연결된 다양한 시스템이나 장비들 간의 대화를 가능하게 하거나 관리를 위해 중앙에 마스터 제어기능을 두는 방식이다. 개별제어 방식은 네트워크에 연결된 장비 간에 직접 통신을 할 수 있도록 해주는 방식이다. 개별제어 방식을 사용하게 되면 마스터 제어기능이 필요 없지만 실제로는 가전장비의 지적 수준이 떨어지기 때문에 아직까지도 주종 방식이 많이 사용되고 있다. 전력선 통신 방식 중 론웍스나 CEBus는 개별제어 방식에 적합하며, X-10은 주종 방식에 적합하다.

개별제어 방식에서는 관리나 제어의 기능이 네트워크 전체에 분산되기 때문에 어느 한 곳에서 문제가 발생하더라도 전체적인 네트워크에는 문제를 일으키지 않는다. 그러나 주종 방식에서는 마스터 제어기에 문제가 발생하면 네트워크 상의 모든 장비 간의 통신에도 문제가 발생하게 된다. 따라서 보안시스템이나 화재 경보와 같은 심각한 상황에 대한 서비스에서는 주종 방식이 적합하지 못하다. 그럼에도 불구하고 주종 방식이 계속 필요한 이유는 대부분의 가전장비 제어에 지능이 크게 필요하지 않고, 마스터 제어기가 보내주는 명령어를 받아 처리하거나 마스터로 정보를 전달하면 끝나기 때문이다. 장비가 가진 지능의 수준은 처리능력, 메모리의 양 등에 따라 다르며, 개별제어 방식에서는 장비의 높은 지능을 필요로 하기 때문에 시스템의 가격이 높아질 수밖에 없다. 궁극적으로 사용자의 기능적인 요구나 비용, 네트워크에 접속될 장비의 수준에 따라 주종 방식과 개별제어 방식을 적절히 섞어 쓰는 것이 좋을 것이다.

원격지에서 장비를 제어하거나 관리하려면 장비의 인터넷 접속 또는 WAN 접속이 필수적이며, 이를 위해서는 적어도 일반전화나 초고속 통신망과 연결해주기 위해 모뎀이 필요하다. 이러한 모뎀을 이용하여 직접 장비의 원격관리를 할 수도 있으나, 관련된 기술이 다양하고 데이터의 성격이 천차만별이며 보안의 문제 등으로 인해 요즘에는 홈네트워킹을 위한 다양한 기능을 갖춘 홈게이트웨이(home Gateway)나 상이한 통신 기술간의 연계를 지원하는 홈브리지(Home Bridge), 홈서버(Home Server)가 시장에 등장하고 있다.

(1) 홈게이트웨이

홈게이트웨이는 홈네트워크에서는 원격접속을 지원하기 위한 중앙 기능처럼 동작하면서, 홈서비스에 대한 가입/등록/탈퇴 등을 지원해 주거나 댁내에 있는 서버, 장비들간의 상이한 프로토콜을 엮어 주는 교량 역할 등을 하고 있다. 모든 홈네트워크에 홈게이트웨이가 필요한 것은 아니지만 게이트웨이 기능이 PC와 같은 고급성능을 필요로 하지 않고 전력소비량도 미미하기 때문에 다음과 같은 필수적인 특성을 가진 홈게이트웨이는 점차 홈네트워킹을 위한 필수적인 요소로 자리매김을 하고 있다.

- 주소관리 : 홈네트워크에 연결된 장비를 고유하게 판별하고 상이한 주소체계를 가진 경우에는

자동적인 주소 변환

- 네트워크 자동 구성 : 새로운 장비가 연결되거나 연결이 끊어진 장비를 인지하여 네트워크 자동 구성
- 장비나 서비스에 대한 등록절차 처리 및 관리
- 장비나 서비스의 상태변화에 대한 이벤트 처리
- 장비 제어 : 장비 제어를 위한 프로토콜 정의 및 사용자 인터페이스를 제공
- 자원의 공유나 서비스 스케줄링을 위한 자원 관리
- 보안문제 처리

또한, 홈게이트웨이는 가정생활을 하는 일반인이 사용하는 것이기 때문에 가전기기와 같이 전문적인 지식 없이도 누구나 쉽게 다룰 수 있어야 한다. 즉, 대개의 가전기기가 전원만 꽂으면 동작을 하듯이 홈게이트웨이도 특별한 조작이 없이도 쉽게 설치하고 활용할 수 있어야 한다. 이를 위해서는 다음과 같은 사항이 반드시 고려되어야 한다.

- 다양한 하드웨어 및 운영체계에 대한 상호연동성 : 다양한 운영체제 및 네트워크를 지원하고 상이한 기술에 대해서도 쉽게 연계할 수 있어야 함.
- 사용이 편리하고 단순 : 관리를 위한 사용자의 개입이 거의 없이도 자동적으로 운영
- 비용의 최소화 : 설치가 용이하고 홈서비스 개발비용도 최소화하여야 함.
- 확장성 : 기존 장비 지원 및 기능 향상을 쉽게 하도록 하여 향후에 추가되거나 새로이 등장하는 장비 및 서비스를 지원
- 새로운 배선의 최소화 : 이전 호에서도 설명하였듯이 홈네트워킹을 위해 새로운 배선을 하는 일을 최소화하여야 함.

전송기술이나 프로토콜의 표준화가 진행하면서 홈게이트웨이의 기능은 RG (Residential Gateway)라는 독립적인 하드웨어 형태로 흡수되어질 것이다. 〈그림 1-24〉는 RG를 이용하여 가전장비 제어를 하는 경우의 시스템 구성을 예로 든 것이다. 그림에서 홈서비스 제공자 또는 장비제조업체에서 준비한 홈서비스 서버는 장비에 관련된 상태정보 DB와 접속정보 DB 및 서비스 홈페이지 운영 기능을 담당하며, 가전장비의 원격지 관리기능도 수행한다.

홈게이트웨이의 중요한 기능 가운데 하나가 브리지 기능이다. 브리지 기능은 상c

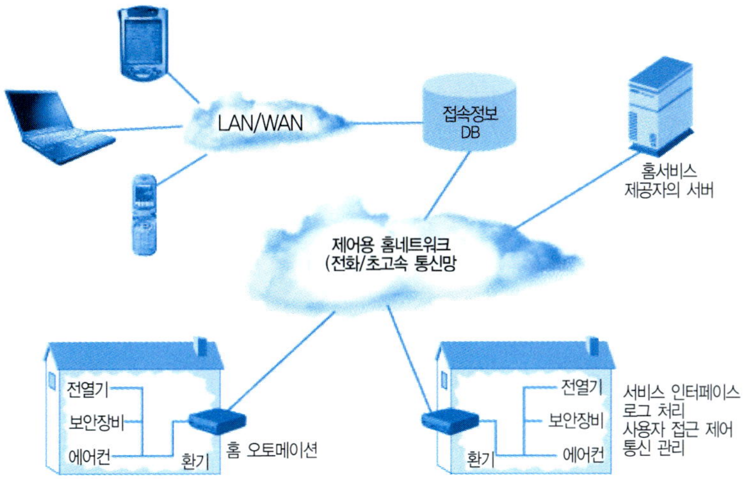

〈그림 1-24〉 가전장비 제어를 위한 RG 시스템 구성도

이한 네트워크 기술들 간의 연계를 위한 기능으로서 일반적으로 다양한 네트워크 프로토콜들을 수용할 수 있도록 하거나 공통의 표준 기술(Ethernet, HomePNA, HomeRF, HomePlug 등)로 변환해 준다. 브리지는 독립적인 장비로도 만들어질 수 있으나 일반적으로 홈게이트웨이가 브리지 기능을 통합해 가는 추세이다.

(2) 홈서버

장비의 지능이 높아지고, 인터넷 접속이 가능하며, 서비스에 대한 가입 · 등록 · 탈퇴와 같은 복합적인 기능이 추가되면서 서버 수준의 성능이 필요하게 되고 있다. 시스템의 구성이나 장비별 응용 프로그램에 따라 홈서버는 원격지에 있을 수도 있고, 가정 내 또는 양쪽에 있을 수도 있다.

예를 들어 Xanboo에서는 원격관리, 알림 서비스, 메모리를 이용한 저장기능, 웹 서비스 관리를 위해 원격지에 있는 서버를 이용하고 있다. Sage Systems에서는 개별 장비로부터 얻은 정보 DB 관리와 개별 장비의 웹 페이지 보관은 원격서버를 이용하고, 개별 장비의 원격접속을 위해서는 로컬 서버를 이용한다. Lantronix에서는 모든 장비가 응용 프로그램 및 원격접속을 할 수 있도록 개별적인 장비용 서버를 보유하도록 하고 있다. 그러나 장비용 서버에 따르는 비용이 싸지 않고, 댁내 장비

중의 어느 하나에 구현을 하더라도 서버에 대한 요구 기능에 따라 장비의 가격이 높아지게 된다.

원격서버를 이용하면 가전장비가 완벽한 서버의 기능을 갖지 않아도 되기 때문에 장비의 가격을 낮출 수 있고, 장비나 서비스 제공자 입장에서도 쉽게 장비나 서비스를 관리할 수 있는 방법을 얻게 된다. 장비용 서버를 이용하는 경우에는 응용 프로그램이나 서비스를 사용하기 위해 WAN에 접속할 필요가 없고 개별적인 LAN만 있으면 된다. 현재 저렴한 내장 장비용 서버가 개발되고 있으며 홈네트워킹 시장이 성숙될 무렵에는 저렴한 가격으로 폭 넓게 사용될 것이다.

최근 홈 씨어터(Home Theater)가 널리 알려지면서 가정용 오디오/비디오를 통합적으로 처리할 수 있는 고급 사양의 PC 또는 미디어 전용 PC를 홈서버라는 표현으로 사용하고 있는데 이는 멀티미디어라는 용도에만 국한된 좁은 의미의 홈서버일 뿐이다. 실제로 홈서버는 희망 기능에 따라 고성능 PC 수준일 수도 있고 단순한 성능의 내장된 기판이나 반도체 칩 형태일 수도 있다. 중요한 것은 가정과 서비스 제공자의 사이에서 원활한 서비스를 보조하는 기능을 수행하는 것이 그 목적이라는 사실이다.

2 전력선 통신 시스템의 구성

2-1 전력선 통신 시스템의 구성

2-1 전력선 통신 시스템의 구성

2-1-1. ED-5964 전력선 통신 시스템 구성

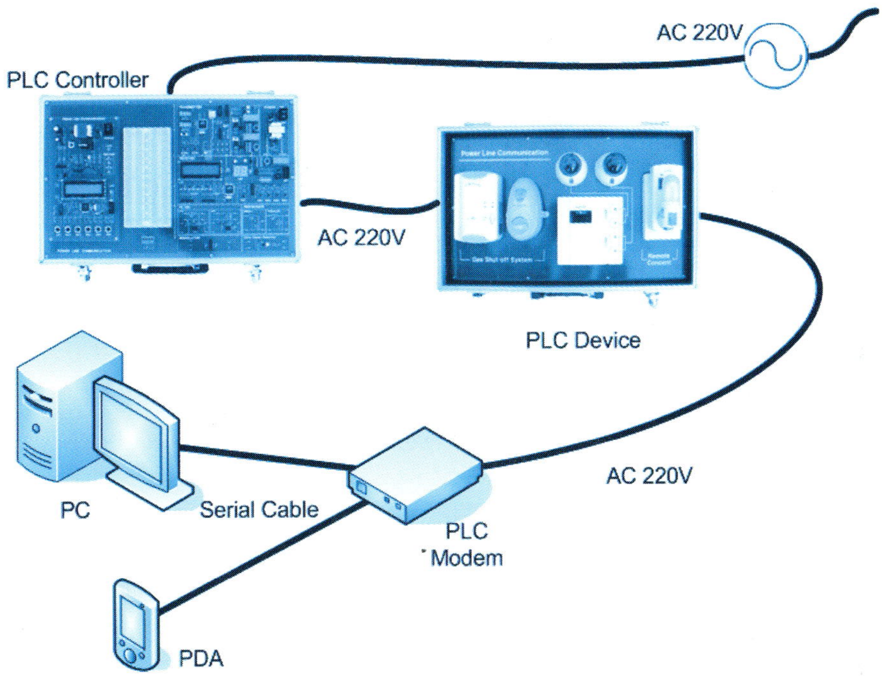

〈그림 2-1〉 ED-5964 전력선 통신 시스템 구성도

〈그림 2-1〉은 X-10 전력선 통신의 실습을 위한 전체 구성도를 나타낸 것이다. ED-5964 전력선 통신(X-10) 실습 장비는 PLC 메인 제어 컨트롤러(ED-5964), PLC 디바이스, PLC와 같은 구성으로 연결되어야 한다.

2-1-2. ED-5964 전력선 통신 제어 모듈 전체 구성

<그림 2-2>는 PLC Controller의 전체 구성을 나타낸 것이다. 또한 각각 Part에 대하여 설명한 것이다. 실습장비에 대한 내용은 앞으로 실습할 때마다 알아두어야 하므로 주의깊게 확인하도록 한다.

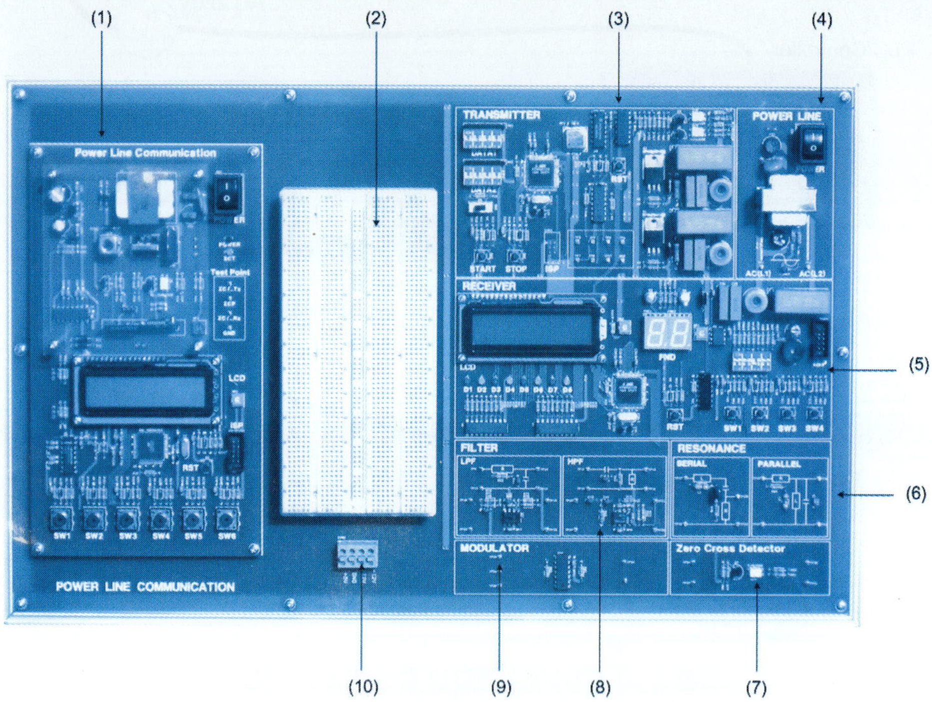

<그림 2-2> ED-5964 전력선 통신 시스템 모듈

(1) 전력선 통신 모뎀 모듈 : 전력선 통신을 하기 위한 구동장치를 구현해 놓는다.

(2) 브레드보드(Breadboard) : 실습시간에 소자들을 이용한 실습시 사용.

(3) 전송기(Transmitter) 모듈 : PLC에서 송신과 관련되어 있는 부분을 구현해 놓는다.

(4) 전원 모듈(Power Line) : 전력전압을 12V AC로 강하하여 위험을 방지하고 전력선 통신을 확인하기 위해 구현해 놓는다.

(5) 수신기(Receiver) 모듈 : 전력선을 통해 수신되는 데이터를 확인하기 위해 구현해 놓는다.

(6) 공전(Resonance) : PLC에 들어가는 주요 기술 중 하나로 실습을 위해 구현해

놓는다.

(7) Zero Cross Detector : PLC에 들어가는 주요 기술 중 하나로 실습을 위해 구현해 놓는다.

(8) 필터(Filter) : PLC에 들어가는 주요 기술 중 하나로 실습을 위해 구현해 놓는다.

(9) Modulator : PLC에 들어가는 주요 기술 중 하나로 실습을 위해 구현해 놓는다.

(10) 전원단자대 : 브레드보드(Breadboard)에 필요한 전원을 공급하기 위한 커넥터로 ±12V, 5V, GND를 제공한다.

2-1-3. 전력선 통신 모듈 구성

전력선 통신 모듈을 실제로 구현하여 학습시 모뎀의 원리를 이해하도록 하였으며, 직접 명령어 등의 프로토콜(Protocol)을 학습하여 전력선 통신 디바이스들을 제어해봄으로써 전력선 통신의 원리를 파악하도록 구현해 놓았다. 〈그림 2-3〉은 전력선 통신 모듈의 구성을 설명하였다.

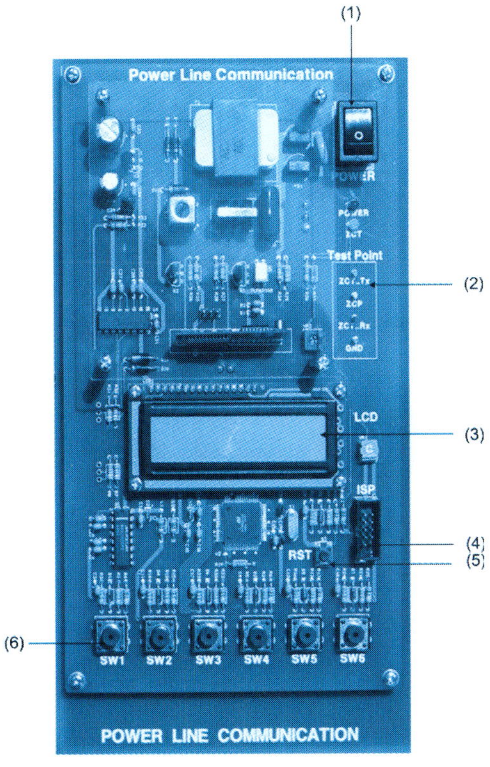

〈그림 2-3〉 전력선 통신 모듈

(1) 전원스위치(Power Switch) : 모뎀의 전원으로 On으로 하여야 통신을 할 수 있다.

(2) 테스트 포인트[Test Point(ZCT_Tx, ZCT_Rx, ZCP, GND)] : 데이터의 송수신시 파형을 쉽게 확인해 볼 수 있도록 제공한다.

(3) 명령어 디스플레이 LCD : Programming 과정을 통해 어떠한 데이터를 송신하는지 확인할 수 있도록 한다.

(4) 10핀 ISP 커넥터 : 프로그래밍을 할 수 있도록 해주는 AVR ISP 커넥터

(5) 리셋 스위치 : 처리과정을 리셋하도록 한다.

(6) 명령어 스위치 : 스위치가 눌리면 해당 명령어가 전송되도록 한다.

2-1-4. 전력선 통신 전송기 모듈

〈그림 2-4〉는 전력선 통신의 송신에 대한 원리를 학습할 수 있도록 구현해 놓은 전송기(Transmitter)이다.

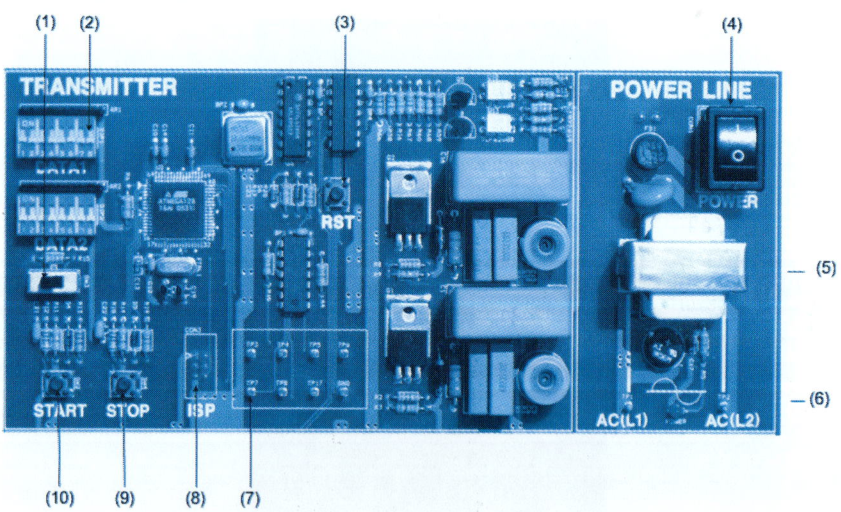

〈그림 2-4〉 전력선 통신 전송기 모듈

(1) 데이터 모드 선택 스위치 : Single Mode와 Dual Mode를 선택한다.

(2) 데이터 Dip 스위치 : 송신시 보내고자 하는 데이터를 설정한다.

(3) 리셋 스위치 : 처리과정을 리셋하도록 한다.

(4) 전원 스위치 : 통신이 가능하도록 한다.

(5) 변압기(Transformer) : 220V AC의 전압을 12V AC로 강하한다.

(6) AC Line TP : 실제 AC의 상태를 확인하도록 하여 AC 라인에 어떻게 데이터가 실리는지 확인할 수 있도록 한다.

(7) 테스트 포인트(TP3,4,5,6,7,8,17,GND) : 실습시 계측되는 파형은 테스트 포인트를 접속하여 쉽게 확인할 수 있도록 한다.

(8) 6P ISP 커넥터 : AVR ISP를 이용하여 프로그래밍을 다운로드한다.

(9) 데이터 정지 스위치 : 데이터의 송신을 중단한다.

(10) 데이터 시작 스위치 : 설정되어진 데이터의 송신을 시작한다.

2-1-5. 전력선 통신 수신기 모듈

〈그림 2-5〉는 송신된 데이터를 수신하는 원리를 학습할 수 있도록 구현해 놓은 수신기(Receiver)이다.

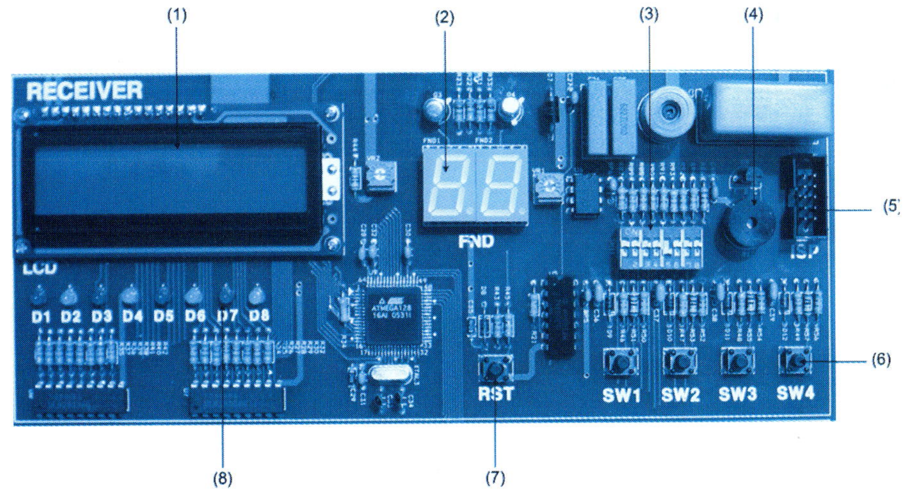

〈그림 2-5〉 전력선 통신 수신기 모듈

(1) 디스플레이 LCD : 수신된 데이터를 읽어볼 수 있다.

(2) FND : 8Bits의 데이터를 16진수의 HEX값으로 변환하여 확인할 수 있다.

(3) Dip Switch : Firmware 실습시 사용한다.

(4) 버저(Buzzer) : 충돌(Collision)이 발생하면 부저가 울린다.

(5) 10핀 ISP 커넥터 : AVR ISP를 이용하여 프로그래밍을 다운로드한다.

(6) 스위치 : 폼웨어(Firmware) 학습시 사용한다.

(7) 리셋 스위치(Reset Switch) : 처리과정을 리셋하도록 한다.

(8) LED : 8Bits의 데이터를 2진 바이너리(Binary)로 확인할 수 있다.

2-1-6. 전력선 통신 주요 실습 모듈

〈그림 2-6〉은 PLC에서 사용되는 주요 기술들에 대해 구현해 놓은 것이다. Filter, Resonance, Modulator, Zero Cross Detector에 대하여 실습을 할 수 있다.

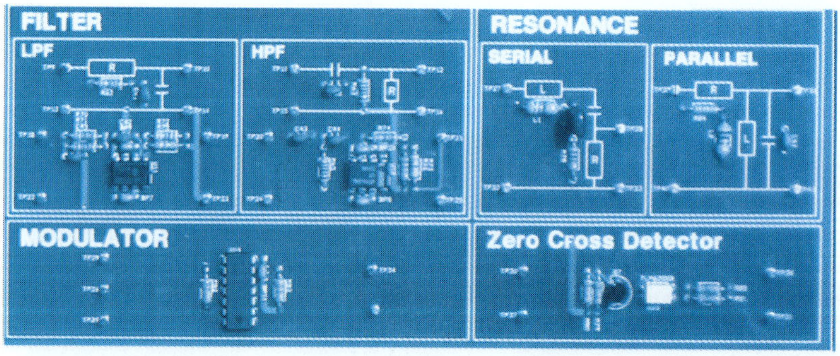

〈그림 2-6〉 전력선 통신 주요 실습 모듈

(1) 저역 통과 필터(LPF : Low Pass Filter) 실습 모듈

(2) 고역 통과 필터(HPF : High Pass Filter) 실습 모듈

(3) RESONANCE(Serial) 실습

(4) RESONANCE(Parallel) 실습

(5) Zero Cross Detector 실습

(6) Modulator 실습

2-1-7. 전력선 통신 구동장치 모듈

〈그림 2-7〉은 전력선 통신을 이용하여 제어하는 구동장치이다.

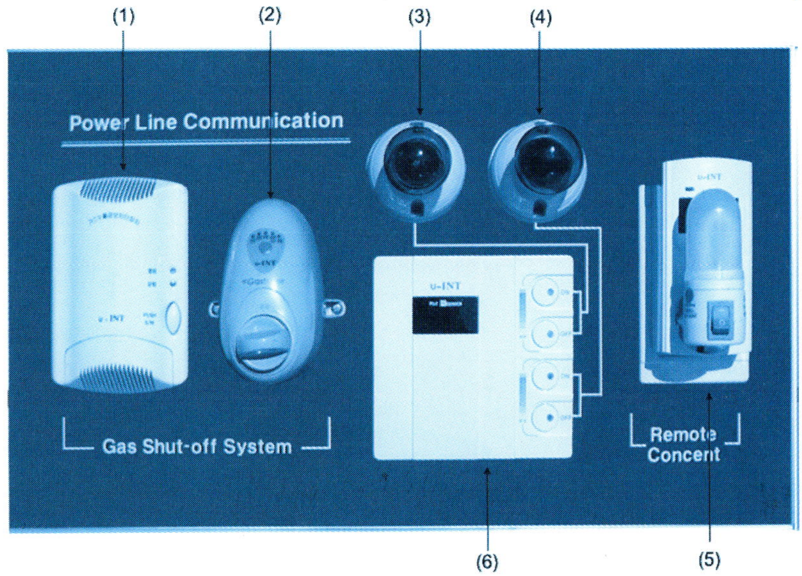

〈그림 2-7〉 전력선 통신 구동장치

(1) 가스누출 차단기

(2) 가스밸브

(3) 램프(Lamp)1

(4) 램프(Lamp)2

(5) 콘센트(Concent)

(6) 조명 밝기 조절장치

3 전력선 모뎀을 이용한 구동장치 응용

3-1 실험 목적

(1) 전력선 통신이란 무엇인지 알아본다.

(2) ED-5964 전력선 통신용 모뎀 기본 구성을 알아본다.

(3) 프로토콜(Protocol)의 종류에 대해 알아본다.

(4) ED-5964 전력선 모뎀을 사용하여 가스밸브, 램프 등을 구동하여 전력선 모뎀의 작동원리를 이해한다.

3-2 전력선 모뎀의 기술

3-2-1. 전력선 모뎀 기술개발 동향

주요 모뎀 개발 회사들의 현황으로서 ANI사 등은 확산 대역방식을 이용한 전력선 통신모뎀을 개발하였고, 최근에는 OFDM 방식을 채택한 고속 모뎀 개발이 활발하게 진행되고 있다. 이들 방식들은 전력선 통신의 주요 간섭의 원인이 되는 잡음과 다중경로 문제를 해결하고자 하였으며 OFDM의 경우 이론적으로 100Mbps까지 전송속도를 높일 수 있다고 주장하고 있다.

Intelogis는 데이터 전송을 위한 주파수대역을 대부분의 잡음이 존재하는 대역보다 높은 주파수를 선택하는 Plug-in PLX라고 불리는 방식을 이용하는 기술로서 DSMA(Datagram Sensing Multiple Access)와 CTS(Centralized Token Passing)을 복합하여 사용한다. DSMA는 이더넷에서 다중 노드(Nodre)간의 전송 시 충돌을 방지하며 CEBus의 CAL을 지원하고 있다.

ANI사는 대역확산방식의 변조방식을 사용한 옥외용 전력선 모뎀 19.2kbps급

(AN192)과 115kbps급(AN1000)을 개발하여 상용화하였고 옥내용 10Mbps칩을 개발 중이다.

〈표 3-1〉은 대표적인 회사들의 제품의 특징을 비교하였다.

〈표 3-1〉 전력선 제조회사별 비교 (1)

제조사	Intellon	Echelon	Intelogics	Adaptive networks
통신프로토콜	CEBus	Lon Works	iCAL PLX	–
전송속도	11Mbps	5.4kbps	350kbps	100kbps
전송방식	OFDM		–	SS(Spread Spectrum)
변조기법	DBPSK DQPSK	PSK	FSK	PSK
MAC	CSMA/CA	Lonworks	DSMA/CTP*	Token Pass
Product	–	Transciver Module	Chip Set/Modem	Chip Set/Modem
Data Port	SPI**	RS232C	–	RS232C
BERT	–	10^{-9}	10^{-9}	10^{-9}
전송거리	–	–	0.5mile (800m)	Transformer 내의 모든 거리
CarrierFreq	3.5~16.5MHz	100~450kHz	–	450kHz 이하

DSMA/CTP* = Datagram Sensing Multiple Access/Centralized Token Passing

SPI** : Serial Peripheral Interface

CSMA/CA = Carrier Sensing Multiple Access/Collision Avoidance

CSMA/CD = Carrier Sensing Multiple Access/Collision Detector

〈표 3-2〉 전력선 제조회사별 비교 (2)

제조사	DataLinc	Domosys	젤라인	Planet
통신프로토콜	–	CEBus	–	iz 256
전송속도	9.6Kbaud	10kbps	1Mbps	9.6kbps
전송방식	–	chirp(SS)	–	chirp(SS)
변조기법	FSK		FSK	
MAC	point-to-point polling	CSMA/CD	CSMA/CA	CSMA/CD
Product	Modem	Chipset	Modem	Modem
Data Port	RS232C RS422/485	RS232	Ethernet	RS232
BERT	–	–	–	–
전송거리	Max. 5000ft	2km	2~30m	
CarrierFreq	100, 150kHz	100~400kHz	5~6MHz	50~400kHz

3-2-2. 주요 변복조 기술

전력선 통신의 핵심기술인 변복조방식을 살펴보면 현존하는 변복조 기술 중 저속이며 신뢰도가 높은 SS(Spread Spectrum)방식과 고속의 전송속도의 OFDM (Orthogonal Frequency Division Multiplexing)방식이 있다.

(1) 스펙트럼 확산 통신(Spread Spectrum) 방식

일반적으로 통신 방식의 전송속도는 Shannon의 식에 의해 다음과 같이 주어진다.

C=W · log(1+S/N)

여기서 C : 통신용량, 즉 전송속도(bps)

W : 반송주파수 대역폭(Hz)

S : 신호전력(W)

N : 잡음전력(W)

이 식으로부터 스펙트럼 확산(SS) 통신 방식의 전송속도와 반송주파수 대역폭과의 관계에서

S/N ≪ 0.1인 경우

C/W=1.44 In(1+S/N)=1.44 S/N

또는

W=0.69 CN/S

로 되기 때문에 신호잡음비(S/N)가 작더라도 반송주파수 대역폭을 확대하면 일정한 전송속도를 확보할 수 있게 된다. 이는 신호잡음비가 나쁘더라도 정보전송에 사용하는 반송주파수 대역폭을 증가시키면 오차가 적은 전송이 가능해지게 된다. 예로서, 잡음전력이 신호전력보다 100배 높은 전송로에 정보속도를 4,800bps로 보낼 경우 전송주파수 대역폭은

S=0.69×4.8×103×102=3.31×105로서 331kHz

가 필요하게 된다.

확산대역 방식의 특징으로는

- 첫째 : 사용자를 적절히 할당하여 스펙트럼을 공유하므로 다중접속이 가능하다.
- 둘째 : 원래의 정보 대역폭에 비해 넓은 대역폭을 사용하기 때문에 전력 스펙트럼 밀도가 낮아서 신호 은닉이 가능하며 보안성이 높고 다른 사용자의 고의적인 전파간섭에 대해서도 강하다.
- 셋째 : 다중경로 효과로 인하여 지연된 신호에 대한 자체 방어가 가능하고 낮은 차단가능성(LPI : Low Probability of Intercept)과 잼(Jam)방지 특성이 있다.

스펙트럼 확산방식의 종류와 그 특징을 연구 조사하여 이를 바탕으로 적합한 확산방식과 적당한 부호 길이를 결정해야 한다. 무선에서의 확산방식으로는 주파수도약 방식이나 이 방식과 다른 방식을 혼합한 방식이 널리 사용되나 시스템 구성이 복잡하고 비용이 많이 든다.

전력선 통신에서는 비교적 시스템 구성이 용이하면서도 좋은 특성을 얻을 수 있는 직접확산방식을 주로 사용하고 있으며 첩(chirp)방식 등을 채택하여 사용하기도 한다.

① 직접 시퀀스 확산대역(DSSS : Direct Sequence Spread Spectrum)

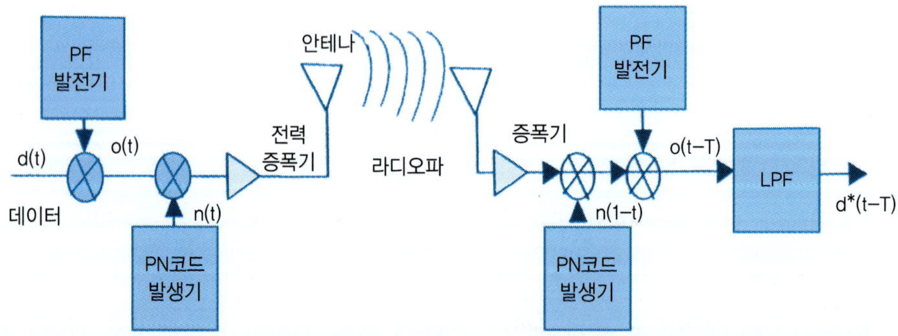

〈그림 3-1〉 DSSS 방식의 송수신 구성도

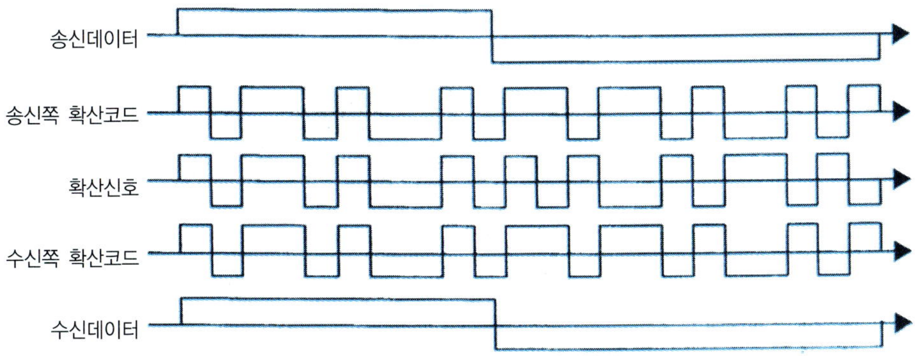

〈그림 3-2〉 확산 코드에 의한 통신

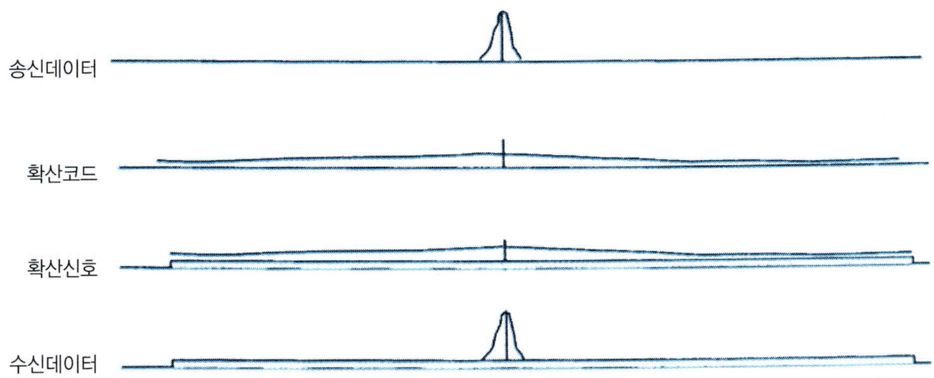

〈그림 3-3〉 각 신호의 대역폭 비교

송신측에서는 2진 데이터로 변조된 반송파를 확산(Pseudooise)부호 발생기에서 생성된 확산부호와 곱해 스펙트럼 대역을 확산시켜 전송하고 수신측에서는 대역 확산된 신호에 송신측에서 사용했던 확산부호와 동기되고 동일한 역확산 부호를 곱해 대역확산을 제거한 후 동기 검파함으로써 원래의 2진 데이터를 복조하는 방식인데, 이때 PN부호의 비트수가 많을수록 대역확산이 커지고 수행이득도 증가하게 된다.

〈표 3-3〉 스펙트럼 확산 통신 방식 비교

구 분	장 점	단 점
직접확산(DS)	• 노이즈와 재밍에 대한 성능이 좋다. • 도청이 어렵다. • 다중경로에 강하다.	• 광대역 채널이 필요하다. • 동기시간이 길다. • 빠른 부호 발생기가 필요하다. • Near-far 문제가 있다.
주파수 도약(FH)	• 확산의 폭이 크다. • 주파수 도약의 프로그램이 가능하다. • 동기 기간이 비교적 짧다. • Near-far 문제의 영향이 비교적 적다.	• 주파수 합성기가 복잡하다. • Ranging에 유용하지 못하다. • 에러 정정이 필요하다.
시간 도약(TH)	• 대역폭 효율이 좋다. • 주파수 도약 방식보다 구성이 간단하다. • 다른 방식과 혼합되어 사용되면 Near-far 문제를 피할 수 있다.	• 동기시간이 길다. • 에러 정정이 필요하다.

(2) 주파수 도약 방식

주파수 도약(Frequency Hopping)의 송신기와 수신기의 일반적인 블록도는 〈그림 3-4〉와 같다. 입력신호는 변조기에서 변조되고, 확산부호 발생기에서 나온 이원부호는 주파수 합성기의 분주기에 입력되며, 확산부호 발생기에서 나온 이원부호에 따라 주파수 합성기에서 출력 주파수가 결정된다.

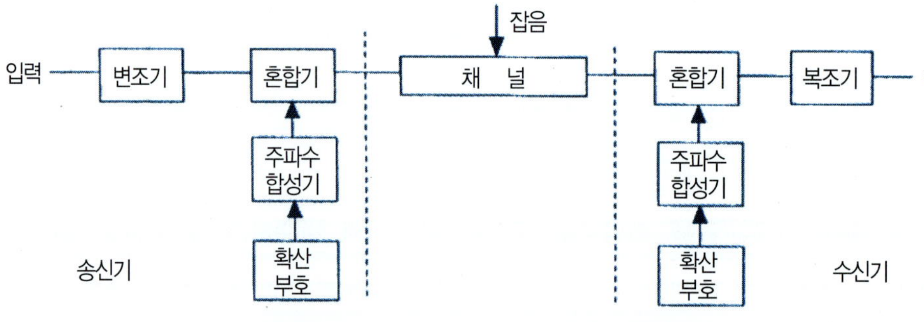

〈그림 3-4〉 주파수 도약 송수신기 블록도

확산부호 발생기에서 나오는 코드는 직접확산에서와 같이 정보 데이터와 확산부호가 더해져서 대역을 확산시키는 의미가 아니고 도약 주파수를 결정하는 부호이므로 주파수 도약 방식에서는 확산부호라고 부르는 대신 주파수 도약 패턴이라고 한다.

(3) 시간 도약 방식

시간 도약(Time Hopping)신호의 파형은 〈그림 3-5〉에 나타나 있다. 시간축은 프레임으로 알려진 간격으로 나뉘어지고 각 프레임은 M개의 타임슬롯(time-slot)으로 세분된다.

각 프레임 동안 단 하나의 타임슬롯만이 적당한 변조방법에 의해 정보신호를 변조시킬 수 있다. 주어진 프레임에서 선택된 특별한 타임슬롯은 PN부호 발생기를 통해 선택된다. 이전 프레임에서 축적된 모든 정보비트는 선택된 타임슬롯 동안에 버스트(burst)로 전송된다.

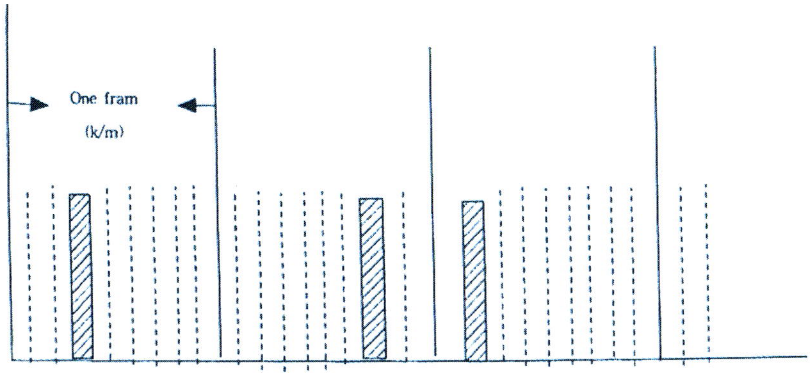

〈그림 3-5〉 시간 도약 파형

이것은 각 프레임에서 적절한 시간에 스위칭하기 위하여 PN부호 발생기에 의해 동작되는 on-off 스위치로 이루어져 있다. 이 스위치의 출력은 전송된 신호의 형태에 따라 2위상 혹은 4위상 복조기 중의 하나로 복조된다. 비트 동기도 필요하며 비트동기단의 출력은 PN부호 발생기의 동기를 유지하기 위한 클록을 제어하는데 사용된다. 수신단에서 정보비트는 처음에 만들어진 속도보다 훨씬 큰 속도로 출력되기 때문에 각 버스트를 저장한 후 정상적인 정보율로 다시 시간 배열을 해야만 한다. 시간 도약은 다른 SS 기법과 혼합하여 자주 사용된다.

시간 도약 시스템에서 동시에 통신하는 사용자 사이의 간섭은 각 사용자가 신호를 전송할 수 있도록 시간을 적절히 할당함으로써 최소화 시킬 수 있다. 이 방법으로 원근(near-far)문제 역시 해결할 수 있다. 적절히 시간 조정이 안된 시스템에서 겹치는 전송 버스트들은 정보오율로 나타나며 따라서 올바른 정보 비트들을 다시 복구하기 위해서는 일반적으로 에러 정정부호를 사용해야 할 것이다. 초기 동기(acquisition)시간은 주어진 대역폭에서 직접확산(DS) 시스템과 비슷하며 시스템은 주파수 도약(FH)시스템보다 간단히 구현할 수 있다.

(4) 첩(Chirp)방식

스펙트럼 확산 통신의 변조방법 중에서 코딩을 사용하지 않고, 필요한 최소한의 대역폭보다 큰 대역폭을 사용함으로써 수행이득을 구현하는 방법이 첩 변조방식이다. 첩 변조방식은 Pulsed FM이라고도 하며, 주로 레이더에서 사용되었지만 통신에서도 사용할 수 있다.

첩 전송의 특징은 Pulsed RF신호인데 RF 신호주파수는 각 펄스 주기마다 이미 알고 있는 형태로 변화한다. 첩 신호를 수신하기 위해 사용되는 수신단은 정합(matched) 필터인데, 전송된 주파수 변조(frequency-swept)신호의 각도(angular)변화율에 정합된다.

부호화는 보통 이런 종류의 정합 필터와는 함께 사용되지 않는다. 송신단에서 전송된 주파수변조 첩 신호는 일반적인 실험전용 스위프 발생기를 사용하여 발생시킬 수 있는데, 대부분의 첩 시스템은 선형적인 스위프 패턴을 사용한다.

(5) OFDM 방식

OFDM 방식은 1966년에 R.W Chang이 다중 채널 전송을 위하여 대역제한 직교신호를 합성하기 위하여 개발된 기법이다. 이 방식의 핵심은 많은 수의 부반송파(sub carrier)라 불리는 협대역의 캐리어들을 동시에 전송하는 기술이다. 각 부반송파들이 가지는 데이터양은 작지만 그 수가 많아지면 전체의 전송량은 크게 증가하여 고속 전송이 가능하게 된다. OFDM은 현재 DAB(Digital Audio Broadcast)의 지상파 및 위성 전송의 표준으로 선정되었고, DVB(Digital Video Broadcast)의 지상파 전송 표준방식으로 채택되어 있다.

OFDM의 주요 특징을 살펴보면 다음과 같다.

- 첫째 : 전송 대역폭과 전송속도가 일정한 단일 캐리어 방식과 비교하면 송신데이터를 여러 개의 부반송파에 분산하여 전송하는 경우, 전송 심볼 1개의 계속시간은 단일 캐리어 방식의 부반송파의 숫자만큼 늘어난다. 이와 같이 전송 심볼 1개의 계속 시간이 단일 캐리어 방식보다 크게 길어지고 시간축에서 가드 인터벌을 부가하면 멀티패스가 증가해도 전송특성의 열화가 적다.
- 둘째 : 데이터를 전송대역 전체에 분산하여 전송하기 때문에 특정 주파수대역에 방해 신호가 존재하는 경우에도 그 영향을 받는 것은 일부 데이터 비트에 한정되며, 인티리브와 에러정정 부호로 효과적으로 특성을 개선할 수 있다.
- 셋째 : 변조파는 랜덤 잡음에 가깝기 때문에 다른 서비스에 미치는 방해의 성질은 랜덤 잡음과 같다.
- 넷째 : OFDM의 각 부반송파는 저속도, 협대역의 디지털 변조파이기 때문에 전력 스펙트럼의 부엽(side lobe)은 급격히 감쇠하고 대역외로 누설되는 전력이 적다.

기타 반송파가 같은 주파수 간격으로 정렬된 멀티캐리어 방식이므로 전송로에 비선형 특성이 존재하고, 상호변조에 의한 특징 열화가 발생하기 쉽기 때문에 충분한 선형 영역에서 사용할 필요가 있다.

3-3 제작사별 전력선 모뎀의 주요 기능

3-3-1. ANI 모뎀

미국의 ANI.(Adaptive Networks, Inc)는 건물내 전력선에 데이터를 안정하게 전송하는 기술개발을 목적으로 1983년 창립한 후 1986년에 AN192를 소개하여 상용화하였는데 이것은 19.2kbps속도로 데이터를 안정하게 전송할 수 있는 확산 스펙트럼 적용 광대역 기술을 이용한 것이며 1995년에 100kbps 버전인 ANI1000을 내 놓았다.

ANI1000은 전송속도 100kbps를 지원하는 것으로 하나의 마스터 모뎀은 네트워크 구성 시 65,534개의 종속 모뎀과 통신이 가능하고 시스템 구성 시 LAN 설정이 지원되며, broadcast 메시지의 전송도 가능하다. 마스터 모뎀과 서버사이의 인터페이스는 RS232C 또는 RS-485 등의 직렬통신을 지원하고 마스터 모뎀으로 설정 시 하드웨어 조정이 가능하다.

(1) ANI1000의 시스템 개요

ANI1000 시스템은 물리계층 제어부인 PLC1000A 및 PLC1000D와 데이터 링크 및 응용계층 제어부인 DLP로 크게 나누어진다.

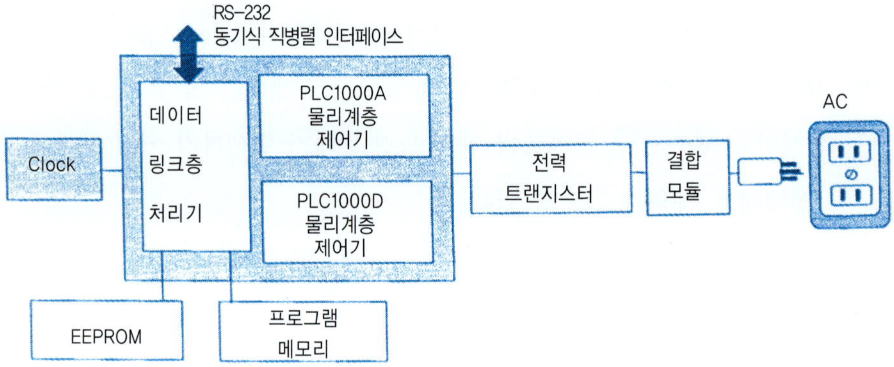

〈그림 3-6〉 ANI1000의 시스템 구성

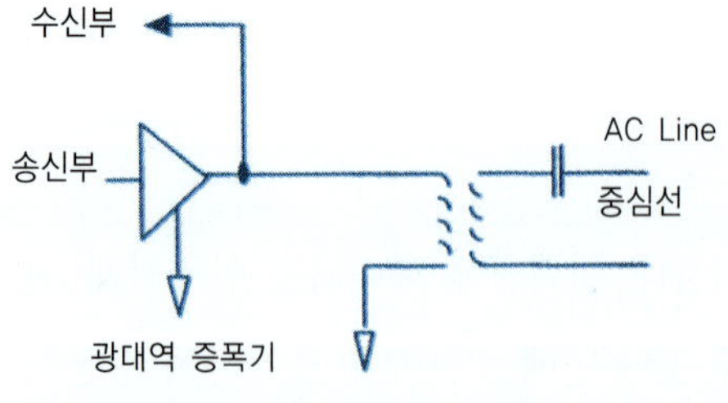

〈그림 3-7〉 유도형 결합기

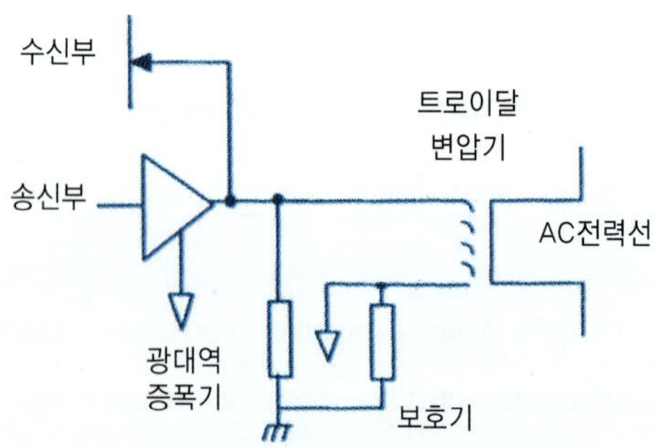

〈그림 3-8〉 용량성 결합기

① PLC1000A

PLC1000A는 크게 수신부와 송신부로 구분되며 수신부는 등화기 및 신호변환기의 역할을 담당하고 송신부는 DAC, 파형합성기, 자동이득조정기(AGC)들로 이루어져 있다.

- **수신기** : 수신부는 증폭기와 등화기의 기능을 포함하는 아날로그 처리를 담당하며, 이들의 절차는 DLP 칩셋에 내장되는 펌웨어(Firmware)에 의해 작동된다. 수신부는 입력의 수신경로의 동적인 선택을 가능하게 하는 입력선택부, 전력선의 잡음과 주파수 관련 감쇠를 보상하기 위해 사용하는 등화기, 상 변화없이 등화기의 출력을 증폭하고 AD변환시키는 신호변환기로 구성된다.
- **송신부** : 송신부는 확산파형을 발생시키고 이를 전력선에 투입시킨다. 송신부의 이득은 AGC에 의해 자동적으로 조절되거나, 제어 레지스터에 특정 감쇠값을 지정함으로써 조정된다.

(2) 네트워크 구성 방안

ANI1000은 마스터(Master) · 슬레이브(slave) 통신이 여러 형태로 변경이 가능하며 이는 펌웨어의 변경으로 설정된다. 다음은 대표적인 응용을 위한 구성 방안을 설명한다.

① 직렬 스트림 통신

이 방식은 마스터/슬레이브의 통신이 점대점으로 이루어진다. 따라서 각 단말기들은 단순히 RS232C 케이블에 연결된 상태와 동일하다. 혹은 다수의 슬레이브들이 하나의 마스터를 경쟁하여 접속할 수 있다. 그러나 일단 하나의 슬레이브가 마스터와 통신을 하면 다른 슬레이브들은 통신을 할 수 없게 된다. 이 경우는 다중 port-contender 구조라 불린다. 이 방식의 응용 예는 PC-to-RC 혹은 단일 고정 링크들 사이의 통신에 적합하다.

② 명령 응답 통신

많은 경우의 데이터 수집 또는 제어시스템에서는 단일 지능형 노드에 의해 제어되는 센서, 스캐너, 엑추에이터 등으로 이루어져 있다. 이와 같이 단일 마스터와 다수의 슬레이브로 이루어진 네트워크에서는 마스터에 연결된 호스트에 내장된 단순 소프트웨어가 다수의 슬레이브들과 순차적으로 통신하게 한다.

A모뎀의 경우에는 이 기능이 마스터에 내장되어 있어 마스터와 연결된 호스트의 네트워킹 오버헤드를 줄일 수 있다. 단 모든 통신의 시작은 마스터로부터 발생되고 슬레이브는 이에 대한 응답만을 한다. 이와 같은 구성은 마스터와 슬레이브 사이의 투명성을 보장하는 경우에 사용된다.

③ 다목적 통신

다목적 통신 셋트를 이용한 통신은 매체 액세스를 위하여 토큰 패싱방식을 사용한다. 이 경우는 호스트가 칩셋을 위한 네트워크 드라이버를 지원해야한다. 장점은 호스트가 액세스 제어를 위하여 MAC 프로토콜을 선택하여 사용할 수가 있다. 대부분의 경우 각 마스터들이 자기가 제어하는 슬레이브들과 토큰 패싱 루프를 형성하는 네트워크로 구성된다.

(3) ANI 프로트콜 분석

A모뎀의 통신 프로트콜은 계층별 구조로 설계되어 있다. 각 계층은 전력선 채널의 열악한 환경을 극복하기 위한 최적의 구조로 되어 있다. 전용선을 이용한 통신과는 달리 효율적인 오류정정 보드가 없다면 BER이 기대 이상으로 높아지게 된다. 실제로 오류가 없는 데이터 처리량은 raw 데이터의 극히 일부분이다. A모뎀은 raw data rate를 268.8kbps를 가지며, BER 10-9에서 100kbps를 지원한다. A모뎀의 프로토콜은 3계층 구조로 되어 있으며 〈그림 3-9〉에 나타나 있으며 각 계층의 설명은 다음과 같다.

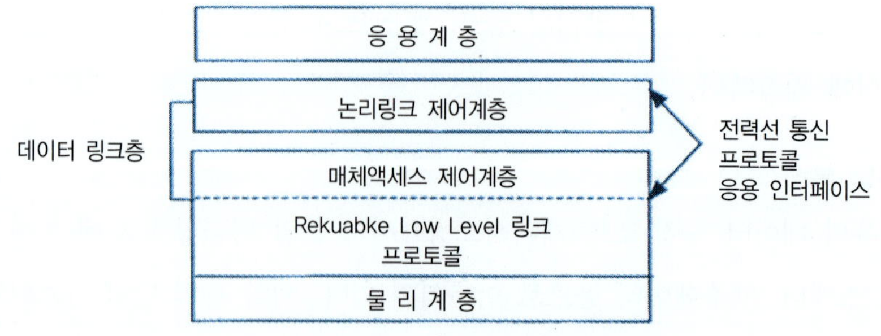

〈그림 3-9〉 통신 프로토콜 구성

① 물리계층

일반적으로 전통적인 확산대역방식에서는 통신채널 상에 나타나는 협대역의 잡음에는 강한 이점을 가지고 있는 반면, 연속적인 시변잡음 및 주파수와 관련된 감쇠에 대해서는 신호동기에 문제가 있다. 따라서 A모뎀에서는 데이터를 짧은 프레임으로 변환하여 전송하고, 수신부인 PLC1000D에서는 적응형 검출 처리과정을 총하여 프레임의 시작을 신속하게 검출하는 급속 동기방식을 사용함으로써 신뢰성을 높이고 있다.

② 데이터 링크 계층

A모뎀의 링크 계층은 링크 제어, MAC, Low level 링크 제어로 구분된다.

신뢰도가 높은 통신을 위하여 데이터 링크계층의 중요 사항들을 보면 다음과 같다.

전력선 채널에서는 길이 긴 데이터 패킷은 채널특성의 변화에 따라 정보가 손실될 수 있으므로 패킷을 짧은 프레임으로 분해할 필요가 있다. 또한 재전송의 횟수를 줄이기 위하여 오류정정 코드가 필요하고, 프레임내의 오류를 검출하여 재전송의 판단을 할 수 있어야 한다. 전력선 채널의 변화는 0.001 sec 단위로 발생하므로 적응형 등화 방법을 사용하고 있다. ANI 시스템의 MAC은 토큰 패싱을 사용하고 있다.

3-3-2. 애쉴론 모뎀

애쉴론사는 제어용 네트워크 시스템으로서 제어나 감시등 센서를 사용하는 모든 부문에 적용할 것은 전제로 론웍스를 창안하였다. 론웍스는 그 응용범위에서부터 여타 필드버스나 다른 네트워크 솔루션과 차별화되는데 주로 빌딩자동화(BA) 분야에서 인정받고 있으며, 공장자동화(FA), 홈오토메이션(HA) 등 넓은 응용범위를 갖고 있는데 특히 최근에는 환경, 에너지 관련분야, 교통 및 철도차량쪽의 어플리케이션으로 많은 응용분야를 확대해 가고 있다.

(1) 론웍스의 구성요소

① 뉴런 칩(Neuron Chip)과 매체 간의 통신 칩인 트랜시버(Transceiver)를 탑재한 론웍스 디바이스

② 론토크 프로토콜(LonTalk Protocol)

③ 네트워크 관리, 통신망 운영 시스템인 LNS(LonWorks Network Service)

④ 네트워크 구성을 위한 사용자 어플리케이션(application) 및 HMI

론웍스 시스템을 LAN 시스템과 비교하여 보면 〈표 3-4〉와 같다.

〈표 3-4〉 LonWorks 시스템과 LAN 시스템의 비교

LonWorks	LAN
Neuron Chip	Pentium Ⅲ
Transceiver	LAN card
LNS	Windows NT
LonTalk	TCP/IP
LonMaker for Windows	MS-Excel

즉 론웍스 시스템은 PC의 펜티움과 같은 CPU를 자체 내장하고 통신수단이 되는 트랜시버를 가지게 되어서 제어에 필요한 다른 요소들을 가지게 되어 디바이스 자체가 하나의 시스템을 형성해 주게 되는 장치인 것이다.

(2) 론웍스의 통신 기법

론웍스의 통신 방식은 흔히 정보기반 통신(Information-based communication)으로 분류되고 이것은 기존의 명령기반 통신(Command-based communication)과 차별화된다.

〈그림 3-10〉과 같이 기존의 제어기(DDC, PLC)들은 기존의 센서와 커맨드 위주의 통신을 하므로 새로운 디바이스가 추가되면 제어기와 결선을 연결해 줌과 동시에 제어기의 응용 프로그램을 재수정해야 하는 불편함이 있다. 더욱이 이러한 제어기는 제조업체들마다 고유한 독자적이고 폐쇄적인 구조로 구현된 것이므로 사용자는 제조업체에 종속적일 수밖에 없다.

이에 반하여 론웍스는 네트워크 변수(NV : Network Variable)라고 불리는 특별한 형태의 입출력(Input/Output) 오브젝트를 사용하여 디바이스 간에 바인딩 정보만을

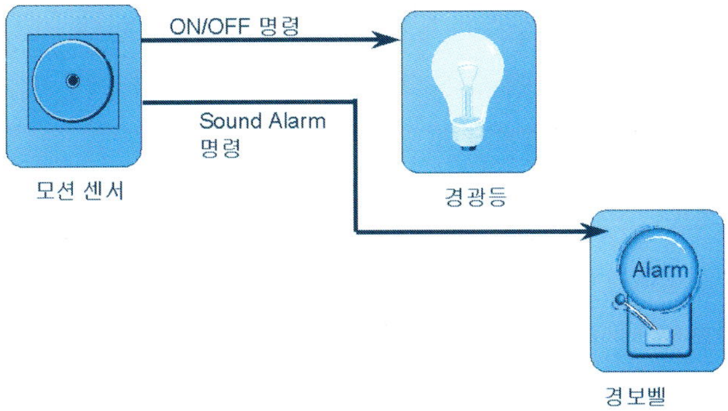

〈그림 3-10〉 기존의 제어 방식

바꾸어 줌으로써 통신을 재설정하게 된다.

〈그림 3-11〉에서와 같이 출력으로 선언된 하나의 네트워크 변수(NV)값이 갱신이 되면 자동으로 그 출력 네트워크 변수와 연결된 입력 네트워크 변수를 가지는 모든 노드로 해당 값이 전파되어 값이 갱신된다. 이와 같이 한 노드에서 출력 네트워크 변수를 다른 노드의 입력 네트워크 변수에 연결하여 동시 갱신이 되도록 하는 과정을 바인딩(Binding) 작업이라고 한다.

NV에 의한 통신의 장점은 응용 프로그램에서 통신에 대한 고려 부분이 전혀 없이 통신이 되는 것이며, 따라서 응용 프로그램의 변경 없이 바인딩 정보만 바꾸어 줌으로써 쉽게 네트워크 통신이 가능하다. 이것이 바로 정보기반의 통신이 가지는 장점이다.

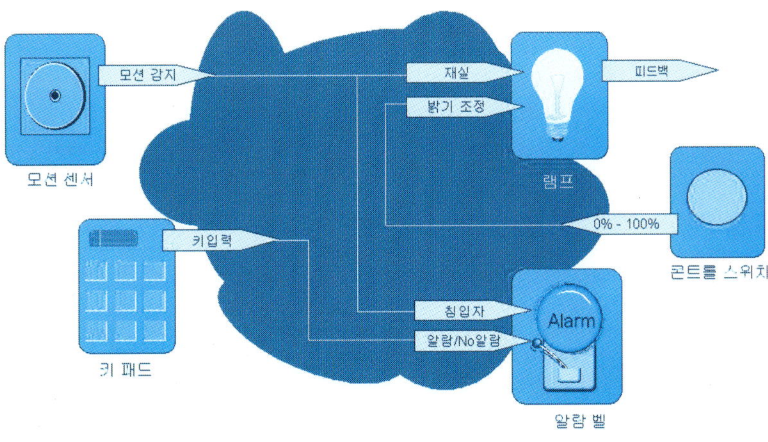

〈그림 3-11〉 론웍스 시스템에서의 제어 방식

또한 론웍스는 위와 같은 이유로 인하여 상호 운용성을 갖게 되는데 이것은 센서나 각종 제어용 디바이스가 여러 시스템에 의해 공유되기 때문에 보다 적은 수의 센서나 컨트롤 디바이스가 필요해진다는 특성이다. 이에 따라 전체적인 제어 시스템 비용이 감소한다.

(3) 론토크 프로토콜

통신 시스템의 가장 중요한 부분은 통신 프로토콜이다. 론웍스의 프로토콜인 론토크 프로토콜(LonTalk Protocol)은 반도체 칩에 내장된 펌웨어(Firmware)와 하드웨어(Hardware)를 사용하여 OSI 모델의 7개 계층을 모두 가지고 있다.

ANSI/EIA 709.1 제어 네트워크의 표준이면서 론토크 프로토콜로 알려져 있는 론웍스 프로토콜은 론웍스 시스템의 핵심이다. 이 프로토콜은 디바이스 내에 있는 어플리케이션 프로그램이 다른 디바이스의 추가적인 역할이나 이름, 어드레스, 혹은 네트워크의 형태와 같은 것들을 알아낼 필요 없이 네트워크상에서 다른 디바이스로부터 메시지를 주고 받을 수 있도록 통신 서비스를 제공한다.

또한 론웍스 프로토콜은 부가적으로 메시지의 인증 및 전송 시간을 제한하는데 용이하게 사용될 수 있고, 우선권 분배(priority delivery)와 같은 것들을 부가적으로 제공해 줄 수 있다. 또한 원거리 네트워크상에서 디바이스를 상호 작용할 수 있도록 하는 네트워크 관리 서비스가 제공되는데, 이것은 디바이스 어플리케이션 프로그램의 시작/정지/리셋이나 네트워크 문제의 보고라든가, 어플리케이션 프로그램의 다운로드, 또는 네트워크 어드레스와 파라미터의 재설정을 포함한다.

(4) 뉴런 칩과 트랜시버

애쉴론 사에서 개발된 뉴런 칩은 경제적이면서도 표준이 될 만한 구성을 가지고 있으며, 뉴런이라고 하는 명칭은 인간의 뇌 속에 있는 뉴런에서 발생된 말이다. 인간의 뇌 속에 신경조직은 제어의 중심이 없이 각각의 수백만 개의 뉴런들이 정보를 주고 받으며 기능을 수행하게 된다. 각 뉴런은 나름대로 특별한 기능을 수행하지만 어떠한 하위 뉴런이 파괴되었다하더라도 주요 제어 기능에는 이상이 없다.

이러한 뉴런 칩의 기능을 통하여서 완벽한 분산 제어의 효과, 즉 네트워크와 네트워크 간의 하부 구조가 연결이 되어서 또 다른 제어 효과를 나타낼 수는 있지만 어떤 하부 구조가 오류를 발생시키거나 오동작, 또는 파괴가 되었다하더라도 그 부분만 동작이 안 되고 다른 부분에서는 영향을 받지 않을 수 있다.

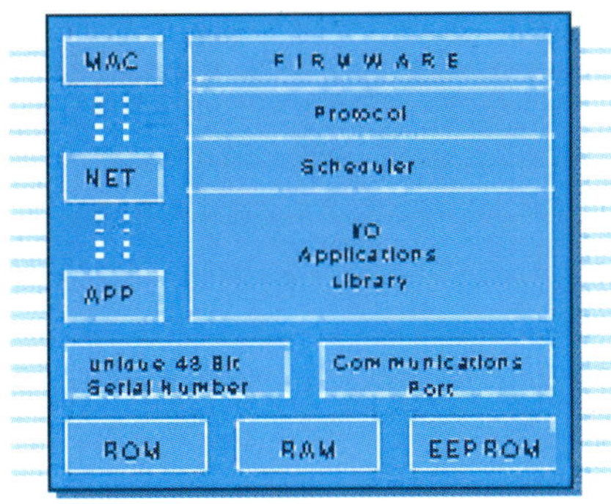

〈그림 3-12〉 뉴런 칩의 구성

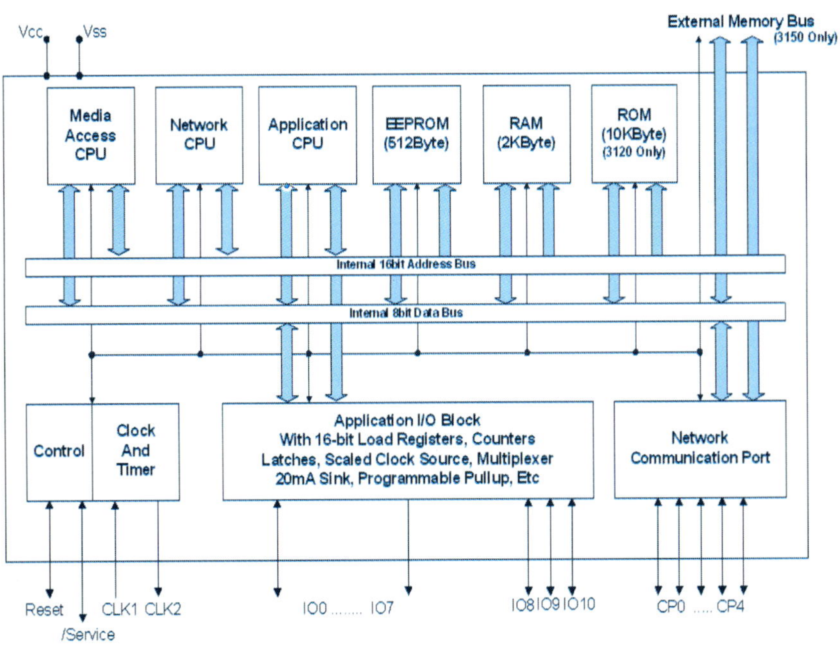

〈그림 3-13〉 뉴런 칩의 구성도

뉴런 칩에는 통신 및 연산을 위한 3개의 8비트 프로세서를 탑재하고 있으며, 칩 내부의 메모리 내장 유무에 따라서 3120계열과 3150계열로 나누어진다. 프로세서자체가 통신을 위한 프로토콜 내장하고 있으므로 디바이스 개발자는 디바이스의 어플리케이션 프로그램만 작성하고 네트워크 통신을 위한 프로토콜은 일일이 구현할 필요가 없다. 또한 뉴런 칩에는 2개의 16비트 타이머/카운터, 20mA 싱크 포트 등 11개의 I/O 포트를 이용한 34개의 입출력 모드를 제공한다. 또한 네트워크 통신 전용 포트를 갖추고 있어 여러 종류의 트랜시버와 다양한 모드로 인터페이스할 수 있다.

3-3-3. 랩뷰

(1) 랩뷰(LabVIEW) 실행

랩뷰를 실행하면 다음과 같은 시작창이 뜬다.

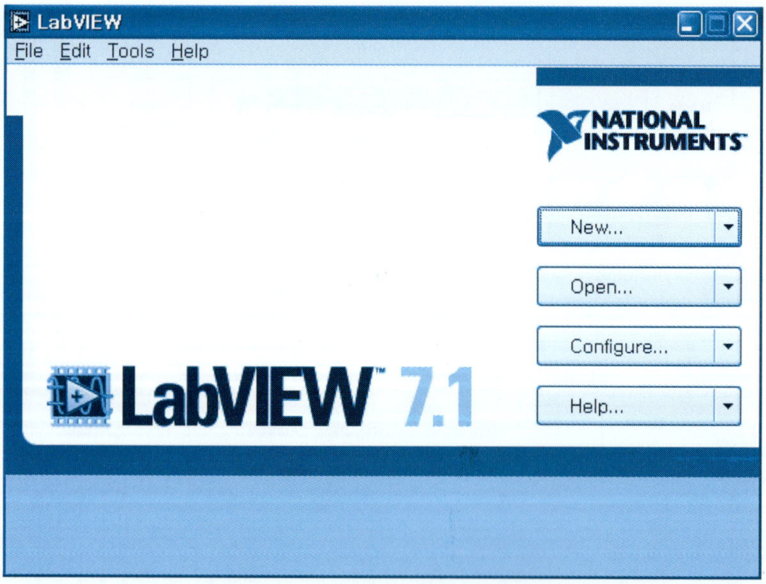

〈그림 3-14〉 LAbVIEW 실행 화면

위쪽에 네 개의 메뉴가 있고, 오른쪽에 네 개의 버튼이 있다.

네 개의 메뉴는 File, Edit, Tools, Help이며 마우스로 메뉴를 선택할 수 있고, 키보드의 단축키로 필요한 메뉴를 선택할 수도 있다.

New는 오른쪽에 위치한 New 버튼을 클릭하는 것과 같은 기능이며, New VI는 Blank VI를 열어준다.

(2) 프런트 패널과 블록다이어그램

Blank VI를 선택하면 다음 두 개의 창이 나타난다. 프런트 패널(Front Panel)과 블록다이어그램(Block Diagram)이다.

그리고 툴 팔레트(Tools Palette)와 제어 팔레트(Controls Palette), 기능 팔레트(Functions Palette)로 세 개의 팔레트가 나타난다. 이때 제어 팔레트는 프런트 패널에서 보이고, 기능 팔레트는 블록다이어그램에서 볼 수 있을 것이다. 툴 팔레트는 공통으로 사용된다.

- Front Panel : Controls Palette, Tools Palette
- Block Diagram : Functions Palette, Tools Palette

① 프런트 패널

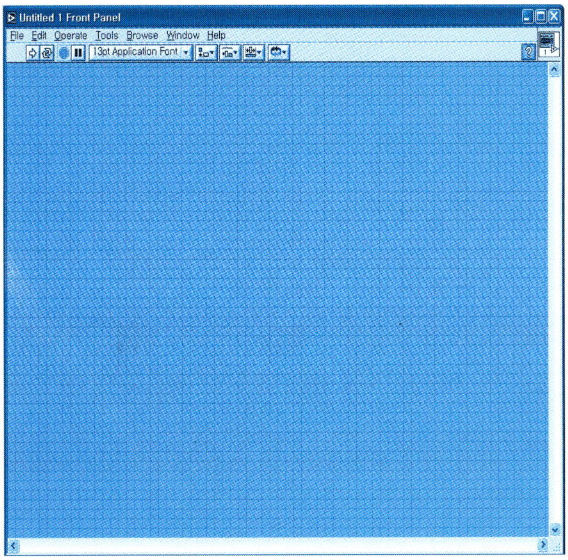

〈그림 3-15〉 Blank Front Panel

회색의 창으로 흔히 유저 인터페이스(User Interface)라고 하며, 그래프나 버튼,

입력과 출력에 필요한 아이콘들이 여기에 위치한다. 그리고 프런트 패널과 함께 제어 팔레트를 사용할 수 있다. 제어 팔레트에서 필요한 아이콘을 찾아서 프런트 패널을 구성한다.

이때 각각의 아이콘에 대응하는 터미널이 블록다이어그램에 자동 생성된다. 그리고 이들 터미널은 데이터 타입에 따라서 모양과 색깔로 구분된다. 참고로 해당 아이콘을 더블클릭하면 블록다이어그램에 대응되는 터미널을 찾을 수 있다.

② 제어 팔레트

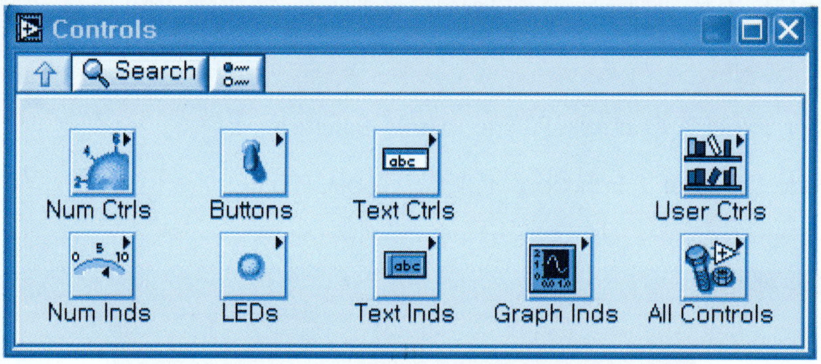

〈그림 3-16〉 제어 팔레트(show controls 활성화 상태)

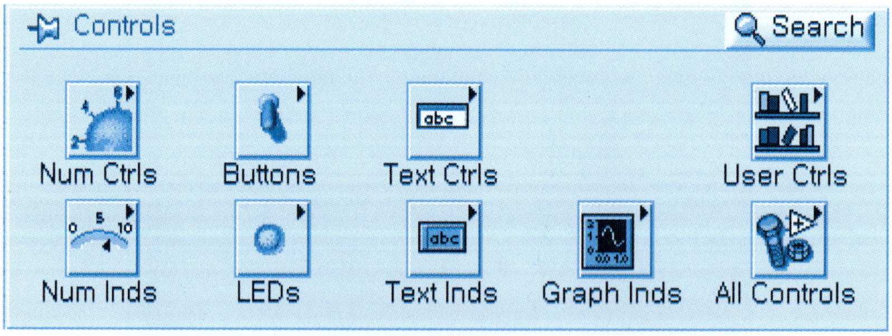

〈그림 3-17〉 제어 팔레트(Front PanelRight_Mouse_Click)

제어 팔레트는 프런트 패널에서만 사용이 가능하다. 제어 팔레트는 프런트 패널에서 사용할 control과 Indicator가 포함되어 있다. 메뉴에서 Show Controls Palette를 선택하거나 Front Panel에서 마우스 오른쪽 버튼을 누르면 Controls palette이 표시된다.

③ 블록다이어그램

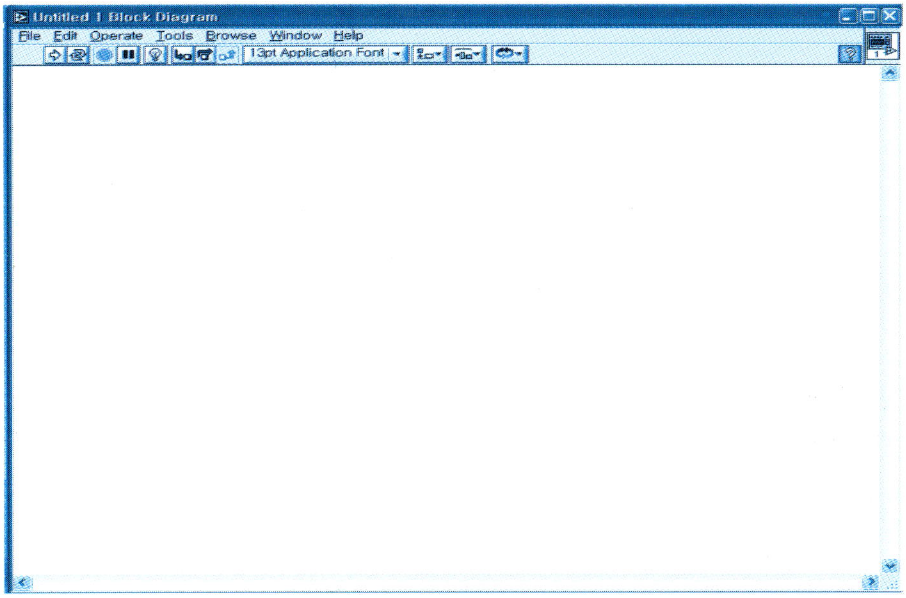

〈그림 3-18〉 Blank 블록다이어그램

블록다이어그램에서는 기능 팔레트를 사용할 수 있으며, 프런트 패널의 아이콘에 대응되는 터미널이 위치하며, 프런트 패널의 아이콘에 라벨을 붙여 주면, 대응되는 터미널에도 같은 라벨이 붙게 된다.

④ 기능 팔레트

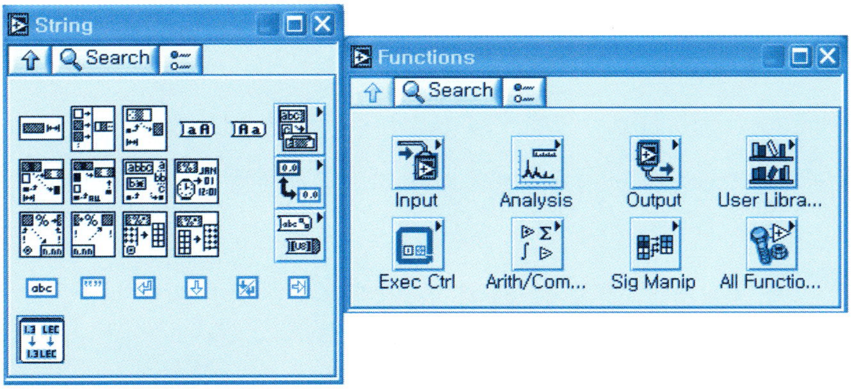

〈그림 3-19〉 기능 팔레트(show Function 설정 상태)

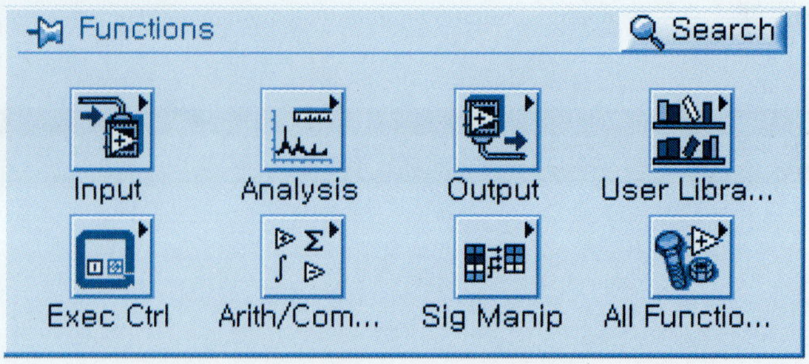

〈그림 3-20〉 Function Palette(Block Diagram Right_mouse_Click)

기능 팔레트는 블록다이어그램에서만 사용이 가능하다. 기능 팔레트는 VI(Virtual Instrument)와 블록다이어그램에서 사용할 수 있는 함수들을 포함하고 있다.

메뉴에서 Show Functions 또는 Palette Front Panel에서 마우스의 오른쪽 버튼을 누르면 Functions palette가 표시된다.

⑤ 툴 팔레트

〈그림 3-21〉 툴 팔레트

툴 팔레트(Tools Pallette)에서 마우스의 기능을 선택할 수 있다.

 **자동선택** 상황에 적절한 Tools를 자동으로 선택해준다.

 **실행** 프린트 패널에서 버튼을 누른다든지, Numeric 값을 입력하거나, Graph나 Slide의 Scale을 바꿀 때 사용된다.

선택 아이콘을 선택하고, 위치를 바꾸거나, 크기를 바꿀 때 사용한다.

문자입력 문자를 입력하거나, 라벨을 바꾸는 거나, Numeric 값을 입력할 때 사용한다.

Wire 연결 블록다이어그램에서 와이어를 연결하는 툴이다. 와이어를 통하여 데이터가 흘러가며, 와이어의 색깔과 모양은 그 와이어를 통하여 흘러가는 데이터 타입에 따라 달라진다.

단축메뉴 단축메뉴를 띄울 때 사용된다. 아이콘을 선택하고 마우스 오른쪽 버튼을 클릭하면 단축메뉴가 뜨는 것과 같은 역할이다.

화면이동 화면의 위치를 움직일 때 사용한다.

BreakPoint 블록다이어그램에서 사용되는 툴이며 Breakpoint의 생성하거나 취소할 수 있다. 디버깅 Tool로 사용된다.

Probe 블록다이어그램에서 와이어를 통하여 흐르는 데이터값을 관찰할 수 있다.

스포이드 LabVIEW의 프론트 패널에서 아이콘 등의 색을 읽어들일 때 사용한다.

붓 프론트 패널이나 블록다이어그램에서 RGB 255 Color로 사용자 인터페이스를 꾸밀 때 사용한다.

(3) LabVIEW를 설치하기 위한 시스템 요구 사항

〈표 3-5〉 LabVIEW의 시스템 요구 사항

Windows		
	Minimum	Recommended
Processor	Pentium III/ Celeron 866 MHz or equivalent	Pentium 4/M or equivalent
RAM	256MB	512 MB
Screen Resolution	1024x768 pixels	1024x768 pixels
Operating System	Windows 2000/XP	Windows XP
Disk space	900 MB	1.2GB(Note -- Include default drivers from NI Device Drivers CD)
Mac OS X		
	Minimum	Recommended
Processor	G3 or better	G4 or better
RAM	256MB	512MB
Screen Resolution	1024x768 pixels	1024x768 pixels
Operating System	Msc OS X 10.3 or later	Msc OS X 10.3 or later
Disk space	500MB	600MB
Linux		
	Minimum	Recommended
Processor	Pentium III/ Celeron 866 MHz or equivalent	Pentium 4/M or equivalent
RAM	256MB	512 MB
Screen Resolution	1024x768 pixels	1024x768 pixels
Operating System	Linux kernel 2.2.x, 2.4.x or 2.6.x fot the Intel x86 architecture, GNU C Library (glibc) Version 2.2.4 or later	RedHat Enterprise Linux WS3 or later, Mandrake Linux/Mandriva 10.0 or later, SuSE Linux 9.1 or Later
Disk Space	400MB	550MB

(4) LabVIEW를 이용한 직렬 포트 통신

직렬통신(Serial Communication)은 컴퓨터와 다른 컴퓨터, 또는 컴퓨터와 주변 장치 사이의 데이터를 전송하는 방법이다. 그러나 GPIB와는 다르게, 직렬 포트는 단지 한 장치와 통신할 수 있으며 직렬 포트 통신은 매우 느리다.

대부분의 컴퓨터와 많은 장치들은 내장형 직렬 포트를 가진다. 직렬통신은 컴퓨터의 내장형 직렬 포트를 사용하기 때문에 특별한 하드웨어를 구입하지 않고도 데이터를 송·수신할 수 있다. 직렬통신은 수신기로 단일 통신선을 따라 데이터를 송신 - 한 번에 한 비트씩 - 하기 위해 송신기를 사용한다. 이 방법은 장거리와 데이터 전송 비율이 낮은 경우에 잘 동작한다. 직렬통신은 GPIB보다 느리고 신뢰성이 낮지만, 컴퓨터에 특정한 보드가 필요하지 않고 인스트루먼트들은 GPIB 표준을 따를 필요가 없다. 다음 그림은 전형적인 직렬통신 시스템을 보여 준다.

〈그림 3-22〉 **직렬통신 시스템**

직렬통신 포트 통신 표준으로 RS232가 있다. 모뎀과 플로터와 같은 데이터 터미널 장비(DTE : Data Terminal Equipment)라고 알려져 있는 장치와 컴퓨터와 터미널과 같은 데이터 통신 장치(DCE : Data Communication Equipment) 사이의 직렬 인터페이스를 정의하기 위해 전기 산업 기구(EIA)에서 개발한 RS232 표준은 신호와 전압 특성, 커넥터 특성, 개별적인 신호 함수, 터미널 모뎀 연결 방법을 포함한다.

RS232 직렬 포트 커넥터는 2가지 종류 - 25핀 커넥터와 9핀 커넥터 - 를 가진다. 양쪽 커넥터는 〈그림 3-23〉과 같다. 9핀 커넥터는 2개의 데이터 선(TXD, RXD)과 5개의 핸드쉐이크선(RTS, CTS, DSR, DCD, DRT)을 가진다. 이 소형 커넥터는 때때로 작은 RS232 실험용 장치에서 찾을 수 있고 이것은 대부분의 RS232 인터페이스에 사용되는 핵심 셋으로 충분한 핀을 가진다. 25핀 커넥터는 RS232 표준에서 정의된 모든 신호를 포함하는데 충분한 핀을 가지는 표준 RS232 커넥터이다.

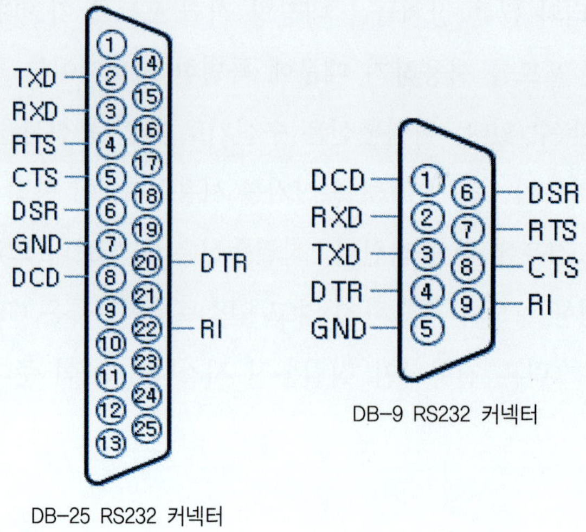

〈그림 3-23〉 RS232 직렬 포트 커넥터

직렬통신은 4개의 매개 변수를 지정하는 것이 요구된다. 전송 보드율(baud rate), 문자 암호 데이터 비트(data bit)수, 임의의 패리티 비트(parity bit)사용 결정, 정지 비트(stop bit)수, 각각의 전송되는 문자는 단일 시작 비트와 뒤따르는 데이터 비트, 선택적인 패리티 비트, 그리고 정지 비트 또는 비트들로 구성되는 문자 프레임으로 포장된다.

3-4 ED-5964 전력선 모템을 이용한 구동장치 실습

1) 실험 준비 사항

(1) LabVIEW7가 설치되어 있는 PC

(2) PLC를 위한 시리얼 통신 설정이 되어 있는 VI 라이브러리

(3) PLC용 RS232 통신용 모듈(COM1)이 설치되어 있어야 한다.

(4) PLC용 구동장치의 전원이 연결되어 있어야 한다.

2) 실험 주의 사항

(1) LabVIEW7가 설치되어 있는 PC는 실습하는 동안 전원이 제거되지 않도록 유의한다.

(2) PLC용 구동장치의 전원 또한 제거되지 않아야 한다.

(3) PLC의 통신 Baudrate가 낮기 때문에 잦은 명령은 충돌을 발생시킨다.

(4) PC용 통신 모듈과 PLC용 구동장치 사이에는 Blocking 필터가 설치되어 있지 않아야 한다.

3) 실험 절차

PLC를 PC로 제어하기 위한 어플리케이션 프로그램을 실행하도록 한다. 메인화면이 다음 그림과 같이 구성되어 있다.

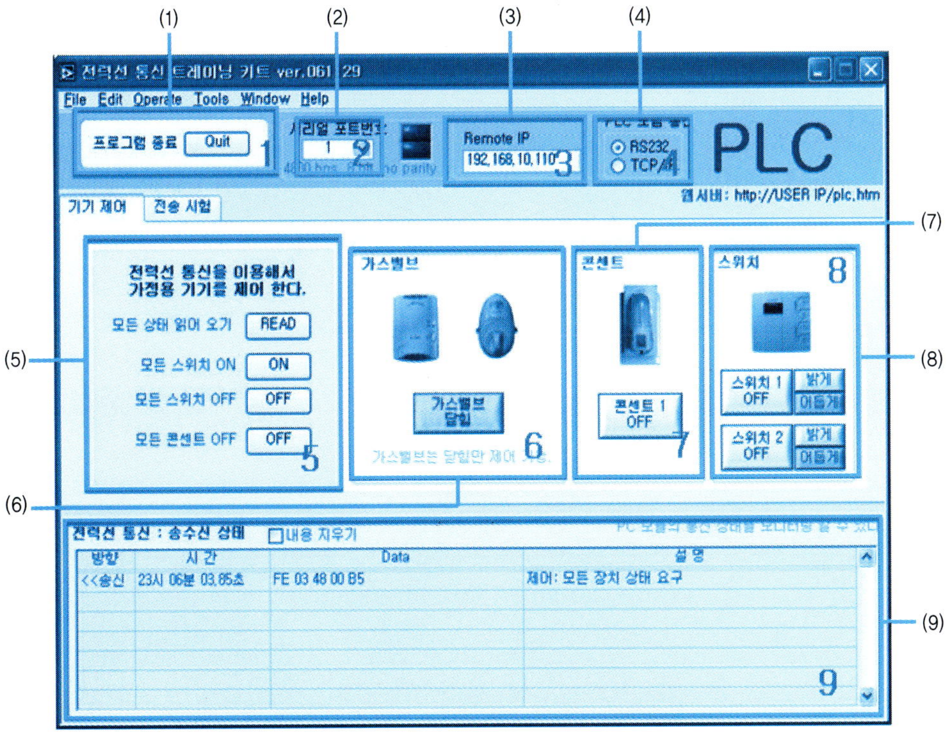

〈그림 3-24〉 PLC_PC용 응용 프로그램 실행 화면

각 구성에 대해서 먼저 설명하면

(1) QUIT : 프로그램 종료이다.

(2) 포트번호 : 직렬통신을 실행할 모뎀과 연결된 포트의 번호를 선택한다.

(3) Remote IP : 네트워크로 연결되어져 있으며 현재 모뎀과 연결된 PLC 구동장치를 제어하고자 하는 PDA 또는 PC의 네트워크 IP이다.
(현재 모뎀과 연결되어진 IP와 혼동하지 않도록 한다.)

(4) 통신방법 : 2가지의 통신 방법을 제공한다.

  (a) RS232 : PLC 통신 모듈과 직접 연결되어 제어하는 방법

  (b) TCP/IP : 동일한 네트워크 상에서 PLC 통신 모듈과 직접 연결되어 있는 PC를 제어할 수 있는 IP 입력을 함으로써 제어권을 넘겨주어 제어하는 방법

(5) 제어 버튼

  (a) 모든 상태 읽어 오기 : PLC용 구동장치의 모든 상태를 읽어온다.

  (b) 모든 스위치 ON : PLC용 구동장치의 스위치를 모두 ON시킨다.

  (c) 모든 스위치 OFF : PLC용 구동장치의 스위치를 모두 OFF시킨다.

  (d) 모든 콘센트 OFF : PLC용 구동장치의 콘센트를 모두 OFF시킨다.

(6) 가스밸브 제어

가스밸브의 제어는 닫힘만 가능하다. 가스밸브가 열림이라면 버튼의 색이 빨강색이고 열림으로 표시되며, 가스밸브가 닫혀 있다면 버튼의 색이 녹색이고 닫힘으로 표시되어진다.

(7) 콘센트 제어

콘센트에 장착되어진 PLC용 모듈을 제어한다. ON과 OFF가 제어 가능하다.

(8) 스위치 제어

PLC용 스위치 모듈을 제어한다. ON과 OFF 그리고 밝기 조절(Dim+, Dim−)이 가능하다.

(9) 송수신 상태

전력선 통신의 송수신 상태를 모두 보여준다.

송신 또는 수신, 시간, 전송된 데이터, 데이터에 따른 설명으로 구성되어진다.

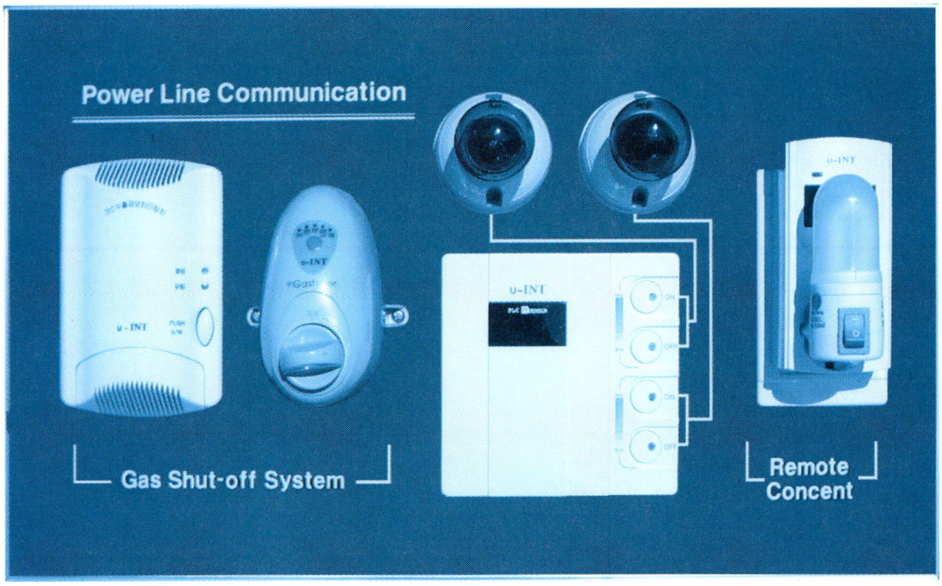

〈그림 3-25〉 ED-5964 전력선 통신 전체 구동장치(Actuator)

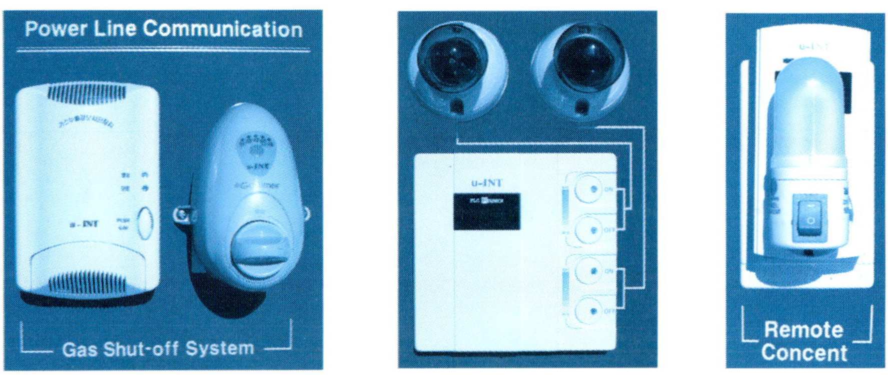

가스밸브(Gas Valve) 2회로 스위치(Switch) 콘센트(Concent)

〈그림 3-26〉 ED-5964 전력선 통신 부분별 구동장치

PLC_PC용 프로그램을 실행을 하게 되면 응용 프로그램 상에서 현재 연결되어진 구동장치의 상태를 요청한다. 송수신 상태 창에서 확인이 가능하다. 현재 상태의 요청에 따라 각 구동장치들이 응답하는 것을 확인할 수 있다.

응답이 완료되지 않은 상태에서 계속해서 상태 요청을 하거나 다른 명령을 전송하는 경우 Traffic Busy가 발생한다.

전력선 통신 : 송수신 상태 □내용 지우기 PC 모듈의 통신 상태를 모니터링 할 수 있다.

방향	시 간	Data	설 명
>>수신	10시 32분 41.78초	FE 03 3B 3F F9	결과: 가스밸브 ON
>>수신	10시 32분 38.03초	FE 03 37 07 CD	결과: 콘센트 1 OFF
>>수신	10시 32분 37.71초	FE 03 37 02 C8	결과: 스위치 2 OFF
>>수신	10시 32분 37.64초	FE 03 37 01 CB	결과: 스위치 1 OFF
>>수신	10시 32분 37.58초	FE 03 5C 00 A1	결과: 전력선통신 TX 완료
>>수신	10시 32분 36.85초	06	응답: 통신 성공(ACK)
<<송신	10시 32분 36.82초	FE 03 48 00 B5	제어: 모든 장치 상태 요구

〈그림 3-27〉 모든 장치 상태 응답 완료

전력선 통신 : 송수신 상태 □내용 지우기 PC 모듈의 통신 상태를 모니터링 할 수 있다.

방향	시 간	Data	설 명
>>수신	10시 35분 16.49초	FE 03 3B 3F F9	결과: 가스밸브 ON
>>수신	10시 35분 16.47초	FE 03 37 07 CD	결과: 콘센트 1 OFF
<<송신	10시 35분 16.47초	FE 03 34 07 CE	제어: 콘센트 1 ON
>>수신	10시 35분 08.47초	04	응답: 통신 Traffic(BUSY)
<<송신	10시 35분 08.44초	FE 03 34 07 CE	제어: 콘센트 1 ON
>>수신	10시 35분 08.19초	FE 03 37 02 C8	결과: 스위치 2 OFF
>>수신	10시 35분 08.13초	FE 03 37 01 CB	결과: 스위치 1 OFF

〈그림 3-28〉 BUSY 상태

3-4-1. 가스밸브 제어 구동장치 실습

(1) 가스밸브의 상태를 확인한다.

현재 밸브의 상태는 열림 상태이다.

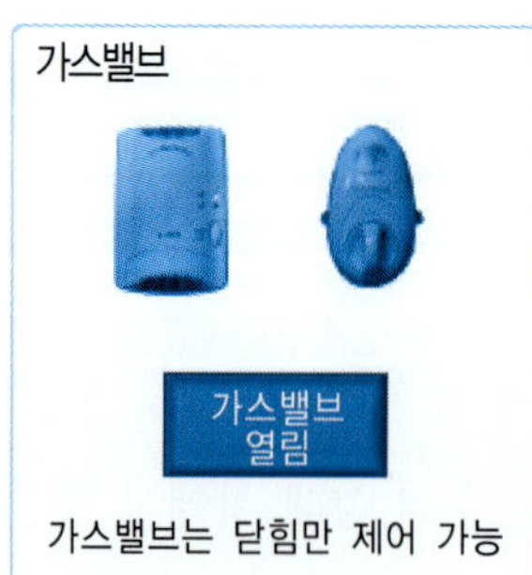

〈그림 3-29〉 가스밸브 제어부분 – 가스밸브 상태 → 열림

* 가스밸브 제어는 열림만 제어가 가능하다.

(2) 빨강색의 '가스밸브 열림'이라고 적혀 있는 버튼을 눌러보자.

가스밸브 제어부분과 송수신 상태에서 전송되어진 결과를 확인할 수가 있다.

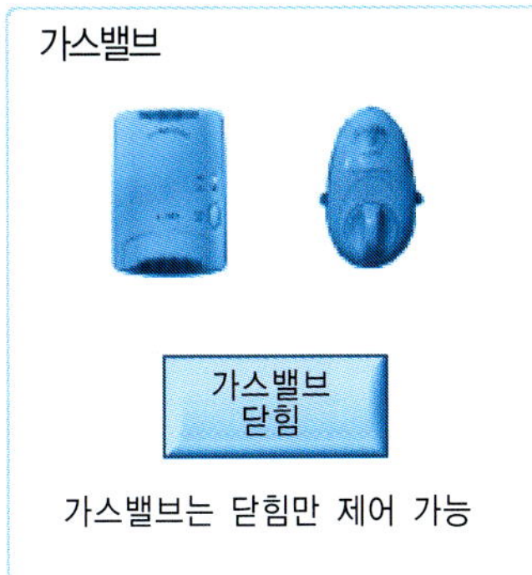

〈그림 3-30〉 가스밸브 닫힘 상태

전력선 통신 : 송수신 상태 □내용 지우기 PC 모듈의 통신 상태를 모니터링 할 수 있다.

방향	시 간	Data	설 명
>>수신	21시 27분 07.42초	FE 03 37 3F F5	결과: 가스밸브 OFF
>>수신	21시 27분 07.34초	FE 03 5C 3F 9E	결과: 전력선통신 TX 완료
>>수신	21시 27분 06.25초	06	응답: 통신 성공(ACK)
<<송신	21시 27분 06.22초	FE 03 3C 3F FE FE	제어: 가스밸브 OFF
>>수신	21시 26분 54.53초	FE 03 3B 3F F9	결과: 가스밸브 ON
>>수신	21시 26분 54.45초	FE 03 34 3F F6	제어: 가스밸브 ON
>>수신	21시 26분 17.47초	FE 03 37 02 C8	결과: 스위치 2 OFF

〈그림 3-31〉 송수신 상태 - 가스밸브 닫힘

(3) 연결된 가스밸브가 닫힘을 확인하였다.

3-4-2. 콘센트 제어 구동장치 실습

(1) 콘센트의 상태를 확인한다.

현재 콘센트의 상태는 OFF 상태임을 알 수 있다.

〈그림 3-32〉 콘센트 제어 부분 - 현재 상태 OFF

(2) 콘센트 제어부의 '콘센트 1 OFF'라고 적혀 있는 버튼을 눌러본다. 버튼의 색깔이 변함을 알 수 있다. Device(콘센트)의 전원이 들어오는지를 확인해 보자.

〈그림 3-33〉 콘센트 제어부분 - 현재 상태 ON

(3) 콘센트에 전원이 인가되어 동작함을 확인하였을 것이다. 콘센트 제어부에서 보낸 응답 내용은 송수신 상태를 통해 확인 가능하다.

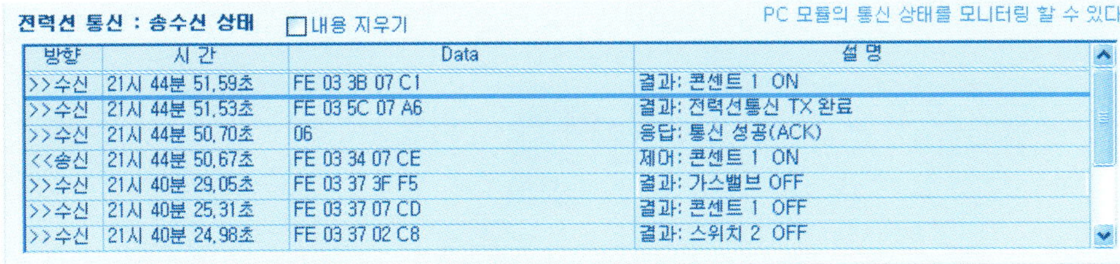

전력선 통신 : 송수신 상태 ☐내용 지우기 PC 모듈의 통신 상태를 모니터링 할 수 있다.

방향	시 간	Data	설 명
>>수신	21시 44분 51.59초	FE 03 3B 07 C1	결과: 콘센트 1 ON
>>수신	21시 44분 51.53초	FE 03 5C 07 A6	결과: 전력선통신 TX 완료
>>수신	21시 44분 50.70초	06	응답: 통신 성공(ACK)
<<송신	21시 44분 50.67초	FE 03 34 07 CE	제어: 콘센트 1 ON
>>수신	21시 40분 29.05초	FE 03 37 3F F5	결과: 가스밸브 OFF
>>수신	21시 40분 25.31초	FE 03 37 07 CD	결과: 콘센트 1 OFF
>>수신	21시 40분 24.98초	FE 03 37 02 C8	결과: 스위치 2 OFF

〈그림 3-34〉 송수신 상태 – 콘센트1 ON

(4) 콘센트 제어부의 '콘센트 1 ON'이라고 적혀 있는 버튼을 눌러본다. 버튼의 색깔이 다시 변함을 알 수 있으며 구동장치(콘센트)에 전원이 인가되지 않음을 조명 등을 통하여 확인할 수 있다.

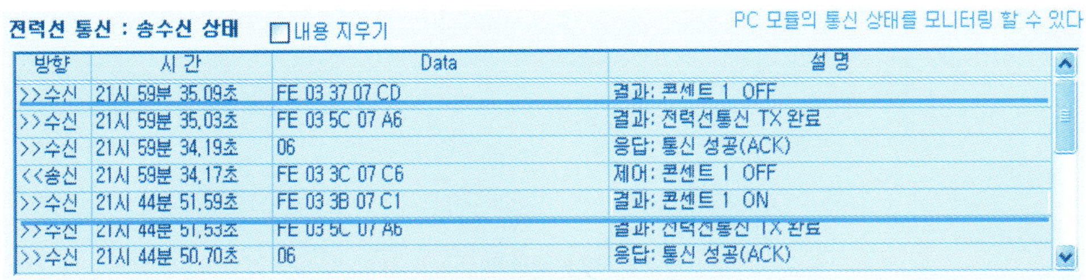

전력선 통신 : 송수신 상태 ☐내용 지우기 PC 모듈의 통신 상태를 모니터링 할 수 있다

방향	시 간	Data	설 명
>>수신	21시 59분 35.09초	FE 03 37 07 CD	결과: 콘센트 1 OFF
>>수신	21시 59분 35.03초	FE 03 5C 07 A6	결과: 전력선통신 TX 완료
>>수신	21시 59분 34.19초	06	응답: 통신 성공(ACK)
<<송신	21시 59분 34.17초	FE 03 3C 07 C6	제어: 콘센트 1 OFF
>>수신	21시 44분 51.59초	FE 03 3B 07 C1	결과: 콘센트 1 ON
>>수신	21시 44분 51.53초	FE 03 5C 07 A6	결과: 전력선통신 TX 완료
>>수신	21시 44분 50.70초	06	응답: 통신 성공(ACK)

〈그림 3-35〉 송수신 상태 – 콘센트 제어 과정

〈그림 3-35〉는 콘센트 제어를 하는 과정에서 발생한 송수신 상태이다. 이것은 콘센트를 제어하는 송신 데이터와 수신 데이터를 확인할 수 있다.

3-4-3. 스위치 제어 구동장치 실습

(1) 현재 화면에서 스위치의 상태를 확인한다.

현재 스위치 1과 2의 상태는 OFF 상태임을 알 수 있다.

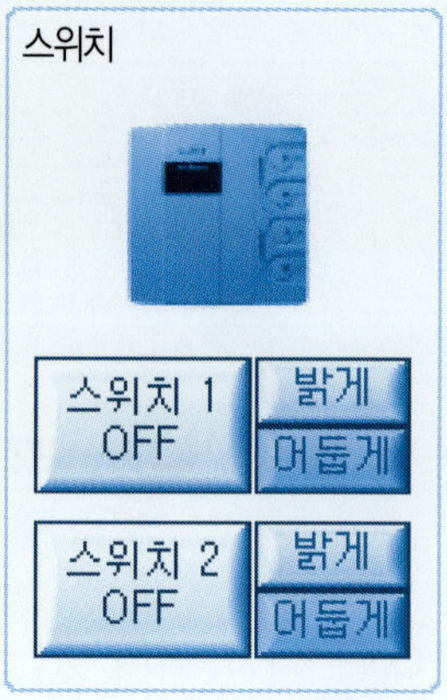

〈그림 3-36〉 **스위치 제어부 - 현재 상태 1, 2 OFF**

(2) 스위치 제어부의 '스위치 1 OFF' 또는 '스위치 2 OFF' 라고 적혀 있는 버튼을 눌러본다. 버튼의 색깔이 변함을 알 수 있다. 구동장치(조명)의 전원이 인가되는지를 확인해보자.

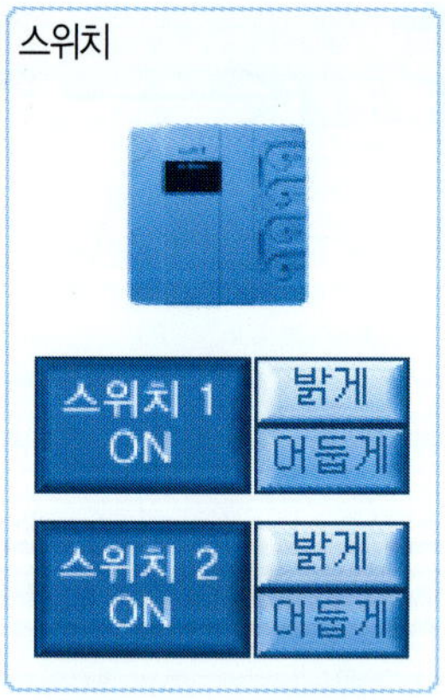

〈그림 3-37〉 **스위치 제어부 - 스위치 1 ON, 스위치 2 ON**

(3) 스위치의 ON 동작으로 조명등 켜짐을 확인 하였을 것이다. 스위치 제어부에서 보낸 응답내용은 송수신 상태를 통해 확인 가능하다.

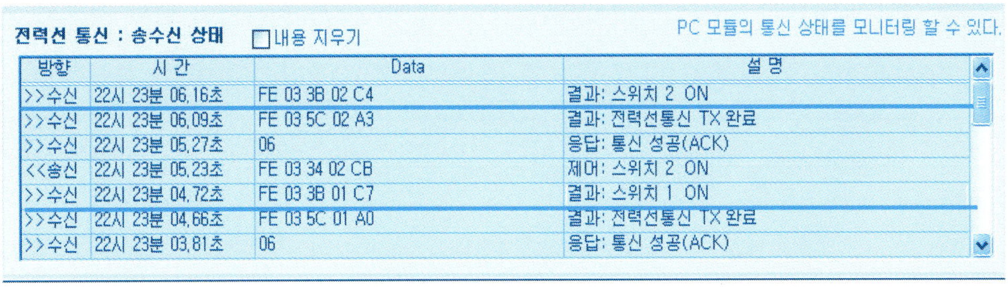

전력선 통신 : 송수신 상태 ☐내용 지우기 PC 모듈의 통신 상태를 모니터링 할 수 있다.

방향	시 간	Data	설 명
>>수신	22시 23분 06.16초	FE 03 3B 02 C4	결과: 스위치 2 ON
>>수신	22시 23분 06.09초	FE 03 5C 02 A3	결과: 전력선통신 TX 완료
>>수신	22시 23분 05.27초	06	응답: 통신 성공(ACK)
<<송신	22시 23분 05.23초	FE 03 34 02 CB	제어: 스위치 2 ON
>>수신	22시 23분 04.72초	FE 03 3B 01 C7	결과: 스위치 1 ON
>>수신	22시 23분 04.66초	FE 03 5C 01 A0	결과: 전력선통신 TX 완료
>>수신	22시 23분 03.81초	06	응답: 통신 성공(ACK)

〈그림 3-38〉 송수신 상태 - 스위치 1 ON, 스위치 2 ON

(4) 조명의 밝기 조절

조명등은 6단계의 밝기 조절이 가능하다. 증가 또는 감소 버튼을 한 번씩 누를 때마다 조명등의 밝기는 증가하거나 감소하게 된다.

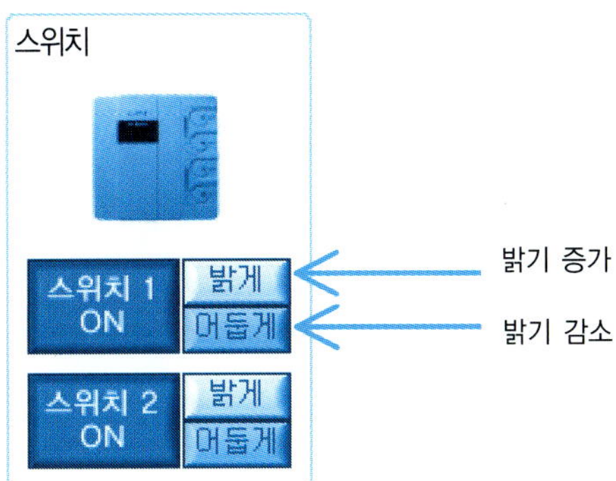

〈그림 3-39〉 스위치 제어부 - 스위치 1 ON, 스위치 2 ON

밝게 또는 어둡게 누를 때 송수신 상태는 다음과 같이 표현된다.

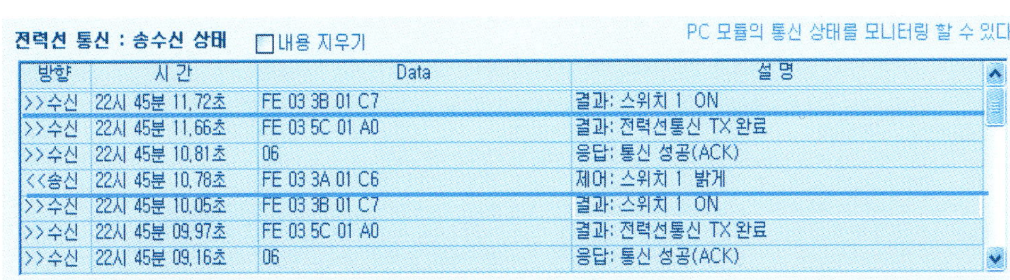

전력선 통신 : 송수신 상태 ☐내용 지우기 PC 모듈의 통신 상태를 모니터링 할 수 있다.

방향	시 간	Data	설 명
>>수신	22시 45분 11.72초	FE 03 3B 01 C7	결과: 스위치 1 ON
>>수신	22시 45분 11.66초	FE 03 5C 01 A0	결과: 전력선통신 TX 완료
>>수신	22시 45분 10.81초	06	응답: 통신 성공(ACK)
<<송신	22시 45분 10.78초	FE 03 3A 01 C6	제어: 스위치 1 밝게
>>수신	22시 45분 10.05초	FE 03 3B 01 C7	결과: 스위치 1 ON
>>수신	22시 45분 09.97초	FE 03 5C 01 A0	결과: 전력선통신 TX 완료
>>수신	22시 45분 09.16초	06	응답: 통신 성공(ACK)

〈그림 3-40〉 송수신 상태 - 밝게 누른 후

(5) 스위치 제어부의 '스위치 1 ON' 또는 '스위치 2 ON'이라고 적혀 있는 버튼을 눌러본다. 버튼의 색깔이 다시 변함을 알 수 있고 구동장치(조명)을 확인해보자.

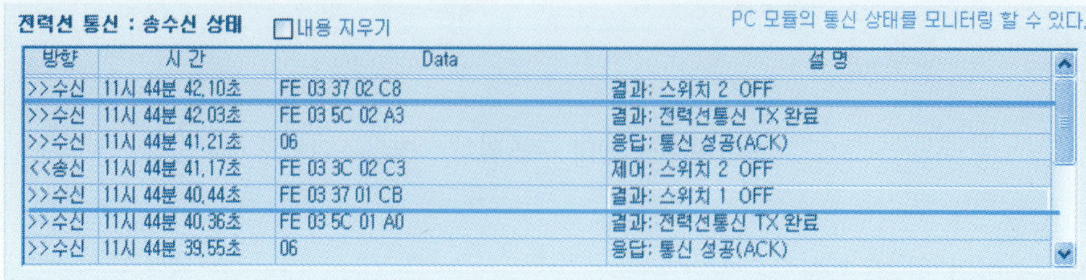

〈그림 3-41〉 **송수신 상태 - 스위치 제어결과 OFF**

(6) 스위치의 동작으로 조명등 켜짐을 확인하였을 것이다. 스위치 제어부에서 보낸 응답 내용은 송수신 상태를 통해 확인 가능하다.

가스밸브, 콘센트, 스위치 제어부를 이용하여 PLC 구동장치를 제어하는 실습을 해 보았다. 다음은 제어부를 이용하지 않고 직접 입력하여 제어하는 실습을 해보겠다.

3-4-4. 직접 입력에 의한 실험

PLC_PC 프로그램에서 Tab Menu에 '전송시험'을 선택하라.

〈그림 3-42〉와 같이 보일 것이다. 이것에 대한 설명을 먼저 하도록 하겠다.

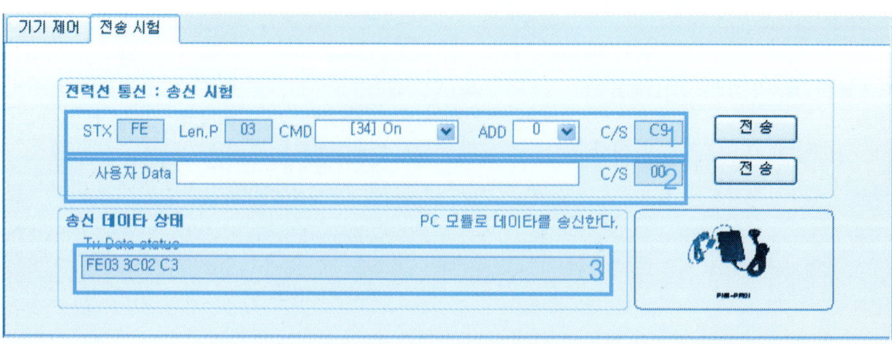

〈그림 3-42〉 **전송 시험**

STX(고정) + Length(고정) + CMD(선택) + ADD(선택) + Check Sum(자동계산)

CMD(명령 내용)와 ADD(구동장치 Address)를 선택하여 주고 오른쪽에 전송 버튼을 눌러주면 선택되어진 구동장치에 CMD 내용을 전송하도록 한다.

CMD와 ADD의 내용은 다음과 같다.

〈표 3-6〉 PLC CMD 내용

CMD	명령	비고
34	ON	
3C	OFF	
3F	Status	
48	All Status	
38	All Light On	
36	All Light Off	
30	All Unit Off	
3A	Dim ++	
32	Dim --	

〈표 3-7〉 PLC 구동장치 Address

ADD	명령	비고
00	All Device	
01	스위치 1	
02	스위치 2	
07	콘센트	
63	가스밸브	

사용자가 데이터를 직접 입력할 수 있는 곳이다. 구동장치를 제어하기 위한 전송 데이터를 직접 입력하여 전송하는 실습을 할 수 있다.

송신 데이터 상태는 선택하여 전송하거나 사용자가 직접 입력하여 전송되어지는 데이터를 버퍼에 임시로 저장하여 보여주는 것이다. 이곳은 표시만 할 뿐 입력을 할 수는 없는 부분이다.

1) 가스밸브 실습

(1) CMD와 ADD 선택에 의한 전송명령 실습 - 가스밸브

먼저 OPEN 상태의 가스밸브를 닫아보는 실습을 하여 보겠다. CMD에서 Close는 '3C'이며 가스밸브의 ADD는 '3F'이다.

CMD는 3C ADD 63을 선택하고 전송을 눌러보자.

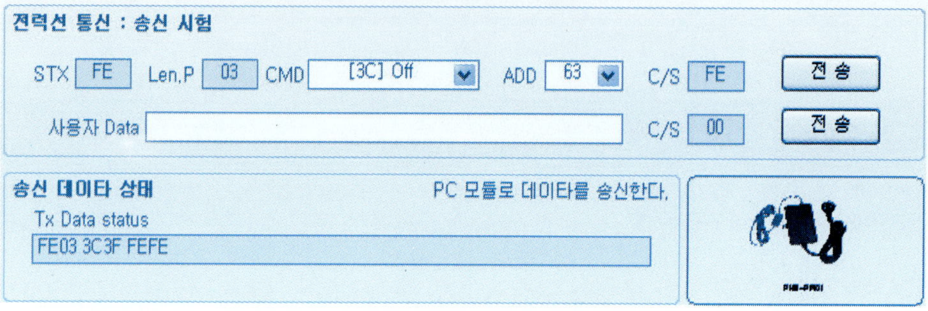

〈그림 3-43〉 가스밸브 직접 제어명령 실습 1

(2) 송신 데이터에 전송되어진 명령어가 표시된다.

(3) 송수신 상태에는 명령이 전송되어지고 가스밸브가 닫힌 상태가 표시된다.

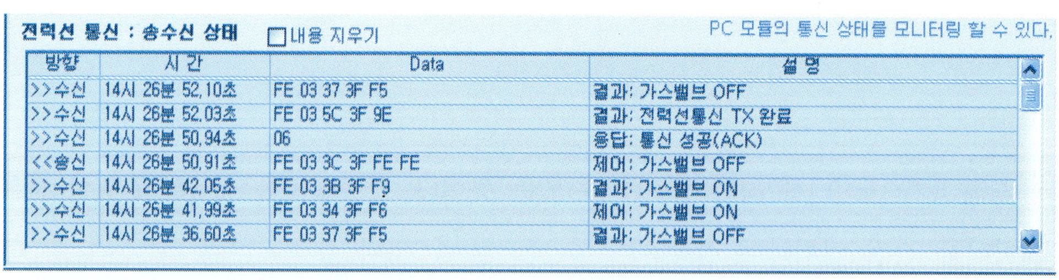

방향	시 간	Data	설 명
>>수신	14시 26분 52,10초	FE 03 37 3F F5	결과: 가스밸브 OFF
>>수신	14시 26분 52,03초	FE 03 5C 3F 9E	결과: 전력선통신 TX 완료
>>수신	14시 26분 50,94초	06	응답: 통신 성공(ACK)
<<송신	14시 26분 50,91초	FE 03 3C 3F FE FE	제어: 가스밸브 OFF
>>수신	14시 26분 42,05초	FE 03 3B 3F F9	결과: 가스밸브 ON
>>수신	14시 26분 41,99초	FE 03 34 3F F6	제어: 가스밸브 ON
>>수신	14시 26분 36,60초	FE 03 37 3F F5	결과: 가스밸브 OFF

〈그림 3-44〉 송수신상태 - 가스밸브 직접 제어 실습 1

2) 콘센트 ON 실습

(1) CMD와 ADD 선택에 의한 전송명령 실습 - 콘센트 ON

콘센트를 ON 해보는 실습을 하여 보겠다. CMD에서 ON은 '34'이며 OFF는 '3C'이

다. 콘센트의 ADD는 '07'이다.

CMD는 3C, ADD는 7을 선택하고 전송을 눌러보자.

〈그림 3-45〉 콘센트 직접 제어명령 실습 1

(2) 송신 데이터에 전송되어진 명령어가 표시된다.

(3) 송수신 상태에는 명령이 전송되어지고 콘센트의 상태가 ON이 되었다고 표시된다.

전력선 통신 : 송수신 상태 ☐내용 지우기 PC 모듈의 통신 상태를 모니터링 할 수 있다

방향	시 간	Data	설 명
>>수신	14시 50분 52.83초	FE 03 3B 07 C1	결과: 콘센트 1 ON
>>수신	14시 50분 52.75초	FE 03 5C 07 A6	결과: 전력선통신 TX 완료
>>수신	14시 50분 51.94초	06	응답: 통신 성공(ACK)
<<송신	14시 50분 51.91초	FE 03 34 07 CE	제어: 콘센트 1 ON
>>수신	14시 50분 13.17초	FE 03 37 3F F5	결과: 가스밸브 OFF
>>수신	14시 50분 09.44초	FE 03 37 07 CD	결과: 콘센트 1 OFF
>>수신	14시 50분 09.10초	FE 03 37 02 C8	결과: 스위치 2 OFF

〈그림 3-46〉 송수신 상태 – 콘센트 직접 제어명령 실습 1

3) 콘센트 OFF 실습

(1) CMD와 ADD 선택에 의한 전송명령 실습 - 콘센트 OFF

콘세트를 OFF 해보는 실습을 하여 보겠다. CMD에서 ON은 '34'이며 OFF는 '3C'이다. 콘센트의 ADD는 '07'이다.

CMD는 34, ADD는 7을 선택하고 전송을 눌러보자.

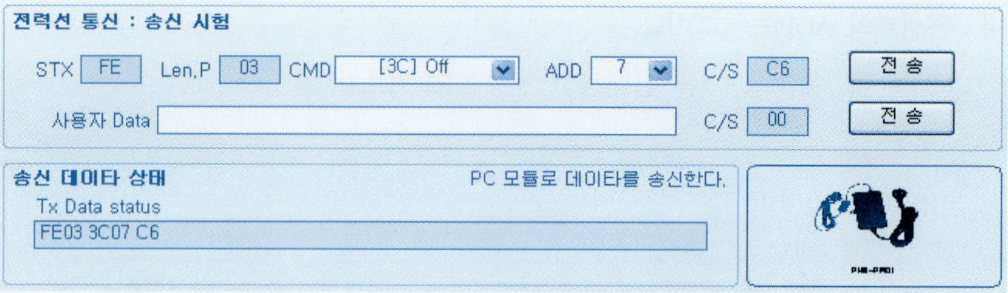

〈그림 3-47〉 콘센트 직접 제어명령 실습 2

(2) 송신 데이터에 전송되어진 명령어가 표시된다.

(3) 송수신상태에는 명령이 전송되어지고 콘센트의 상태가 OFF되었다고 표시된다.

전력선 통신 : 송수신 상태 ☐내용 지우기 PC 모듈의 통신 상태를 모니터링 할 수 있다.

방향	시 간	Data	설 명
>>수신	14시 55분 28.03초	FE 03 37 07 CD	결과: 콘센트 1 OFF
>>수신	14시 55분 27.96초	FE 03 5C 07 A6	결과: 전력선통신 TX 완료
>>수신	14시 55분 27.14초	06	응답: 통신 성공(ACK)
<<송신	14시 55분 27.11초	FE 03 3C 07 C6	제어: 콘센트 1 OFF
>>수신	14시 50분 52.83초	FE 03 3B 07 C1	결과: 콘센트 1 ON
>>수신	14시 50분 52.75초	FE 03 5C 07 A6	결과: 전력선통신 TX 완료
>>수신	14시 50분 51.94초	06	응답: 통신 성공(ACK)

〈그림 3-48〉 송수신상태 - 콘센트 직접 제어명령 실습 2

4) 스위치 ON 실습

(1) CMD와 ADD 선택에 의한 전송명령 실습 - 스위치 ON

스위치 1을 ON해보는 실습을 하여 보겠다. CMD에서 ON은 '34'이며 OFF는 '3C'이다. 스위치 1의 ADD는 '01', 스위치 2의 ADD는 '02'이다.

CMD는 34, ADD는 1을 선택하고 전송을 눌러보자.

〈그림 3-49〉 스위치 1 직접 제어명령 실습 2

(2) 송신 데이터에 전송되어진 명령어가 표시된다.

(3) 송수신상태에는 명령이 전송되어지고 스위치 1의 상태가 ON되었다고 표시된다.

전력선 통신 : 송수신 상태 □내용 지우기 PC 모듈의 통신 상태를 모니터링 할 수 있다.

방향	시 간	Data	설 명
>>수신	15시 34분 38.07초	FE 03 3B 01 C7	결과: 스위치 1 ON
>>수신	15시 34분 38.00초	FE 03 5C 01 A0	결과: 전력선통신 TX 완료
>>수신	15시 34분 37.17초	06	응답: 통신 성공(ACK)
<<송신	15시 34분 37.16초	FE 03 34 01 C8	제어: 스위치 1 ON
>>수신	15시 34분 25.07초	FE 03 37 3F F5	결과: 가스밸브 OFF
>>수신	15시 34분 21.35초	FE 03 37 07 CD	결과: 콘센트 1 OFF
>>수신	15시 34분 21.00초	FE 03 37 02 C8	결과: 스위치 2 OFF

〈그림 3-50〉 송수신상태 –콘센트 직접 제어명령 실습 1

5) 스위치 밝게 or 어둡게 실습

(1) CMD와 ADD 선택에 의한 전송명령 실습 - 스위치 ON

스위치 1을 밝게 또는 어둡게 해보는 실습을 하여 보겠다. CMD에서 밝게는 '3A'이며 어둡게는 '32'이다. 스위치 1의 ADD는 '01', 스위치 2의 ADD는 '02'이다.

CMD는 3A, ADD는 1을 선택하고 전송을 눌러보자.

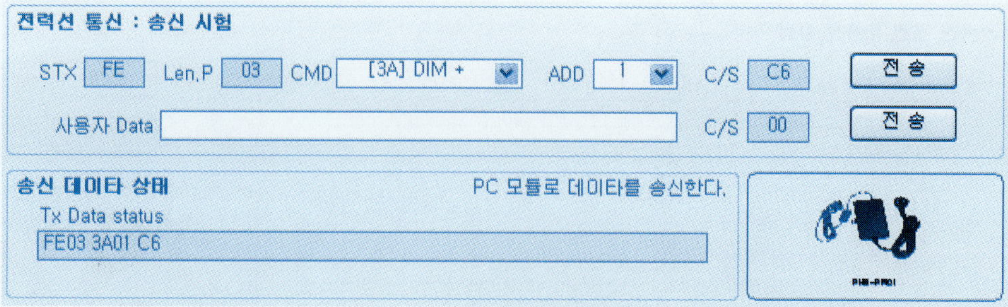

〈그림 3-51〉 스위치 1 직접 제어명령 – 스위치 1 밝게

CMD는 32, ADD는 1을 선택하고 전송을 눌러보자

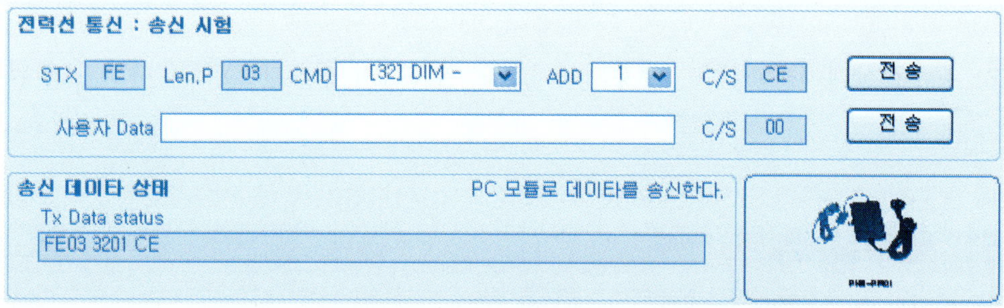

〈그림 3-52〉 스위치 1 직접 제어명령 – 스위치 1 어둡게

(2) 송신 데이터에 전송되어진 명령어가 표시된다.

(3) 송수신상태에는 명령이 전송되어지고 스위치 1의 상태가 ON 되었다고 표시된다.

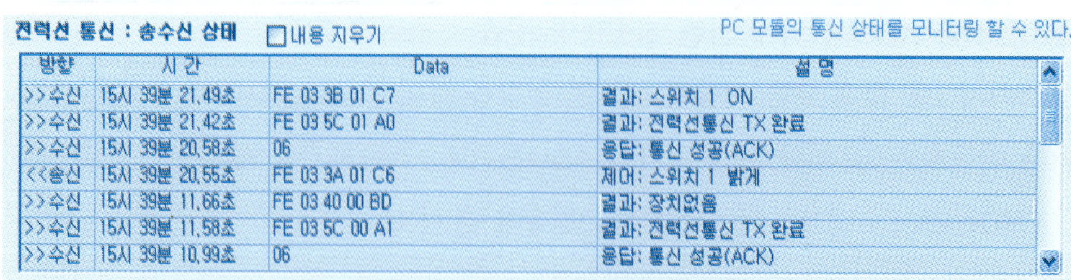

방향	시간	Data	설명
>>수신	15시 39분 21.49초	FE 03 3B 01 C7	결과: 스위치 1 ON
>>수신	15시 39분 21.42초	FE 03 5C 01 A0	결과: 전력선통신 TX 완료
>>수신	15시 39분 20.58초	06	응답: 통신 성공(ACK)
<<송신	15시 39분 20.55초	FE 03 3A 01 C6	제어: 스위치 1 밝게
>>수신	15시 39분 11.66초	FE 03 40 00 BD	결과: 장치없음
>>수신	15시 39분 11.58초	FE 03 5C 00 A1	결과: 전력선통신 TX 완료
>>수신	15시 39분 10.99초	06	응답: 통신 성공(ACK)

〈그림 3-53〉 송수신상태 – 스위치 1 밝게(응답 메시지는 스위치 1 ON)

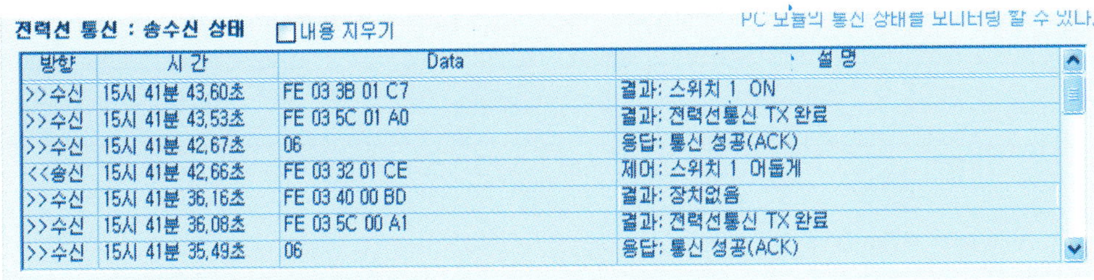

〈그림 3-54〉 송수신상태 – 스위치 1 어둡게(응답 메시지는 스위치 1 ON)

6) 스위치 OFF 실습

(1) CMD와 ADD 선택에 의한 전송명령 실습 - 스위치 OFF

스위치 1을 OFF해보는 실습을 하여 보겠다. CMD에서 OFF은 '34'이며 OFF는 '3C'이다. 스위치 1의 ADD는 '01', 스위치 2의 ADD는 '02'이다. CMD는 3C, ADD는 1을 선택하고 전송을 눌러보자.

〈그림 3-55〉 스위치 1 직접 제어명령 실습 3

(2) 송신 데이터에 전송되어진 명령어가 표시된다.

(3) 송수신상태에는 명령이 전송되어지고 스위치 1의 상태가 ON되었다고 표시된다.

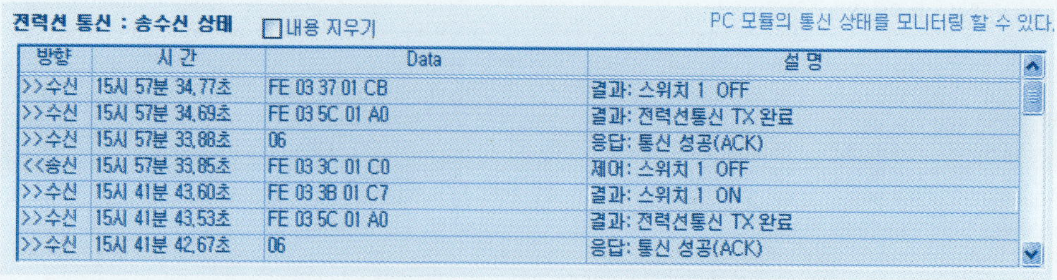

전력선 통신 : 송수신 상태 □내용 지우기 PC 모듈의 통신 상태를 모니터링 할 수 있다.

방향	시 간	Data	설 명
>>수신	15시 57분 34.77초	FE 03 37 01 CB	결과: 스위치 1 OFF
>>수신	15시 57분 34.69초	FE 03 5C 01 A0	결과: 전력선통신 TX 완료
>>수신	15시 57분 33.88초	06	응답: 통신 성공(ACK)
<<송신	15시 57분 33.85초	FE 03 3C 01 C0	제어: 스위치 1 OFF
>>수신	15시 41분 43.60초	FE 03 3B 01 C7	결과: 스위치 1 ON
>>수신	15시 41분 43.53초	FE 03 5C 01 A0	결과: 전력선통신 TX 완료
>>수신	15시 41분 42.67초	06	응답: 통신 성공(ACK)

〈그림 3-56〉 송수신상태 - 콘센트 직접 제어명령 실습 2

7) 사용자 데이터 직접 입력에 의한 제어 실습

(1) 사용자 데이터를 입력 부분에 HEX된 데이터를 입력한다.

각 구동장치를 제어하기 위한 명령어는 〈표 3-8〉과 같이 입력하면 된다.

〈표 3-8〉 제어 내용에 따른 사용자 데이터 Input Value

제어 내용	사용자 데이터	비고
가스밸브 닫힘	FE 03 3C 3F **FE FE**	* CheckSum이 FE인 경우 FE를 하나더 추가한다.
콘센트 ON	FE 03 34 07 **CE**	
콘센트 OFF	FE 03 3C 07 **C6**	
스위치 1 ON	FE 03 34 01 **C8**	
스위치 1 Dim+(밝게)	FE 03 3A 01 **C6**	
스위치 1 Dim-(어둡게)	FE 03 32 01 **CE**	
스위치 1 OFF	FE 03 3C 01 **C0**	
스위치 2 ON	FE 03 34 02 **C8**	
스위치 2 Dim+(밝게)	FE 03 3A 02 **C6**	
스위치 2 Dim-(어둡게)	FE 03 32 02 **CE**	
스위치 2 OFF	FE 03 3C 02 **C0**	

* 음영으로 표시된 부분은 CheckSum으로 사용자 데이터를 입력하지 않는다. CheckSum은 사용자 데이터를 입력하면 자동으로 계산되어 생성된다.

(2) 사용자 데이터 입력란에 제어하고자 하는 데이터를 입력한다.

- CheckSum 값 제외하고 입력하도록 한다.

ex) 가스밸브 닫힘

〈그림 3-57〉 **사용자 데이터 입력 예**

- CheckSum을 제외한 값을 입력하고 Enter를 입력한다.
- 〈그림 3-57〉 C/S에는 CheckSum값이 생성되어진다.
- 전송을 누르게 되면 송신 데이터 상태에 사용자가 직접 입력한 데이터와 생성된 CheckSum값이 나타난다.
- 송수신상태를 통해 가스밸브가 닫혀졌음을 확인할 수가 있다.

전력선 통신 : 송수신 상태 ☐내용 지우기 PC 모듈의 통신 상태를 모니터링 할 수 있다.

방향	시 간	Data	설 명
>>수신	16시 53분 12.03초	FE 03 37 3F F5	결과: 가스밸브 OFF
>>수신	16시 53분 11.97초	FE 03 5C 3F 9E	결과: 전력선통신 TX 완료
>>수신	16시 53분 10.88초	06	응답: 통신 성공(ACK)
<<송신	16시 53분 10.85초	FE 03 3C 3F FE FE	제어: 가스밸브 OFF
>>수신	16시 53분 05.07초	FE 03 37 01 CB	결과: 스위치 1 OFF
>>수신	16시 53분 05.00초	FE 03 5C 01 A0	결과: 전력선통신 TX 완료
>>수신	16시 53분 04.17초	06	응답: 통신 성공(ACK)

〈그림 3-58〉 **송수신상태 – 사용자 데이터 입력**

4 PDA를 이용한 구동장치(Actuator) 응용

4-1 실험 목적

(1) PDA의 개론에 대하여 알아본다.

(2) PDA의 기본 구성을 알아본다.

(3) PDA용 응용을 개발하기 위한 툴에 대하여 알아본다.

(4) PDA를 이용한 가스밸브, 램프 등을 제어하는 실습을 한다.

4-2 PDA의 개론

4-2-1. PDA(Personal Digital Assistants)란 무엇인가

휴대용 컴퓨터의 일종으로, 손으로 쓴 정보를 입력하거나 개인정보관리, 컴퓨터와의 정보교류 등이 가능한 휴대용 개인정보 단말기이다.

집이나 사무실에 있는 컴퓨터로 작성한 문서 파일을 집어넣으면 이동하면서도 계속 작업이 가능하고, 전자수첩과 마찬가지로 개인정보 관리나 일정 관리가 가능한 휴대용 개인정보 단말기를 말한다. 초기에는 계산이나 일정 관리 등 제한된 용도로만 사용되다가 정보통신기술이 급속도로 발전하면서 '포스트 PC'의 대표적인 정보통신 수단으로 각광받고 있다.

4-2-2. PDA의 종류

컴퓨터에서는 Windows 2000, NT, XP, UNIX 등 다양한 운영체제가 있듯이 PDA 또한 작은 소형 컴퓨터이므로 이를 운영하기 위한 다양한 운영체제가 존재한다.

PDA에 사용되는 대표적인 운영체제는 Microsoft사에서 개발한 PocketPC와 Palm 사에서 개발한 PalmOS, PDA용 LINUX 운영체제와 그 외 기타 운영체제로 구분할 수 있다.

PocketPC 계열의 PDA는 컬러 액정과 다양한 멀티미디어 기능을 제공하는데 반해, Palm 계열의 PDA는 멀티미디어 기능이 약한 대신 가격적인 측면에서 보다 저렴하다.

그러나 근본적으로 이 두 제품의 차이점은 하드웨어적인 차이보다는 소프트웨어적인 차이점이 더 많다는 것을 알 수 있다. Palm용 소프트웨어는 다양한 종류의 프리웨어(freeware)들을 제공하는 장점이 있지만, 기능에 있어서 뛰어나지 못하며 사용자 인터페이스(UI)에서도 PocketPC에 비해서 불편한 편이다.

LINUX 운영체제 제품군의 특징은 서버에서 사용하는 환경과 매우 유사하여 네트워킹에 매우 강하다는 것이 장점이지만, 상대적으로 상용 소프트웨어들이 많지 않으므로 다양한 용도로 사용하기에 어렵다는 것이 단점이다. 이러한 이유 때문에 Palm용 운영체제나 LINUX 운영체제를 탑재한 PDA보다는 PocketPC 운영체제를 채택한 PDA가 주를 이루고 있다.

1) PocketPC

PocketPC 운영체제는 최근 들어 PDA의 대표적인 운영체제로 자리잡게 되었는데, 이것은 컴퓨터의 Microsoft Word나 Excel, PowerPoint 등의 파일들을 그대로 PDA에서 사용할 수 있다는 장점과 매우 다양한 응용 프로그램들이 있다는 것이 가장 큰 이유이다. 참고로 PocketPC 운영체제의 2003 버전부터는 Windows Mobile이라는 이름으로 불려지고 있다.

PocketPC를 사용한 기기들은 디자인에 있어서 다소 차이는 있지만 사양은 거의 비슷하게 구성되어 있다. 이것은 PocketPC라는 운영체제 자체가 하드웨어적인 규격을 요구하고, 동일한 규격에 맞게 만들어지기 때문이다. 국내에서 가장 널리 판매되고 있는 PocketPC 제품들은 HP의 iPAQ, 삼성의 Mits, LG의 Cyon 그리고 델의 AXIM 등이 있다.

PocketPC를 사용하는 PDA는 다음과 같다.

(1) HP iPAQ(아이팩)

iPAQ 시리즈는 Compaq에서 만든 모델로 HP에 합병되고 난 후에도 계속 동일한 모델 이름으로 생산되고 있는 모델이다. 이 모델은 PocketPC 계열의 대표적인 모델이라고 말할 수 있을 정도로 전 세계 시장에서 가장 많이 팔린 제품이기도 하며, 또 가장 인기 있는 모델이기도 하다.

iPAQ은 구 모델은 H5400 등의 모델과 H2210, H1920, H1940으로 시작되는 모델들을 출시한 이후 후속 모델로 고기능 제품, 보급형 제품, 저가형 제품으로 구분해서 출시하고 있다. 이들 제품 중 H5400 시리즈의 가장 큰 장점은 확장성이다.

확장팩이라는 독특한 형태의 팩이 있어 필요한 기능을 본체에 삽입하여 넣는 방식으로 디지털 카메라에서부터 시작하여 TV 수신장치까지 매우 다양한 확장팩이 존재한다.

H2210은 작은 크기에 CF 슬롯을 내장한 방식으로 소형화와 확장성에 주력하고 있는 제품이며, 1900 시리즈는 소형화와 저가에 주력하고 있는 제품이다.

앞서 언급한 제품 이후에 출시된 HX4700은 고사양의 제품으로 무선랜(WiFi), 블루투스, 적외선 포트 그리고 192MB의 대용량 메모리에 640×480의 4인치 VGA를 지원한다. PDA 액정으로는 매우 넓은 4인치의 화면에 VGA 풀컬러를 지원함으로써 그 어떤 PDA보다 화려한 화면과 기능을 제공한다. 그러나 이렇게 고사양을 추구하다 보니 다른 제품에 비해서 크기가 1~2cm 정도 더 크다는 단점이 있다.

rx3715는 보급형 제품으로 HX4700처럼 VGA 대화면은 지원하지 못하지만, 무선랜(WiFi), 블루투스, 적외선 포트, 120만 화소 카메라 내장 등 다양한 기능을 두루 갖춘 제품이다.

rz1717은 VGA 화면이나 카메라 또는 무선랜 등 다양한 기능성을 제공하지는 않지만, 컴팩트한 크기에 무게 또한 가벼운 저가형 제품으로 휴대하기 편한 장점을 지니고 있다. 이후 HP는 후속 제품으로 저가형과 보급형으로 rx1950과 hx2000제품을 이어서 선보이고 있다.

HP의 다른 제품과는 달리 rw6100은 휴대폰 기능이 내장된 기기이다. rw6100은

KT에서 제공하는 무선랜 서비스인 Nespot과 Swing 서비스를 지원하므로, 이동중에 무선랜 지역에서는 무선랜으로 인터넷 접속이 가능하며, 무선랜 핫스팟이 아닌 지역에서는 휴대폰의 데이터 통신을 이용해서 인터넷 접속이 가능하도록 구현한 기기이다. 휴대폰 기능이 통합되어 있으므로 휴대폰과 PDA를 하나로 합한 제품이라고 할 수 있다. 근래 들어서는 이러한 휴대폰 기능을 통합한 제품들이 꾸준히 출시되고 있는 추세이다.

(2) 삼성 Mits(미츠)

삼성의 Mits M400은 휴대폰 기능을 내장하고 있을 뿐만 아니라, TV튜너를 내장하고 있다는 점에서 다른 제품들과 더욱 차별화되고 있다. 인터넷 서핑을 위한 CDMA 데이터 접속 기능을 제공하며, EVDO를 지원하기 때문에 최대 2.4Mbps의 속도로 통신이 가능하다.

TV튜너를 내장하고 있으므로 공중파 방송을 별도의 요금을 내지 않고 즐길 수 있다는 장점을 가지고 있다. PDA이면서 동시에 휴대용 TV인 것이다. Mits M400은 이러한 데이터 통신이 가능하다는 장점 때문에 경찰청에서 교통법규 위반 범칙금 발급을 위한 휴대용 기기로도 사용되고 있다.

M400 이후로 삼성에서는 보다 작고 슬림한 디자인의 M420/4300을 출시하였다. 두 제품은 거의 외형상으로 동일한 제품이며, 스펙상으로도 거의 흡사한데 M420은 SK텔레콤 전용 모델이며, M4300은 KTF 전용 모델의 이름이다. M4300은 무선랜을 지원하는데 비해 M420은 무선랜을 지원하지 않는다는 것이 스펙상의 유일한 차이이다.

M420/4300은 130만 화소의 카메라와 후면에 듀얼 스피커를 장착하고 있으며, 슬라이드 폰으로 숫자 키패드까지 내장한 제품이다. 휴대폰 기능을 결합한 제품이기 때문에 WMP(Windows Media Player)를 제어할 수 있는 리모콘을 제공하며, 디자인이나 기능에 있어서도 반자동의 슬라이드 타입을 채택한 제품이다. 크기 면에서도 기존의 M400에 비해서 많이 작아져 세련된 제품이라 할 수 있다.

(3) LG Cyon(싸이언)

LG에서 제작된 SC8000은 휴대폰 기능을 내장한 제품으로 130만 화소 카메라가 내장되어 있다. 앞서 언급한 rw6100, M420/4300 그리고 LG SC8000은 기능 면에서 거의 흡사하다. 세 모델 모두 전화 기능과 카메라를 내장하고 있으며, 슬라이드 방식이라는 점에서 동일하다.

다만, SC8000과 M420이 무선랜을 지원하지 않는데 반해 rw6100과 M4300은 무선랜을 지원한다는 정도의 차이일 것이다. 이러한 제품들이 비슷한 디자인과 비슷한 규격인 이유는 바로 PocketPC 운영체제가 하드웨어에 대한 강한 표준을 요구하기 때문이다.

SC8000은 SK텔레콤 모델의 이름이며, LG 텔레콤 모델로는 LC8000 그리고 KTF 모델로는 KC8000이라는 이름으로 불려진다. LG 전자는 이들 제품의 후속 모델로 KC8100 모델을 출시하였다.

(4) 싸이어뱅크 POZ(포즈)

싸이어뱅크는 국내의 PDA 개발 전문기업으로, POZ X301을 출시하면서 본격적으로 휴대전화와 PDA 기능을 하나로 통합한 일체형 제품을 선보이고 있다. 물론 X301 이전에도 휴대전화 기능을 내장한 PDA가 있긴 하였지만, 본격적으로 사용자들에게 관심을 끌기 시작한 것은 X301 제품이 그 시작이라고 할 수 있다.

X301은 KTF 모델로서, miniSD 확장 슬롯을 채택하고 있으며, 무선랜 기능을 내장하고 있는 모델이다. 멀티메일을 지원하므로 30만 화소의 카메라를 내장하고 있어 사진을 촬영한 후 멀티메일로 바로 전송이 가능한 제품이다.

X310은 SK텔레콤 모델로서, 휴대전화 기능을 내장하고 동시에 GPS 기능을 내장한 제품이다. GPS를 내장하고 있으므로 위성으로부터 현재 위치해 있는 위치 정보를 파악할 수 있는 차량용 네비게이션으로 활용이 가능하다. 특히, CDMA 데이터 통신망을 통해서 도로 교통 상황을 실시간으로 파악할 수 있는 기능까지 제공하는 실용성이 높은 제품이다.

X301의 후속 모델로 개발된 X501은 기존 X301에 비해서 크기와 무게 면에서 매우 작아진 것이 특징이다. 130만 화소의 카메라를 내장하고 있으며, 무선랜까지 탑재한

고사양의 제품임에도 불구하고 크기에 있어서는 휴대폰 정도의 크기인 제품이다.

메뉴를 조작하기 위한 휠을 제공하므로 화면 터치 없이 휠만으로 메뉴를 선택할 수 있는 편리함까지 제공하므로 X301과 X501을 비교해 보면 PDA가 얼마나 빠른 속도로 그 크기와 기능에 있어서 변화를 겪고 있는지 알 수 있다(X510은 X501과 모든 면에서 유사하며 SKT 모델로 출시된 제품이다).

B300은 크기와 디자인에 있어서 X501과 흡사한 모델이다. SK텔레콤 모델로써, B300은 휴대전화 기능을 내장하여 있고 작은 크기인 점에서는 X501과 비슷한 제품이지만, 세계 최초로 디지털 방송인 DMB 수신기를 장착한 제품이다. 디지털 멀티미디어 방송인 DMB는 고화질의 영상과 CD 수준의 음질을 즐길 수 있는 방송규격이다.

CDMA 데이터 통신 기능으로는 EVDO를 지원하므로 휴대전화 기능뿐만 아니라, 고속의 인터넷 접속 기능까지 제공한다. 부가 기능으로는 130만 화소의 카메라와 듀얼 스피커 그리고 ROM과 RAM을 합해서 총 640MB의 고용량의 메모리를 제공하고 있다. 싸이버뱅크의 GPS 내장 모델로는 컴팩트한 크기에 블루투스와 무선랜을 내장한 G300 모델이 있다.

(5) 후지쯔 LOOX(룩스)

후지쯔의 LOOX는 유럽형의 디자인으로 독특한 디자인을 선호하는 사용자들에게 인기 있는 기종이다. 후지쯔의 LOOX는 600과 610의 두 가지 모델이 있다. LOOX 600의 가장 큰 장점은 기기 자체의 확장성이 매우 뛰어나다는 점이다.

iPAQ H5400이나 H5500 시리즈와는 달리 확장팩을 사용하지 않고도 CF 슬롯이 내장되어 있어서, 본체에 CF 타입의 디지털 카메라나 무선랜 카드 등 주변기기를 바로 사용할 수 있다는 장점이 있다. LOOK 610은 600의 후속 모델로 유럽형 유선형 디자인에서 보다 일반적인 디자인으로 바뀌었고 기능 또한 향상된 제품이다. 이들 모델의 후속으로 성능이 우수한 LOOK 720을 출시하였으나 초기 한국 시장에서 PDA 판매의 저조로 국내에서는 출시되지 않고 있다.

(6) 델 AXIM(맥심)

델(DELL) AXIM X5는 조금 투박한 다소 미국적인 디자인을 지니고 있다. 그렇지만 LOOK와 마찬가지로 CF 슬롯이 내장되어 있어서 CF 타입의 디지털 카메라나 무선랜을 본체에 삽입하여 바로 사용할 수 있다는 장점이 있다.

AXIM X5의 또 하나의 장점은 다른 제품에 비해서 배터리의 성능이 뛰어나서 오랜 시간 사용할 수 있다는 것이다. 이런 X5의 초기의 투박한 디자인 이후에 델에서는 X50 및 X50V, X51V를 출시하게 되었다.

AXIM X50V는 3.7인치의 VGA 화면을 지원하고 있는데, 이것은 앞서 소개한 타 회사의 모델들 중에서 가장 최상위 기종에서 제공되는 사양이다. 통신 기능으로도 무선랜, 블루투스 그리고 적외선 포트까지 지원된다. 작은 크기임에도 불구하고 CF(Compact Flash)와 SD I/O 슬롯 그리고 VGA 화면까지 지원하는 기기이므로 그 어떤 제품보다 매력적인 면이 많은 제품이다. 이것은 델이라는 회사의 정책과도 깊은 연관이 있다.

델은 PC 시장에서도 고사양의 제품을 저가로 판매하면서 시장에서 큰 성공을 거두었던 경험을 바탕으로 PDA 시장에서도 고사양의 하이엔드급 제품을 상대적으로 저가에 판매하는 정책을 펼치고 있는 것으로, 가격 대비 성능으로 살펴보면 델의 X50V는 매우 큰 인기를 얻고 있는 제품이기도 하다. X50V의 후속 모델인 X51V는 메모리가 늘어났으며, OS를 WM 5.0을 채택하고 있다는 특징이 있다.

(7) 그 외 기타 기기

HP, 후지쯔, 델 등의 외산 기기들은 국내에서 수입되어 판매되고 있지만 이 외에도 국내에 소개되지 않은 많은 기기들이 있다. 이들 기기들은 얇고 가벼운 무게를 지닌 제품이나 국내 기기처럼 휴대폰을 내장하고 있는 제품, 큰 화면을 지원하는 제품 등 독특한 특징을 가지고 있다. 가장 대표적은 제품은 MITAXC의 mio 168로서 출시된 지는 오래되었지만 GPS를 내장하고 있으므로 차량용 네비게이션 제품으로 인기를 끌고 있는 제품이다.

그러나 상당수의 국내에서 정식 출시되지 않은 제품은 휴대폰을 내장한 모델의 경우 GSM을 사용하는 등 근본적으로 국내에서 사용이 불가능한 제품들도 있으며,

한글을 지원하지 않는 제품들도 있다.

2) Palm 운영체제

PocketPC 운영체제를 탑재한 제품들은 컬러 액정과 멀티미디어 등을 위해 기능을 추가하면서 크기가 상대적으로 커진 반면, Palm 운영체제 제품들은 얇고 작은 크기라는 장점이 있다. 또한, 사용하는 전력량이 적기 때문에 배터리의 소모도 적어 한 번 충전으로 오래 사용할 수 있다는 장점이 있다.

그렇지만 최근의 출시된 제품들은 컬러와 멀티미디어를 지원하면서 크기와 배터리 사용에 있어서 거의 PocketPC 제품들과 비슷한 수준의 제품들이 출시되고 있다. Palm 운영체제는 Windows 컴퓨터 환경에 익숙한 사용자들에게는 낯선 인터페이스이므로 사용하기에 어렵다는 단점과 함께 다양한 응용 프로그램이 부족하다는 단점이 있다.

과거에는 Palm 운영체제용 소프트웨어가 하늘의 별만큼 많았다는 이야기가 회자될 정도였으나 대부분 간단한 초급 수준의 응용 프로그램들이 대부분이었으며, 화려한 그래픽과 다양한 기능들을 제공하는 응용 프로그램들이 부족한 편이었다. 이런 이유 때문에 Palm 운영체제를 채택한 모델들은 갈수록 그 입지를 잃어가고 있는 추세이다.

(1) 소니 CLIE

과거에는 전형적인 Palm 사의 제품들이 주종을 이루었지만, 최근에는 가장 많은 모델들을 출시하고 있는 것이 바로 소니의 CLIE 모델이다. 이 모델들은 소니의 독특한 디자인이 매력적인 제품들이다. 그렇지만 지속적이고, 빠른 속도로 개발되는 PocketPC에 비해 사용할 수 있는 응용 프로그램의 수가 모자라기 때문에 다양한 용도로 사용하기에 어렵다는 것이 단점이다. 또한, 국내에서 정식으로 판매되고 있지 않는 제품들이 대부분이기 때문에 A/S면에서 상당히 불편하다 할 수 있다.

(2) Palm 제품

Palm이라는 단어는 Palm 운영체제를 의미하며, 'PALM'이라는 회사를 의미하기도 하고, 동시에 제품의 모델을 의미한다. PALM이라는 회사에서 Palm이라는 모델의 제품을 개발하면서 운영체제에 붙인 이름이 Palm이기 때문이다.

Palm 제품군은 Palm 운영체제의 시작과 함께 한 것으로, 점차 줄어들고 있는 추세이지만 이전에는 가장 많은 소비자층을 가지고 있었을 뿐만 아니라 PDA의 대명사로 사용되었을만큼 유명한 제품이다. 이전에 개발된 제품들은 대부분 흑백이었지만, 최근에 출시되고 있는 제품들은 컬러 액정을 채택하고 있는 모델이 주를 이루고 있다.

가격적인 측면에서는 PocketPC에 비해 저렴하다는 것과 크기가 작고 가볍다는 것이 장점이다. 국내와는 달리 미국이나 유럽에서 Palm 제품은 매우 넓은 소비자층을 가지고 있으며, 특히 TREO 모델은 휴대폰 기능을 내장하고 있는 모델이어서 미국과 유럽에서 매우 인기있는 모델이기도 하다.

(3) 리눅스 운영체제

리눅스 운영체제의 제품들은 PC나 서버에서 사용되는 리눅스 운영체제를 PDA에서 사용할 수 있도록 소형화시킨 임베디드 리눅스를 운영체제로 채택한 제품들이다. 이들 제품들의 특징은 대부분의 리눅스의 기능들을 그대로 사용할 수 있어 네트워킹에 매우 강하다는 장점이 있다.

기본적인 PIMS(개인정보 관리) 응용 프로그램들은 제공되지만, 다양한 용도로 사용하기 위한 응용 프로그램들이 부족하다는 것이 단점이다. 리눅스 운영체제는 일반인들이 사용하기에는 어려우므로 대부분 산업용 PDA들이 주종을 이루고 있다.

일반 사용자를 대상으로 한 제품 중 특징적인 제품은 국내에서 개발된 YOPY로, 이 제품은 폴더 타입의 디자인으로 휴대폰 기능이 내장되어 있는 제품이다. 초기 리눅스 운영체제를 채택한 제품들이 여러 모델로 출시되었지만 응용 프로그램의 부족으로 대부분의 모델들은 단종되었으며, 최근에는 들어서는 산업용 기기에만 적용되는 추세이다.

(4) WINCE 및 CE.net 운영체제

WINCE 계열에서 CE.net이라고 일반 사용자들에게 불려지는 운영체제는 Microsoft에서 개발된 PDA용 운영체제로, PocketPC와 일맥상통한 면이 있다. PocketPC 또한 WINCE 3.0에서 출발한 것으로 그 내부적인 구조는 동일하다고 볼 수 있다. 즉, PocketPC는 WINCE 운영체제의 한 종류라고 볼 수 있다.

PocketPC가 강력한 표준을 사용하고, 그 표준을 사용하기 위해서는 고가의 라이센스 비용이 드는데 비해 CE.net은 자유롭게 하드웨어 제조사들이 사용할 수 있으므로 저가용 PDA에 많이 사용되고 있다. CE.net 운영체제를 사용하고 있는 제품들은 언뜻 보아서는 PocketPC와 구분하기 어려울 정도이다. 그렇지만 내부적으로는 서로 다른 형식을 사용하기 때문에 프로그램을 구동시켜 보면 수행되지 않는 차이점이 있다.

CE.net 4.2에서는 이런 불편을 해소하기 위해 PocketPC와 호환성을 높여 대부분의 PocketPC에서 사용하는 프로그램을 사용할 수 있다고는 하지만, 아직은 '호환'이라고 이야기하기에는 화면 잘림 현상이나 겹침 현상 등 여러 가지 불편함이 있다.

Windows CE 1.0, 2.0, 3.0

▼

Windows CE.net 4.0, 4.1, 4.2

▼

Windows CE 5.0, 6.0

〈그림 4-1〉 WINDOWS CE의 버전의 변화

PocketPC 2000, PocketPC 2002:WINCE 3.0 기반

▼

Windows Mobile 2003:CE.net 4.2 기반

▼

Windows Mobile 2005:CE 5.0 기반

〈그림 4-2〉 PocketPC 운영체제와 WINCE와의 연관성

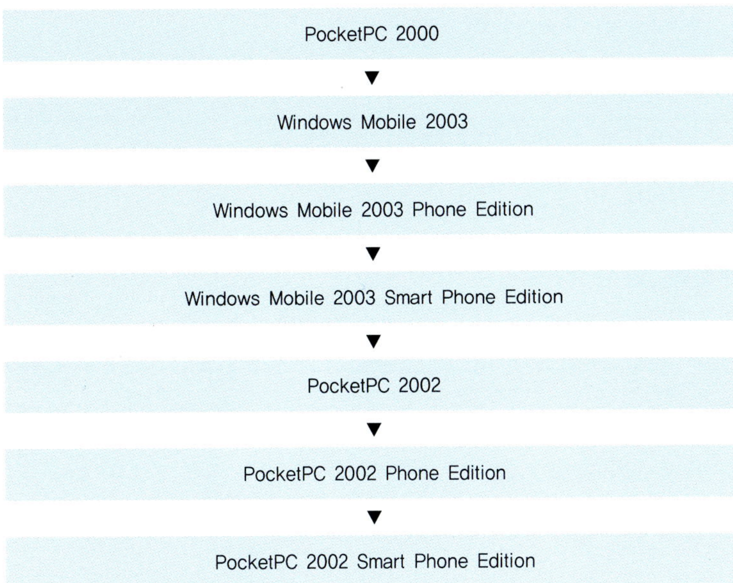

〈그림 4-3〉 PocketPC 운영체제의 버전의 변화

4-3 PDA를 이용한 구동장치 실습 절차

4-3-1. 실험 준비 사항

(1) LabVIEW가 설치되어 있는 PC

(2) PDA(PocketPC 2003)

(3) PDA 개발을 위한 Tool

4-3-2. 설치 절차

(1) 단계 1 Microsoft Embedded Visual C++ 4.0

(2) 단계 2 Microsoft Embedded Visual C++ 4.0 Service Pack 4

(3) 단계 3　Microsoft Pocket PC 2003 SDK

(4) 단계 4　Microsoft Active Sync

(5) 단계 5　LabVIEW PDA Module(Pocket PC)

4-3-3. 개발툴 설치 과정

PDA 개발을 위한 프로그램 중 Microsoft사의 Embedded Visual C++과 Pocket PC 2003 SDK는 Microsoft Homepage를 통하여 무료로 다운받아 설치가 가능하다.

먼저 Microsoft사의 Homepage를 방문하여 다음의 프로그램을 다운로드하여 사용한다(본 교재에서는 첨부 CD에 해당 프로그램을 첨부하였다).

1) Embedded Visual C++ 4.0을 다운로드

http://download.microsoft.com/download/WindowsCENETPlatformBuilder/Install/4.0/NT5XP/EN-US/eVC4.exe

CD-key : TRT7H-KD36T-FRH8D-6QH8P-VFJHQ

(CD-KEY Microsoft사에서 무료로 제공한다.)

2) Embedded Visual C++ 4.0 SP4를 다운로드

http://download.microsoft.com/download/a/7/3/a735c7fb-dcbd-429f-9090-d09b3b15d3fa/evc4sp4.exe

3) Software Development kit for Windows Mobile 2003-based Pocket PCs를 다운로드

http://download.microsoft.com/download/6/9/5/69570242-44e8-45e6-a252-9bd56db8ec83/Microsoft%20Pocket%20PC%202003%20SDK.msi

다운로드가 완료되었으면 이제 먼저 기술한 순서대로 프로그램을 설치하여 보도록 하자.

1) Microsoft Embedded Visual C++ 4.0

① 다운받은 Embedded Visual C++ 4.0을 실행하도록 한다. 그럼 다음과 같은 화면이 나올 것이다.

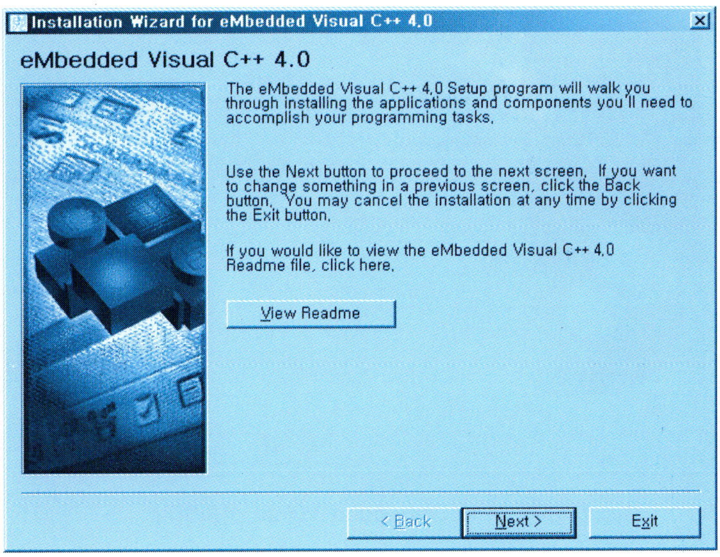

〈그림 4-4〉 Embedded Visual 설치하기

② Next를 클릭하여 다음으로 진행하도록 한다.

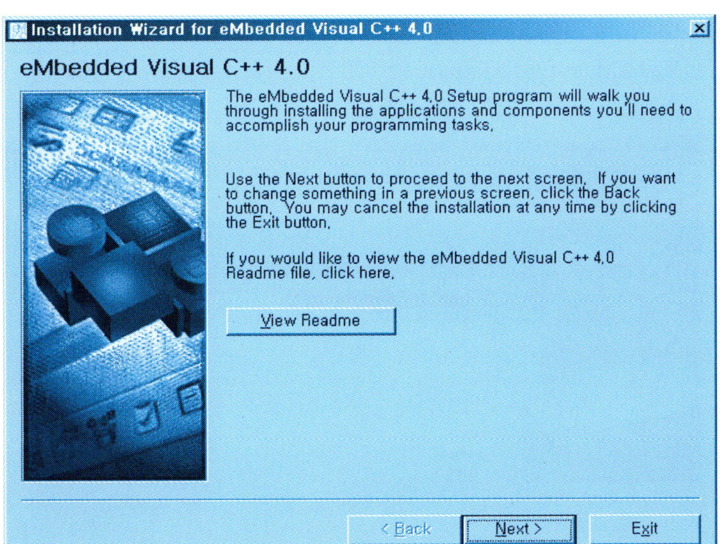

〈그림 4-5〉 Embedded Visual 설치하기

③ Next를 클릭하여 다음으로 진행하도록 한다.

Product Number와 사용자 정보를 입력하도록 한다.

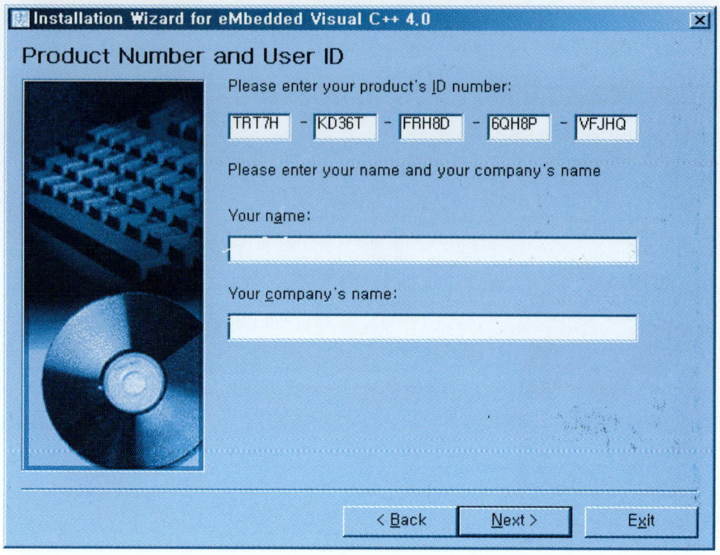

〈그림 4-6〉 Embedded Visual 설치하기

시리얼 번호는 Microsoft사에서 다운로드받을 때의 번호를 사용하면 된다.

④ Embedded Visual C++를 설치할 구성요소를 선택한다.

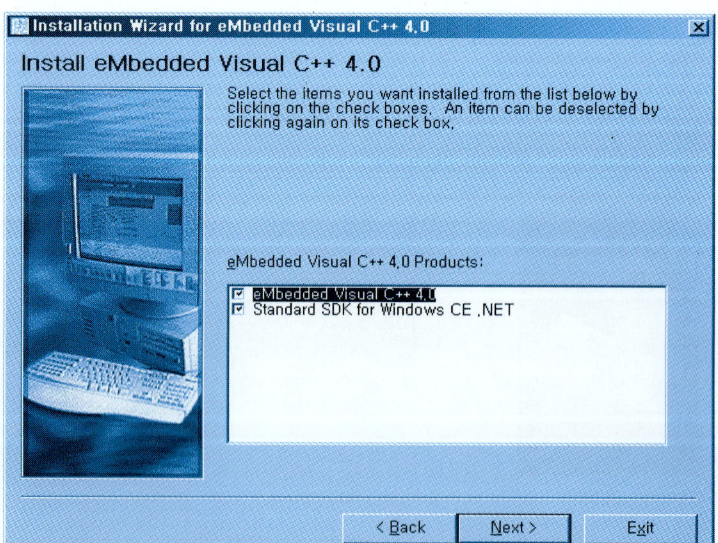

〈그림 4-7〉 Embedded Visual 설치하기

⑤ 설치할 폴더를 지정한다.

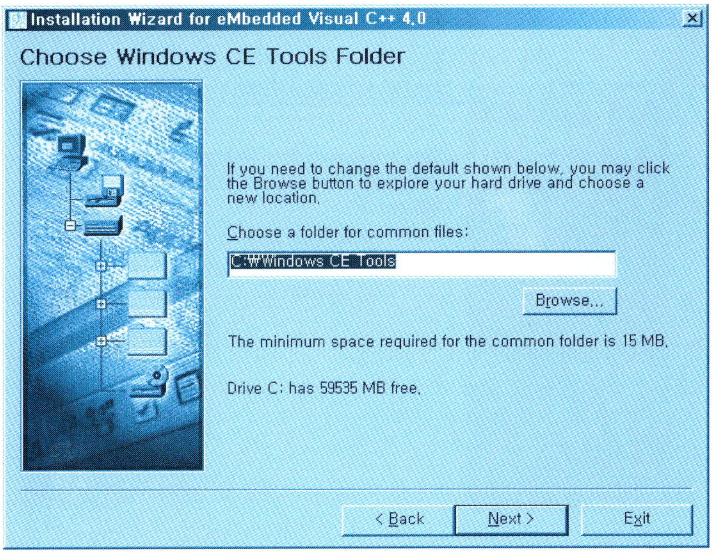

〈그림 4-8〉 Embedded Visual 설치하기

⑥ 설치가 완료된 후의 화면이다.

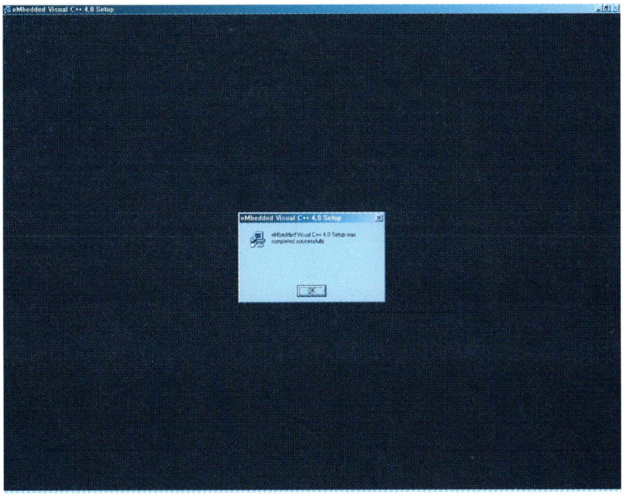

〈그림 4-9〉 Embedded Visual C++ 설치 완료

이상으로 Microsoft Embedded Visual C++의 설치과정이 끝났다. 다음으로 Microsoft Embedded Visual C++ 서비스팩 4를 설치하도록 하겠다.

2) Microsoft Embedded Visual C++ 서비스팩 4 설치

① 다운로드받은 파일의 압축을 풀고 Setup을 실행한다.

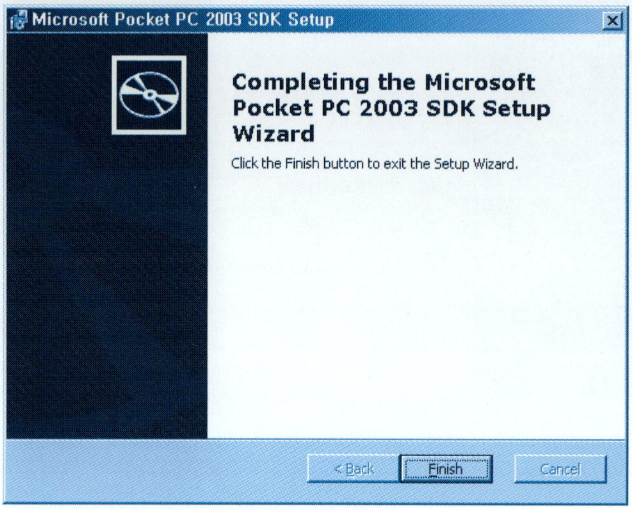

〈그림 4-10〉 Microsoft Embedded Visual C++ 서비스팩 4 실행 화면

② 사용자 라이센스 동의를 묻는 화면에 동의를 선택하고 Next를 누른다.

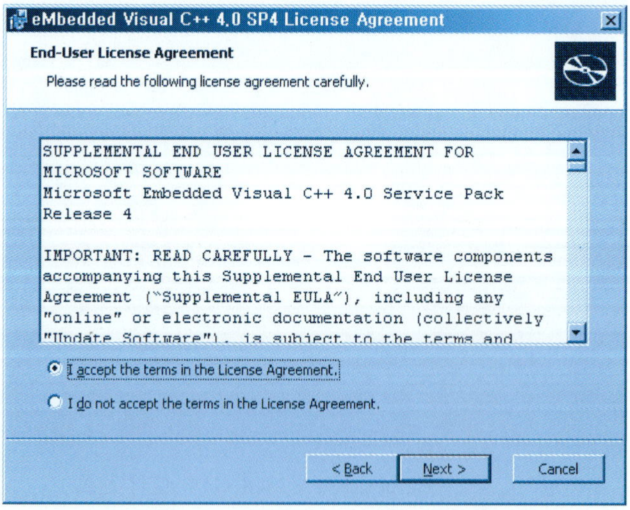

〈그림 4-11〉 사용자 라이센스 동의 화면

③ 설치 과정이 진행되고 다음과 같이 설치가 마무리되는 종료 화면이 보인다.

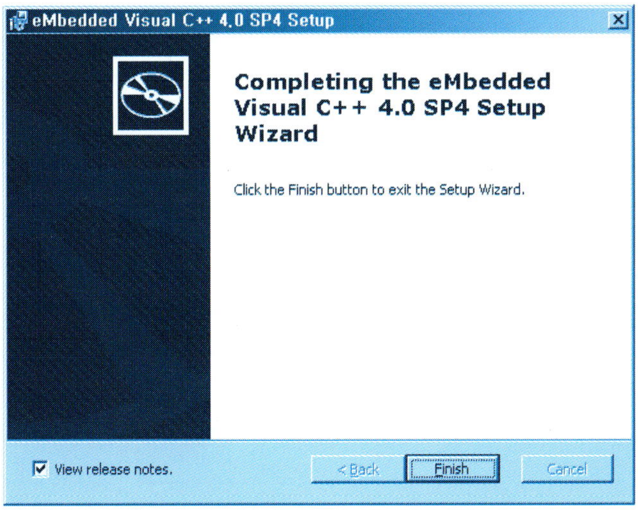

〈그림 4-12〉 Microsoft Embedded Visual C++ 서비스팩 4 설치 종료

④ 이상으로 Embedded Visual C++의 설치가 잘 되었다.

다음으로 Microsoft Pocket PC 2003 SDK를 설치하도록 하겠다.

3) Microsoft Pocket PC 2003 SDK 설치하기

① Microsoft Pocket PC 2003 SDK Installer 패키지 파일을 실행한다.

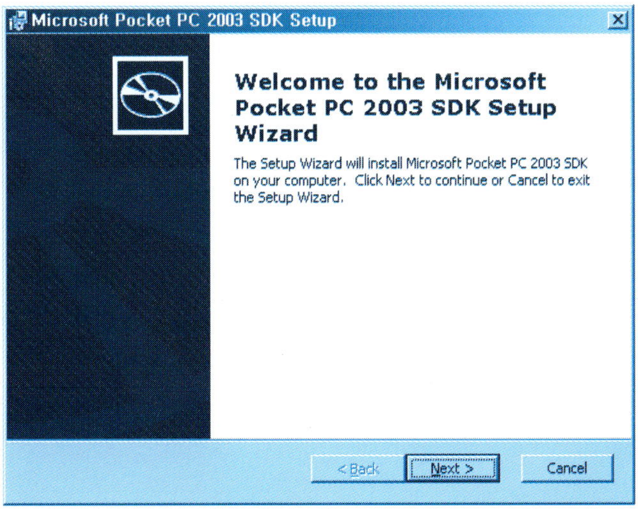

〈그림 4-13〉 Microsoft Pocket PC 2003 SDK 실행 화면

② 사용자 라이선스 동의 화면이 나온다. 동의를 선택하고 Next를 클릭한다.

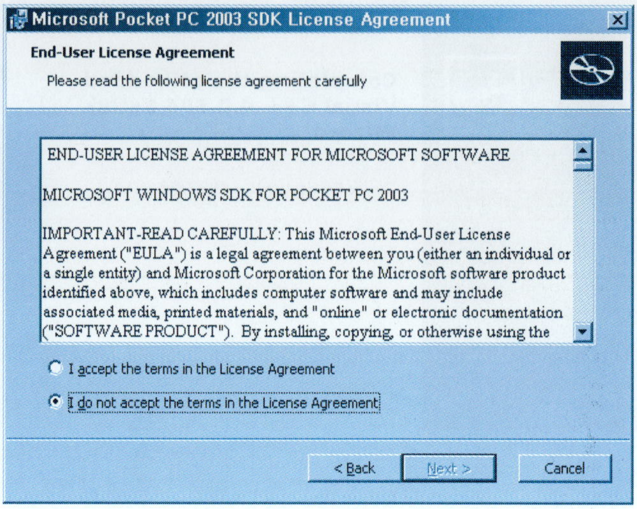

〈그림 4-14〉 Microsoft Pocket PC 2003 SDK 사용자 라이선스 동의 화면

③ 사용자 정보 입력이 나온다. 사용자 정보가 맞는지 확인하시고 Next를 클릭한다.

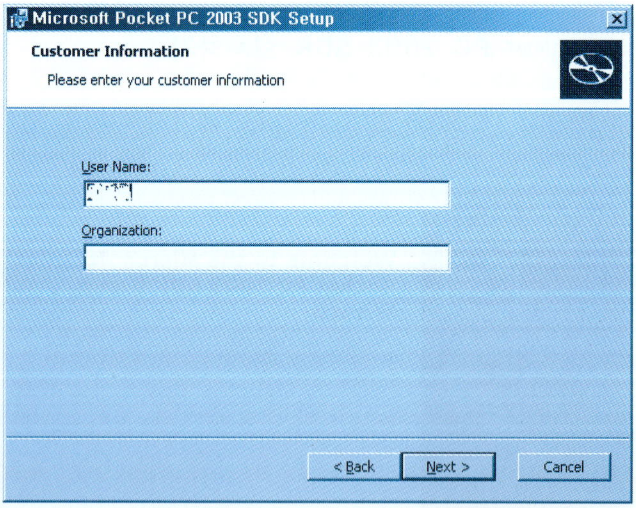

〈그림 4-15〉 Microsoft Pocket PC 2003 SDK 사용자 정보 입력

④ 설치 옵션에 선택이 나온다. custom 또는 complete를 선택하면 다음 단계로 진행된다.

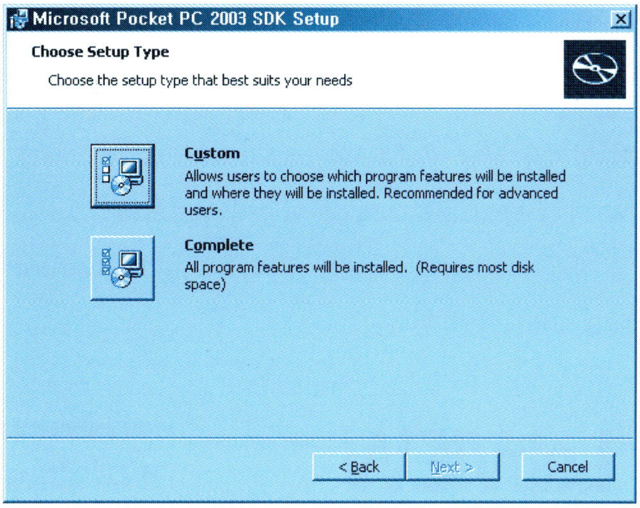

〈그림 4-16〉 Microsoft Pocket PC 2003 SDK 설치 옵션 설정

⑤ 설치 과정이 잘 마무리되어 종료된 화면이다.

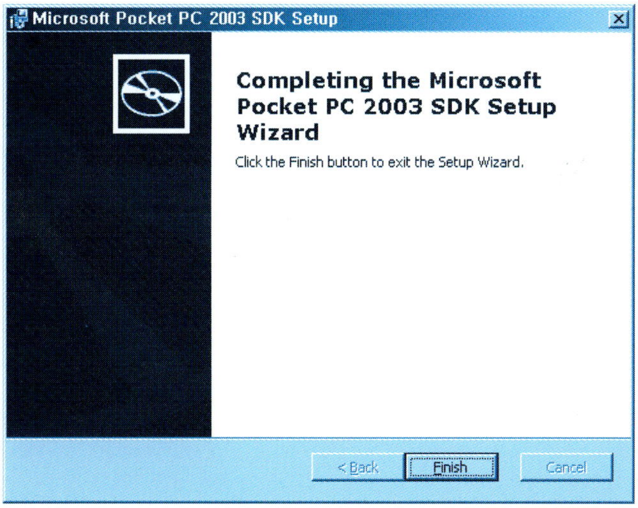

〈그림 4-17〉 Microsoft Pocket PC 2003 SDK 설치 종료 화면

⑥ Microsoft Pocket PC 2003 SDK의 설치가 잘 마무리되었다.

4) PDA 개발과 관련된 Embedded Visual C++와 PocketPC SDK 설치가 완료되었으며, 다음은 PDA와 동기를 맞추어주는 Microsoft ActiveSync를 설치하도록 한다.

5) ActiveSync의 설치가 끝난 후 NI사의 LabVIEW PDA Module를 설치하도록 한다. LabVIEW PDA Module은 NI사의 인증이 필요하다.
설치 과정 중 해당 Product의 Serial을 입력하고 NI Lisence Manager를 실행한 후 인증 절차를 따라 하면 된다.

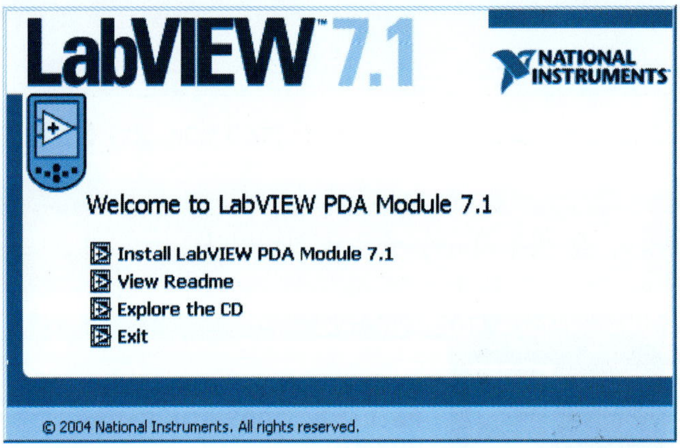

〈그림 4-18〉 LabVIEW PDA Module 설치 CD 실행 화면

(1) 인증 절차

NI사에서 License Activation을 받기 위한 방법

① NI License Manager 실행

〈그림 4-19〉 NI License Manager 실행 메뉴

② NI License Manager가 실행되면 상단의 메뉴 중에서 Display Computer ID를 누른다.

〈그림 4-20〉 NI License Manager를 통해 Computer ID 확인

③ PC의 Computer ID 16 Digit을 확인 후 왼쪽 메뉴인 Active License를 통해 인증을 받는다.

→ 이상으로 PDA 개발을 위한 개발툴의 모든 설치가 완료되었다.
이제는 PDA를 통해 직접 PLC 구동장치제어를 해보겠다.

4-4 PDA를 이용한 PLC 제어 실습

4-4-1. PDA 상의 PLC_PDA 프로그램 구동

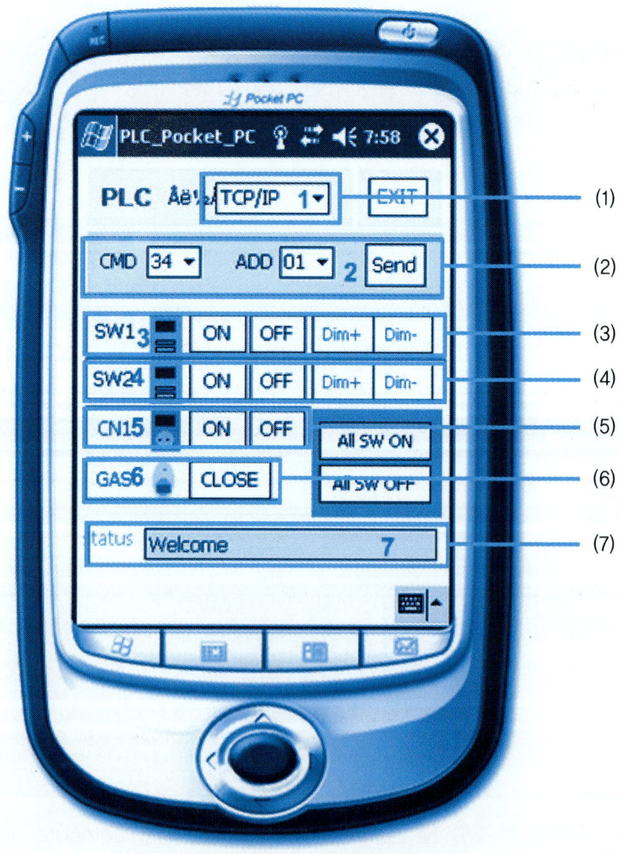

〈그림 4-21〉 PLC_PDA 프로그램 구동 화면

PLC_PDA 프로그램을 구동하기에 앞서 각 부분들이 하는 역할에 대해서 먼저 설명하겠다. 빨간색 박스 안에 숫자가 쓰여 있는 것을 참고하기 바란다.

(1) 통신방법 설정 부분 : Default TCP/IP

PDA용 PLC 프로그램의 통신 방법은 세 가지가 있다.

① TCP/IP : 설정된 PC에 TCP port로 데이터를 전송하여 PLC 제어하는 방법이다. 이 방법은 PC에서 미리 PDA의 IP주소를 알고 있어야 하며, 또한 IP를 지정하여 놓아야 한다. 그렇지 않으면 TCP 통신 에러가 발생한다.

② PLC 모뎀 : PDA의 외부 입출력 포트(시리얼 통신 단자)를 사용하여 PLC용 모뎀과 직접 연결하여 PLC 제어를 하는 방법이다.

③ RS232_PC : PLC 제어 프로그램이 실행 중인 PC와 RS232 통신으로 연결되어지고 연결되어진 PC는 TCP/IP방식으로 다른 PC와 연결되어져 PLC 제어를 하는 방법이다.

(2) 사용자 CMD 선택 전송 : 이 부분은 사용자가 직접 CMD 상태와 구동장치 Add 지정하여 전송하는 부분이다.

(3) 스위치 1 제어부분 : 스위치 1 제어부분이다. ON, OFF, 밝게, 어둡게 순서로 배치되어 있다.

(4) 스위치 2 제어부분 : 스위치 2 제어부분이다. ON, OFF, 밝게, 어둡게 순서로 배치되어 있다.

(5) 콘센트 제어부분 : 콘센트 제어부분이다. ON, OFF로 배치되어 있다.

(6) 가스밸브 제어부분 : 가스밸브 제어 부분이다. CLOSE만 동작하도록 되어 있다.

(7) 상태(Status) 표시 부분 : PDA 응용 프로그램 동작 중 발생되는 메시지와 TX 데이터를 표시한다.

4-4-2. TCP/IP 통신을 이용한 PDA 실습

1) PCL응용 프로그램 환경 설정

(1) PLC 응용 프로그램이 동작 중인 PC에서 PDA에 할당된 IP 어드레스를 입력하여 주도록 한다.

〈그림 4-22〉 PC 응용 프로그램에서 IP 설정

(2) PC 프로그램에서 PDA의 IP 어드레스를 설정한 후 PDA의 설정을 확인하도록 한다.

〈그림 4-23〉 PDA 통신 설정 - TCP/IP

PDA 프로그램의 통신설정이 TCP/IP로 설정됨을 확인한다. TCP/IP가 아니라면 TCP/IP로 설정을 변경하도록 한다.

2) 신호 전달 과정

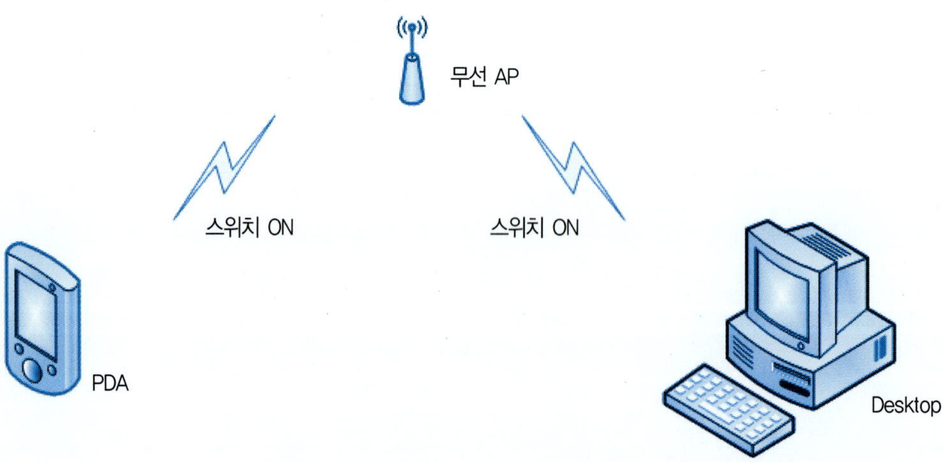

〈그림 4-24〉 PDA → PC 신호 전달 과정

PDA에서 보내는 제어신호는 〈그림 4-24〉의 신호 전달 과정을 가진다. PDA에서 무선 네트워크를 이용하여 PLC 모뎀이 연결되어진 PC로 데이터가 보내어지고 PC에서는 이 데이터를 PLC 모뎀을 통하여 전송된다.

(1) 전송 데이터 확인

PDA에서 전송되어진 데이터의 확인은 PDA ⓝ번 상태 표시 부분이 다음과 같다.

〈그림 4-25〉 PDA ⓝ번 상태 표시 부분

PDA 상에서의 보내어진 데이터 TX 완료는 두 가지 동작으로 표시한다. 첫째 비프음 발생이다. 둘째는 상태의 TX 데이터 표시이다.

TCP/IP 통신 방법에서는 TCP 포트를 통해 TX 데이터가 정상적으로 전송되어진 경우 비프음 1회와 TX 데이터를 표시한다. 전송이 되지 않는 경우 전송이 완료될 때까지 비프음이 발생하며 상태에는 에러(error) 메시지를 표시한다.

(2) 구동장치 동작 확인

PDA에서 전송된 데이터에 따라 구동장치의 상태를 확인하여 보자.

전력선 통신 : 송수신 상태 ☐내용 지우기 PC 모듈의 통신 상태를 모니터링 할 수 있다.

방향	시 간	Data	설 명
>>수신	11시 56분 40.85초	FE 03 5C 00 A1	결과: 전력선통신 TX 완료
>>수신	11시 56분 40.13초	06	응답: 통신 성공(ACK)
<<송신	11시 56분 40.07초	FE 03 48 00 B5	제어: 모든 장치 상태 요구

〈그림 4-26〉 PC 모듈의 송수신상태

PDA에서 전송되어진 데이터는 PC용 프로그램을 통해 전송되어지며, 모니터링 할 수가 있다.

(3) 스위치 1 제어

PDA 상에서 스위치 1을 제어하기 위해서는 〈그림 4-27〉의 3번 박스의 단추를 클릭하면 된다.

〈그림 4-27〉 스위치 1 제어부

버튼의 순서는 다음과 같다. 스위치 1 ON, 스위치 1 OFF, 스위치 1 밝게, 스위치 1 어둡게의 순으로 배치되어 있다.

(4) 스위치 2 제어

PDA 상에서 스위치 2를 제어하는 버튼이다.

〈그림 4-28〉 스위치 2 제어부분

버튼의 순서는 다음과 같다. 스위치 2 ON, 스위치 2 OFF, 스위치 2 밝게, 스위치 2 어둡게의 순으로 배치되어 있다.

(5) 콘센트 제어

PDA 상에서 콘센트를 제어하는 버튼이다.

〈그림 4-29〉 콘센트 제어부

콘센트의 제어는 ON과 OFF로 구성되어 있다. 〈그림 4-29〉에서처럼 ON, OFF의 제어가 가능하다.

(6) 가스밸브 제어

PDA 상에서 가스밸브를 제어하는 부분이다.

〈그림 4-30〉 가스밸브 제어부

가스밸브 제어는 CLOSE만 가능하다.

(7) 사용자 CMD 직접 선택 제어

PDA에서 사용자 CMD를 직접 선택하여 데이터를 전송하는 부분이다. 사용자가 CMD와 ADD를 직접 선택하여 전송 가능하다.

〈그림 4-31〉 사용자 CMD 직접 선택제어

실습 방법은 명령하고자 하는 CMD를 선택하고 해당 디바이스를 추가하려면 ADD를 선택하고 우측의 Send 버튼을 누르면 전송된다.

4-4-3. PLC 모뎀을 이용한 PDA 실습

1) PDA 응용 프로그램의 통신 방법

(1) PDA 응용 프로그램의 통신 방법을 다음과 같이 PLC 모뎀으로 변경하여 준다.

〈그림 4-32〉 PDA 통신 설정 - PLC 모뎀

(2) PDA와 PLC 모뎀을 연결하기 위한 케이블을 연결한다.

케이블은 PDA - DB9 형태로 〈그림 4-33〉과 같은 형태의 케이블이다.

〈그림 4-33〉 시리얼 싱크 케이블

시리얼 싱크 케이블을 PDA와 연결하고 DB9은 PLC 모뎀을 연결하도록 한다. PLC 모뎀을 이용하여 구동장치를 직접 제어가 가능한 것이다.

(TCP/IP 방식에서처럼 PC가 필요하지 않다.)

2) 신호 전달 과정

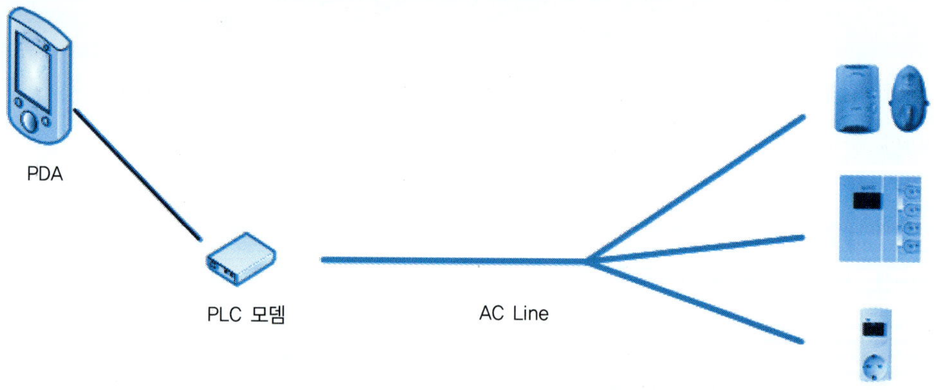

〈그림 4-34〉 PLC 모뎀 통신방법의 신호 전달 과정

PDA에서 보내는 제어신호는 〈그림 4-34〉의 신호 전달 과정을 거쳐 PLC 구동장치로 전송되어진다.

(1) 전송 데이터 확인

PDA에서 전송되어진 데이터의 확인은 다음과 같다.

〈그림 4-35〉 PDA Status Block

PDA 상에서의 보내어진 데이터 TX 완료는 두 가지 동작으로 표시한다. 첫째 비프음 발생이다. 둘째는 상태의 TX 데이터 표시이다.

PLC 모뎀 통신 방법에서는 TX 데이터가 정상적으로 전송되어진 경우 비프음 1회와 TX 데이터를 표시한다. 전송이 되지 않는 경우 전송이 완료될 때까지 비프음이 발생하며 상태에는 에러 메시지를 표시한다.

(2) 구동장치 동작 확인

PDA에서 전송된 데이터에 따라 구동장치의 상태를 확인하여 보자.

PDA에서 전송되어진 데이터는 PLC 모뎀을 통해서 각 구동장치에 전송되어진다. 이것에 대한 모니터링은 PDA에서 발생하는 비프음과 상태에서만 확인이 가능하며 각 구동장치의 동작을 확인함으로써 가능하다.

(3) 스위치 1 제어

PDA 상에서 스위치 1을 제어하기 위해서는 스위치 1의 버튼을 클릭하면 된다.

〈그림 4-36〉 스위치 1 제어부

버튼의 순서는 다음과 같다. 스위치 1 ON, 스위치 1 OFF, 스위치 1 밝게, 스위치 1 어둡게 순으로 배치되어 있다.

(4) 스위치 2 제어

PDA 상에서 스위치 2를 제어하는 버튼이다.

〈그림 4-37〉 스위치 2 제어부분

버튼의 순서는 다음과 같다. 스위치 2 ON, 스위치 2 OFF, 스위치 2 밝게, 스위치 2 어둡게의 순으로 배치되어 있다.

(5) 콘센트 제어

PDA 상에서 콘센트를 제어하는 버튼이다.

〈그림 4-38〉 콘센트 제어부

콘센트의 제어는 ON과 OFF로 구성되어 있다. 〈그림 4-38〉에서처럼 ON, OFF의 제어가 가능하다.

(6) 가스밸브 제어

PDA 상에서 가스밸브를 제어하는 부분이다.

〈그림 4-39〉 가스밸브 제어부

가스밸브 제어는 CLOSE만 가능하다.

(7) 사용자 CMD 직접 선택 제어

PDA에서 사용자 CMD를 직접 선택하여 데이터를 전송하는 부분이다. 사용자가 CMD와 ADD를 직접 선택하여 전송 가능하다.

〈그림 4-40〉 사용자 CMD 직접 선택제어

실습 방법은 명령하고자 하는 CMD를 선택하고 해당 구동장치를 추가하고자 할 때 ADD를 선택하고 우측의 Send버튼을 누르면 전송된다.

4-4-4. RS232-PC를 이용한 PDA 실습

1) RS232-PC 통신 방법

(1) RS232-PC 통신 방법은 PDA와 PC간의 RS232통신과 PC와 PC간의 네트워크를 이용한 방법이다.

PDA의 응용 프로그램 통신 방법을 다음과 같이 RS232-PC로 변경하여 준다. PC의 통신방법 설정은 RS232와 TCP/IP를 선택한다(PC 2대를 필요로 한다).

〈그림 4-41〉 PDA 통신 설정 – RS232-PC

〈그림 4-42〉 PC 1 통신 설정 – TCP/IP

PC 1의 IP를 확인하자. PC 2에서 필요로 한다.

〈그림 4-43〉 PC 2 통신 설정 – RS232

PC 2에서는 Remote IP를 입력하는 곳에 PC 1의 IP를 입력하여 준다. 입력함으로 해당 IP의 PC에서 제어할 수 있는 제어권을 가질 수 있게 한다.

(2) PDA와 PC를 연결하기 위한 케이블을 연결한다.

케이블은 PDA - DB9 형태로 〈그림 4-44〉와 같은 형태의 케이블이다.

〈그림 4-44〉 시리얼 싱크 케이블

시리얼 싱크 케이블을 PDA와 연결하고 DB9은 PC의 시리얼 포트에 연결하도록 한다. 이 통신 방식을 이용하기 위해서는 PC 2대와 PDA 1대와 PLC 모뎀 1개가 필요하다.

2) 신호 전달 과정

PDA에서 보내는 제어신호는 Desktop 1로 시리얼 싱크 케이블을 통해 전송되어지고 Desktop 1에서 Desktop 2는 네트워크 환경을 통해 전송되어진다. Desktop 2로 전송되어진 데이터는 모뎀과의 시리얼 통신 방법으로 전송되어 AC 라인으로 전송되어 각 구동장치에 전송되어진다.

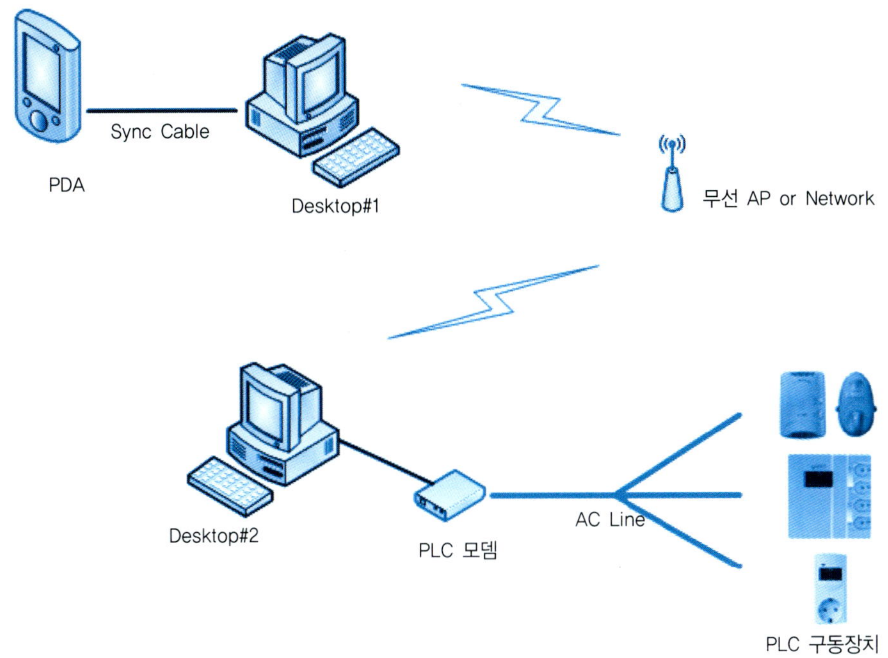

〈그림 4-45〉 신호 전달 과정

(1) 전송 데이터 확인

PDA에서 전송되어진 데이터의 확인은 다음과 같다.

〈그림 4-46〉 PDA Status Block

PDA 상에서의 보내어진 데이터 TX 완료는 두 가지 동작으로 표시한다. 첫째 비프음 발생이다. 둘째는 상태의 TX 데이터 표시이다.

PLC 모뎀 통신 방법에서는 TX 데이터가 정상적으로 전송되어진 경우 비프음 1회와 TX 데이터를 표시한다. 전송이 되지 않는 경우 전송이 완료될 때까지 비프음이 발생하며 상태에는 에러 메시지를 표시한다.

(2) 구동장치 동작 확인

PDA에서 전송된 데이터에 따라 구동장치의 상태를 확인하여 보자.

PDA에서 전송되어진 데이터는 PLC 모뎀을 통해서 각 구동장치에 전송되어진다. 이것에 대한 모니터링은 PDA에서 발생하는 비프음과 상태에서만 확인이 가능하며 각 구동장치의 동작을 확인함으로써 가능하다.

(3) 스위치 1 제어

PDA 상에서 스위치 1을 제어하기 위해서는 스위치 1의 버튼을 클릭하면 된다.

〈그림 4-47〉 스위치 1 제어부

버튼의 순서는 다음과 같다. 스위치 1 ON, 스위치 1 OFF, 스위치 1 밝게, 스위치 1 어둡게 순으로 배치되어 있다.

(4) 스위치 2 제어

PDA상에서 스위치 2를 제어하는 버튼이다.

〈그림 4-48〉 스위치 2 제어부분

버튼의 순서는 다음과 같다. 스위치 2 ON, 스위치 2 OFF, 스위치 2 밝게, 스위치 2 어둡게의 순으로 배치되어 있다.

(5) 콘센트 제어

PDA상에서 콘센트를 제어하는 버튼이다.

〈그림 4-49〉 콘센트 제어부

콘센트의 제어는 ON과 OFF로 구성되어 있다. 〈그림 4-49〉에서처럼 ON, OFF의 제어가 가능하다.

(6) 가스밸브 제어

PDA 상에서 가스밸브를 제어하는 부분이다.

〈그림 4-50〉 가스밸브 제어부

가스밸브 제어는 CLOSE만 가능하다.

(7) 사용자 CMD 직접 선택 제어

PDA에서 사용자 CMD를 직접 선택하여 데이터를 전송하는 부분이다. 사용자가 CMD와 ADD를 직접 선택하여 전송 가능하다.

〈그림 4-51〉 사용자 CMD 직접 선택제어

실습 방법은 명령하고자 하는 CMD를 선택하고 해당 구동장치를 추가하고자 할 때에 ADD를 선택하고 우측의 Send 버튼을 누르면 전송된다.

5 전력선 통신 필터 응용

5-1 실험 목적

(1) 저역 통과 필터(LPF : Low Pass Filter)의 구성을 이해하고 대역폭, 차단 주파수 및 주파수 응답 특성을 이해한다.

(2) 고역 통과 필터(HPF : High Pass Filter)의 구성을 이해하고 대역폭, 차단 주파수 및 주파수 응답 특성을 이해한다.

제 5 장

5-2 필터의 개요

특정 대역의 신호를 통과시키거나 차단시켜 원하는 대역의 신호를 추출하거나 제거하는 기능을 하는 회로를 필터(Filter)라고 한다.

R, L, C만으로 필터를 구성하면 수동 필터(Passive Filter)라 하고 능동 소자와 같이 구성하면 능동 필터(Active Filter)라고 한다.

주파수가 통과 대역의 70.7%가 될 때의 주파수를 차단 주파수라 한다.

필터는 〈그림 5-1(a)〉 같이 차단 주파수 f_c 이하의 주파수 성분은 거의 감쇄없이 통과시키고 f_c 이상의 주파수 성분에 대해서는 감쇠를 크게 하여 신호의 통과를 억제시키는 회로를 저역 통과 필터라 한다.

〈그림 5-1(b)〉와 같이 f_c 이상의 주파수 성분만 통과시키는 것을 고역 통과 필터라고 한다.

〈그림 5-1(c)〉와 같이 f_{c1}보다 크고 f_{c2}보다 적은 특정 대역의 주파수 성분만 통과시키는 회로를 대역 통과 필터(BPF : Band Pass Filter)라 하며, 〈그림 5-1(d)〉와 같이 f_{c1}보다 크고 f_{c2}보다 적은 특정 대역의 주파수 성분의 통과를 억제시키는 회로를 대역 제거 필터(Band Elimination Filter), 노치 필터(Notch Filter)라고 한다.

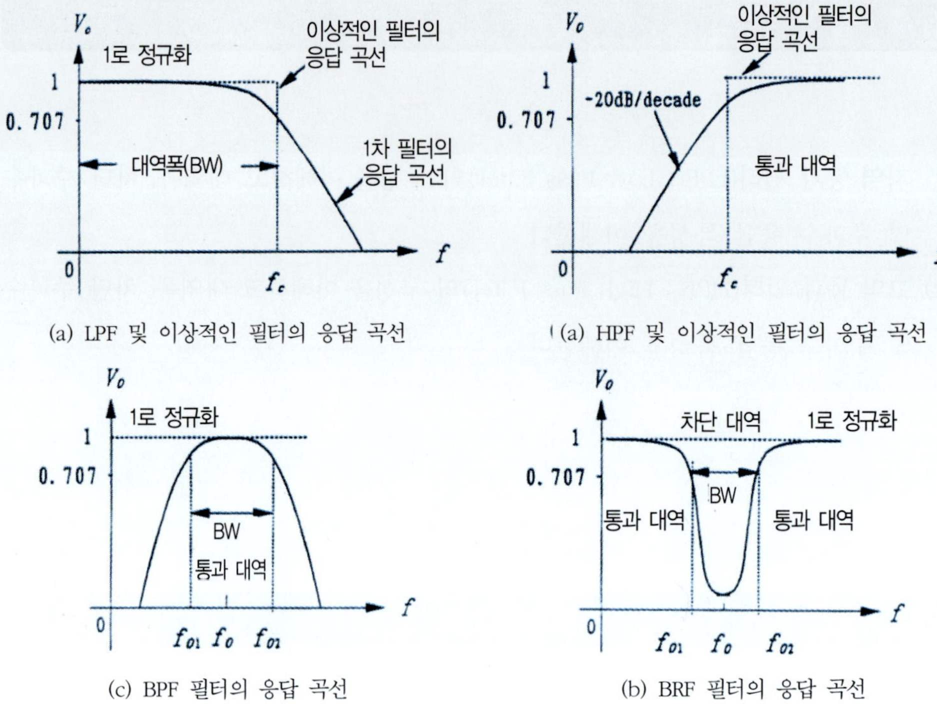

(a) LPF 및 이상적인 필터의 응답 곡선

(a) HPF 및 이상적인 필터의 응답 곡선

(c) BPF 필터의 응답 곡선

(b) BRF 필터의 응답 곡선

〈그림 5-1〉 LPF, HPF, BRF의 주파수 응답

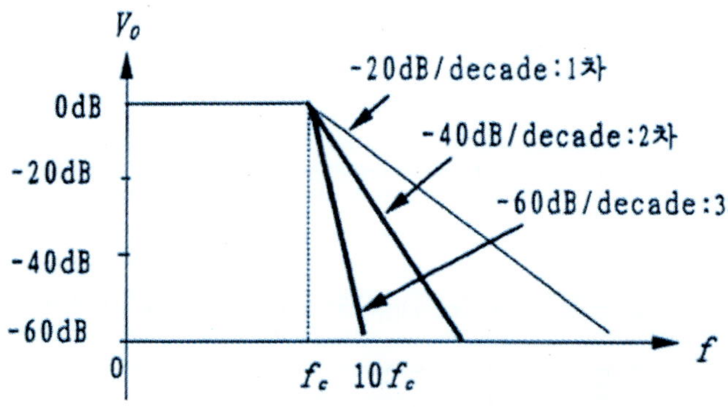

〈그림 5-2〉 LPF의 차수에 대한 응답 곡선

5-2-1. *RC* 저역 통과 필터

저역 통과 필터에서 통과하는 저주파 영역을 필터의 통과 대역(pass band)라 한다.

통과 대역의 가장 높은 주파수를 차단 주파수(cutoff frequency)라 하며 임계 주파수는 필터의 출력 전압이 최대값의 70.7%(1/$\sqrt{2}$ 배)가 되는 주파수이다. 필터의 임계 주파수를 임계 주파수(critical frequency)라 하며 이 주파수에서 출력 전압은 최대값에서 −3dB 이하이므로 3dB 주파수라고도 한다.

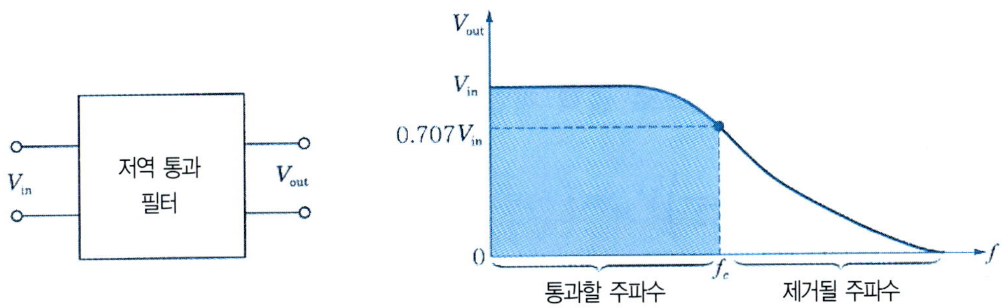

〈그림 5-3〉 저역 통과 필터 등가 회비

데시벨(decibel)은 어떤 전력과 다른 전력간의 비 또는 어떤 전압과 다른 전압간의 비에 대한 로그값으로 필터의 입력-출력간의 관계를 나타내는데 사용될 수 있다. 다음 식은 전압의 비를 데시벨로 표현한 것이다.

$$dB = 20\log_{10}\left(\frac{V_{out}}{V_{in}}\right), \quad dB = 10\log_{10}\left(\frac{P_{out}}{P_{in}}\right)$$

1) *RC* 저역 통과 필터

기본적인 *RC* 저역 통과 필터는 아래 그림과 같으며 출력전압은 캐패시터 양단에서 얻을 수 있다.

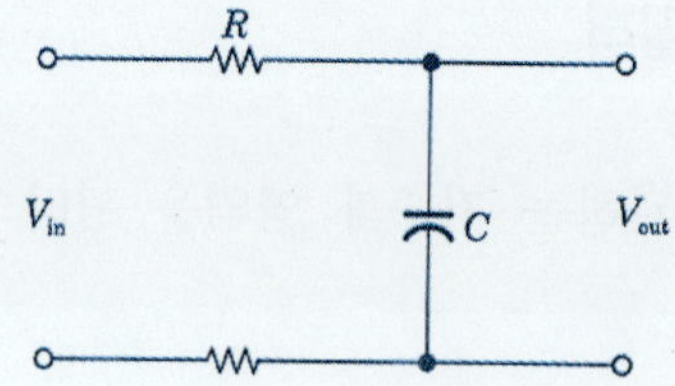

〈그림 5-4〉 *RC* 저역 통과 필터 회로

입력신호가 직류 신호(0Hz)일 때 X_c는 무한대이므로 출력 전압은 입력 전압과 같다.

입력 주파수가 증가함에 따라 X_c는 감소하므로 V_{out} 또한 감소한다. $X_c = R$이 되는 주파수를 필터의 차단 주파수(f_c)라 한다.

$$X_c = R$$

$$\frac{1}{2\pi f_c C} = R, \quad f_c = \frac{1}{2\pi RC}$$

차단 주파수에서 출력 전압의 크기는 전압 분배법칙을 적용하면,

$$V_{out} = \left(\frac{X_c}{\sqrt{R^2 + X_C^2}}\right) V_{in}$$

주파수 f_c에서 $X_c = R$이므로 출력 전압은

$$V_{out} = \left(\frac{R}{\sqrt{R^2 + R^2}}\right) V_{in} = \left(\frac{R}{\sqrt{2R^2}}\right) V_{in} = \frac{1}{\sqrt{2}\, V_{in}} = 0.707\, V_{in}$$

$$V_{out} = 0.707\, V_{in}$$

$$\frac{V_{out}}{V_{in}} = 0.707$$

$$20 \log\left(\frac{V_{out}}{V_{in}}\right) = 20 \log 0.707 = -3\ \text{dB}$$

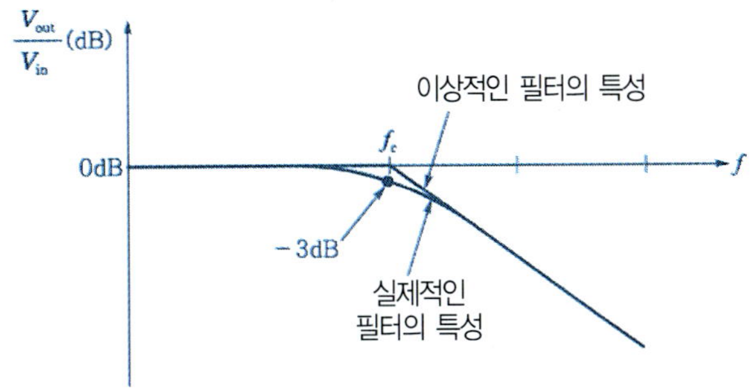

〈그림 5-5〉 *RC* 저역 필터 회로

일반적으로 f_c 이상에서 주파수가 10배 증가할 때마다 출력은 20dB씩 감소된다. 임의 주파수 f를 임계 주파수의 10배(f=10 f_c)로 놓으면 f_c에서 $R=X_c$이므로 10 f_c일 때는 X_c와 f의 반비례 관계로부터 $R=10X_c$이다. 따라서 *RC* 회로의 감쇠는 V_{out}/V_{in}의 비로 나타내면 다음과 같이 계산된다.

$$V_{out}=\left(\frac{X_C}{\sqrt{(10X_C)^2+X_C^2}}\right)V_{in}=\left\{\frac{X_C}{\sqrt{101X_C^2}}\right)V_{in}=\frac{1}{\sqrt{101}}V_{in}\cong 0.1V_{in}$$

$$\frac{V_{out}}{V_{in}}=0.1,\ 20\log\left(\frac{V_{out}}{V_{in}}\right)=20\log(0.1)=-20\text{dB}$$

주파수의 10배 변화를 디케이드(decade)라 한다. 〈그림 5-6〉은 세미로그 눈금의 주파수응답 선도로서 수평축 상의 각 구간은 주파수가 10배씩 증가한다. 이러한 응답 곡선을 보드선도(bode plot)라 한다.

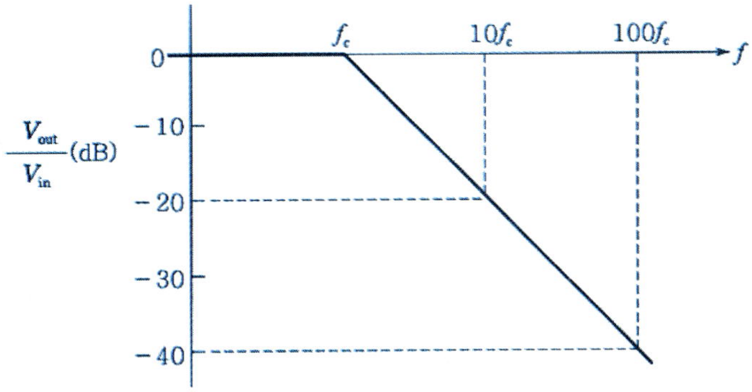

〈그림 5-6〉 *RC* 디케이드 그래프

저역 통과 필터의 입력과 출력간의 위상차는 다음과 같이 표현된다.

$$\phi = -90^\circ + \tan^{-1}\left(\frac{X_C}{R}\right)$$

2) *RC* 저역 통과 필터

〈그림 5-7〉은 저역 통과 필터이다. LPF의 출력 전압을 얻기 위해서는 저항 양단에서 출력을 얻는다.

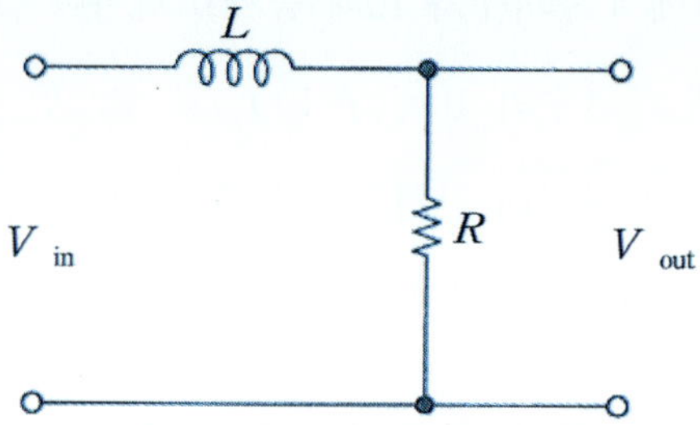

〈그림 5-7〉 *RC* 저역 필터 회로

입력이 직류일 때 X_L이 단락되므로 출력 전압은 입력 전압과 같다.

입력 주파수가 증가하면 X_L이 증가하고 V_{out}은 감소하여 차단 주파수에 도달한 점에서 $X_L = R$이고 차단 주파수는 다음과 같다.

$$2\pi f_C L = R$$

$$f_C = \frac{R}{2\pi L} = \frac{1}{2\pi(L/R)}$$

RC 저역 통과 필터의 입력과 출력간의 위상차는 다음과 같이 표현된다.

$$\phi = -\tan^{-1}\left(\frac{X_L}{R}\right)$$

3) 2차 저역 통과 필터

가장 간단한 2차 저역 통과 필터는 VCVS(Voltage Controlled Voltage Source) 회로이다. 이 회로에 대한 차단 주파수는 다음과 같다.

$$f_c = \frac{1}{2\pi\sqrt{R_1R_2C_1C_2}}$$

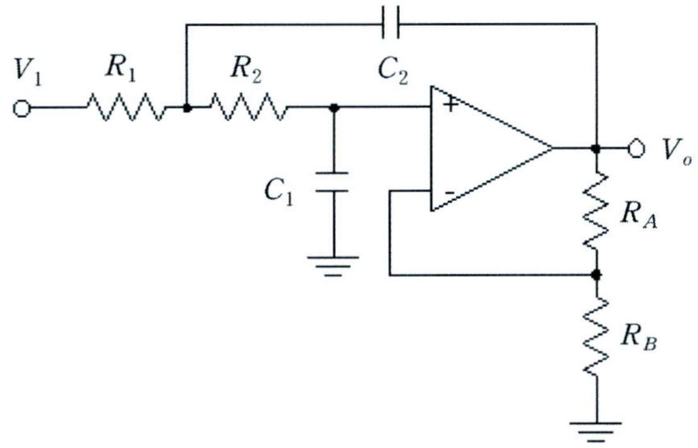

〈그림 5-8〉 2차 VCVS 여파기

이 여파기의 설계 시 고려해야 할 사항은 두 개의 저항과 두 개의 콘덴서에 대한 값의 결정이다. 가장 쉬운 방법은 R_1과 R_2를 같게 하고, C_1과 C_2를 같게 하는 것으로 이때 차단 주파수는 다음과 같다.

$$f_c = \frac{1}{2\pi RC}$$

이것은 동치소자(Equal Component) 저역 통과 여파기라고도 한다.

통과 대역의 이득은 2차 버터워즈(Butter Worth) 응답인 경우 1.586(4dB)으로 고정되고 이것은 이 회로에 적용되는 유일한 이득이다.

차단 주파수는 여파기응답이 통과 대역 응답보다 3dB로 떨어지는 응답이 된다. 차단 주파수 이하에서 응답은 12dB/Octave 혹은 20dB/decade로 감소한다.

이 여파기는 비반전 입력단자에서 OP-Amp를 사용하기 때문에 궤환저항 R_B는 전압이득이 1.586으로 되게 하기 위해서 입력저항 R_A값의 0.586배가 되어야 한다.

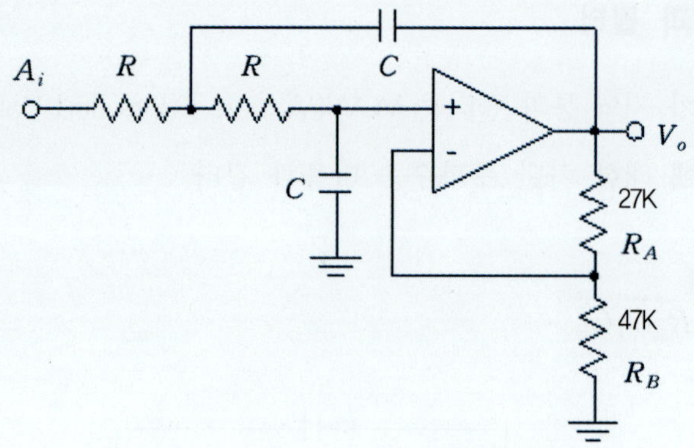

〈그림 5-9〉 동치 VCVS 저역 통과 여파기

±5%의 저항을 사용하면 〈그림 5-9〉와 같이 이들 저항에 대한 선택은 각각 27kΩ, 47kΩ으로 된다.

5-2-2. 고역 통과 필터

〈그림 5-10〉은 고역 통과 필터의 블록선도와 일반적인 응답 곡선을 나타낸다. 통과 대역의 낮은 쪽 끝점의 주파수를 차단 주파수라 한다. 〈그림 5-10〉에 표시한 바와 같이 이 주파수는 저역 통과 필터처럼 출력이 최대값의 70.7%가 되는 주파수이다.

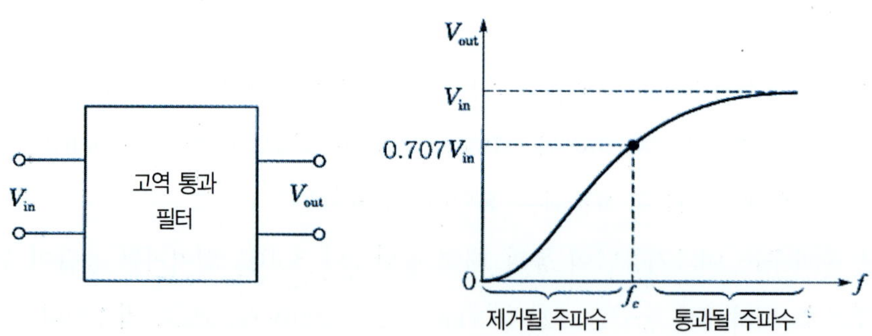

〈그림 5-10〉 고역 통과 필터 등가 회로 및 그래프

1) *RC* 고역 통과 필터

기본적인 *RC* 고역 통과 필터는 〈그림 5-11〉과 같이 출력 전압은 저항의 양단에서 얻어진다.

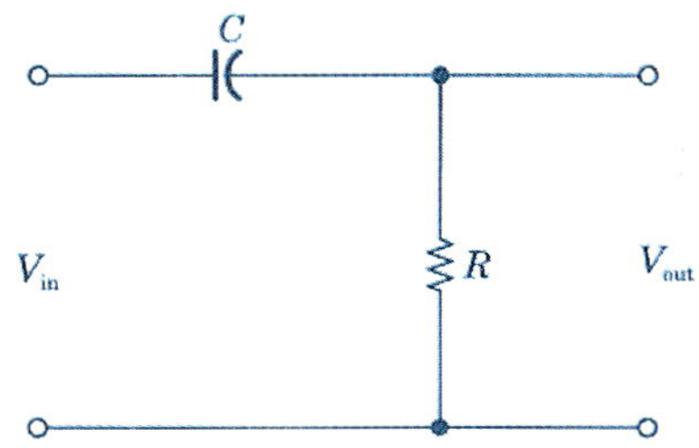

〈그림 5-11〉 *RC* 고역 통과 필터 회로

입력 주파수가 임계값이면 $X_c = R$이고 출력 전압은 저역 통과 필터의 경우처럼 0.707 V_{in}이다. 입력 주파수가 f_c 이상으로 증가하면 X_c는 감소하고, 결과적으로 출력 전압은 증가하여 V_{in}과 같은 값으로 접근한다. 고역 통과 필터의 차단 주파수는 저역 통과 필터의 경우와 같다.

$$f_C = \frac{1}{2\pi RC}$$

주파수가 f_c 이하에서 출력 전압은 20dB/decade의 비율로 감소한다. 〈그림 5-12〉는 고역 통과 필터의 실제 응답 곡선과 이상적인 응답 곡선을 나타낸다.

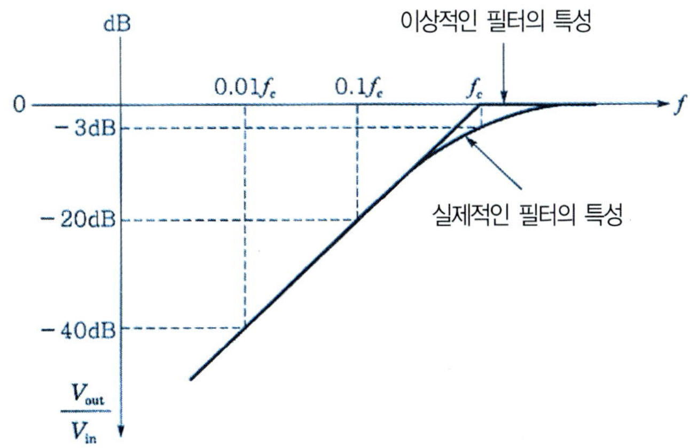

〈그림 5-12〉 *RC* 고역 필터 등가 그래프

2) *RL* 고역 통과 필터

RL 고역 통과 필터는 〈그림 5-13〉과 같으며 출력은 인덕터 양단에서 얻어진다.

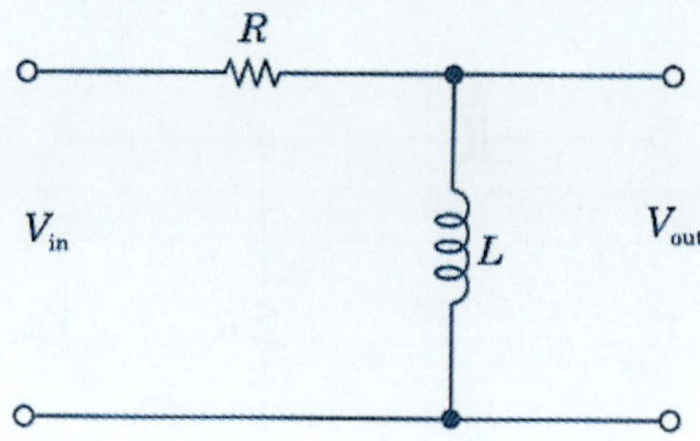

〈그림 5-13〉 *RL* 고역 통과 필터 회로

입력 주파수가 임계값이면 $X_L = R$이고 출력 전압은 0.707 V_{in}이다. 입력 주파수가 f_c 이상으로 증가하면 X_L은 증가하고 출력 전압은 증가하여 V_{in}과 같은 값으로 증가한다. 고역 통과 필터의 차단 주파수는 다음과 같다.

$$f_C = \frac{1}{2\pi(L/R)}$$

RC 및 *RL* 고역 통과 필터의 입력과 출력의 위상차는 다음과 같다.

① *RC* 고역 통과 필터의 위상 특성 :

$$\phi = \tan^{-1}\left(\frac{X_C}{R}\right)$$

② *RL* 고역 통과 필터의 위상 특성 :

$$\phi = 90^\circ - \tan^{-1}\left(\frac{X_L}{R}\right)$$

3) 2차 고역 통과 필터

VCVS 고역 통과 여파기는 동치 VCVS 저역 통과 여파기에서 저항과 콘덴서의 위치를 바꾸어 놓은 형태의 회로로서 통과 대역의 이득이나 회로의 차단 주파수는 저역 통과 여파기와 같다.

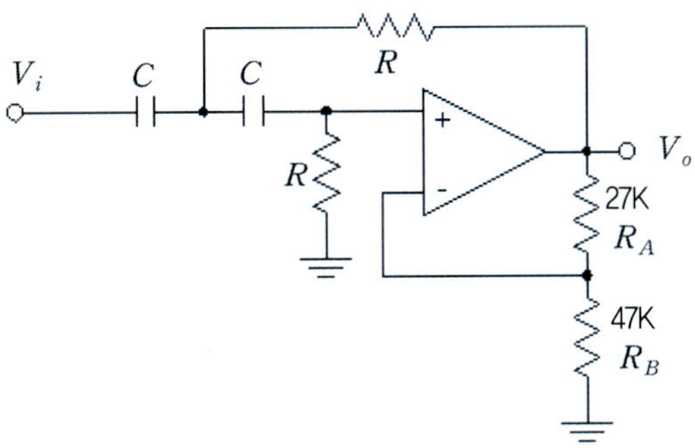

〈그림 5-14〉 동치 버터워스 고역 통과 여파기

$f_c = \dfrac{1}{2\pi RC}$ 통과 대역의 이득은 1.586, 즉 +4dB이다.

5-2-3. 대역 통과 필터

대역 통과 필터(band pass filter)는 주파수의 특정한 대역은 통과시키고 통과 대역의 아래쪽이나 위쪽의 모든 주파수는 감쇠 또는 제거된다.

〈그림 5-15〉는 전형적인 대역 통과 필터의 응답 곡선을 보인 것이다.

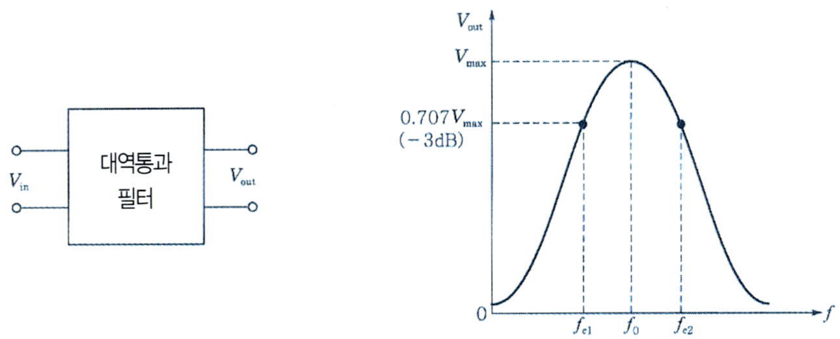

〈그림 5-15〉 대역 통과 필터 그래프

(1) 대역 통과 필터의 응답 곡선

저역 통과 필터의 임계 주파수 f_c(l)이 고역 통과 필터의 임계 주파수 f_c(k)보다 높으면 응답 곡선을 겹치게 된다. f_c(l)과 f_c(k) 사이의 주파수를 제외한 나머지의 모든 주파수는 제거된다.

대역 통과 필터의 대역폭은 출력 전류 또는 전압이 공진 주파수일 때 값의 70.7% 이상이 되는 주파수 영역이다. 대역폭(Band Width)은 보통 BW로 표기한다.

(2) 상태변수(만능) 여파기(State Variable Filter)

3개의 OP-Amp를 적당히 결선하여 동시에 2차 저역 통과와 고역 통과 그리고 대역 통과 여파기의 출력을 얻을 수가 있다. 이러한 여파기를 상태변수 여파기 혹은 만능여파기라고 한다. 회로에서 볼 수 있듯이 기본적으로 하나의 차동증폭기(A1)와 동일한 두 개의 적분기(A2, A3)로 구성된다. 이러한 여파기에 대해서 중심 주파수와 차단 주파수는 다음 식에 의해 주어지는 것과 같이 동일한 값이 된다.

$$f_o = f_c = \frac{1}{2\pi RC}$$

여파기의 Q는 저항 R_A와 R_B에 의해서 결정된다.

$$R_A = (3Q-1)$$

저역 통과와 고역 통과 출력에 대한 통과 대역의 이득은 '1'이다. 대역 통과 출력에 대해서는 중심 주파수의 이득은 Q의 값과 같게 된다.

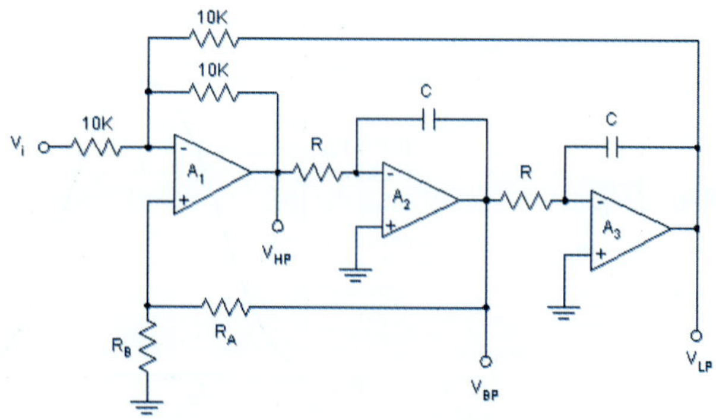

〈그림 5-16〉 변수(만능) 여파기

이러한 회로가 저역 통과와 고역 통과의 두 출력에 대한 2차 응답을 가질 때 이 회로는 3개의 모든 출력을 동시에 얻을 수 있는 최적의 성능을 갖지는 못한다. 저역 통과나 고역 통과 버터워즈(Butter worth) 응답 중의 어느 하나에 대해서 Q는 0.707과 같아야 한다.

결과적으로 대역 통과 응답은 제대로 나오지 않는다. 즉, 2차 3dB 체비세브(Chevychev) 여파기의 응답에 대해서 Q는 1.3으로서, 그것은 적절한 응답이 되지 못한다. 2차 버터워즈 저역 통과, 고역 통과 응답(Q=0.707) 혹은 높은 Q의 대역 통과 응답 중에서 하나를 설계하여야 한다.

제5장

5-2-4. 필터의 실현

필터의 주파수 전달 특성은 차단 주파수에서 출력이 없는 것이 이상적이나 이런 특성은 실현이 불가능하다. 그러므로 가능한 주파수 전달 특성이 이상적인 필터 특성에 접근하도록 회로를 구성한다.

이상적인 응답에 근사시키기 위한 몇 개의 다항식이 개발되어 있는데, 대표적인 것이 버터워즈(Butter worth), 체비세프(Chebyshev), 베셀(Bessel) 함수들이다.

(1) 버터워즈 함수

통과 대역에서의 진폭이 매우 평탄하고 감쇠 대역에서의 기울기는 -20dB/decade 이다. 응답이 평탄하기 때문에 아날로그 신호는 주로 이 필터를 사용한다.

(2) 체비세프 함수

통과 대역에서 진폭의 변화가 심하며 감쇠대역에서의 기울기는 −20dB/decade 보다 크다. 기울기가 가파르므로 적은 차수의 필터로서도 차단 특성이 우수한 필터를 실현할 수 있으나 통과 대역에서 진폭이 일정하지 않은 단점이 있다.

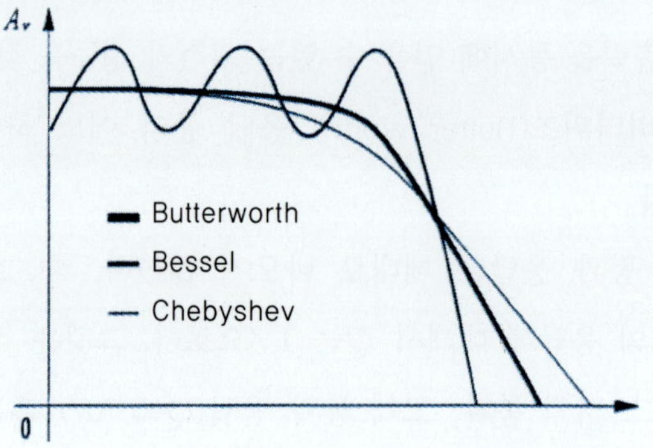

〈그림 5-17〉 필터 함수의 응답 특성 곡선

(3) 베셀 함수

응답 특성이 버터워스에 비해 떨어지나 위상 특성이 거의 선형적이다. 그러므로 펄스 파형에 대한 출력이 오버슈트가 거의 일어나지 않으므로 주로 펄스 파형의 필터링에 쓰인다. 필터의 실현은 필터 회로의 전달 함수를 구한 후 이를 같은 차수의 각 함수의 다항식과 계수가 같도록 소자값을 결정한다.

5-3 전력선 통신 필터 실험

1) 실험 준비 사항

(1) ED-5964 PLC kit

(2) 함수 발생기

(3) 오실로스코프(2CH)

2) 실험 주의 사항

(1) ED-5964 장비의 취급을 주의한다.

(2) ED-5964 장비에 공급할 전원(220V AC)이 정격에 맞는지 확인한다.

(3) 실습 중 장비의 스위치가 꺼지지 않도록 주의한다.

(4) 함수 발생기(Function Generator)를 장비와 연결할 때 전원을 끈 상태에서 연결한다.

(5) 오실로스코프(Oscilloscope)를 이용하여 파형을 측정할 때 실험 절차에 맞춰 측정한다.

제 5 장

3) ED-5964 전력선 모듈의 필터 실습

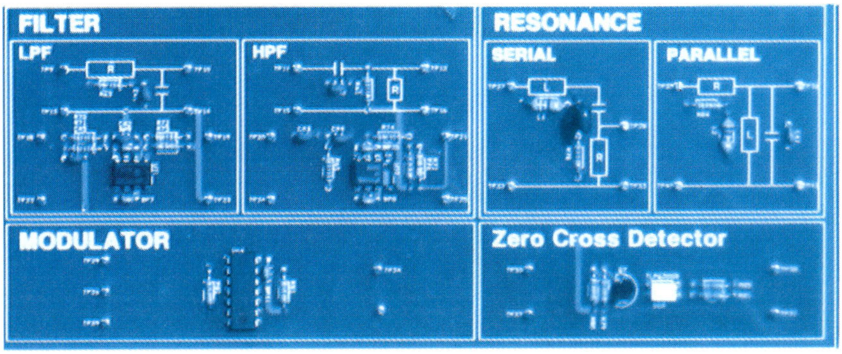

〈그림 5-18〉 ED-5964 전력선 통신 주요 실습 모듈

(1) 1차 LPF(Low Pass Filter)

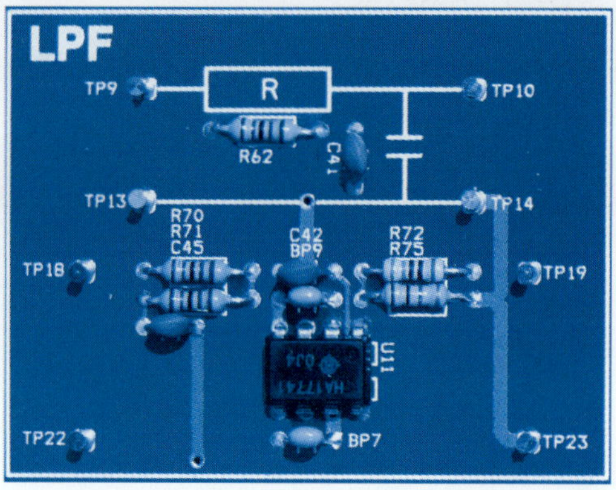

〈그림 5-19〉 ED-5964 PLC 장비의 필터 부분 구성도

- Low Pass Filter(상단부)

  TP 9 : Low Pass Filter의 입력단자 (+)

  TP 13 : Low Pass Filter의 입력단자 (-)

  TP 10 : Low Pass Filter의 출력단자 (+)

  TP 14 : Low Pass Filter의 출력단자 (-)

- Low Pass Filter (하단부)

  TP 18 : Low Pass Filter의 입력단자 (+)

  TP 22 : Low Pass Filter의 입력단자 (-)

  TP 19 : Low Pass Filter의 출력단자 (+)

  TP 23 : Low Pass Filter의 출력단자 (-)

〈그림 5-19〉에서 보면 두 개의 필터가 있는 것을 확인할 수 있는데, 위에 있는 수동 소자들로만 구성이 되어 있는 1차 LPF를 이용하여 필터에 대하여 실험할 것이다. 실험에 필요한 것들이 준비되었다면 다음의 실험 절차에 따라 실험을 해보자.

① 실험에 필요한 모든 사항들이 구비되면 전원을 공급하지 않는 상태에서 전원 케이블을 연결하도록 한다.

② 함수 발생기의 출력단자와 오실로스코프의 입력단자를 연결하여 입력 전원을 AC 2V(p-p)의 정현파로 맞추고 오실로스코프로 원하는 파형이 나오는지 확인하도록 한다.

③ 전원을 OFF하고 함수 발생기의 입력단자와 접지단자를 각각 TP9와 TP13에 오실로스코프의 CH1의 Probe와 접지단자를 각각 TP9와 TP13에 연결하고, CH2의 Probe와 접지단자를 각각 TP10과 TP14에 연결한다.

④ 모든 단자가 연결되면 전원을 켜고 입력 주파수를 10kHz에 맞춰 아래와 같은 결과가 나오는지 확인한 후 〈표 5-2〉에 결과값을 기입한다.

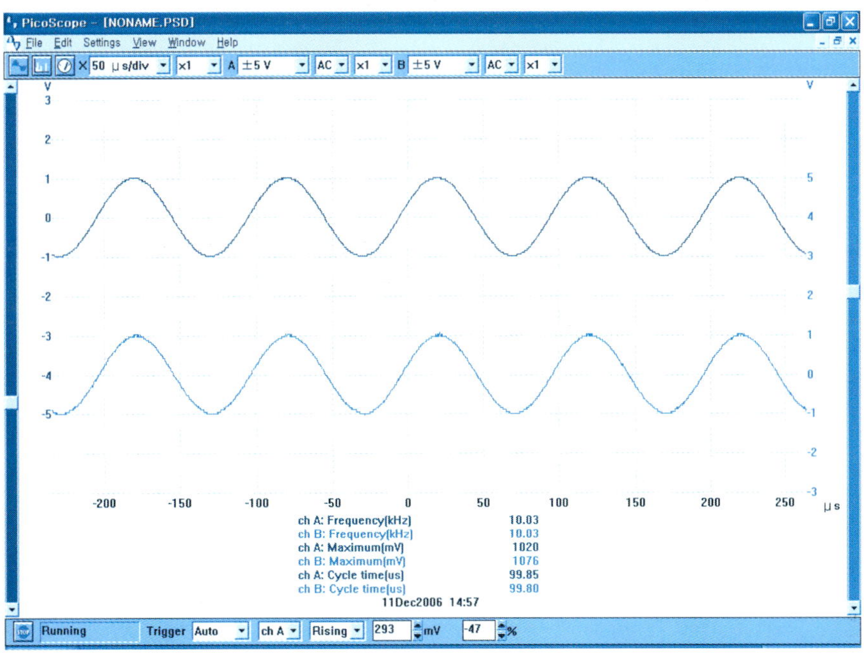

⑤ 입력 주파수를 20kHz에 맞춰 아래와 같은 결과가 나오는지 확인한 후 〈표 5-2〉에 결과값을 기입한다.

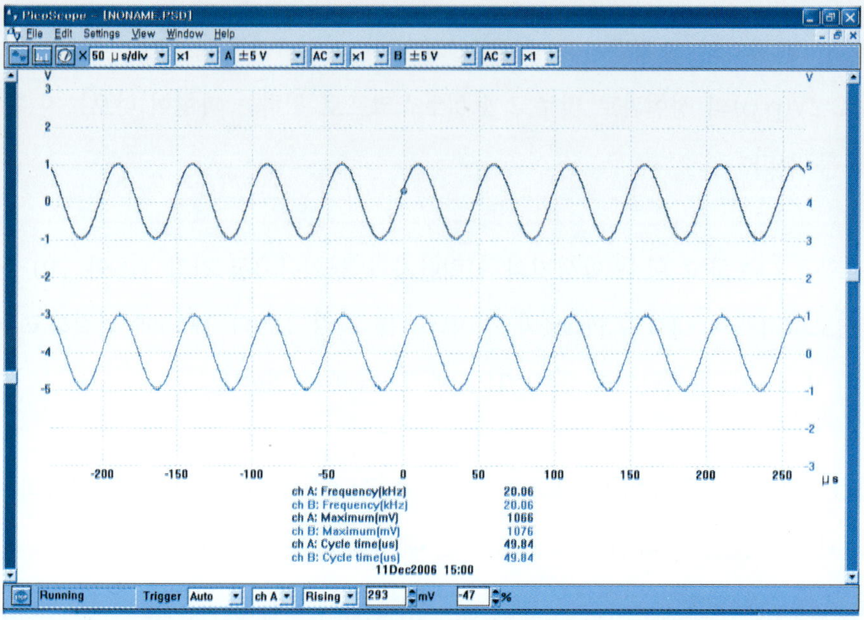

⑥ 입력 주파수를 30kHz에 맞춰 아래와 같은 결과가 나오는지 확인한 후 〈표 5-2〉에 결과값을 기입한다.

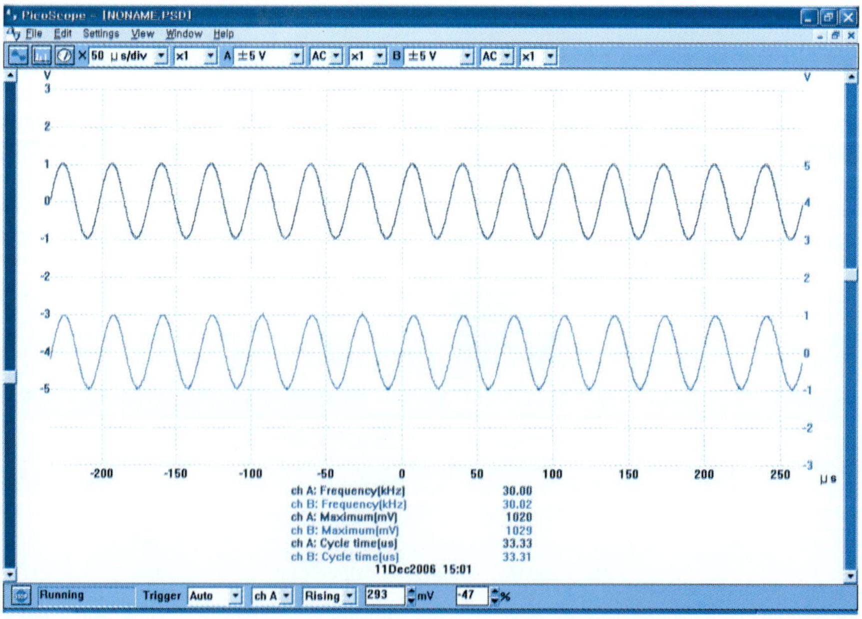

⑦ 위와 같은 순서로 〈표 5-2〉에 있는 주파수별 결과값을 측정하여 기입하면, 아래와 같이 채울 수 있는데 채운 결과값들을 이용하여 〈그림 5-20〉과 같이 특성그래프를 그릴 수 있다. 측정한 결과값들을 이용하여 〈그림 5-21〉과 같이 특성그래프를 그려보도록 하자.

〈표 5-1〉

주파수(KHz)	전압(mV)
10	985
20	985
30	965
40	944
50	922
60	900
70	879
80	836
90	815
100	773
200	536
300	403
400	321
500	258
600	236
700	214
800	183
900	153
1000	143

〈그림 5-20〉

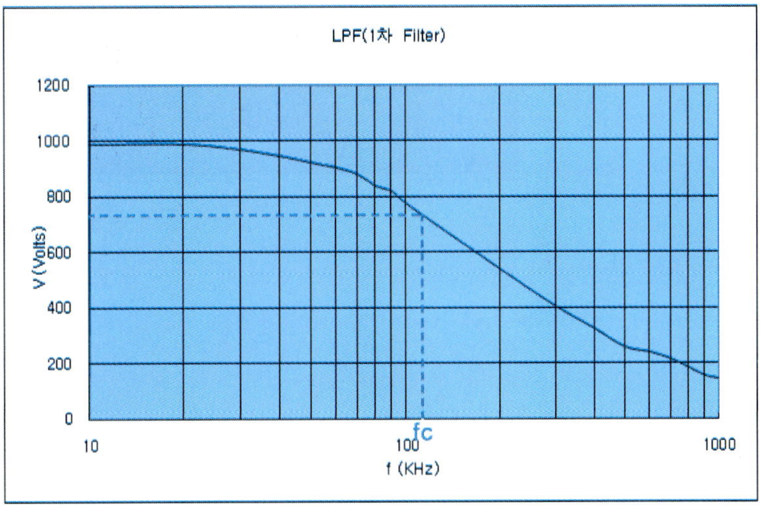

〈표 5-2〉

주파수(KHz)	전압(mV)
10	
20	
30	
40	
50	
60	
70	
80	
90	
100	
200	
300	
400	
500	
600	
700	
800	
900	
1000	

〈그림 5-21〉

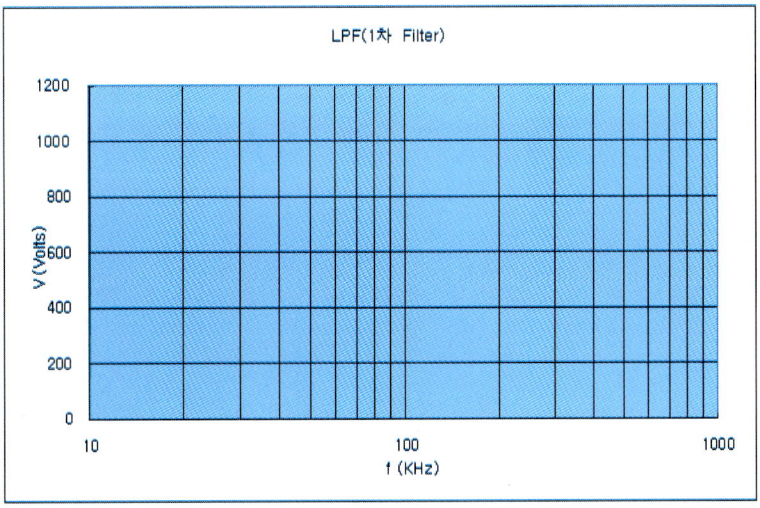

(2) 2차 LPF(Low Pass Filter)

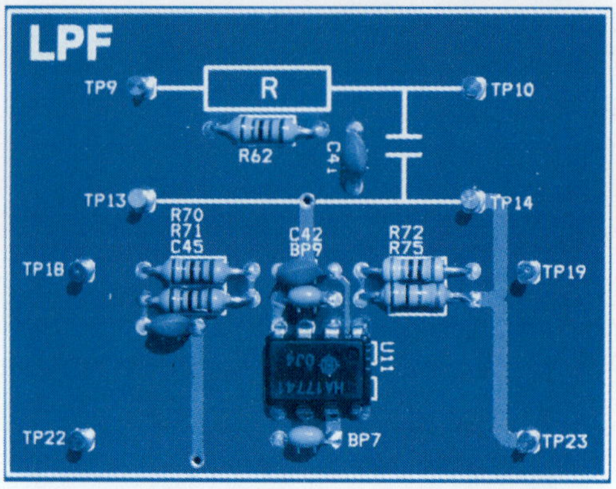

〈그림 5-22〉 ED-5964 PLC 장비의 필터 부분 구성도

- Low Pass Filter(상단부)

  TP 9 : Low Pass Filter의 입력단자 (+)

  TP 13 : Low Pass Filter의 입력단자 (-)

  TP 10 : Low Pass Filter의 출력단자 (+)

  TP 14 : Low Pass Filter의 출력단자 (-)

- Low Pass Filter(하단부)

  TP 18 : Low Pass Filter의 입력단자 (+)

  TP 22 : Low Pass Filter의 입력단자 (-)

  TP 19 : Low Pass Filter의 출력단자 (+)

  TP 23 : Low Pass Filter의 출력단자 (-)

〈그림 5-22〉에서 보면 두 개의 필터가 있는 것을 확인할 수 있는데, 아래쪽에 위치한 능동 소자(AMP)와 수동 소자(*R*,*C*)들이 함께 구성이 되어 있는 2차 LPF를 이용하여 필터에 대하여 실험할 것이다. 실험에 필요한 것들이 준비되었다면 다음의 실험 절차에 따라 실험을 해보자.

① 실험에 필요한 모든 사항들이 구비되면 전원을 공급하지 않는 상태에서 전원 케이블을 연결하도록 한다.

② 함수 발생기의 출력단자와 오실로스코프의 입력단자를 연결하여 입력전원을 AC 2V(p-p)의 정현파로 맞추고 오실로스코프로 원하는 파형이 나오는지 확인하도록 한다.

③ 전원을 OFF하고 함수 발생기의 입력단자와 접지단자를 각각 TP18와 TP22에 오실로스코프의 CH1의 Probe와 접지단자를 각각 TP18와 TP22에 연결하고, CH2의 Probe와 접지단자를 각각 TP19과 TP23에 연결한다.

④ 모든 단자가 연결되면, 전원을 켜고 입력 주파수를 10kHz에 맞춰 아래와 같은 결과가 나오는지 확인한 후, 〈표 5-4〉에 결과값을 기입한다.

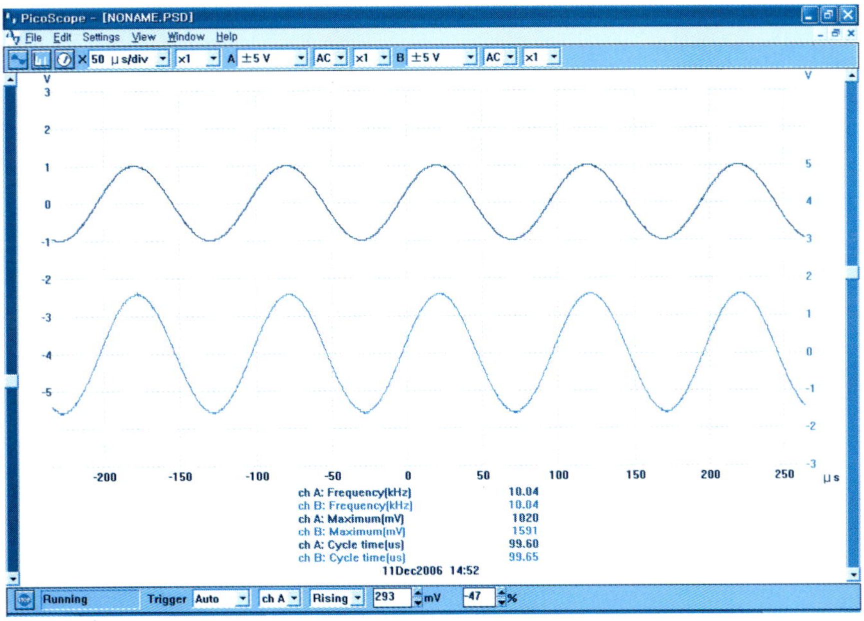

⑤ 입력 주파수를 20kHz에 맞춰 다음과 같은 결과가 나오는지 확인한 후 〈표 5-4〉에 결과값을 기입한다.

제 5 장

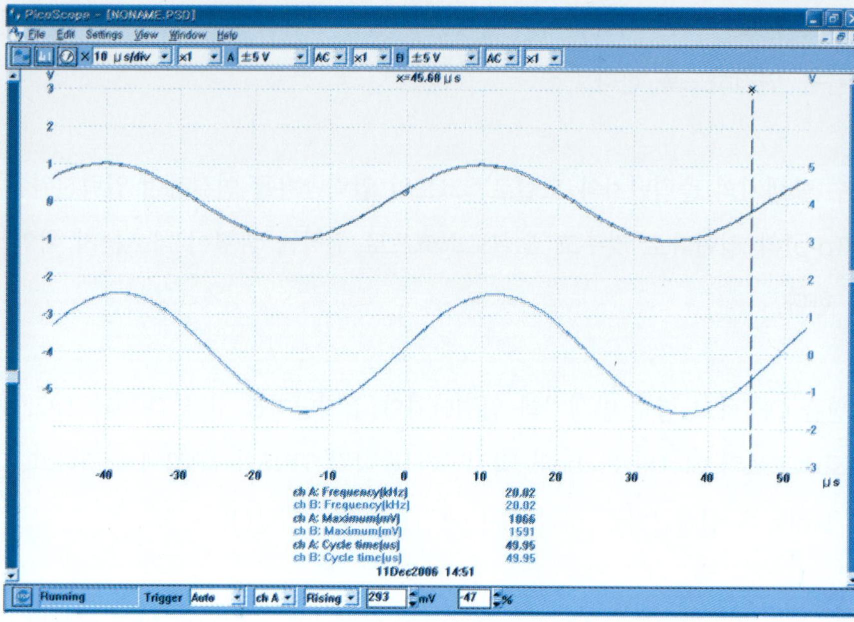

⑥ 입력 주파수를 30kHz에 맞춰 아래와 같은 결과가 나오는지 확인한 후 〈표 5-4〉에 결과값을 기입한다.

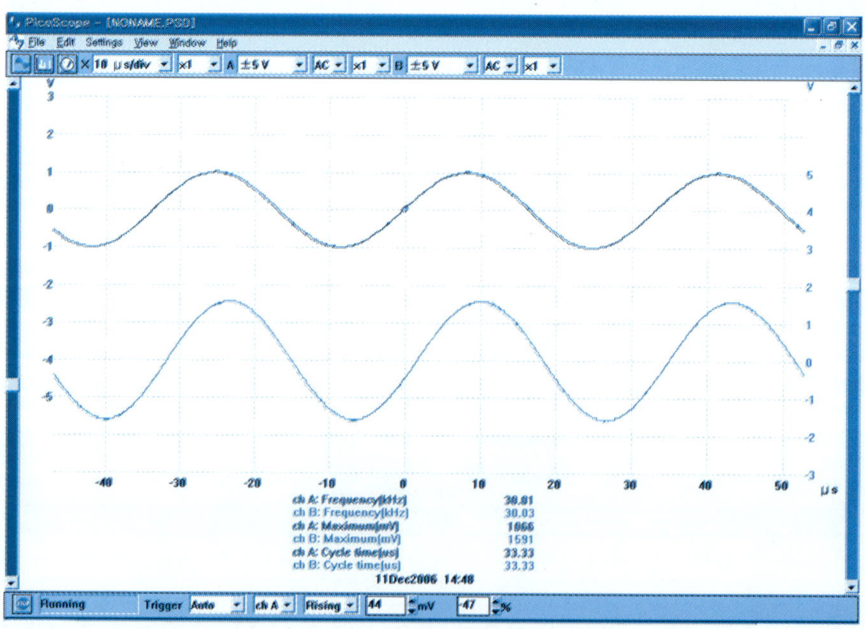

⑦ 위와 같은 순서로 〈표 5-4〉에 있는 주파수별 결과값을 측정하여 기입하면, 아래와 같이 채울 수 있는데 채운 결과값들을 이용하여 〈그림 5-23〉과 같이 특성그래프를 그릴 수 있다. 측정한 결과값들을 이용하여 〈그림 5-24〉와 같이 특성그래프를 그려보도록 하자.

〈표 5-3〉

주파수(KHz)	전압(mV)
10	3089
20	3089
30	3089
40	3089
50	3131
60	3216
70	3087
80	2745
90	2486
100	2232
200	945
300	516
400	312
500	212
600	175
700	161
800	179
900	243
1000	578

〈그림 5-23〉

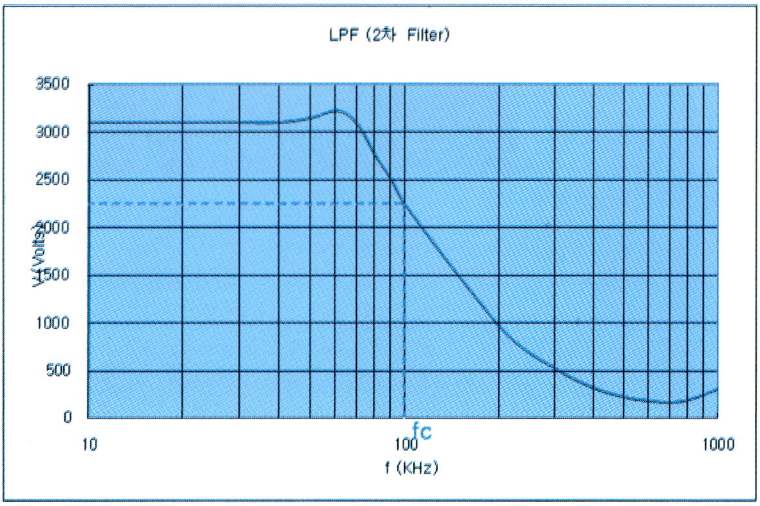

〈표 5-4〉

주파수(KHz)	전압(mV)
10	
20	
30	
40	
50	
60	
70	
80	
90	
100	
200	
300	
400	
500	
600	
700	
800	
900	
1000	

〈그림 5-24〉

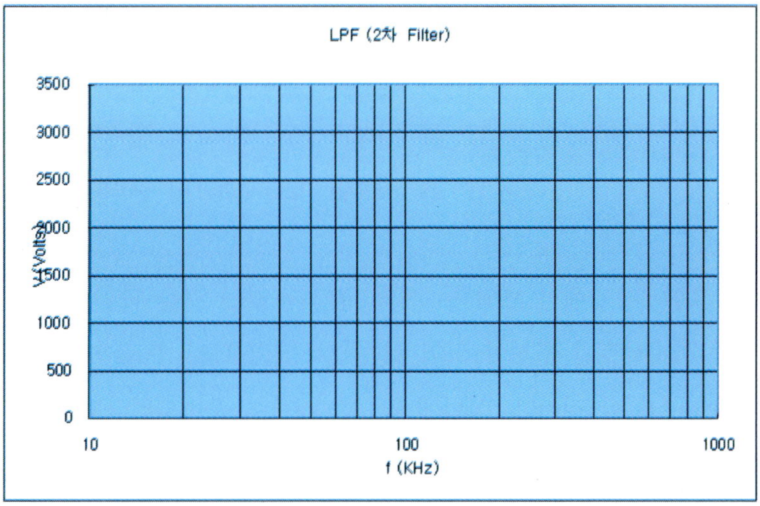

(3) 1차 HPF(High Pass Filter)

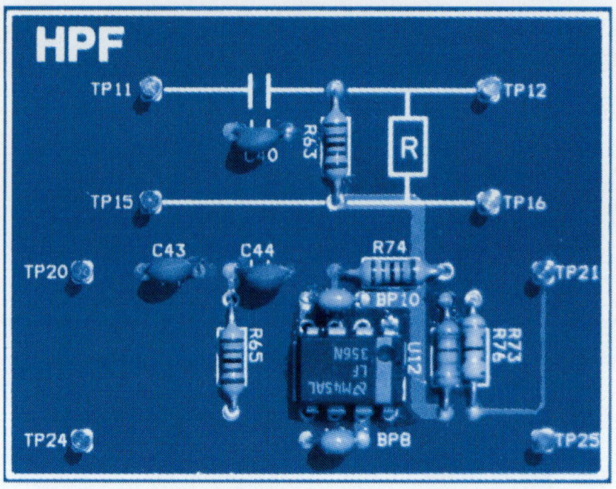

〈그림 5-25〉 ED-5964 PLC 장비의 필터 부분 구성도

- High Pass Filter(상단부)

  TP 11 : High Pass Filter의 입력단자 (+)

  TP 15 : High Pass Filter의 입력단자 (-)

  TP 12 : High Pass Filter의 출력단자 (+)

  TP 16 : High Pass Filter의 출력단자 (-)

- High Pass Filter(하단부)

  TP 20 : High Pass Filter의 입력단자 (+)

  TP 24 : High Pass Filter의 입력단자 (-)

  TP 21 : High Pass Filter의 출력단자 (+)

  TP 25 : High Pass Filter의 출력단자 (-)

〈그림 5-25〉에서 보면 두 개의 필터가 있는 것을 확인할 수 있는데, 위에 있는 수동 소자들로만 구성이 되어 있는 1차 HPF(High Pass Filter)를 이용하여 필터에 대하여 실험할 것이다. 실험에 필요한 것들이 준비되었다면 다음의 실험 절차에 따라 실험을 해보자.

① 실험에 필요한 모든 사항들이 구비되면, 전원을 공급하지 않는 상태에서 전원 케이블을 연결하도록 한다.

② 함수 발생기의 출력단자와 오실로스코프의 입력단자를 연결하여 입력전원을 AC 2V(p-p)의 정현파로 맞추고 오실로스코프로 원하는 파형이 나오는지 확인하도록 한다.

③ 전원을 OFF하고 함수 발생기의 입력단자와 접지단자를 각각 TP11과 TP15에 오실로스코프의 CH1의 Probe와 접지단자를 각각 TP11과 TP15에 연결하고, CH2의 Probe와 접지단자를 각각 TP12와 TP16에 연결한다.

④ 모든 단자가 연결되면 전원을 켜고 입력 주파수를 10kHz에 맞춰 아래와 같은 결과가 나오는지 확인한 후, 〈표 5-6〉에 결과값을 기입한다.

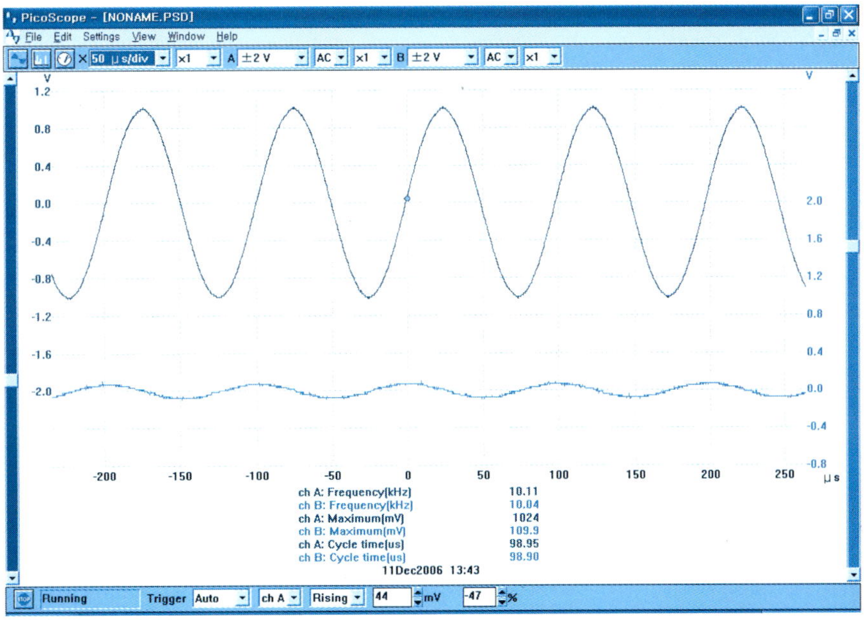

⑤ 입력 주파수를 20kHz에 맞춰 아래와 같은 결과가 나오는지 확인한 후, 〈표 5-6〉에 결과값을 기입한다.

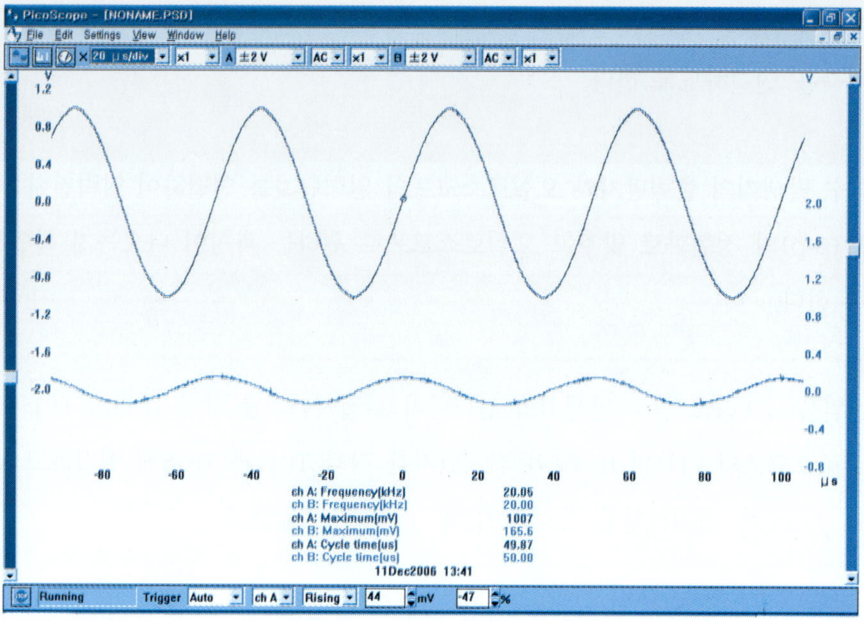

⑥ 입력 주파수를 30kHz에 맞춰 아래와 같은 결과가 나오는지 확인한 후 〈표 5-6〉에 결과값을 기입한다.

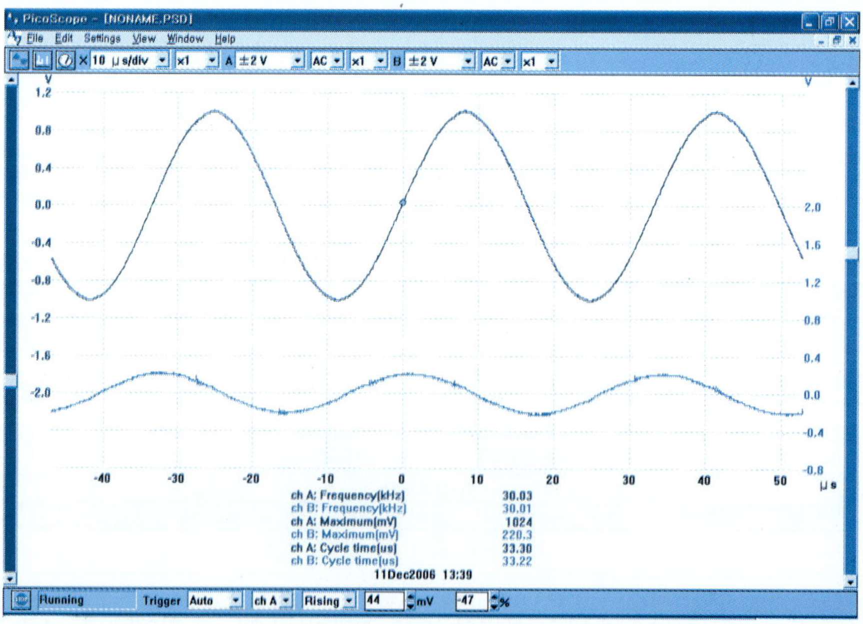

⑦ 위와 같은 순서로 〈표 5-6〉에 있는 주파수별 결과값을 측정하여 기입하면, 아래와 같이 채울 수 있는데 채운 결과값들을 이용하여 〈그림 5-26〉과 같이 특성그래프를 그릴 수 있다. 측정한 결과값들을 이용하여 〈그림 5-27〉과 같이 특성그래프를 그려보도록 하자.

〈표 5-5〉

주파수(KHz)	전압(mV)
10	294
20	551
30	808
40	1079
50	1311
60	1502
70	1687
80	1878
90	2017
100	2203
200	3001
300	3331
400	3424
500	3516
600	3516
700	3612
800	3658
900	3658
1000	3658

〈그림 5-26〉

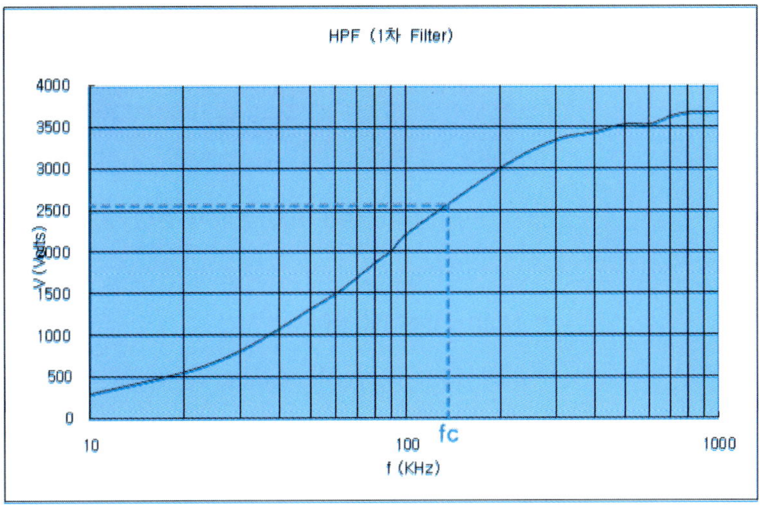

〈표 5-6〉

주파수(KHz)	전압(mV)
10	
20	
30	
40	
50	
60	
70	
80	
90	
100	
200	
300	
400	
500	
600	
700	
800	
900	
1000	

〈그림 5-27〉

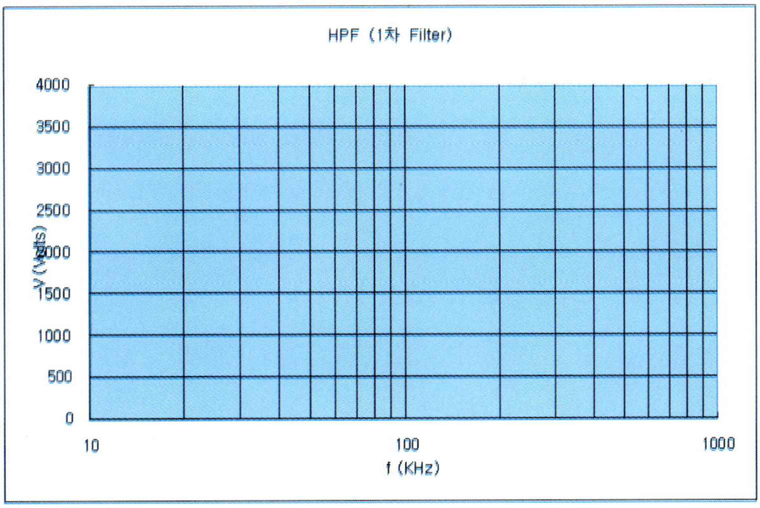

제 5 장

(4) 2차 HPF(High Pass Filter)

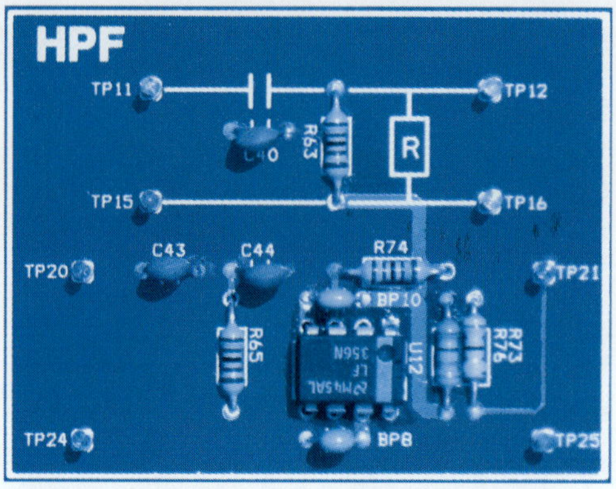

〈그림 5-28〉 ED-5964 PLC 장비의 필터 부분 구성도

- High Pass Filter(상단부)
  - TP 11 : High Pass Filter의 입력단자 (+)
  - TP 15 : High Pass Filter의 입력단자 (-)
  - TP 12 : High Pass Filter의 출력단자 (+)
  - TP 16 : High Pass Filter의 출력단자 (-)

- High Pass Filter(하단부)
  - TP 20 : High Pass Filter의 입력단자 (+)
  - TP 24 : High Pass Filter의 입력단자 (-)
  - TP 21 : High Pass Filter의 출력단자 (+)
  - TP 25 : High Pass Filter의 출력단자 (-)

〈그림 5-28〉에서 보면 두 개의 필터가 있는 것을 확인할 수 있는데, 아래쪽에 위치한 능동 소자(AMP)와 수동 소자(R, C)들이 함께 구성이 되어있는 2차 HPF를 이용하여 필터에 대하여 실험할 것이다. 실험에 필요한 것들이 준비되었다면 다음의 실험 절차에 따라 실험을 해보자.

① 실험에 필요한 모든 사항들이 구비되면, 전원을 공급하지 않는 상태에서 전원 케이블을 연결하도록 한다.

② 함수 발생기의 출력단자와 오실로스코프의 입력단자를 연결하여 입력전원을 AC 2V(p-p)의 정현파로 맞추고 오실로스코프로 원하는 파형이 나오는지 확인하도록 한다.

③ 전원을 OFF하고 함수 발생기의 입력단자와 접지단자를 각각 TP20과 TP24에 오실로스코프의 CH1의 Probe와 접지단자를 각각 TP20과 TP24에 연결하고, CH2의 Probe와 접지단자를 각각 TP21와 TP25에 연결한다.

④ 모든 단자가 연결되면 전원을 켜고 입력 주파수를 10kHz에 맞춰 아래와 같은 결과가 나오는지 확인한 후, 〈표 5-8〉에 결과값을 기입한다.

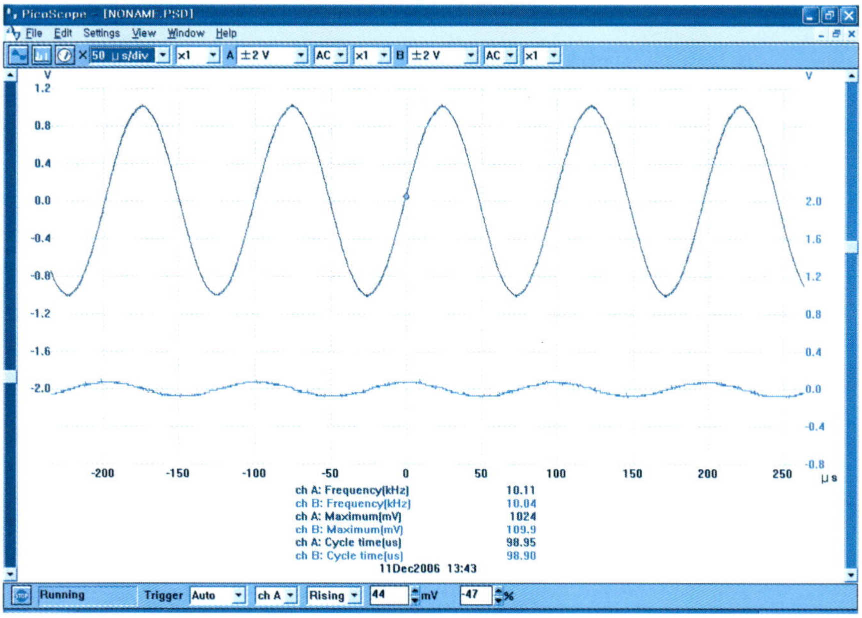

⑤ 입력 주파수를 20kHz에 맞춰 다음과 같은 결과가 나오는지 확인한 후 〈표 5-8〉에 결과값을 기입한다.

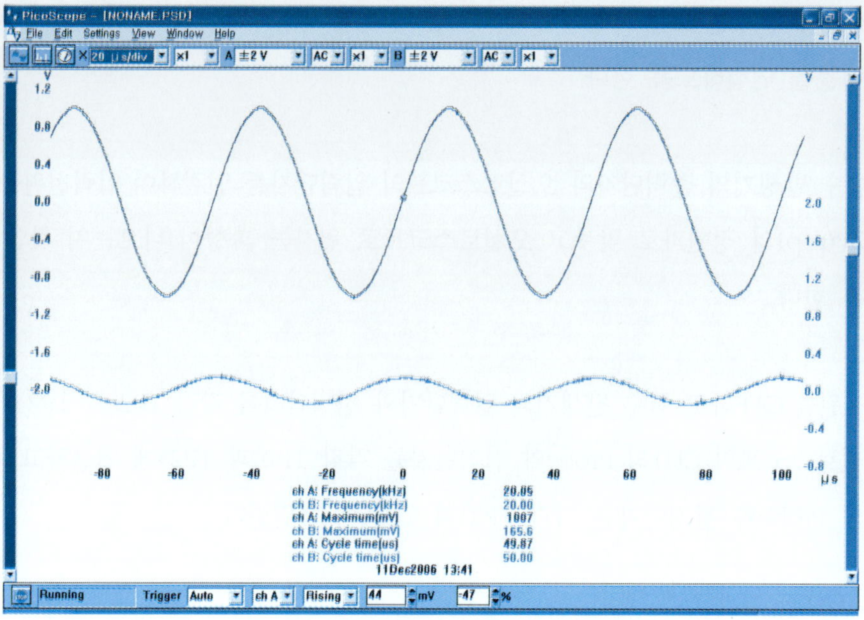

⑥ 입력 주파수를 30kHz에 맞춰 아래와 같은 결과가 나오는지 확인한 후 〈표 5-8〉에 결과값을 기입한다.

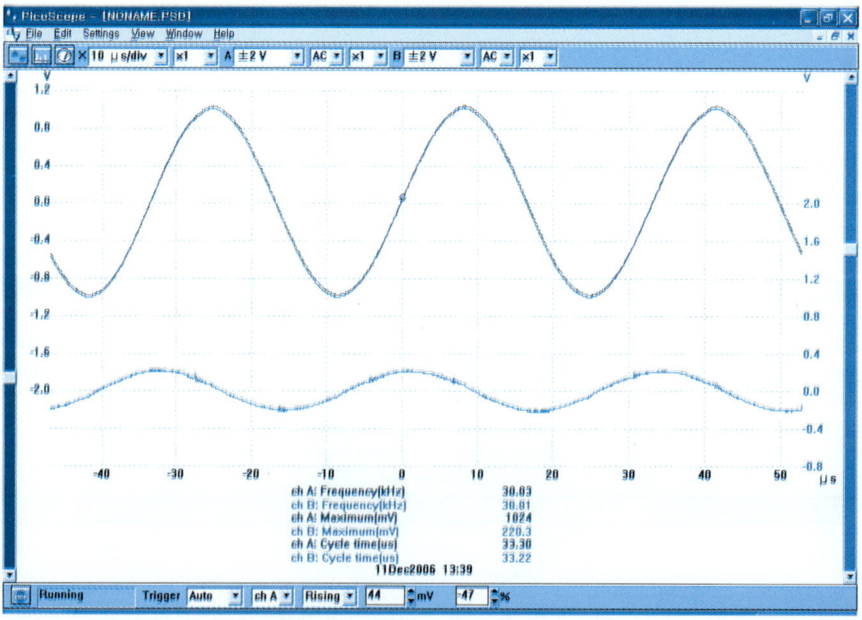

⑦ 위와 같은 순서로 〈표 5-8〉에 있는 주파수별 결과값을 측정하여 기입하면, 아래와 같이 채울 수 있는데 채운 결과값들을 이용하여 〈그림 5-29〉와 같이 특성그래프를 그릴 수 있다. 측정한 결과값들을 이용하여 〈그림 5-30〉과 같이 특성그래프를 그려보도록 하자.

〈표 5-7〉

주파수(KHz)	전압(mV)
10	36
20	87
30	165
40	257
50	386
60	516
70	686
80	857
90	1072
100	1373
200	2445
300	2660
400	2872
500	2745
600	2574
700	2745
800	2745
900	2530
1000	2403

〈그림 5-29〉

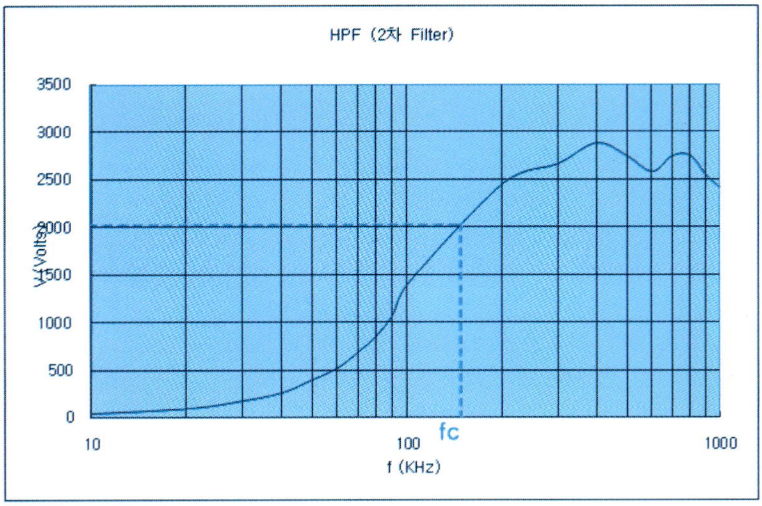

〈표 5-8〉

주파수(KHz)	전압(mV)
10	
20	
30	
40	
50	
60	
70	
80	
90	
100	
200	
300	
400	
500	
600	
700	
800	
900	
1000	

〈그림 5-30〉

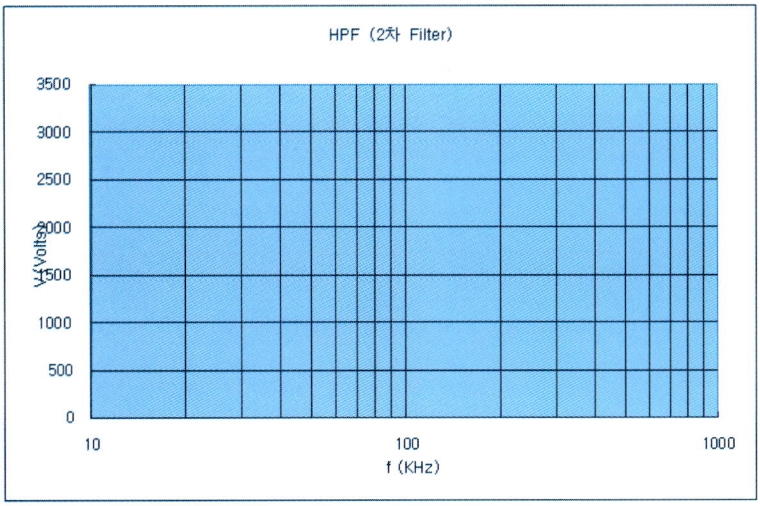

6 전력선 통신 직병렬 공진 회로 응용

6-1 실험 목적

(1) *RLC* 회로의 전압과 전류의 특성을 익힌다.

(2) *RLC* 회로의 임피던스와 위상 특성을 익힌다.

(3) *RLC* 회로의 공진 특성을 익힌다.

(4) *RLC* 회로의 *Q*특성과 대역폭의 정의를 익힌다.

제 6 장

6-2 직병렬 공진 회로의 개요

*RLC*로 구성된 회로에 교류전압을 가할 때 전압과 전류의 위상이 동위상이 되는 경우를 공진(Resonance)이라 하며, 이때의 주파수를 공진 주파수(Resonance Frequency)라 한다.

공진 시에는 리액턴스 성분은 서로 상쇄되므로 임피던스는 순 저항성분만 남게 된다. 따라서 어떤 회로의 합성 임피던스를 구하고, 이의 허수부가 '0'이 되는 조건을 찾으면 이 조건이 공진 조건이 된다.

또한 공진 시에는 리액턴스 성분이 '0'이 되므로 무효전력은 존재할 수 없고, 순 저항성분에서 소모되는 유효전력만 존재하게 되므로 역률(Power Factor)은 '1'이 된다.

6-2-1. *RLC* 직렬 회로의 특성

RLC 직렬 회로에는 〈그림 6-1〉에서 보듯이 저항, 인덕턴스, 커패시턴스가 모두 포함되어 있다.

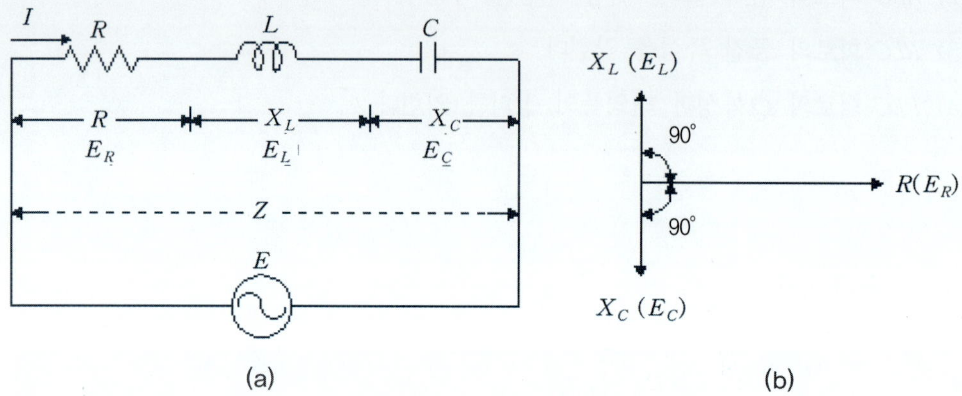

〈그림 6-1〉 *RLC* 직렬 회로

*R, L, C*소자가 직렬로 연결되었을 때 이들의 교류적 합성 저항, 즉 임피던스 *Z*와 Z의 크기와 위상은 다음과 같이 된다.

임 피 던 스 : $Z = R + j(\omega L - \frac{1}{\omega C})$

크 기 : $|Z| = \sqrt{R^2 + (\omega L - \frac{1}{\omega C})^2}$

위 상 : $\theta = \tan^{-1} \frac{(\omega L - \frac{1}{\omega C})}{R}$

LC 직렬 회로에서 $\omega_0 L = 1/(\omega_0 C)$가 되는 주파수에서 회로의 *Z*는 순 저항성분만 가지며 이때의 주파수가 공진 주파수가 된다.

이 조건을 만족하는 각주파수 $\omega_0 = 1/\sqrt{LC}$이 되며, 이 ω_0를 공진 각주파수라 하고, 공진 주파수 f_0는 다음과 같다.

$$f_0 = \frac{1}{2\pi\sqrt{LC}}$$

공진 주파수 f_0에서 흐르는 전류를 "1"이라고 할 때 $\pm(1/\sqrt{2})$이 되는 주파수를 각각 f_1, f_2라 놓으면 곡선의 첨예도를 나타내는 Q(quality factor)는 다음과 같이 정의된다.

$$Q = \frac{f_0}{f_2 - f_1} = \frac{\omega_0 L}{R} = \frac{1}{\omega_0 CR}$$

Q가 클수록 대역폭이 좁아지고, 작을수록 넓어진다.

유도성 리액턴스(X_L)는 전류가 인가전압보다 뒤지고 용량성 리액턴스(X_c)는 서로 반대되는 성질을 갖고 있으므로 X_L과 X_c가 함께 존재하는 경우에는 서로 상대편의 성질을 없애려는 특성을 갖는다. 〈그림 6-1〉의 전체 리액턴스 값은 다음과 같다.

$$X_{total} = X_L - X_C = 2\pi fL - \frac{1}{2\pi fC}$$

(1) 임피던스의 특성

X_L 〉X_c인 경우는 유도성 리액턴스가 되고 X_L 〈 X_c인 경우는 용량성 리액턴스가 된다.

*RLC 직렬 회로*의 전체 임피던스를 직교좌표 형식과 극좌표 형식으로 나타내면 다음과 같다.

$$Z = R + j(X_L - X_C)$$

주파수가 아주 낮은 영역에서는 X_c값이 크고 주파수가 높은 영역에서는 X_L값이 크다.

두 리액턴스가 같아지는 점 $X_L = X_c$이 되는 주파수에서는 두 리액턴스가 서로 상쇄되어 전체 리액턴스 값은 0Ω이 되므로 회로는 순수한 저항성 회로가 되어 버린다. 바로 이 상태를 직렬 공진(series response)이라고 한다.

(2) 직렬 공진 특성

*RLC 직렬 회로*에서 커패시터 양단의 전압과 인덕터 양단의 전압 사이의 위상차는 항상 180°이다.

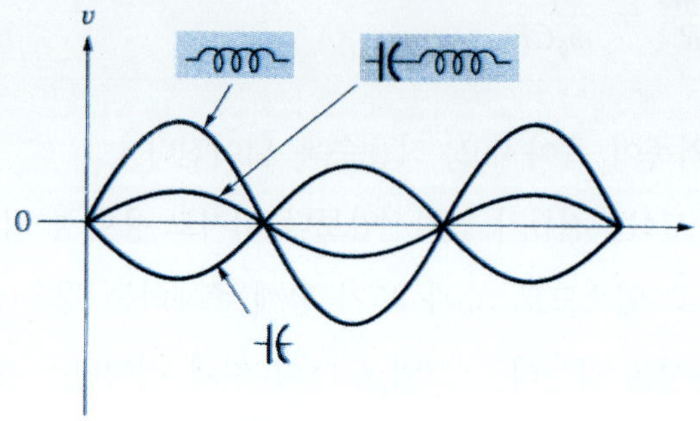

〈그림 6-2〉 *LC* 양단의 파형

〈그림 6-2〉의 파형에서 알 수 있듯이 전압 V_L과 V_C의 부호는 반대가 되므로 두 전압을 더하면 각 소자의 전압 V_L과 V_C중 큰 전압보다는 항상 작은 값을 갖는다.

$$V_S = IZ = I(R + j(X_L - X_C)) = V_R + j(V_L - V_C)$$

직렬 공진은 $X_L = X_c$ 일 때 발생한다. 공진이 일어나는 주파수를 공진 주파수(resonant frequency)라고 하며 X_r로 표시한다.

〈그림 6-3〉은 공진이 일어난 경우의 회로 상태를 나타낸 것이다. 공진 시 두 리액턴스는 상쇄되어 0이 되므로 회로의 임피던스는 저항 성분만을 갖게 된다.

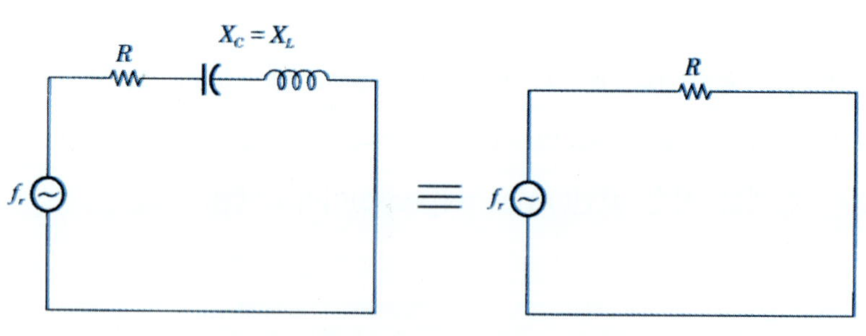

〈그림 6-3〉 직렬 공진 회로와 등가 회로

전체 임피던스는 다음과 같다.

$$X_r = R + j(X_L - X_C),\ X_L = X_C,\ Z_r = R$$

(3) 공진 주파수

*RLC 직렬 회로*에서 공진은 오직 한 주파수에서만 일어나게 된다. 이 주파수를 공진 주파수라 하며, 공진 주파수는 $X_L = X_c$의 조건으로부터 구할 수 있다.

$$X_L = X_C,\ 2\pi f_r L = \frac{1}{2\pi f_r C},\ f_r^2 = \frac{1}{4\pi^2 LC},\ f_r = \frac{1}{2\pi\sqrt{LC}}\ \text{(Hz)}$$

임피던스의 크기는 공진 주파수에서 최소값($Z=R$)이 되며 공진 주파수에서 양쪽으로 멀어질수록 크기가 증가한다.

(4) 전압과 전류의 변화

직렬 공진 주파수에서 전류의 크기는 최대($I_{max} = V_s/R$)이다. 이 공진 주파수에서는 양쪽으로 멀어지면 회로의 임피던스가 증가하므로 전류는 감소한다.

(5) 주파수에 따른 위상 변화

공진 주파수 보다 낮은 주파수 영역에서는 $X_c > X_L$ 이므로 전류가 전원전압보다 앞선다.

주파수가 공진 주파수에 접근함에 따라 위상각은 점점 감소하여 공진 주파수와 같으면 0°가 된다.

6-2-2. *RLC* 병렬 회로의 특성

(1) 임피던스 특성

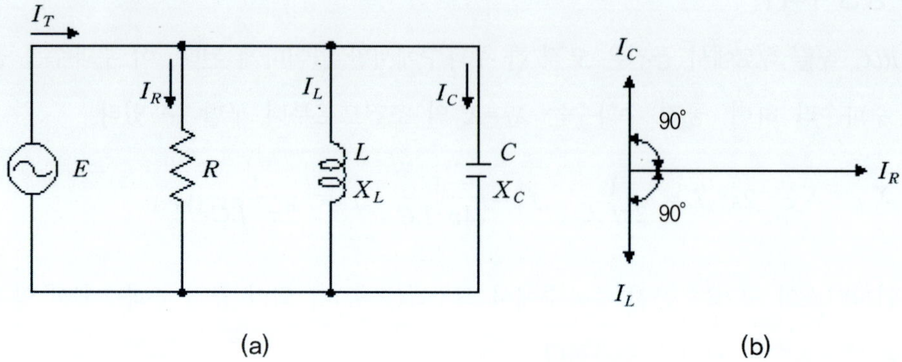

〈그림 6-4〉 *RLC* 병렬 연결 회로

〈그림 6-4〉(a)와 같이 R, L, C소자를 병렬로 연결하였을 때 이들의 교류적 합성 저항 즉, 임피던스 Z와 Z의 크기와 위상은 다음과 같이 된다.

$$\text{임 피 던 스} \ : \ \frac{1}{Z} = \frac{1}{R} + j(\omega C - \frac{1}{\omega L})$$

$$\text{크} \quad \text{기} \ : \ |Z| = \frac{1}{\sqrt{\frac{1}{R^2} + (\omega C - \frac{1}{\omega L})^2}}$$

$$\text{위} \quad \text{상} \ : \ \theta = \tan^{-1} R(\omega C - \frac{1}{\omega L})$$

LC 병렬 회로에서 $\omega_0 C = 1/\omega_0 L$가 되는 주파수에서 임피던스 Z가 순저항성분만 가지며 이때의 주파수가 공진 주파수가 된다. 이 조건을 만족하는 각주파수 $\omega_0 = 1/\sqrt{LC}$이 되며, 이 ω_0를 공진각주파수라 하고, 공진 주파수 f_0는 $f_0 = 1/(2\pi\sqrt{LC})$이다. 병렬 공진 회로에서의 Q(quality factor)는 직렬 공진 회로와 마찬가지로 $Q = f_0/(f_2 - f_1)$로 정의되고 $Q = \omega_0 CR = R/(\omega_0 L)$로 표현된다. 즉 Q는 R에 비례한다.

(2) RLC 병렬 회로에서 커패시터를 통해 흐르는 전류와 인덕터를 통해 흐르는 전류 사이에는 180°의 위상차가 발생한다. 따라서 I_L과 I_C의 부호는 반대가 되므로 이 두 전류를 더하여 구해지는 전체 리액턴스 전류(I_{CL})는 전류 I_L, I_C중 큰 전류보다 작은 값이 된다. 저항을 통해 흐르는 전류(I_R)와 각 리액턴스 소자를 통해 흐르는 전류(I_L, I_C) 사이에는 90°의 위상차가 있다.

(3) 등가 병렬 회로

〈그림 6-5〉(a)는 직병렬 회로가 나타나 있다. 이 회로에서는 L과 C가 병렬로 연결된 것을 회로도로 나타낸 것으로 실제의 인덕터에는 권선 저항이 포함되어 있으므로 L과 직렬로 저항 R_W가 연결되어 있다.

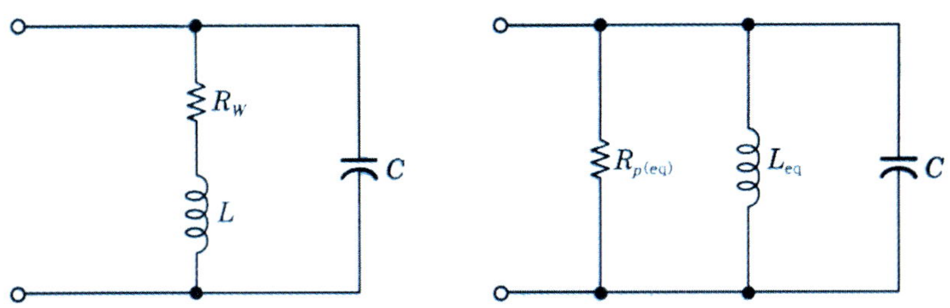

(a) 직병렬 회로 (b) 등가 회로

〈그림 6-5〉 직병렬 회로와 등가 회로

(4) 병렬 공진 회로

이상적인 병렬 공진은 $X_L = X_C$이 될 때 일어난다. $X_L = X_C$일 때 $I_C = I_L$은 서로 크기가 같고 위상차가 180°가 된다. 두 전류가 서로 상쇄되어 전체 전류는 0이 된다.

병렬 공진 시 전체 전류는 0이 되므로 병렬 LC 회로의 임피던스는 무한대(∞)가 된다. 이상적인 병렬 공진 조건을 정리해 보면

$$X_L = X_C,\ Z_r = \infty$$

저항이 없는 이상적인 병렬 공진 회로에서 공진이 일어나는 공진 주파수는 직렬

공진 회로의 경우와 동일한 식으로 구해진다.

$$f_r = \frac{1}{2\pi\sqrt{LC}}$$

6-2-3. 대역폭과 선택도

(1) 직렬 공진 회로

*RLC 직렬 회로*에 흐르는 전류는 공진 주파수에서 최대가 되며 주파수가 공진 주파수에서 양쪽으로 멀어짐에 따라 감소한다. 대역폭(band width)은 공진 회로 특성을 표시하는 중요한 항목으로 약자로 BW로 표기한다.

대역폭은 최대 전류 크기(공진 주파수일 때의 전류)의 70.7% 이상이 되는 전류가 흐르는 주파수의 범위로 정의된다. 이를 〈그림 6-6〉에서 보면 *RLC 직렬 회로*의 주파수 응답 곡선 상에 대역폭을 표시하였다.

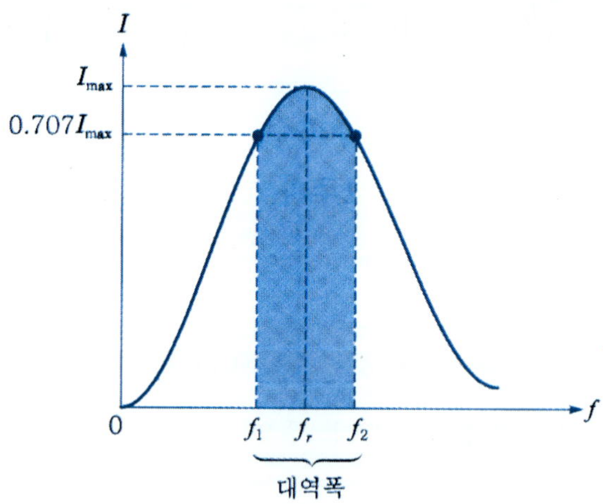

〈그림 6-6〉 직렬 공진에서 대역폭 정의

대역폭을 결정하는 두 주파수 f_1, f_2는 각각 전류의 크기가 $0.707I_{max}$ 가 되는 주파수로 차단 주파수(cutoff frequency)라 한다. 이상적인 공진 주파수 f_r은 중심 주파수(center frequency)이며 다음 식으로 구할 수 있다.

$$BW = f_2 - f_1, \quad f_r = \frac{f_1 + f_2}{2}$$

공진 주파수 f_r보다 낮은 f_1은 저주파 차단 주파수(low cutoff frequency)라 하고 f_r보다 높은 f_2는 고주파 차단 주파수(high cutoff frequency)라고 한다.

차단 주파수 f_1, f_2는 −3dB 주파수, 임계 주파수(critical frequency), 반전력 대역폭(half power frequency) 등으로 불린다.

$$P_{max} = I_{max}^2 R$$

f_1, f_2에서의 전력은 다음과 같다.

$$P_{f1} = I_{f1}^2 R = (0.707 I_{max})^2 R = (0.707)^2 I_{max}^2 R$$
$$= 0.5 I_{max}^2 R = 0.5 P_{max}$$

회로의 Q가 클수록 대역폭은 작아진다. 반대로 Q값이 작을수록 대역폭은 커진다. 회로의 Q로서 대역폭을 구하는 식은 다음과 같다.

$$BW = \frac{F_r}{Q}$$

(2) 병렬 공진 회로

공진 주파수에서 병렬 공진 회로의 임피던스는 최대가 되므로 회로에 흐르는 전체 전류는 최소가 된다.

임피던스 곡선에서 Z가 최대가 되는 주파수는 공진 주파수 f_r이다. $Z = 0.707 Z_{max}$가 되는 두 주파수는 저주파 차단 주파수 f_1과 고주파 차단 주파수 f_2이다.

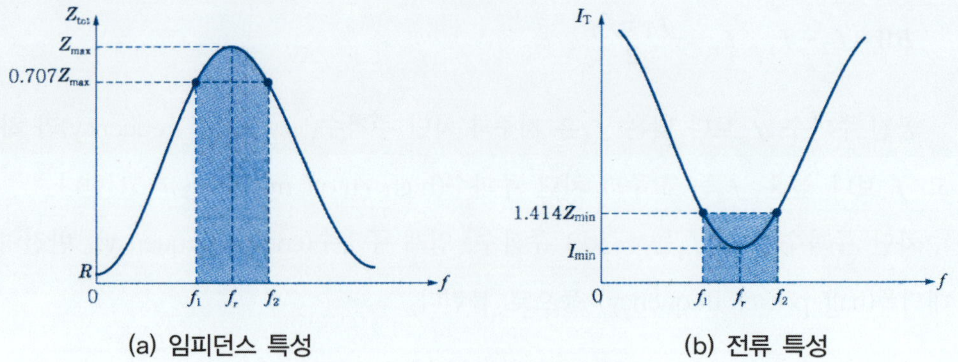

〈그림 6-7〉 병렬 공진 시 대역폭

6-3 전력선 통신 직병렬 공진 회로 실험 절차

1) 실험 주의 사항

(1) ED-5964 장비의 취급을 주의한다.

(2) ED-5964 장비에 공급할 전원(220V AC)이 정격에 맞는지 확인한다.

(3) 실습 중 ED-5964 장비의 스위치가 OFF되어 있는지 확인한다.

(4) 함수 발생기를 장비와 연결할 때, 전원을 끈 상태에서 연결한다.

(5) 오실로스코프를 이용하여 파형을 측정할 때 실험 절차에 맞춰 측정한다.

2) ED-5964 전력선 모듈의 직병렬 공진 실습

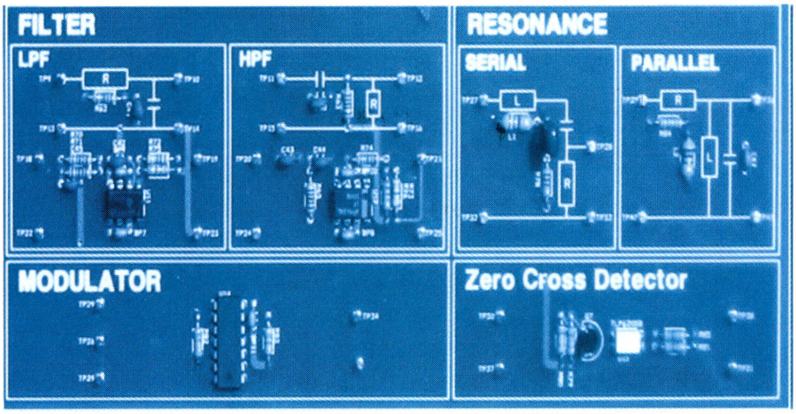

〈그림 6-8〉 ED-5964 전력선 통신 주요 실습 모듈

(1) 직렬 공진 회로(Serial Resonance)

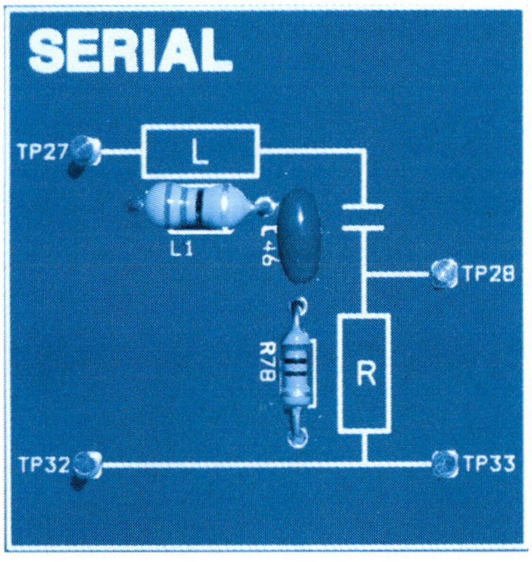

〈그림 6-9〉 ED-5964 직렬 공진 회로 부분 구성도

TP 27 : Serial Resonance 입력단자 (+)

TP 32 : Serial Resonance 입력단자 (-)

TP 28 : Serial Resonance 출력단자 (+)

TP 33 : Serial Resonance 출력단자 (-)

〈그림 6-9〉에 있는 수동 소자들(*R,L,C*)로 이루어진 *RLC*직렬 회로를 이용하여 직렬 공진에 대한 실험을 해보자. 실험에 필요한 것들이 준비되었다면 아래의 실험 절차에 따라 실험을 해보자.

① 실험에 필요한 모든 사항들이 구비되면 전원을 공급하지 않는 상태에서 전원 케이블을 연결하도록 한다.

② 함수 발생기의 50Ω의 임피던스 출력단자를 오실로스코프의 입력단자에 연결하여 Amplitude를 2V(p-p)의 정현파로 맞추고 주파수는 10kHz의 주파수에 맞춰 오실로스코프로 원하는 파형이 나오는지 확인하도록 한다.

③ 전원을 OFF하고 함수 발생기의 출력단자와 접지단자를 각각 TP27과 TP32에 오실로스코프의 CH1의 Probe와 접지단자를 각각 TP27과 TP32에 연결하고, CH2의 Probe와 접지단자를 각각 TP28과 TP33에 연결한다.

④ 모든 단자가 연결되면 전원을 켜고 입력 주파수를 10kHz에 맞춰 아래와 같은 결과가 나오는지 확인한 후, 〈표 6-2〉에 결과값을 기입한다.

※ 아래 그림의 상단은 함수 발생기에서 출력되는 10kHz에 대한 파형이고, 하단은 직렬 공진 회로를 거쳐 출력되는 10kHz에 대한 파형이다.

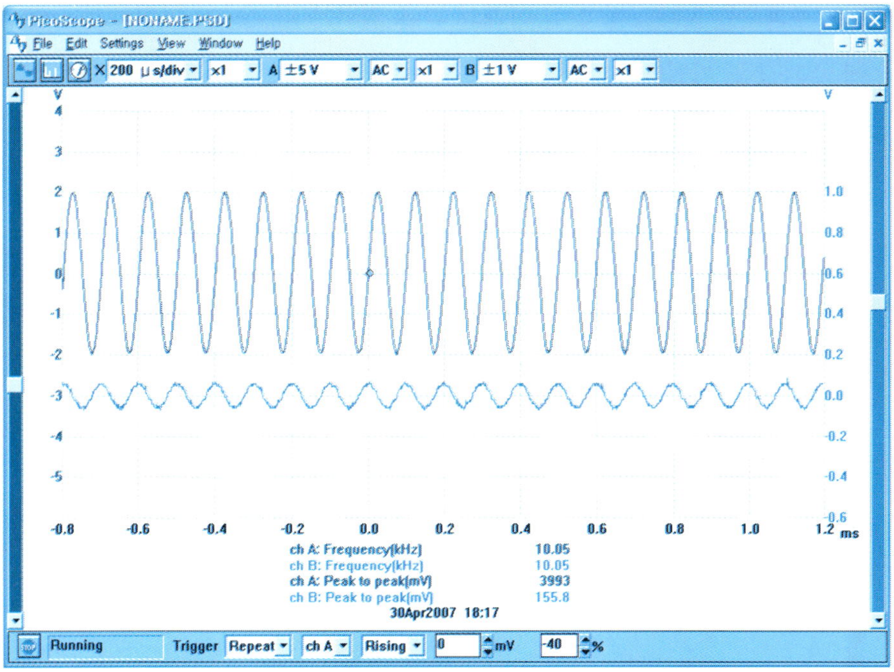

⑤ 입력 주파수를 20kHz에 맞춰 아래와 같은 결과가 나오는지 확인한 후, 〈표 6-2〉에 결과값을 기입한다.

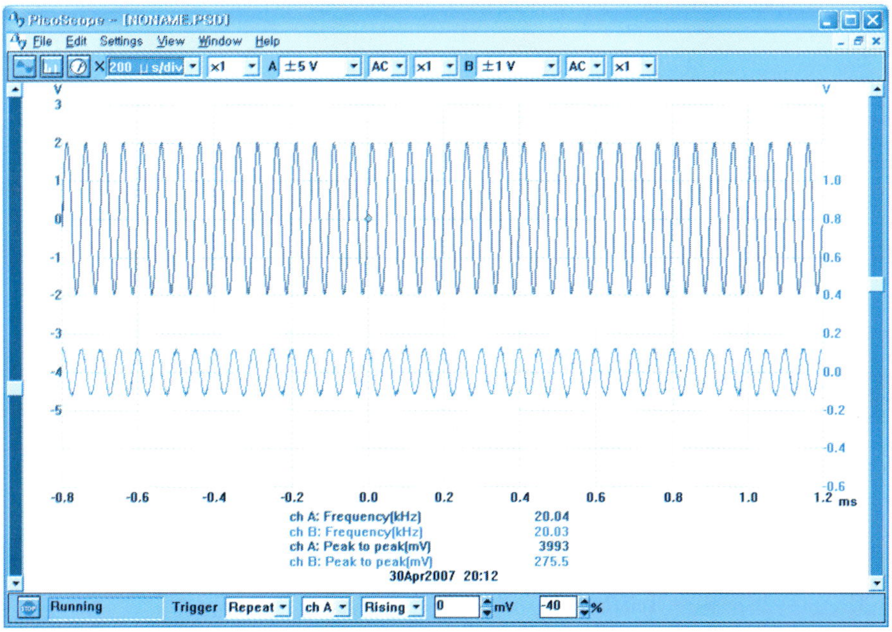

⑥ 입력 주파수를 30kHz에 맞춰 아래와 같은 결과가 나오는지 확인한 후, 〈표 6-2〉에 결과값을 기입한다.

※ 파형의 주기 또는 전압이 보기 어렵다면 타임 또는 전압을 조절하여 실습조의 구성원들이 보기 쉽도록 설정하도록 한다.

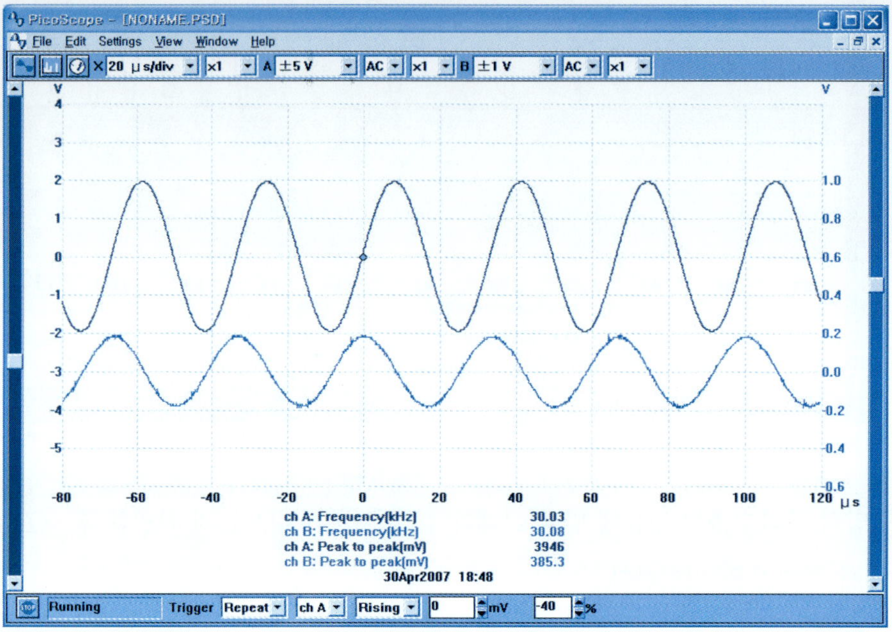

⑦ 위와 같은 순서로 〈표 6-2〉에 있는 주파수별 결과값을 측정하여 기입하면, 아래와 같이 채울 수 있는데 채운 결과값들을 이용하여 〈그림 6-10〉과 같이 특성그래프를 그릴 수 있다.

측정한 결과값들을 이용하여 〈그림 6-10〉과 같이 특성그래프를 그려보도록 하자. 대역폭을 결정하는 두 주파수 f_1, f_2는 각각 전압의 크기가 0.707 V_{max}가 되는 주파수로 차단 주파수(cut-off frequency)라고 한다.

아래의 〈표 6-1〉에 해당되는 차단 주파수를 구해보면

$$V_{max} = 1078\,\text{mV} = 1.078\,V$$

$$V_{f_c} = 1.078\,V \times 0.707$$

$$V_{f_c} = 762\text{mV} = 0.762\,V$$

위와 같은 방법으로 차단 주파수에 대한 전압을 계산할 수 있다. 구해진 전압에 해당되는 주파수를 아래의 〈표 6-1〉에서 찾아보면, 차단 주파수가 됨을 확인할 수 있다.

〈표 6-1〉

주파수(KHz)	전압(mV)
10	78
20	138
30	193
40	216
50	312
60	436
70	551
80	705
90	890
100	1078
200	774
300	421
400	305
500	225
600	193
700	165
800	147
900	124
1000	115

〈그림 6-10〉

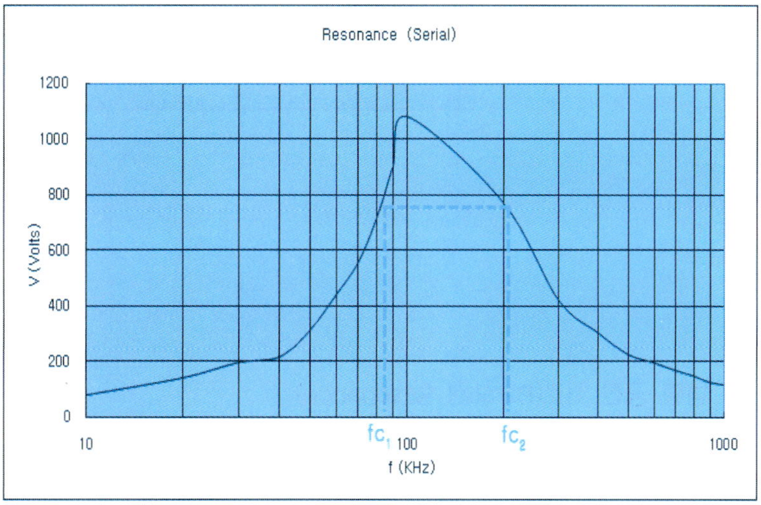

※ 우리가 측정한 값은 peak to peak 값임을 기억하고 peak to peak 값을 Max 값으로 바꿀 때 2로 나누면 되는 것을 기억하여 〈그림 6-11〉에 기록하도록 한다.

〈표 6-2〉

주파수(KHz)	전압(mV)
10	
20	
30	
40	
50	
60	
70	
80	
90	
100	
200	
300	
400	
500	
600	
700	
800	
900	
1000	

〈그림 6-11〉

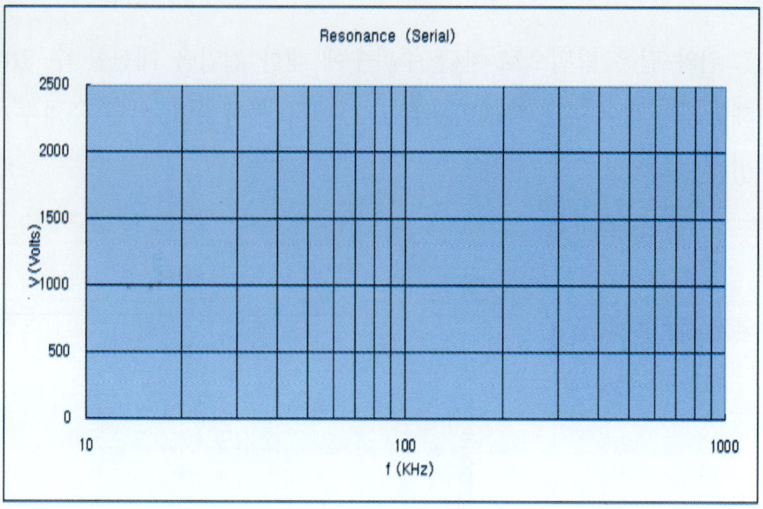

(2) 병렬 공진 회로(Parallel Resonance)

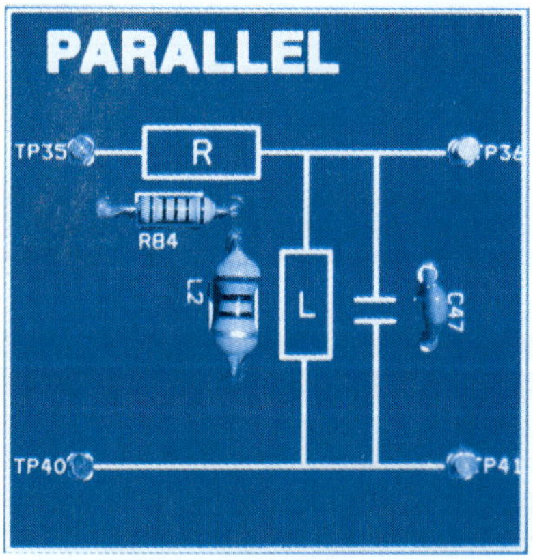

〈그림 6-12〉 ED-5964의 직렬 공진 회로 부분 구성도

TP 35 : Parallel Resonance 입력단자 (+)

TP 40 : Parallel Resonance 입력단자 (-)

TP 36 : Parallel Resonance 출력단자 (+)

TP 41 : Parallel Resonance 출력단자 (-)

〈그림 6-12〉에 있는 수동소자들(*R,L,C*)로 이루어진 병렬 회로를 이용하여 병렬 공진에 대한 실험을 해보자. 실험에 필요한 것들이 준비되었다면 아래의 실험 절차에 따라 실험을 해보자.

① 실험에 필요한 모든 사항들이 구비되면 전원을 공급하지 않는 상태에서 전원 케이블을 연결하도록 한다.

② 함수 발생기의 50Ω의 임피던스 출력단자를 오실로스코프의 입력단자에 연결하여 Amplitude를 2V(p-p)의 정현파로 맞추고 주파수는 10kHz의 주파수에 맞춰 오실로스코프로 원하는 파형이 나오는지 확인하도록 한다.

③ 전원을 OFF하고 함수 발생기의 입력단자와 접지단자를 각각 TP35와 TP40에 오실로스코프의 CH1의 Probe와 접지단자를 각각 TP35와 TP40에 연결하고, CH2의 Probe와 접지단자를 각각 TP36과 TP41에 연결한다.

④ 모든 단자가 연결되면, 전원을 켜고 입력 주파수를 10kHz에 맞춰 아래와 같은 결과가 나오는지 확인한 후, 〈표 6-4〉에 결과값을 기입한다.
※ 다음 그림의 상단은 함수 발생기에서 출력되는 10kHz에 대한 파형이고, 하단은 직렬 공진 회로를 거쳐 출력되는 10kHz에 대한 파형이다.

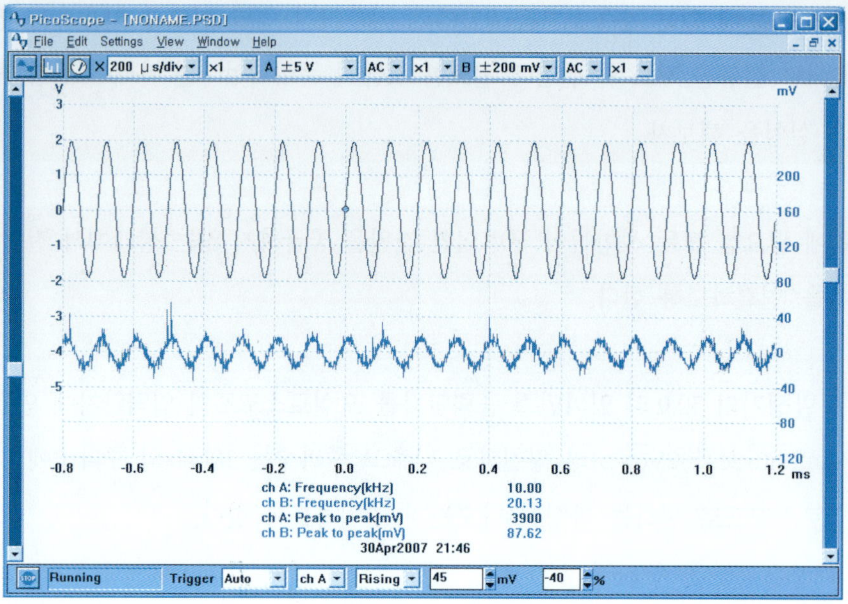

※ 위의 그림에서 하단의 출력 주파수가 입력 주파수와 다른 이유는 출력전압의 크기나 너무나 작아 노이즈와 구분이 어렵기 때문이다.

⑤ 입력 주파수를 30kHz에 맞춰 아래와 같은 결과가 나오는지 확인한 후, 〈표 6-4〉에 결과값을 기입한다.

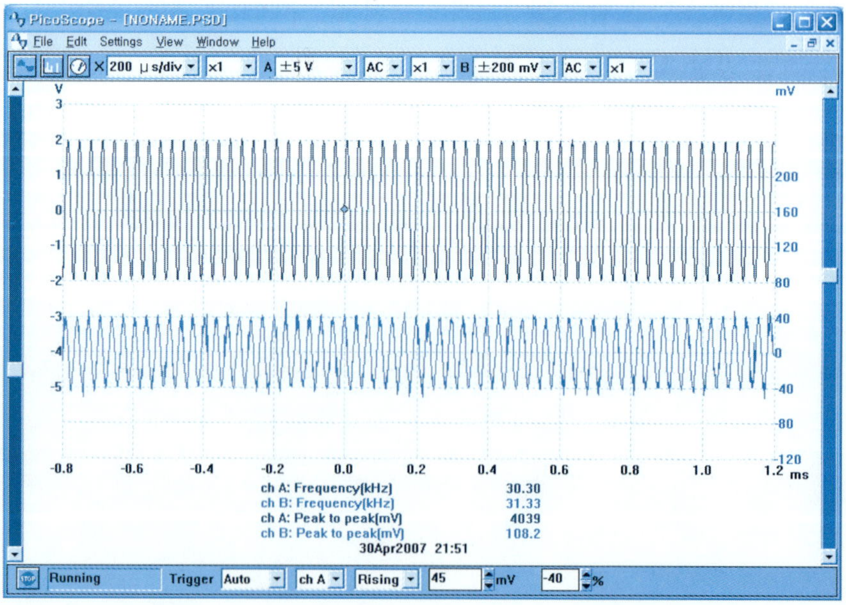

⑥ 입력 주파수를 50kHz에 맞춰 아래와 같은 결과가 나오는지 확인한 후, 〈표 6-4〉에 결과값을 기입한다.

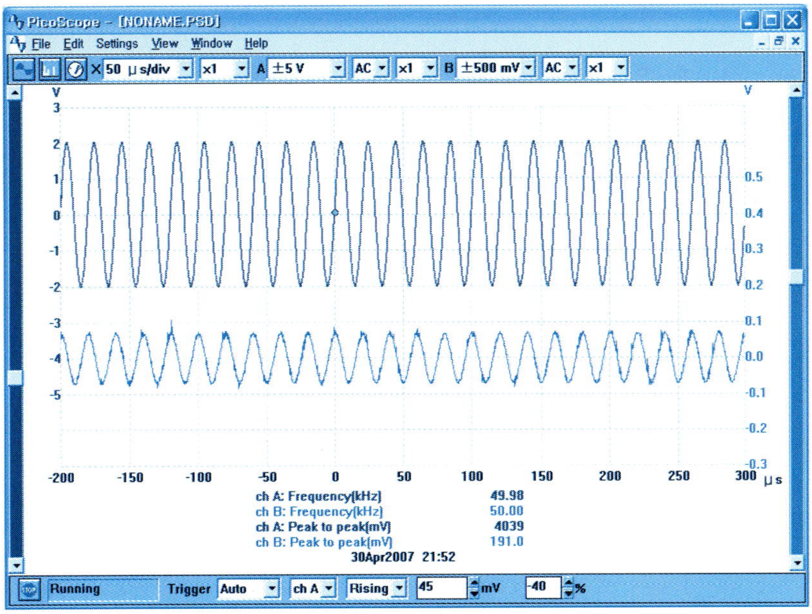

⑦ 위와 같은 순서로 〈표 6-4〉에 있는 주파수별 결과값을 측정하여 기입하면, 아래와 같이 채울 수 있는데 채운 결과값들을 이용하여 〈그림 6-13〉과 같이 특성그래프를 그릴 수 있다. 측정한 결과값들을 이용하여 〈그림 6-13〉과 같이 특성그래프를 그려보도록 하자.

대역폭을 결정하는 두 주파수 f_1, f_2는 각각 전압의 크기가 0.707 V_{max}가 되는 주파수로 차단 주파수(cut-off frequency)라고 한다.

아래의 표에 해당되는 차단 주파수를 구해보면,

$$V_{max} = 0.781\,V$$

$$V_{f_c} = 0.781\,V \times 0.707$$

$$V_{f_c} = 0.552\,V$$

위와 같은 방법으로 차단 주파수에 대한 전압을 계산할 수 있다. 구해진 전압에 해당되는 주파수를 아래의 표에서 찾아보면, 차단 주파수가 됨을 확인할 수 있다.

제6장

〈표 6-3〉

주파수(KHz)	전압(mV)
10	74
30	108
50	191
70	255
90	385
110	633
130	1451
150	1561
170	881
190	605
210	478
230	367
250	312
270	276
290	266
310	220
330	211
350	192

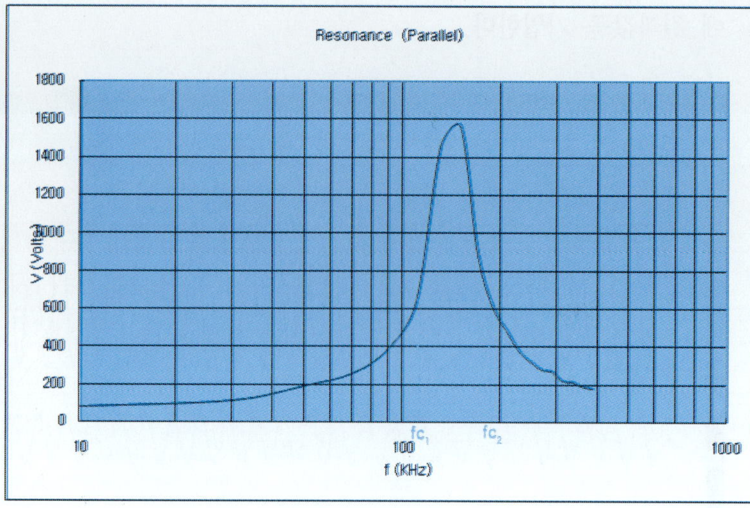

〈그림 6-13〉

※ 우리가 측정한 값은 peak to peak 값임을 기억하고 peak to peak 값을 Max 값으로 바꿀 때 2로 나누면 되는 것을 기억하여 〈표 6-4〉에 기록하도록 한다. 또한 차단 주파수를 〈그림 6-14〉에 표시해보도록 한다.

〈표 6-4〉

주파수(KHz)	전압(mV)
10	
30	
50	
70	
90	
110	
130	
150	
170	
190	
210	
230	
250	
270	
290	
310	
330	
350	

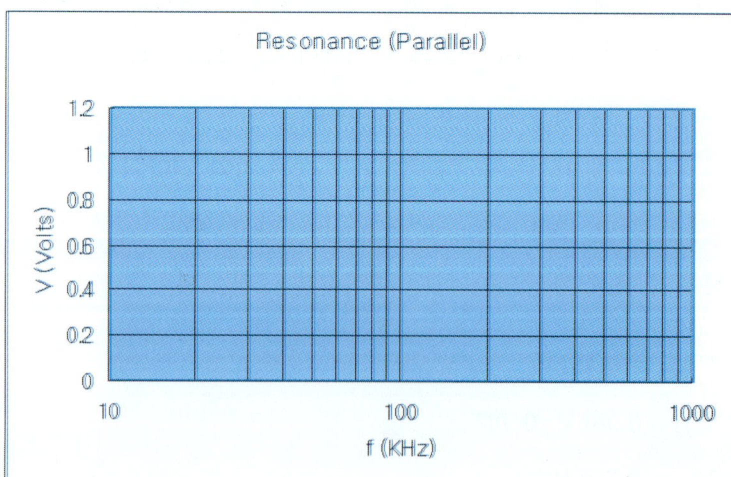

〈그림 6-14〉

위의 실험과정이 끝나면 함수 발생기의 전원과 장비의 전원을 끄고 자리를 정리하도록 한다.

7 전력선 통신 ZCD 응용

7-1 전력선 통신 ZCD의 개요

7-2 전력선 통신 ZCD의 실험 절차

7-1 전력선 통신 ZCD의 개요

본 실험의 목적은 ZCD(Zero Cross Detector)의 특성을 이해하는 데 있다.

전력선 통신(PLC : Power Line Communication)은 현재 모든 가구에 전력선이 보급돼 있어 현존하는 인프라 중 가장 광범위한 네트워크를 구성하고 있다는 평가를 받는다. 기존 네트워크의 사각지대에 인터넷 서비스를 제공할 수 있는 라스트마일(last-mile) 솔루션으로 기대를 받고 있기 때문이다.

다시 말해 초고속 인터넷 사업을 통해 국내 아파트 단지를 중심으로 ADSL · 케이블모뎀 등이 보편화됐다고 하지만 아직까지 이들 네트워크가 미치지 못하는 구간이 존재하며 이 구간을 전력선 네트워크를 통해 연결할 수 있다는 것이다.

이와 더불어 네트워크 구성에 필요한 비용이 거의 들지 않는다는 장점은 투자자들과 관련 사업자들의 관심을 끌기에 충분하다. 또 전력선 통신(PLC)은 앞으로 다가올 홈네트워킹 시대에서 강력한 솔루션으로 자리를 잡아가고 있다.

홈네트워킹이 보편화되기 위한 전제 가운데 하나는 배선이 손쉬워야 한다는 점이다. 홈네트워킹을 위해 배선 공사를 새로 해야 한다면 많은 가정에서 이를 외면할 것이라는 사실은 분명하기 때문이다. 전력선 통신(PLC)은 기존의 전원 콘센트에 플러그만 연결하면 통신이 가능한 기술이기에 홈네트워크에 적합한 솔루션이다.

전력선 통신(PLC)을 이용한 외부망 연결을 위한 고속 액세스 기술과 홈네트워크의 저속 제어기술은 신규 서비스 및 잠재 시장을 활성화할 수 있을 것으로 기대돼 국내외 통신업체나 전력업체가 차세대 통신기술로 주목하고 있다.

전력선 통신(PLC)이란 전력을 공급하는 전력선을 매개체로 음성과 데이터를 수백kHz~수십MHz의 고주파 신호에 실어 통신하는 기술을 의미한다.

사실 전력선 통신(PLC)은 전력선을 매체로 통신하기 때문에 통신용 케이블이나 광섬유를 이용한 데이터 전송에 비해 구현이 어렵다.

특히 높은 부하와 간섭 현상, 잡음, 가변하는 임피던스(impedance)와 신호감쇠현상 등 특수한 환경을 극복하고 제한된 전송 전력을 통해 데이터를 전달해야 하는 어려움이 따른다.

전력선을 통해 발생하는 노이즈는 전동 모터와 같이 비동기적으로 발생하는 노이즈, 60Hz 정수배의 주파수에서 발생하는 고주파 노이즈(harmonic noise), 전자기기의 스위치를 연결하거나 끊을 때 발생하는 독립적인 임펄스(impulse) 노이즈 등이 존재한다. 이처럼 전력선 통신(PLC)의 열악한 채널 환경과 채널 특성을 파악하고 이를 해결하기 위해선 다음과 같은 다양한 기술을 적용하는 과정이 필요하다.

우선 노이즈 환경에서 전력선을 매개체로 데이터를 주파수에 실으려면 반드시 다른 형태의 신호로 바꿔주는 과정이 필요하다. 즉 모듈레이션(modulation)이라고 불리는 일련의 주파수 변조과정을 통해 주파수 형태를 바꾸어야 하는 것이다.

또 전력선에 통신주파수를 싣기 위해선 변조된 통신 신호를 전력선과 결합하는 커플링(coupling) 기술이 필요하고 데이터를 수신하는 측에서 원하는 통신 신호만을 받아들이고 필요하지 않은 대역의 신호를 제거하려면 수신측에 프리필터(pre-filter)라는 장치가 필요하다.

데이터 통신의 에러율을 줄이려면 데이터를 코드화된 부호체계로 바꿔줘야 한다. 이때 필요한 기술이 바로 채널 코딩(channel coding)이다. 바로 이 과정에서 전력선 통신 모뎀 개발 회사들은 자사의 코딩 기술을 적용하게 된다.

액세스 분야에서 최근 이슈가 되고 있는 속도 문제를 향상하고 열악한 전력선 채널의 속성을 극복하기 위해 다양한 신호변조와 복조기술이 이용된다.

전력선 통신(PLC) 기술은 크게 가정 내의 홈네트워크 기술과 가정과 외부망의 연결을 위한 액세스 기술로 구분된다.

데이터 전송 속도에 따라서는 저속 60bps~10kbps, 중속 10kbps~1Mbps, 고속 1~10Mbps로 구분되며 이에 따라 저속은 홈네트워킹의 제어용으로, 중속은 홈네트워킹의 데이터 통신용으로, 고속은 외부망 액세스용으로 통신 목적을 나눌 수 있다.

저속 전력선 통신(PLC) 분야는 고속의 액세스 분야보다 오래 전부터 관련 기술개발이 진행돼 왔고 그 기술개발 기간만큼의 신뢰성을 가지고 있고 주로 홈네트워킹 분야의 가전기기 제어와 공장 제어 등 많은 분야에 상용화되고 있다.

특히 이 기술은 집안에 있는 조명기기 또는 가전제품의 스위치를 켜고 끄거나, 가스밸브를 잠그고, 집안을 모니터링 하는 등 다양한 가전기기를 제어하는 기술로 발전해 왔다.

많은 연구단체와 업계의 전력선 통신에 대한 관심과 연구는 끊임없이 계속되고 있으며 이를 통해 앞서 언급한 노이즈, 신호 감쇠 등의 전력선 통신 채널들의 특성을 극복하고 데이터를 신뢰성 있게 전송할 수 있게끔 하는 여러 기술들이 개발됐고 현재에 와서는 안정된 저속 전력선 통신(PLC)망을 구축할 수 있게 된 것이다.

또한 낮은 주파수 대역에서 구현이 가능하기에 현 전파관리법과 전기용품 안전규격 범위에서 구현이 가능하다는 장점도 있다.

반면 다양한 홈네트워킹 콘텐츠 분야에 대한 소비자 욕구의 대안으로 중속 전력선 통신과 전력선만을 통해 인터넷 망에 연결해 네트워크 구성의 비용 절감을 꾀하는 고속 전력선 통신 액세스 기술도 관심을 받고 있다.

그러나 아직 중속과 고속 전력선 통신 기술은 시작 단계로 과부하에 의한 전파방해, 시시각각 변하는 채널 특성, 통신법의 규제에 따른 제한된 주파수 대역의 할당, 가전기기에 의한 잡음 등의 문제들을 해결해야 한다.

기술적 표준이 정해지지 않은 PLC에 대한 기술적 협력과 정부와의 협의를 목적으로 하는 단체들이 세계 각국에 구성돼 있다. 국내에서는 전력선 통신 관련 업체와 기관으로 구성된 'PLC 포럼 코리아(PLC Forum Korea)'가 있으며 이를 중심으로 표준화 활동 및 정부와의 협의가 활발히 진행되고 있다.

국외에서는 미국의 '홈플러그 얼라이언스(HomePlug Alliance)', 유럽의 'PLC 포럼(PLC Forum)', 일본의 '에코넷 컨소시엄(Echonet Consortium)' 등 지역별로 표준화 단체가 활동 중이다. 아직까지는 국제적으로 PLC 표준화를 이끌어 나갈 단체가 결성돼 있지 않은 실정이다.

삼성전자에서는 저속 PLC를 이용한 홈네트워킹을 용인 수지 아파트 100가구에 구축하는 상용화 시범 사업을 개시했다. 집 안팎에서 가정의 에어컨 · 세탁기 등 가전제품을 인터넷과 휴대폰을 통해 제어하고 모니터링할 수 있는 홈네트워크 솔루션을 선보인 것이다. 전력선 통신의 장점과 앞으로의 발전 가능성을 보여주는 사업으로 많은 이들의 관심을 끌었다.

이렇듯 홈네트워킹 분야에 저속 전력선 통신(PLC) 시장이 형성돼 있지만 고속 전력선 통신(PLC) 시장은 주요 회사별로 핵심기술의 개발을 통해 독자적으로 개발한 시스템을 시범적으로 운영하는 단계에 있어 아직까지는 시장이 형성되지 않고 있다.

이제 전력선 통신 시대가 오고 있다.

유럽 및 개도국을 중심으로 큰 시장이 형성될 것으로 기대된다.

유럽의 경우 오래된 건물들이 많아 신규 전화선을 설치하기가 어려운 실정에 있어 독일과 이탈리아를 중심으로 활발하게 전력선 통신망에 대한 개발이 진행되고 있다.

중국 · 동남아시아 · 중남미 · 인도 등 개도국은 전화선의 보급이 현재 열악한 실정에 있으며 전력선 통신망이 개발되면 별도의 전화선을 설치할 필요가 없이 전력선 통신(PLC)망을 통신망으로 구축할 것으로 예상된다.

전력선 통신(PLC)망의 주요 대상은 가정 · 소호(SOHO) 및 중소규모 기업을 대상으로 비 메모리 반도체 · 단말기 · 디지털가전 · 인터넷 콘텐츠 등 관련 산업 전반에 파급효과가 큰 산업으로 기대되고 있다.

1) 전력선 통신 기술

전력선 통신 기술은 그 자체가 갖는 엄청난 매력 때문에 오래 전부터 수많은 회사들이 이 기술개발에 도전해 왔고 또한 그 구현 방식의 난이도와 단순하지 않은 환경을 극복하지 못하여 수많은 회사들이 포기해왔다. 이렇게 나타나서 시장에 자리잡지 못하고 사라진 기술을 In-and-Out 기술이라고 하는데 우리가 적용 하고 있는 애쉴론의 PLT-22라는 전력선 통신 장치는 현재 신뢰성 있는 전력선 통신 솔르션으로 인정받고 있다.

전력선 통신 기술은,

(1) 전력선에 실리는 각종 노이즈에서 유효한 데이터를 Filtering하는 방법

(2) 현재의 전력선에 허용된 주파수 규격을 준수하는 한계

(3) 용도에 따라 안정적인 통신이 지속적으로 유지시켜야 하는 안정성

등을 어떻게 해결해야 하는가에 따라 차별화된다.

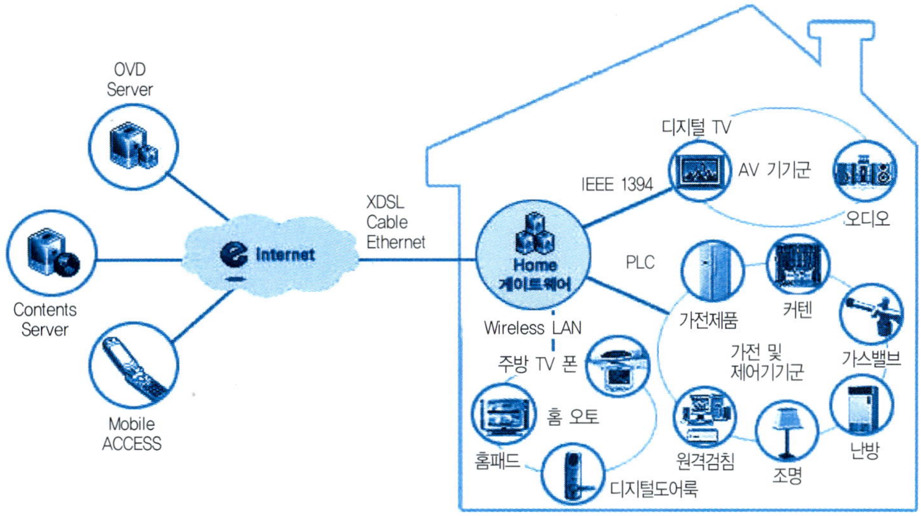

〈그림 7-1〉

전력선의 목적은 전원 공급에 있다. 즉 처음부터 데이터 통신을 고려하여 시공 설치된 것이 아니라는 점이다. 따라서 다양한 전기 기구에서 발생하는 노이즈는 그대로 전력선에 인가되어 전력선을 이용한 통신을 어렵게 하고 데이터를 구별해 내는 기술 또한 쉽지가 않다.

특히 가정 내에는 조명 밝기를 조절하는 장치로부터 진공청소기, 세탁기, 그리고 신호의 왜곡 현상을 유발시키는 TV, Computer 등 다양한 장치가 설치되어 있다. 또한 이러한 장치는 간헐적으로 사용하여 전력선의 품질이 시간에 따라 불특정하게 변화한다.

이와 같이 열악한 전력선 통신 환경에서 사용하는 신호 전달을 위한 변조 기술은 다양한 모듈레이션 기법을 협대역 전이(Narrow Band Transmission) 방식과 정보 전송에 필요한 최소한의 대역폭보다 더 큰 대역폭을 갖는 캐리어 주파수를 사용하는 확산 스펙트럼(Spread Spectrum) 방식으로 나눠 볼 수 있다.

특히 확산 스펙트럼 방식의 경우는 사용하는 주파수 대역폭이 저주파수의 무선 통신 서비스에 방해가 되지 않도록 제한할 필요가 있으며, 이 주파수 할당 대역은 국가마다 다르다. 미국의 경우는 FCC에서 540kHz, 일본의 경우는 MPT에서 450kHz 유럽은 CENELEC(EN-50065-1)에서 150kHz 이하로 규정 하고 있으며 우리나라는 전파법 시행령에 의해 9~450kHz로 규정되어 있다.

최근에는 위의 두 가지 방법에 국한하지 않고 DSP(Digital Signal Processing) 기술과 마이크로프로세서의 기술 발달에 힘입어 협대역 전이, 확산 스펙트럼 방식에 이 기술을 융합하여 여러 가지 노이즈에 대한 성능 저하를 극복하는 방법을 사용하고 있다.

2) ZCD(Zero Cross Detector)

가정에서는 220V/60Hz AC의 전원을 사용한다. ZCD는 전력선 통신에서 데이터를 전송할 때 오류의 발생이 가장 적은 곳으로 데이터를 실어 보내기 위한 것으로 사인파(Sin Wave)의 0°지점에서 데이터를 싣는 것으로 통신을 하는 것이다. 또한 ZCP(Zero Cross Pointer)를 찾아 그 지점에서 데이터를 송신하므로 얻을 수 있는 이점은 에러를 체크할 수 있는 것인데, 데이터를 맨체스터 코딩(Manchester Coding) 방식으로 변조하여 보낼 때, 사인파의 한 주기 내에 두 개 이상의 데이터가 겹쳐질 때 에러를 체크할 수 있게 되는 것이다.

다음 그림들을 통해 ZCP와 ZCD, 충돌의 발생 유무를 확인할 수 있다.

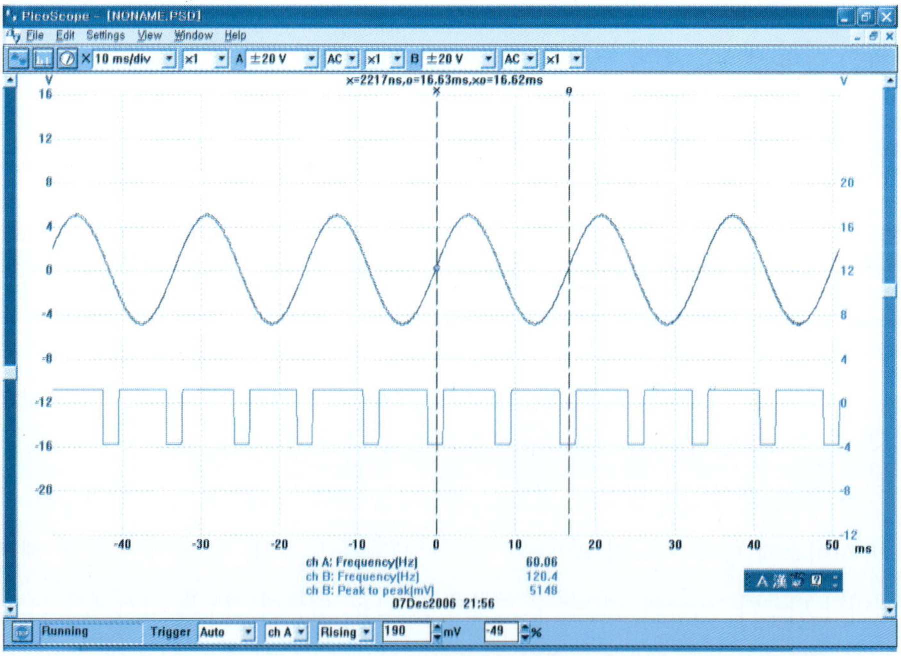

〈그림 7-2〉 사인파의 zero cross 부분에서 동기되어 발생하는 pulse(하)

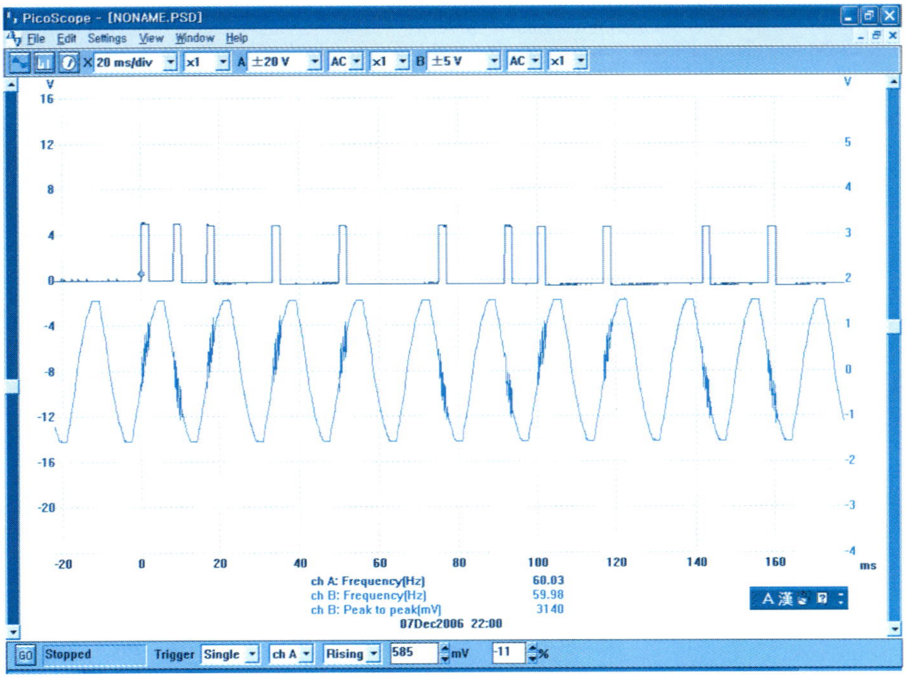

〈그림 7-3〉 송신 데이터(상)와 전력선에 실린 데이터(하)

제 7 장

7-2 전력선 통신 ZCD의 실험 절차

1) 실험 준비 사항

(1) ED-5964 kit

(2) 함수 발생기

(3) 오실로스코프(2CH)

2) 실험 주의 사항

(1) ED-5964 장비의 취급을 주의한다.

(2) ED-5964 장비에 공급할 전원(220V AC)이 정격에 맞는지 확인한다.

(3) 실습 중 ED-5964 장비의 스위치가 OFF되어 있는지 확인한다.

(4) 함수 발생기를 장비와 연결할 때 전원을 끈 상태에서 연결한다.

(5) 오실로스코프를 이용하여 파형을 측정할 때 실험 절차에 맞춰 측정한다.

3) ED-5964 전력선 모듈의 ZCD 실습

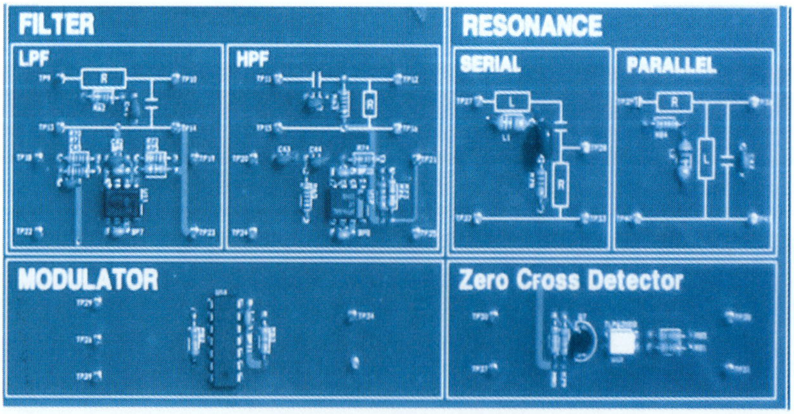

〈그림 7-4〉 ED-5964 전력선 통신 주요 실습 모듈

(1) Zero Cross Detector 실습

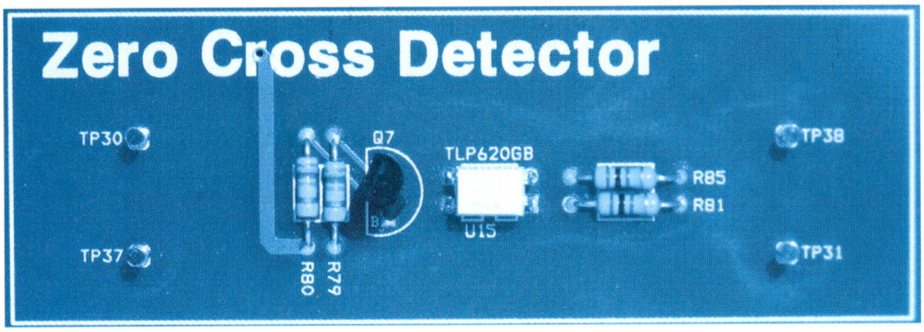

〈그림 7-5〉 ED-5964 Zero Cross Detector의 외형

TP 30 : Zero Cross Detector의 입력단자 A

TP 37 : Zero Cross Detector의 입력단자 B

TP 38 : Zero Cross Detector의 출력단자 (+)

TP 31 : Zero Cross Detector의 출력단자 (-)

〈그림 7-5〉에 있는 소자들(*R*, *TR*, *IC*)로 이루어진 회로를 이용하여 영(Zero)지점을 찾아서 파형을 출력하는 Zero Cross Detector 회로에 대한 실험을 해보자. 실험에 필요한 것들이 준비되었다면 아래의 실험 절차에 따라 실험을 해보자.

① 실험에 필요한 모든 사항들이 구비되면 전원을 공급하지 않는 상태에서 전원 케이블을 연결하도록 한다.

② 함수 발생기의 출력단자와 오실로스코프의 입력단자를 연결하여 입력전원을 AC 10V(p-p)의 정현파로 맞추고 오실로스코프로 원하는 파형이 나오는지 확인하도록 한다.

③ 전원을 OFF하고 함수 발생기의 입력단자와 접지단자를 각각 TP30과 TP37에 오실로스코프의 CH1의 Probe와 접지단자를 각각 TP30과 TP37에 연결하고, CH2의 Probe와 접지단자를 각각 TP38과 TP31에 연결한다.

④ 모든 단자가 연결되면 전원을 켜고 입력 주파수를 정격전원과 비슷한 60Hz에 맞춰 전압이 0 인 지점을 지날 때마다 어떠한 현상이 나타나는지 관찰하도록 한다. 아래와 같은 결과가 나오는지 확인한다.

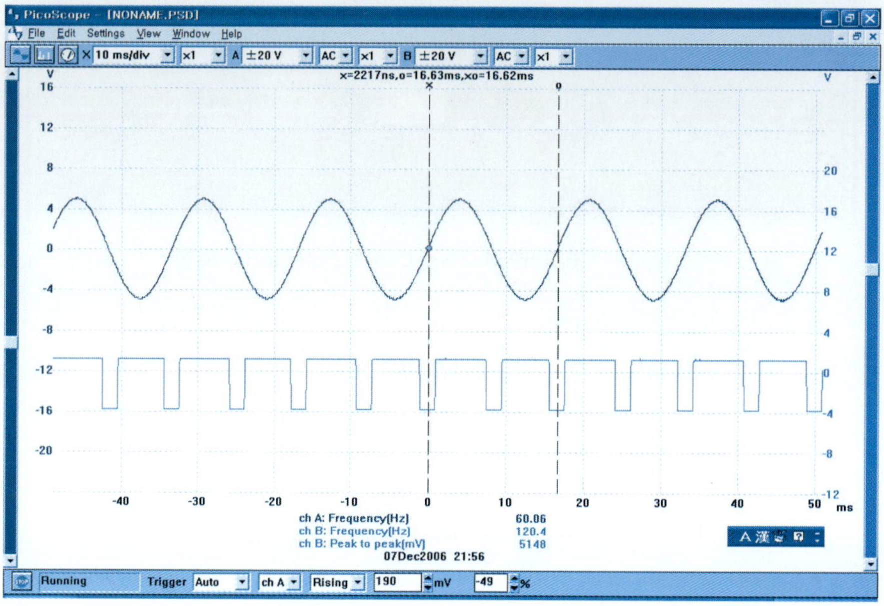

⑤ 60Hz의 입력신호인 정현파가 전압이 0인 지점을 지날 때마다 어떠한 파형이 나오는지 관찰한다.

⑥ 관찰한 파형을 입력파형과 비교하여 〈그림 7-6〉에 그리도록 한다.

⑦ 입력 주파수가 30Hz일 때의 파형을 관찰하고 〈그림 7-7〉에 그려보자.

⑧ 입력 주파수가 40Hz일 때의 파형을 관찰하고 〈그림 7-8〉에 그려보자.

⑨ 입력 주파수가 50Hz일 때의 파형을 관찰하고 〈그림 7-9〉에 그려보자.

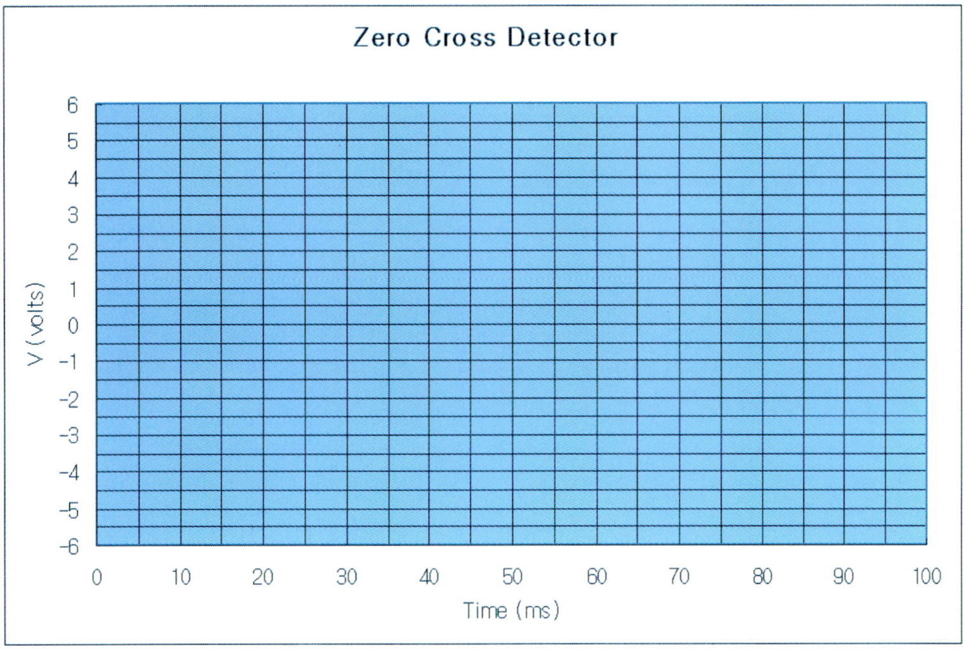

〈그림 7-6〉 입력 주파수가 60Hz일 때의 ZCD

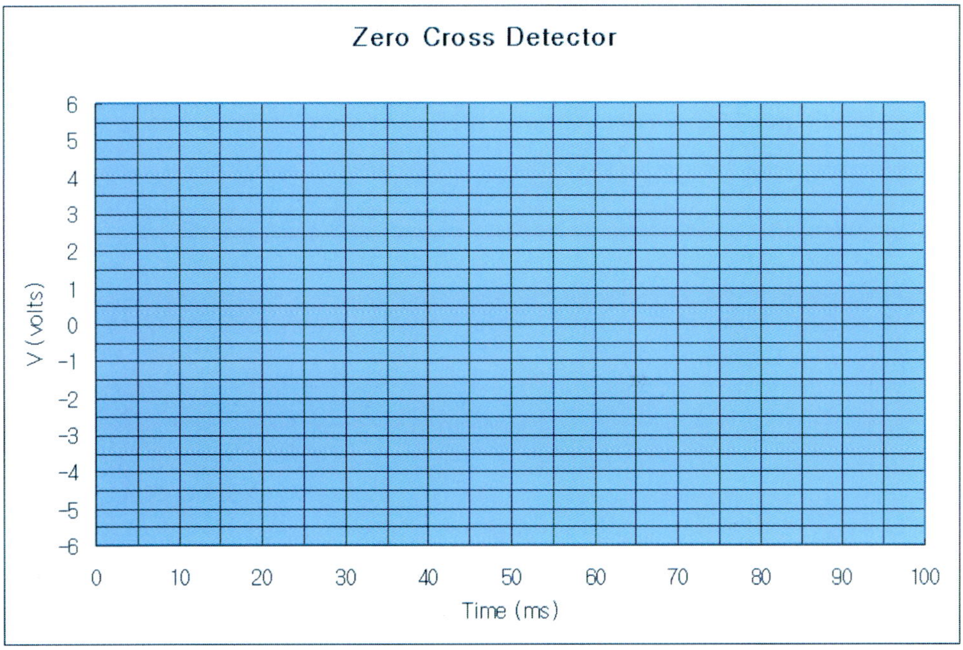

〈그림 7-7〉 입력 주파수가 30Hz일 때의 ZCD

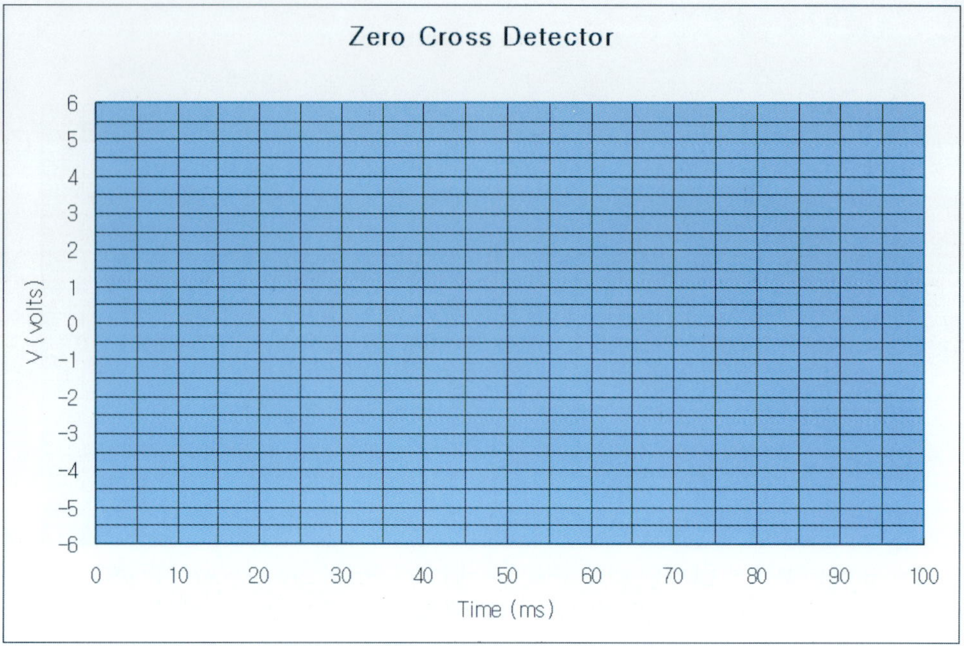

〈그림 7-8〉 입력 주파수가 40Hz일 때의 ZCD

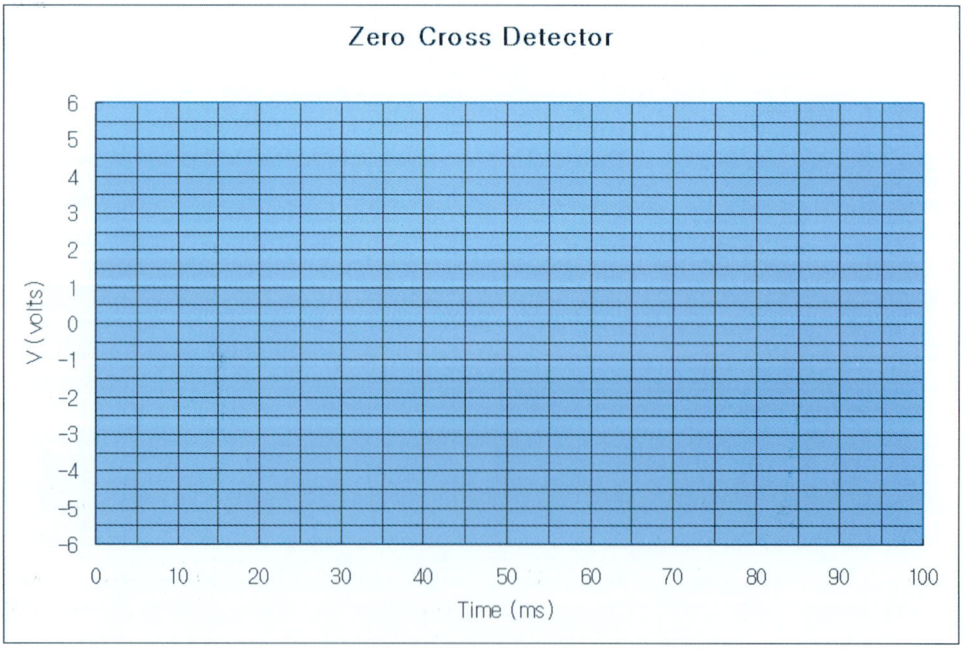

〈그림 7-9〉 입력 주파수가 50Hz일 때의 ZCD

8 전력선 통신 디지털 ASK 변조 응용

8-1 실험 목적

(1) 변복조의 종류와 특징을 파악한다.

(2) 변복조의 원리를 이해한다.

(3) ASK 변조 회로의 원리를 이해한다.

(4) ASK 변조회로 실험을 통하여 변조 신호 특성을 이해한다.

8-2 변조와 복조의 개요

8-2-1. 변조(Modulation)의 개요

송신기의 주목적은 음성, 화상 등의 정보신호, 메시지 신호를 먼 곳에 전송하는 것이며, 변조는 메시지 신호를 전송하기에 알맞은 형태로 변환하는 조작(Process)을 말한다.

1) 통신의 구분

(1) 무선통신

일반적으로 음성, 화상, 데이터 등의 신호는 주파수 대역이 낮기 때문에 효율적으로 전파되기가 어렵다. 그래서 변조과정을 거쳐서 메시지를 높은 주파수대의 반송파에 실어 안테나를 이용해 전자파를 전송함(무선통신에서는 변조를 통한 전송만 가능).

(2) 유선통신

전송매체(케이블, 도파관, 광케이블)의 전송특성과 허용 대역폭에 따라서 낮은 주파수 신호를 그대로 전송하거나, 또는 변조과정을 거쳐 높은 주파수대의 반송파에 실어서 전송한다.

2) 대역에 따른 변조의 구분

베이스밴드 신호(Baseband communication)는 정보원이나 입력변환기(transducer)에서 발생되는 신호의 주파수 대역폭, 무선 전송 주파수보다 훨씬 낮은 주파수 범위를 갖는 제한 대역폭신호(No modulation)이다.

(1) **기저대역 전송(Baseband Transmission)** : 신호 전송 시 변조하지 않고 베이스밴드 신호 그대로 전송한다.

(2) **대역 전송(Broadband Transmission)** : 베이스밴드 신호를 전송하기 쉬운 높은 주파수 대역으로 변조 후 전송한다.

〈표 8-1〉 변조 방식

변조 방식	기저대역 전송	대역전송
아날로그	저주파 신호 그대로 전송(음성신호)	고주파(반송파)로 변조 후 전송(AM, FM, PM)
디지털	이진 부호 형태로 전송(PCM)	고주파(반송파)로 변조 후 전송(ASK, FSK, PSK)

8-2-2. 변조를 하는 이유

(1) 먼 거리까지 전송하는 전송효율 개선

음성신호 같은 저주파의 경우 주위 환경의 영향으로 먼 거리까지 도달하기가 어렵다. 그러나 주파수가 높아지면 전파는 먼 거리까지 도달할 수 있게 된다.

(2) 안테나 길이의 단축으로 안테나의 실용화 가능

주파수가 낮을수록 파장이 길어지므로 최대 음성주파수(3000Hz)를 그대로 전달하기 위해서는 (3×108)/3000 =100km 길이의 안테나가 필요하다. 그러나 변조를 통해서 주파수대를 VHF대인 150MHz로 높인다면 (3×108)/(150×106)=2m의 안테나로 사용할 수 있기 때문에 안테나가 실용화될 수 있다.

(3) 한 통신로에서 여러 신호를 동시에 전송하는 다중화 기능

주파수가 높아지면 대역폭 사용효율이 높아지므로 (1000kHz 중 100kHz 대역은 10개 나오지만 100MHz 중에서는 1000개 가능), 채널을 주파수로 나누거나(FDM), 시간으로 나누어(TDM) 다중통신을 가능하게 한다.

(4) 신호잡음비(SNR : signal-to-noise ratio) 개선

저주파 신호는 잡음의 영향이나 다른 신호들의 간섭을 많이 받지만 고주파나 디지털 신호로 변조하여 이런 간섭을 최소화할 수 있다.

제 8 장

8-2-3. 변조의 종류

1) 아날로그 변조(아날로그 → 아날로그)

- 연속파 변조(Continuous Wave Modulation)
- 진폭 변조(AM) - DSB, SSB, VSB
- 각 변조(FM, PM)
- 이산파 변조(Discrete Wave Modulation)
- 연속 펄스 변조 - PAM, PPM, PWM
- 불연속 펄스 변조 - PNM, PCM, Delta M

2) 디지털 변조(디지털 → 아날로그)

- ASK(Amplitude Shift Keying)
- FSK(Frequency Shift Keying)
- PSK(Phase Shift Keying)

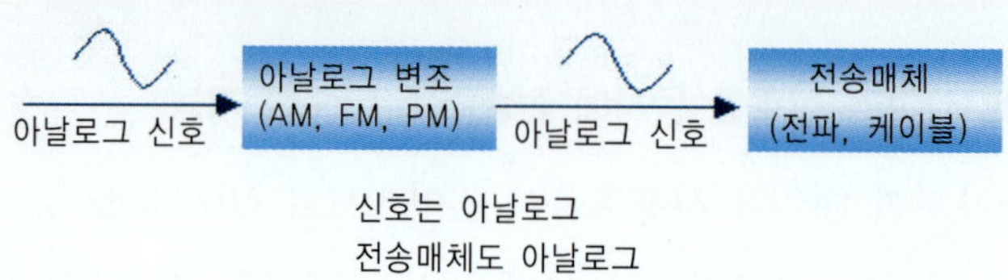

〈그림 8-1〉

송신측 : 저주파 아날로그 데이터를 고주파의 반송파에 실어 보냄

수신측 : 반송파에 실려 있는 아날로그 데이터를 다시 찾아냄

변조 : 고주파의 반송파에 저주파의 데이터를 싣는 과정

복조 : 변조된 파(피변조파)로부터 원래의 데이터를 복원해내는 과정

반송파 신호 : $e_c = E_c \sin(\omega_C t + \theta_c)$

진폭변조(AM) : E_c를 변화

주파수 변조(FM) : ω_c를 변화

위상 변조(FM) : θ_c를 변화

〈그림 8-2〉

(1) 진폭 변조 : 반송파의 진폭을 신호파에 따라 변화시키는 변조방식

(2) 주파수 변조 : 반송파의 주파수를 신호파에 따라 변화시키는 변조방식

(3) 위상 변조 : 반송파의 위상을 신호파에 따라 변화시키는 변조방식

8-2-4. 디지털 변조가 필요한 이유

① 정보처리 용량 증가, 디지털 정보를 제공하는 서비스 프로그램 활용가능, 데이터

보안성, 통신품질, 속도향상이 가능해지기 때문이다.

② 통신시스템 개발 시 제약받는 사항

③ RF 스펙트럼은 공유해야만 하는 자원이며 통신서비스의 증가에 따른 사용자의 수용용량 확보를 위해 디지털 변조방식은 많은 양의 정보전송에 있어 아날로그 변조방식의 설계보다 월등하다.

8-2-5. 디지털 변조의 종류

〈표 8-2〉

변조방식	디지털 변조
종 류	ASK(Amplitude Shift Keying)
	FSK(Frequency Shift Keying)
	PSK(Phase Shift Keying)
	QAM(Quadrature Amplitude Modulation) : ASK와 PSK가 결합된 APK의 독특한 형태 QPR(Quadrature Patial Response) : QAM의 스펙트럼 효율을 향상시키기 위해 Patial Response Filter 사용 MSK(Minimum Shift Keying) : FSK의 독특한 형태

8-2-6. 디지털 변조방식의 특성 비교

1) 오류 확률

어떤 디지털 변조방식을 사용하느냐에 따라 전송과정에서 오류가 발생할 확률이 달라진다. 같은 진수인 경우에는 ASK보다는 FSK가, FSK보다는 DPSK가, DPSK보다는 QAM의 오류 발생확률이 낮아진다. 또한 같은 변조방식을 사용하는 경우에는 진수가 증가할수록 오류발생이 증가하며 이 경우에는 아래와 같다.

M진 오류 확률 = 2진 오류 확률 × log2M

(M = 1, 2, 4, 8, 16 .... M)

제 8 장

각 변조방식에 따른 오류 확률의 증가, 감소를 정리하면 다음과 같다.

오류확률	ASK	FSK	DPSK	PSK	QAM
감소 ↑	2진 ASK	2진 FSK	2진 DPSK	2진 PSK (BPSK)	
			4진 DPSK	4진 PSK (QPSK)	4진 QAM
			8진 DPSK	8진 PSK	8진 QAM
↓				16진 PSK	16진 QAM
증가	M진 ASK	M진 FSK		M진 PSK	M진 QAM

감소 ← 오류확률 → 증가

〈그림 8-3〉 각 변조방식별 오류 확률 비교

2) ASK 변조

아날로그 진폭 변조(AM)에서 반송파 신호가 $s_c(t) = A\cos 2\pi f_c t$ 이고, 변조신호 $s(t)$가 단극 NRZ 기저대역 디지털 신호인 특별한 경우를 고려하자. 이때 AM 신호 파형은 다음 식과 같은 형태로 주어질 것이다.

$$
\begin{aligned}
s(t) &= [A \pm V]\cos 2\pi f_c t \\
&= A\left[1 \pm \frac{V}{A}\right]\cos 2\pi f_c t \\
&= A[1 \pm m]\cos 2\pi f_c t
\end{aligned}
$$

여기서 V/A을 변조지수(index of modulation, m)로 정의한다. 그러므로 각 비트 구간 안에서 입력 비트가 1 또는 0 에 따라서 $A[1+m]$이나 $A[1-m]$와 같은 크기를 갖는 정현파 버스트(sinusoidal burst)를 보낸다. 전형적인 파형은 〈그림 8-4〉와 같다.

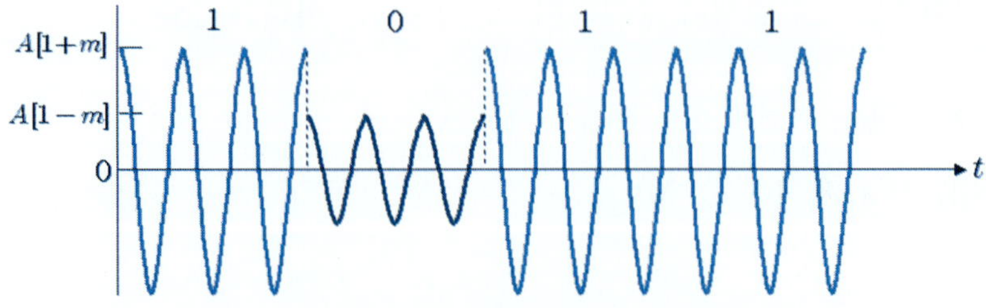

〈그림 8-4〉 2진열에 대한 AM 파형

m이 1보다 크다고 한다면 진폭 $A[1-m]$은 음수가 된다. 편의상 진폭은 항상 음이 아닌 값으로 가정되므로, 결국 음의 진폭은 180° 위상천이로 나타난다. 이와 같은 경우는 진폭 변조로 볼 수 없으므로, m은 항상 1보다 작거나 같은 경우만을 고려한다.

진폭 변조를 사용하여 2진 기저대역 디지털 신호를 전송할 때 진폭은 두 레벨 사이를 천이한다. 이와 같은 전송방식을 진폭천이 키잉(ASK, Amplitude Shift Keying)이라 한다. 특히, 키잉(Keying)이라는 단어는 점(dot)과 선(dash)을 전송하기 위해서 사용되었던 전보 시대로부터 유래되었다.

변조지수가 100%라고 가정한다면, 진폭은 $2A$와 0사이를 천이한다. 이때 2진수 '1'을 전송하기 위해서는 진폭 $2A$의 정현파 버스트를, '0'을 전송하기 위해서 신호발생기를 동작시키지 않는 이와 같은 시스템을 OOK(On-Off Keying)이라 한다.

시스템의 성능은 $m=1$일 경우가 성능이 가장 우수하다. 몇 가지 이유 때문에 m을 다른 값으로 선택하기도 하지만, 특별하게 언급되지 않는 한 일반적으로 ASK라고 하는 것은 OOK를 의미한다.

ASK란 디지털 신호에 따라 반송파의 진폭을 변화시키는 방식으로서, 2진 신호 '1'에 대해서는 정현파 신호가 존재하고 2진 신호 '0'에 대해서는 정현파 신호가 존재하지 않는 디지털 변조 방식이다.

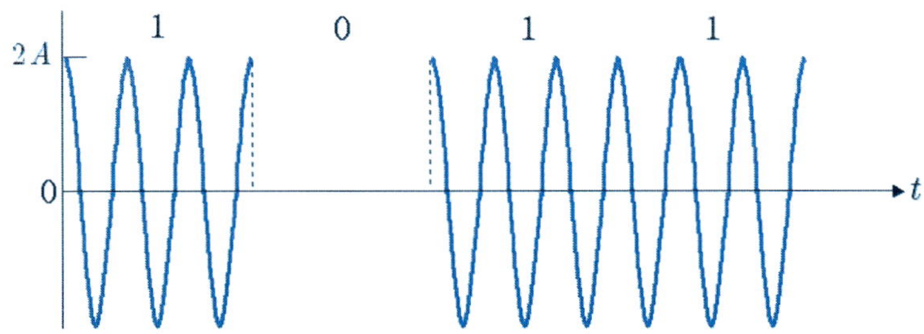

〈그림 8-5〉 m=1일 경우 ASK

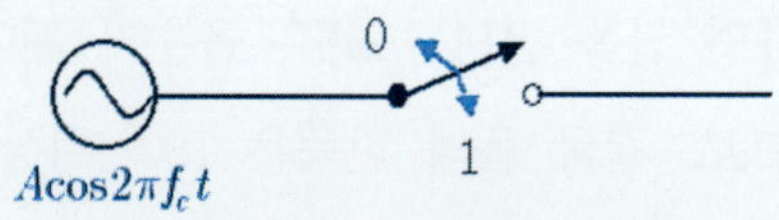

(a) ASK 변조방식의 개념

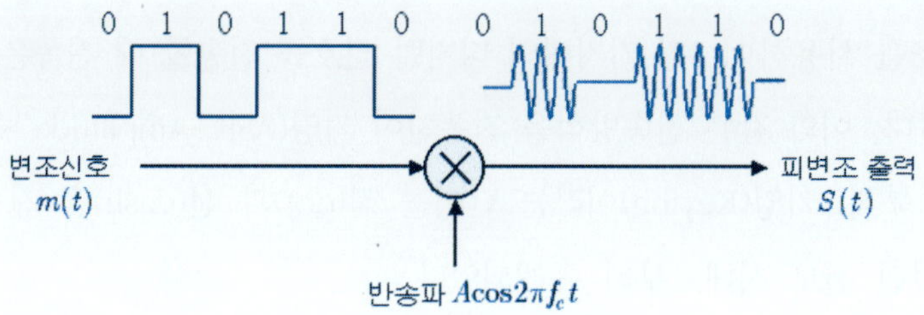

(b) ASK 변조방식의 원리

〈그림 8-6〉 ASK 변조방식의 개념과 원리

ASK 변조방식의 개념과 원리를 상기 그림에 표시하였다. 이 변조방식은 〈그림 8-6〉(a)에서 알 수 있듯이 스위칭에 의한 반송파의 단속을 나타내므로 일명 OOK라고도 한다. 일반적으로, 2진 신호를 전송하는 속도는 데이터 전송속도와 변조속도로 나누어 말한다. 데이터 전송속도는 1초 동안에 전송할 수 있는 비트수를 나타내며, 단위는 bps(bit per second)이다. 또한, 변조속도는 1초 동안에 몇 회 변조를 수행하는가를 나타내는 척도로서 단위는 보(baud)로 표기한다. 이러한 관점에서 ASK 변조방식은 〈그림 8-6〉(b)에서 알 수 있듯이 1회의 진폭 변조로 1비트의 2진 신호 '1' 또는 '0'을 나타내므로 데이터 전송속도와 변조속도가 동일한 변조방식이다.

ASK 변조된 출력신호를 수식으로 표현하면 다음과 같다.

$s_1(t) = A\cos 2\pi f_c t$ (단, $0 \le t \le T$) ; 2진 신호가 '1'인 경우

$s_0(t) = 0$ (단, $0 \le t \le T$) ; 2진 신호가 '0'인 경우

3) ASK 스펙트럼

랜덤 데이터와 OOK를 고려해 보자. 위의 식으로부터 반송파 진폭은 A이므로, 반송파 전력 P_c는 $A^2/2$임을 알 수 있다. 전송된 전력이 2진수 '1'이 보내지는 동

안은 $2A^2$이고, '0'이 보내지는 동안은 0이라는 사실을 알고 있으므로 ASK 신호의 총 평균 전력을 구할 수 있다.

만일 '1'과 '0'이 동일하게 발생한다면 평균 전송전력은 A^2이다. 이것의 반이 반송파 전력이고, 나머지 $A^2/2$은 측대파 대역 안에 있는 전력 P_i이다. 이 양은 전력 스펙트럼 밀도곡선의 연속적인 부분 아래의 면적과 같다. 전력 스펙트럼 밀도를 아래 그림에 보였다. 전송된 반송파 AM의 형태와 같이 반송주파수에서는 충격파로 표시되고 있음에 유의한다.

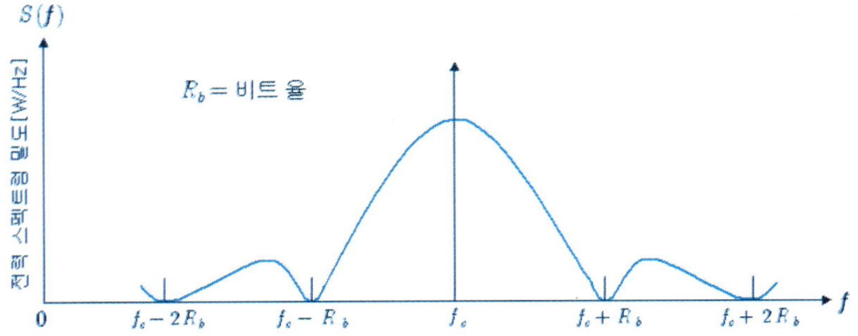

〈그림 8-7〉 OOK 전력 스펙트럼 밀도

8-2-7. ASK 복조

ASK 복조로 일반적으로 사용하는 방식은 포락선 검파와 동기검파의 두 종류가 있으나, 이외에도 주파수 검파, 지연검파 등의 각 방식 등이 있다. 이 중에서 동기검파(coherent detection)를 제외한 각 방식을 모두 비동기검파(noncoherent detection)라고 한다.

동기검파와 비동기검파의 주요한 차이는 동기검파가 송신측의 반송파의 주파수와 위상을 정확하게 알고 있어야 한다는 전제조건이 필요한 반면 비동기검파는 이와 같은 정보가 없이 검파하는 방식이다. 물론 주파수에 대해서는 어느 정도 알지 못하면 검파를 할 수 없으나 정확하게 주파수를 맞추지 못하는 경우에는 비동기검파가 사용된다. 동기검파에서는 수신신호에 관한 정보를 갖고 있으므로 수신특성이 일반적으로 비동기검파보다 우수하다.

1) 비동기검파

ASK의 포락선 검파기(envelope detector)의 동작원리를 설명하면 기저대역 신호를 검출하기 위해서 먼저 수신신호가 반파 또는 전파 정류기에 인가된다. 그러면 음(−)의 부분 신호는 제거되고, 양(+)의 부분 신호만 통과하게 되며, 이 신호가 저역통과 필터를 통과하게 되면 변조된 신호의 정현파의 첨두(peak) 부분만 연결한 포락선(envelope) 파형을 얻을 수 있어서 원하는 기저대역 신호를 재생할 수 있다.

검파기의 입력에는 원하는 변조신호 이외에 잡음이 도래한다. 잡음 안테나에서 혼합되는 것과 수신기 내부에서 발생하는 열잡음이 있다. 따라서 검파기의 출력에는 원래의 기저대역 신호 성분뿐만 아니라 잡음성분도 포함된다. 잡음을 포함한 기저대역 파형으로부터 송신정보를 판정하는 방법은 먼저 판정기에 입력된 각 심벌 파형의 중앙에서 표본한 값과 판정기에 인가한 기준전압(threshold voltage) V_{th}라 하는 직류전압과 비교하는 것이다.

예를 들면, 기준전압을 심벌 '1'에 대응하는 기저대역 파형의 약 1/2 전압 정도로 선택하여 판정기의 입력을 이것과 비교하여 정보신호를 결정하는 것이다. 즉 입력 파형의 표본값이 이 기준전압보다 크면 정보의 심벌은 '1'이 되고, 그 이하가 되면 '0'이 되는 것이다.

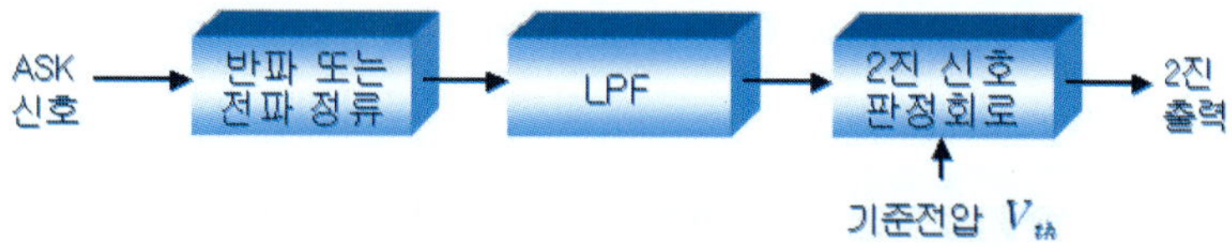

〈그림 8-8〉 ASK의 비동기검파 회로(포락선 검파기)

2) 동기검파

동기검파는 ASK뿐만 아니라 여러 검파방식으로 널리 사용되는 매우 중요한 방식이다. 동기검파의 수신 블록다이어그램은 다음과 같다.

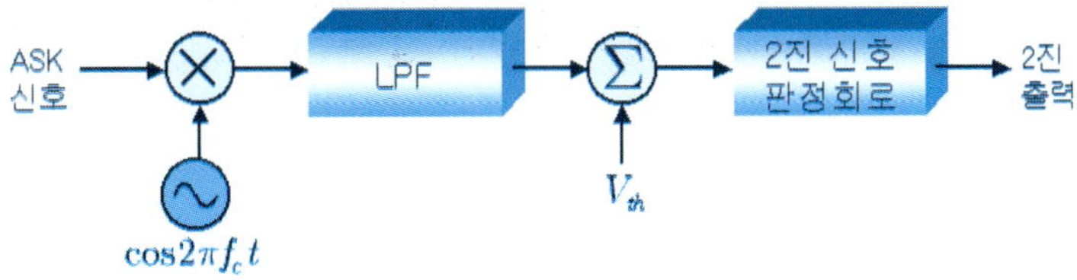

〈그림 8-9〉 ASK의 동기검파

송신측에서 사용한 반송파와 동일한 주파수와 위상을 갖는 정현파를 수신기의 국부 발진기에서 발생하여 수신신호에 곱(mixer)한 다음 저역 통과 필터를 통과시키면 원래의 기저대역 신호가 재생된다. 지금 수신기에 도착한 ASK 신호가 잡음이 없다고 가정하면 수신 신호는 식은

$$s(t) = u(t)[\cos(2\pi ft + \phi)]$$

여기서 $u(t) = 0, 1$이다.

위의 식에 수신기의 발진기에서 발생한 반송파와 동일한 정현파를 곱하면 다음과 같이 된다.

$$u(t)[\cos(2\pi ft + \phi)][\cos(2\pi ft + \phi)] = u(t)1 + \cos 2(2\pi ft + \phi)/2$$
$$= \frac{1}{2}u(t) + \frac{1}{2}u(t)\cos 2(2\pi ft + \phi)$$

저역 통과 필터를 통과하면 우측 제2항 성분이 제거되므로 $u(t)/2$만이 남게 되어 원래의 기저대역 파형이 재생된다. 기저대역 파형이 재생되면 포락선 검파의 경우와 마찬가지로 기준전압 V_{th}을 인가하여 이진신호를 판정한다.

8-3 전력선 통신 디지털 ASK 변조 실습 절차

1) 실험 준비 사항

(1) ED-5964 PLC 장비

(2) 함수 발생기(Function Generator)

(3) 오실로스코프(2CH)

(4) 점퍼 케이블

2) 실험 주의 사항

(1) ED-5964 장비의 취급을 주의한다.

(2) ED-5964 장비의 스위치가 OFF되어 있는지 확인한다.

(3) PC의 전원이 나가지 않도록 주의한다.

(4) 함수 발생기(Function Generator)를 장비와 연결할 때, 전원을 끈 상태에서 연결한다.

(5) 오실로스코프를 이용하여 파형을 측정할 때 실험 절차에 맞춰 측정한다.

(6) ED-5964 장비에 공급할 전원(220V AC)이 정격에 맞는지 확인한다.

3) ED-5964 전력선 통신 전송기 모듈의 변조 실습

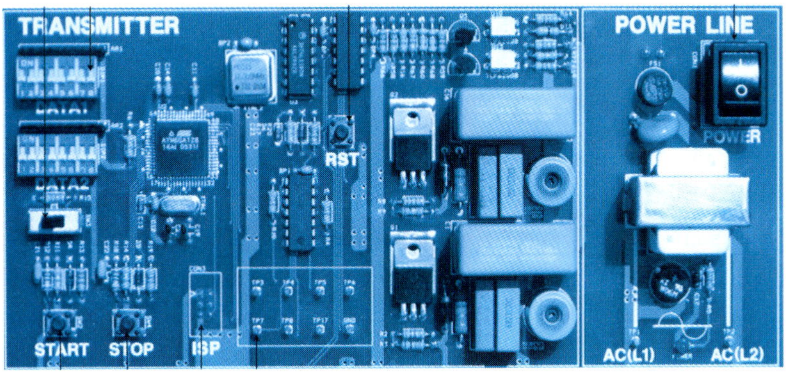

〈그림 8-10〉 ED-5964 전력선 통신 전송기 모듈

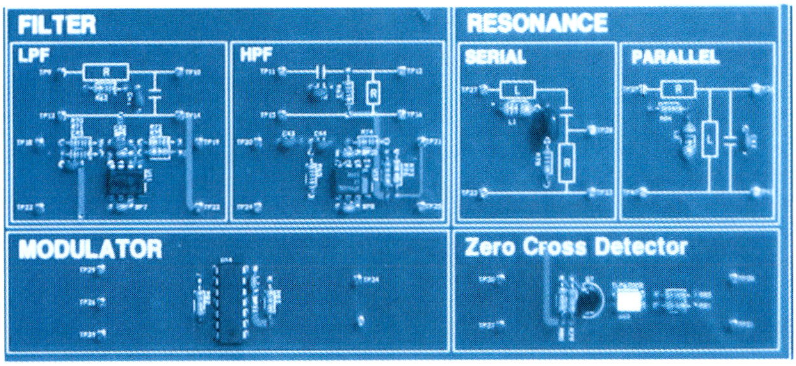

〈그림 8-11〉 ED-5964 전력선 통신 주요 실습 모듈

(1) 60Hz(Data) + 120kHz(Carrier Frequency) 실습

ASK(Amplitude Shift Keying)에 대하여 이해하기 위하여 함수 발생기와 실습장비를 이용하여 아래와 같은 순서로 실습을 해보자.

아래 〈그림 8-12〉는 실험에 사용할 TP(Test Point)들을 모아놓은 것인데, 이번 실험에 필요한 TP들이 많이 있으므로 각각의 TP들에 대한 정보를 익혀두기 바란다.

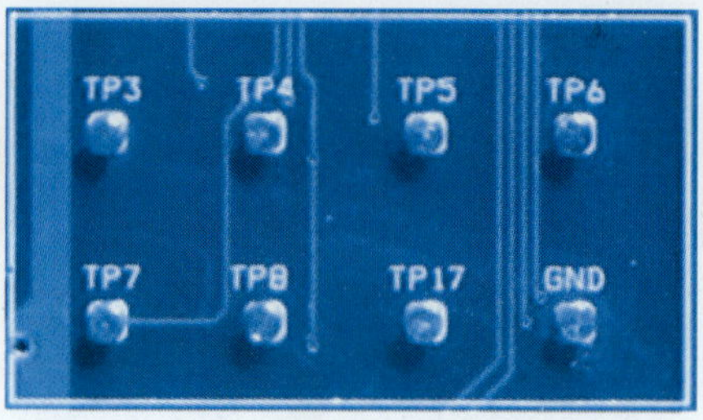

〈그림 8-12〉 Transmitter의 테스트포인트 단자(TP)

TP 3 : Transmitter의 Data1 출력단자(ASK)

TP 4 : Transmitter의 Data1 출력단자(Data만)

TP 5 : Transmitter의 Data1 + Data2 출력단자(ASK)

TP 6 : Transmitter의 Data1 + Data2 출력단자(Data만)

TP 7 : 120kHz Carrier Frequency

TP 8 : Zero Cross Detector

TP 17 : Zero Cross Detector

GND : Ground Test Point

① 실험에 필요한 모든 사항들이 구비되면 전원을 공급하지 않는 상태에서 장비에 전원 케이블을 연결하도록 한다.

② 함수 발생기의 출력단자와 오실로스코프의 입력단자를 연결하여 데이터 주파수를 3.5V(peak), 60Hz의 구형파로 설정하고 오실로스코프에 아래와 같이 원하는 파형이 나오는지 확인하도록 한다.

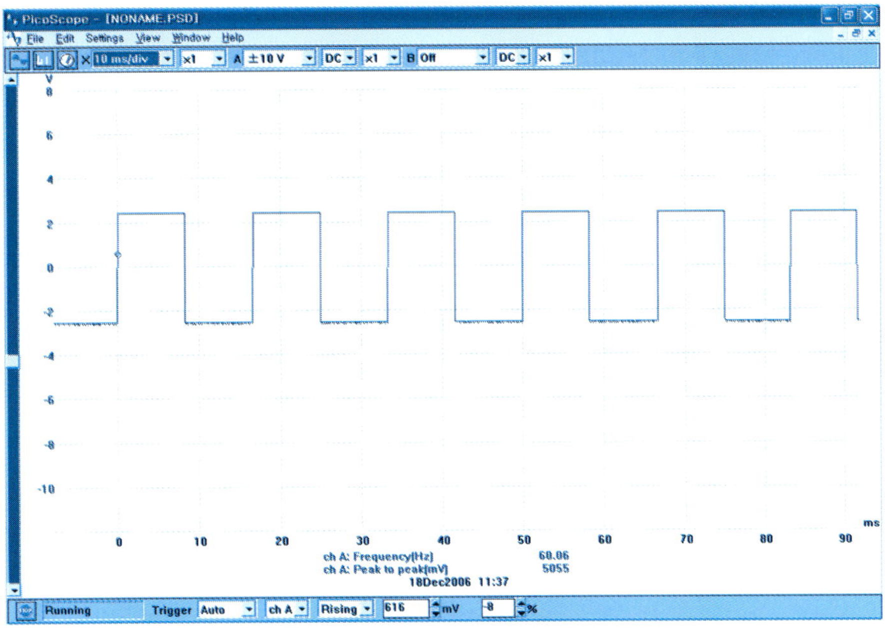

〈그림 8-13〉 60Hz 구형파 펄스

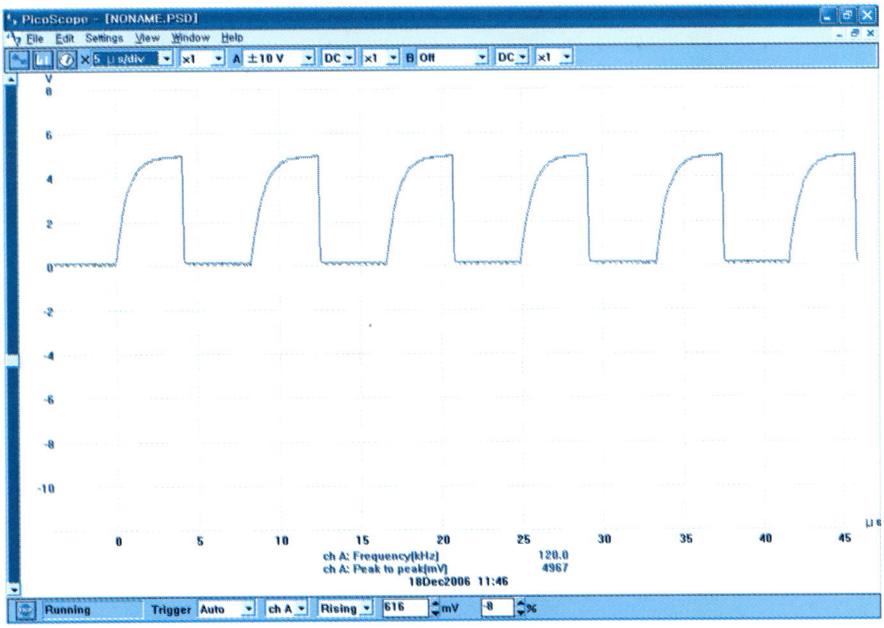

〈그림 8-14〉 120kHz 캐리어 주파수 파형

③ 전원을 OFF하고 오실로스코프의 입력단자와 GND단자를 아래 Transmitter 그림의 120kHz 출력 TP인 TP7과 GND에 연결한다. 전원을 ON한 후, 위의 〈그림 8-14〉와 같은 파형이 나오는지 확인한다.

④ 위의 과정들이 정확히 진행되었으면 아래의 〈그림 8-15〉의 Modulator Module을 이용하여 ASK에 대한 실험을 실행해보자.

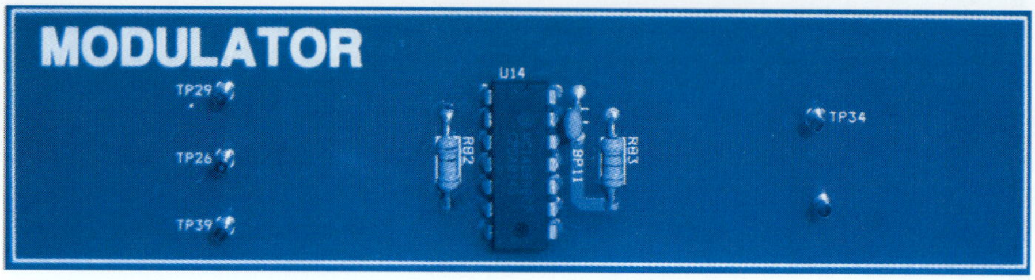

〈그림 8-15〉 ASK 변조를 위한 Modulator

TP 29 : Carrier Frequency 입력단자

TP 26 : Data 입력단자

TP 39 : Ground 단자

TP 34 : ASK 변조 출력단자

TP 34밑의 단자 : Ground 단자

⑤ ASK 실험을 위해 전원을 OFF하고 TP7과 TP29를 연결하고, 함수 발생기의 출력단자와 접지(Ground) 단자를 각각 TP26과 TP39에 연결한다. 그리고 ASK된 결과를 확인하기 위하여 오실로스코프의 입력단자들을 각각의 출력단자인 TP34와 그 아래에 있는 TP에 연결하도록 한다.

⑥ 연결이 다 되었다면 전원을 ON하고 오실로스코프상에서 출력되어 나오는 파형을 관찰하도록 한다.

⑦ 아래의 〈그림 8-16〉과 같이 출력파형이 나오는지 확인해보자.

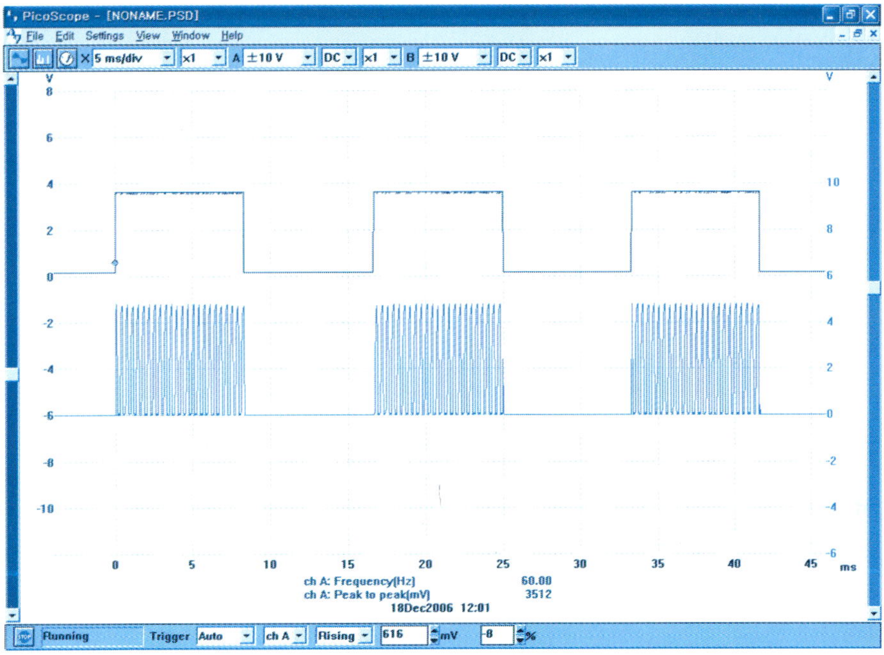

〈그림 8-16〉 ASK 변조 후 데이터 펄스

⑧ 위의 결과가 나왔다면 이제 주파수를 천천히 변화시키면서 주파수의 변화에 따른 출력이 어떻게 나오는지를 확인한다.

(2) Transmitter Data + 120kHz(Carrier Frequency) 실습

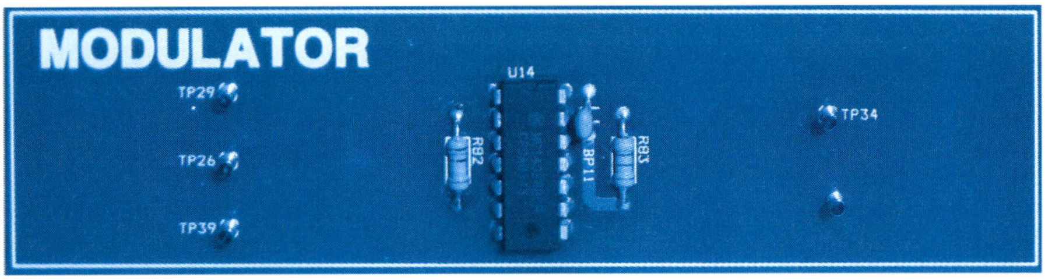

〈그림 8-17〉 MODULATOR의 외형

상기 모듈을 이용하여 딥스위치(Dip Switch)에 의해 임의로 설정된 데이터에

120kHz의 캐리어 주파수(Carrier Frequency)를 실어 송신하는 회로에 대한 실험을 해보자. 실험에 필요한 것들이 준비되었다면 아래의 실험 절차에 따라 실험을 해보자.

① 실험에 필요한 모든 사항들이 구비되면 전원을 공급하지 않는 상태에서 전원 케이블을 연결하도록 한다.

② 함수 발생기의 출력단자와 오실로스코프의 입력단자를 연결하여 캐리어 주파수를 10V(p-p), 120kHz의 정현파로 설정하고 오실로스코프에 아래 〈그림 8-18〉과 같이 원하는 파형이 나오는지 확인하도록 한다.

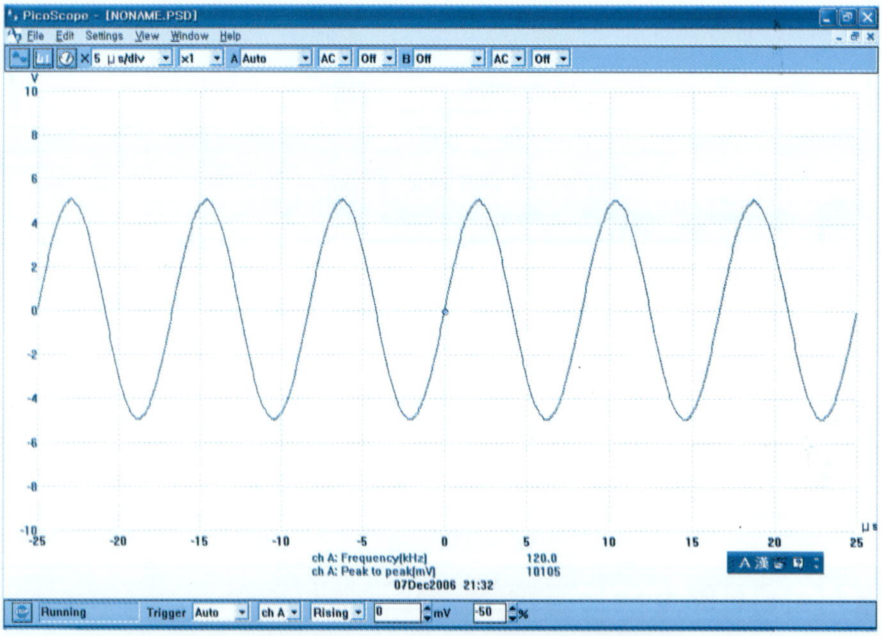

〈그림 8-18〉 120kHz 캐리어 주파수

③ 전원을 OFF하고 오실로스코프를 아래 Transmitter 그림의 데이터 출력 TP인 TP4와 GND에 연결한다. 전원을 ON한 후, Start Switch를 눌러 Dip Switch에 설정된 데이터(11001100)가 나오는지 확인한다.

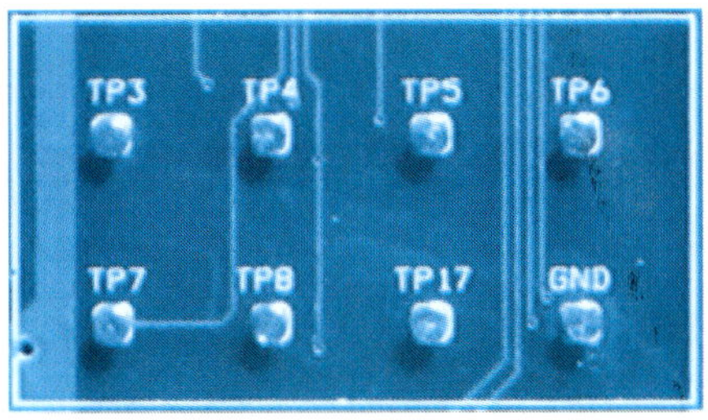

〈그림 8-19〉

④ 위의 과정이 순조롭게 진행이 되었다면 아래 그림처럼 설정된 Dip Switch의 상태와 같은 Header(1110) + Data(11001100)가 스코프상에 출력되어 나타날 것이다.

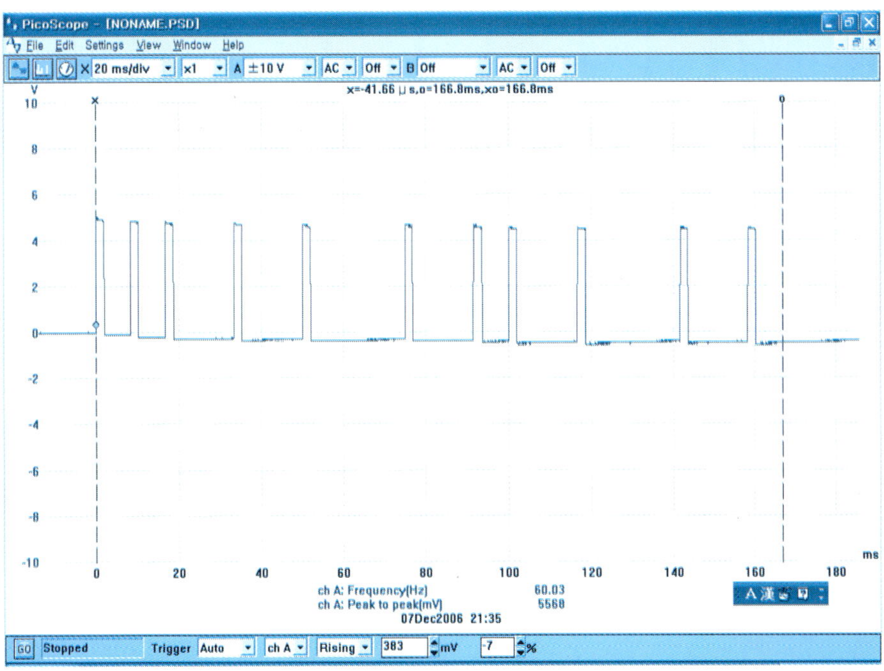

〈그림 8-20〉

⑤ 전원을 OFF하고 점퍼케이블로 TP4와 TP26을, 함수 발생기의 출력단자와 TP29를 각각 연결한다. GND도 공통으로 연결될 수 있도록 GND TP와 TP39를 연결한다.

⑥ TP26와 TP39를 오실로스코프와 연결하고, 출력단자 TP34와 그 밑의 GND TP에 오실로스코프의 CH1을 각각 연결하여 전원을 공급하고, 출력파형을 관찰한다.

⑦ 출력파형을 보면 아래와 같이 변조(Modulation)된 것을 확인할 수 있다.

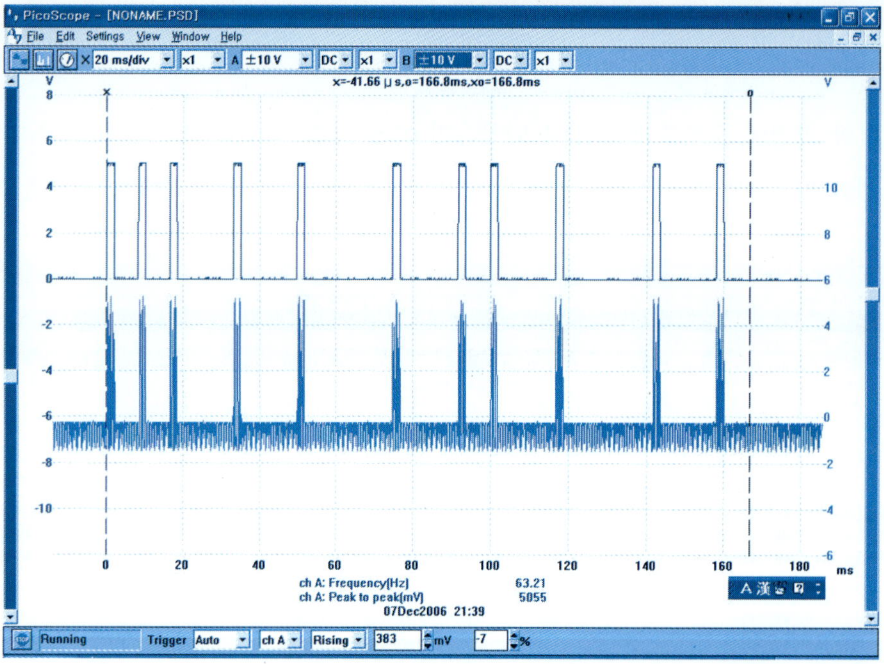

〈그림 8-21〉

⑧ 위의 파형이 일반 교류전원에서는 어떻게 전송되는 것인지 알기 위해 아래 그림 처럼 Power Line 상의 TP1, TP2에 오실로스코프를 연결하도록 한다.

〈그림 8-22〉

⑨ 위의 Power Line을 통하여 송신되는 데이터를 확인하기 위해 전원을 ON하고 Transmitter의 Start Switch를 누르면 아래와 같이 60Hz의 정현파에 캐리어 주파수가 실려 있는 것을 확인할 수 있다.

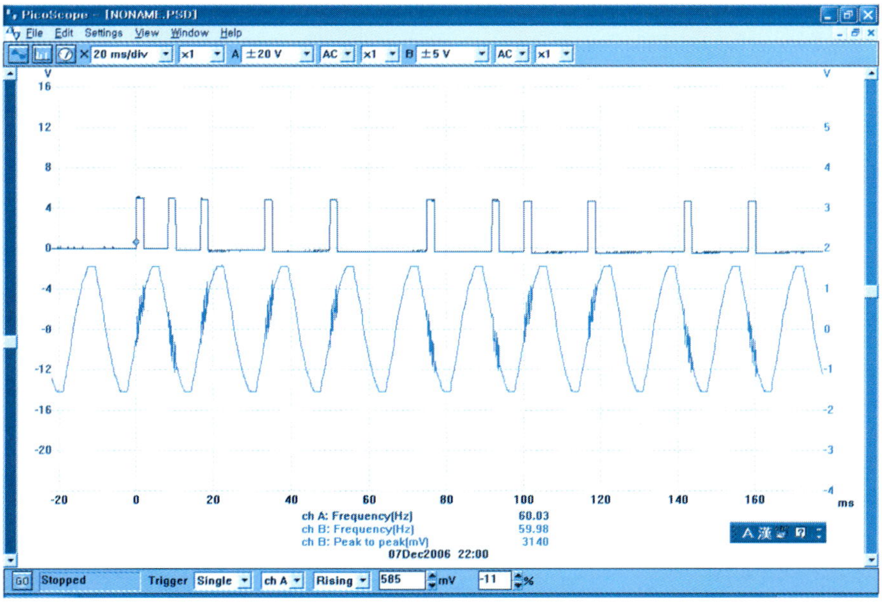

〈그림 8-23〉 60Hz의 정현파에 캐리어 주파수

상기 그림의 윗부분은 송신되는 데이터이고, 아랫부분은 정현파에 실린 데이터로서 정현파를 확인해보면 0V부근에서 데이터가 실려 있는 것을 확인할 수 있다.

딥스위치에 다른 데이터를 설정하고 송신한 후, 데이터의 파형과 Power Line에서의 파형을 〈그림 8-24〉와 〈그림 8-25〉에 그린다.

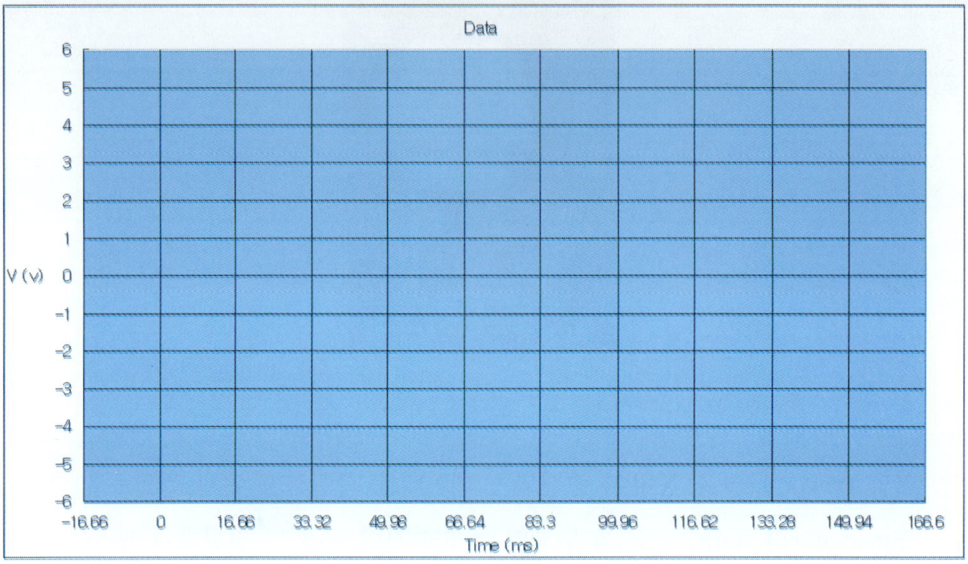

〈그림 8-24〉

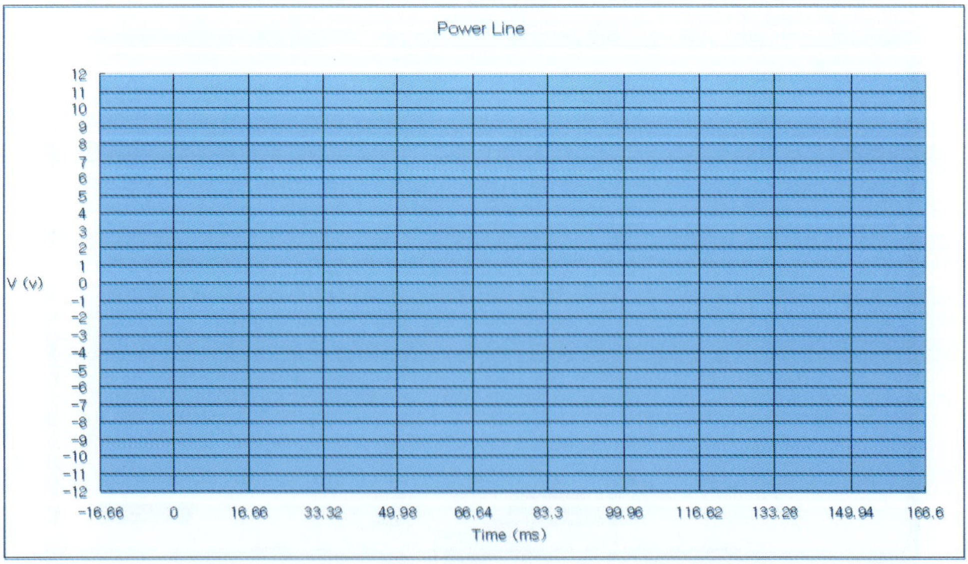

〈그림 8-25〉

9 전력선 통신 송수신 프로그램 응용

9-1 실험 목적

9-2 송수신 Firmware 실습을 위한 AVR 제어

9-3 ED-5964 전력선 송수신 프로그램 실습 절차

9-1 실험 목적

(1) 송수신 제어를 위해 ATMega128의 레지스터에 대하여 이해한다.

(2) 송수신 제어를 위해 ATMega128의 I/O Port에 대하여 이해한다.

(3) 송수신 제어를 위해 ATMega128를 이용하여 LED(Light Emitting Diode)를 제어한다.

(4) 송수신 제어를 위해 ATMega128를 이용하여 FND(Flexible Numeric Display)를 제어한다.

(5) 송수신 제어를 위해 ATMega128를 이용하여 Dip Switch와 FND를 제어한다.

9-2 송수신 Firmware 실습을 위한 AVR 제어

1) AVR 마이크로프로세서의 특징

① 8비트 RISC(Reduced Instruction Set Computer) 구조로 명령어가 간단하며 동작 속도가 빠르다.

② 1MHz당 약 1MIPS(Million Instruction Per Second)의 성능을 보인다. 소비 전력이 적다.

③ 10비트 ADC 내장하고 있다.(일부 패밀리)

④ 다른 마이크로컨트롤러에 비해 큰 SRAM을 가지고 있다. 예) AT90S8515(512B), Mega103(4kB)

⑤ 플래시 메모리의 내장으로 프로그래밍이 용이하다.

⑥ EEPROM을 내장하고 있어서 데이터 백업이 가능하다(EEPROM의 크기는 SRAM과 동일)

⑦ C언어에 최적화된 설계(실제로 칩 설계와 동시에 C 컴파일러 설계하였다)

⑧ UART, SPI(Serial Pheriperal Interface), PWM(Pulse Width Modulation) 등을 내장하고 있다.

⑨ 8비트 및 16비트 타이머를 내장하고 있다.

⑩ Tiny계열, AT90S계열, Mega계열이 있다.

- Tiny 시리즈 : RAM이 없거나 적은 모델이 대부분이며 핀 수 또한 적어서 간단한 어플리케이션에 적합하다.
- AT90S 시리즈 : RAM의 크기는 보통으로 8051과 비슷하거나 더 나은 성능을 제공한다.
- Mega 시리즈 : 플래시 메모리와 램의 용량이 크고 핀 수 또한 많아서 복잡한 어플리케이션에 적합하다.

2) ATMega128의 특징

① 고성능, 저전력 형태의 8비트 컨트롤러

② 향상된 RISC구조

③ 133개의 명령어

④ 32개의 8비트 레지스터와 수많은 제어 레지스터

⑤ 128kByte의 프로그램 메모리

⑥ 4kByte의 EEPROM

⑦ 4kByte의 SRAM 내장

⑧ JTAG 인터페이스

⑨ 온칩 디버깅 가능

⑩ 사용자 코드 다운로드

⑪ 두 개의 8비트 타이머/16비트 타이머

⑫ 리얼타임클럭(RTC)을 위한 분리된 카운터

⑬ 6개의 PWM채널, 2개의 8비트 PWM채널

⑭ 8채널 10비트 A/D 변환기, 아날로그 비교기

⑮ SPI, TWI 직렬통신 포트

⑯ 2개의 UART

⑰ 6개의 슬립모드 제공

- IDLE, ADC Noise Reduction, Power-save
- Power-down, Standby, Extended Standby

⑱ 내부 RC 발진회로 내장

⑲ Atmega 103과의 호환모드

⑳ 동작전압

- ATMega128L : 2.7~5.5V
- ATMega128 : 4.5~5.5V

㉑ System Clock

- ATMega128L : 0~8MHz
- ATMega128 : 0~16MHz

3) ATMega128

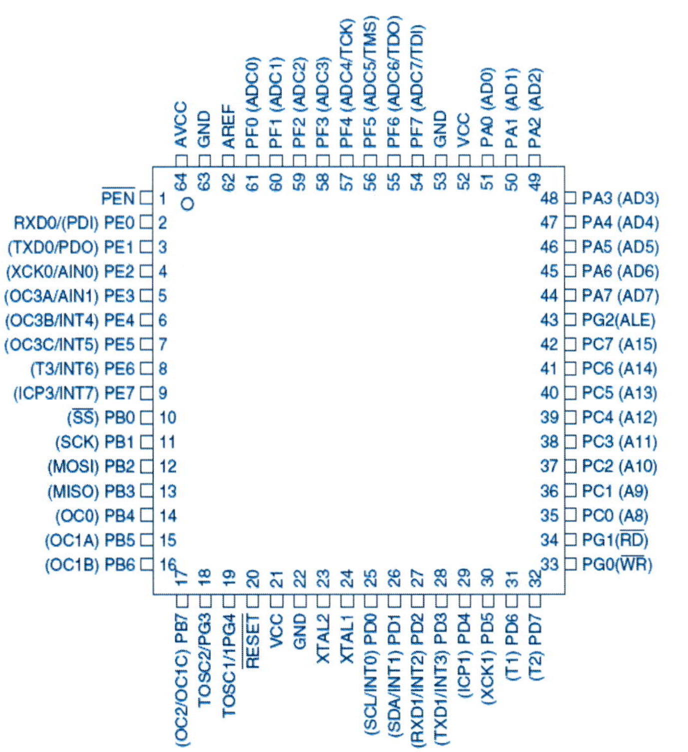

〈그림 9-1〉 ATMega128의 핀 배열도

제 9 장

〈표 9-1〉 ATMega128 핀 기능

Name	Pin Num	Function	활성
Port A - Port G	-	외부 입출력 I/O	-
ALE	43	Address Latch Enable	H
RD	34	Read Strobe	L
WR	33	Write Strobe	L
RESET	20	CPU Reset	L
PEN	1	Program Enable	-
SCK/PDI/PDO	11/2/3	ISP/SPI 관련 시그널	-
TCK/TMS/TDO/TDI	54/55/56/57	JTAG관련 시그널	-
XTAL1/XTAL2	23/24	크리스털/오실레이터 입력	-
AREF	62	ADC Reference Voltage	-
INT0-7	-	External Interrupt	-
TXD0/TXD1	3/28	UART0/1 Transmit	-
RXD0/RXD1	2/27	UART0/1 Receive	-
SS/SCK/MOSI/MISO	-	SPI 관련 시그널	-
T1/T2/T3	-	Timer/Counter 입력 시그널	-
OCx	-	Timer/Counter 출력 시그널	-
IC1/IC3	29/9	Timer/Counter Input Capture	-
ADC0/7	-	ADC Voltage Input	-
AIN0/1	4/5	Analog Comparator +/- Input	-

ATMega128은 위와 같이 64개의 핀들이 있지만 한 개의 핀이 두 가지 이상의 기능을 하는 것도 있는 것을 확인할 수 있다. 이 책에서는 모든 기능들에 대해서 다루지 못하고 교육용 kit에서 필요한 부분들(Port I/O)에 대해서만 다루므로 더욱더 자세한 사항들은 다른 전문 서적을 이용하여 공부하길 바란다.

4) 레지스터의 기능 및 설정

우리가 ATMega128을 자유자재로 컨트롤하기 위해서는 각 핀들의 기능에 대해서 알고 있어야 하지만, 그보다 우선 레지스터를 이해해야 할 필요가 있다. 이 장의 처음 부분에서는 ATMega128의 특징들에 대해 소개하였다. 그 중에 '32개의 8비트 레지스터와 수많은 제어 레지스터'라는 특징이 있었음을 독자들은 보았을 것이다. 이 부분에서는 바로 그 레지스터에 대해 짚고 넘어가려고 한다.

레지스터란 무엇인가? 레지스터에 대한 사전적 의미는 산술적 · 논리적 연산이나 정보 해석, 전송 등을 할 수 있는 일정 길이의 2진 정보를 저장하는 중앙처리장치(CPU) 내의 기억장치이다. 그렇다면 우리가 왜 레지스터에 대하여 공부해야 하는 것일까? 우리가 어떠한 프로그램을 실행시켜서 우리의 목적에 맞게 다루기 위해서는 환경설정을 해야하는 것처럼 ATMega128의 많은 기능들 중에서 우리의 목적에 맞는 작업을 수행하기 위해서는 ATMega128 내부의 기능을 설정해줘야 한다. 여기서 말하는 설정이 바로 레지스터를 설정하는 것을 의미한다. 우리가 궁극적으로 교육용 kit로 실험하고자 하는 Led 제어, Toggle Switch를 이용한 Key 입력제어, FND 제어 등을 하고자 할 때, ATMega128 내부의 레지스터들을 올바르게 제어해야만 우리가 원하는 결과를 확인할 수 있게 되는 것이다. 〈표 9-2〉는 MCUCR이라는 레지스터이다. 잠시 레지스터의 사용법과 동작에 대해 알아보도록 하자.

(1) MCUCR(MCU Control Register) : MCU 제어 레지스터

〈표 9-2〉

비트	7	6	5	4	3	2	1	0
MCUCR	SRE	SRW10	SE	SM1	SM0	SM2	IVSEL	IVCE
RD/WR	RD/WR	RD/WR	RD/WR	RD/WR	RD/WR	RD/WR	RD/WR	RD/WR
초기값	0	0	0	0	0	0	0	0

이 레지스터는 외부 메모리와 관련이 있는데, 관련있는 비트의 기능은 다음과 같다.

① Bit 7 – SRE(External SRAM/XMEM Enable) : 외부 메모리 사용 인에이블

설정을 1로 하면 외부 데이터 메모리 영역의 인터페이스 신호 AD0~AD7, A8~A15, ALE, RD, WR가 액티브되며, 0으로 하면 외부 메모리 인터페이스 신호가 아니라 일반 I/O 핀으로 동작하게 된다.

예를 들면, MCUCR = 0x70으로 설정하게 되면 SRE 비트만 1로 세팅이 된다. 16진수 값 0x70을 2진수로 표현하면 10000000이므로 7비트만 1로 세팅이 되는 것이다.

② Bit 6 – SRW10 : 웨이트 사이클 수 설정 비트

XMCRA 레지스터의 SRW11 비트와 조합하여 외부 데이터 메모리 영역을 액세스 할 때 부여하는 웨이트 사이클수를 설장하는데 사용된다.

이 외에도 Bit 5 ~ Bit 0까지 6개의 비트에 대한 설정과 설명이 더 있지만 생략하기로 한다. ATMega128에서는 32개의 범용 레지스터와 64개의 I/O 레지스터, 160개의 확장 I/O 레지스터를 제공하고 있다. 그 레지스터들의 기능과 역할들에 대하여 모두 알고 있다면 프로젝트를 수행할 때 상당히 편할 것이다. 하지만 그 많은 레지스터들의 기능을 다 알고 기억하기엔 너무 자료가 방대하기 때문에 모두 다 알고 있기에는 힘든 면이 있을지도 모른다. 전자소자들은 모두 그 소자들의 스펙에 대해 나와 있는 데이터 시트라는 것이 있는데, 혹시 독자들 중에서 ATMega128의 레지스터들에 대하여 공부하고 싶거나 알고 싶은 생각이 있다면 아래의 참고사이트에 접속하여 데이터 시트를 다운로드하여 공부하길 바란다.

(2) 참고사이트

http://www.alldatasheet.com/datasheet-pdf/pdf/56260/ATMEL/ATMEGA128.html

http://www.atmel.com/dyn/products/datasheets.asp?family_id=607

5) ATMega128의 I/O Port

우리가 I/O Port에 대하여 이해하기 위해서는 컴퓨터의 구조에 대하여 아는 것이 좋은 예가 될 것이다. 우리가 사용하는 컴퓨터는 외형적으로 세 가지 부분으로 나눌 수 있을 것이다. 모니터, 본체, 키보드(마우스)가 그것인데, 이들이 하는 역할을 살펴보면 키보드(마우스)를 이용하여 어떠한 데이터를 입력하게 되면 본체에서는 입력된 데이터를 연산하는 작업을 하게 된다. 그리고 연산이 마무리되면 그 연산된 데이터를 모니터에 보내서 우리가 눈으로 확인할 수 있게 한다. 여기서 알 수 있듯이 I/O Port는 데이터를 입력 혹은 출력할 때 사용하는 Port인 것이다. I/O Port에 대해 알기 쉽게 설명하기 위해서 컴퓨터를 예로 들었지만, 우리가 사용하는 ATMega128의 입출력은 외형적으로만 보면 컴퓨터와 같이 간단하지만 실질적으로 내부를 들여다보면 그렇지가 않다. 〈그림 9-2〉는 ATMega128의 내부 조직을 나타낸 그림이다.

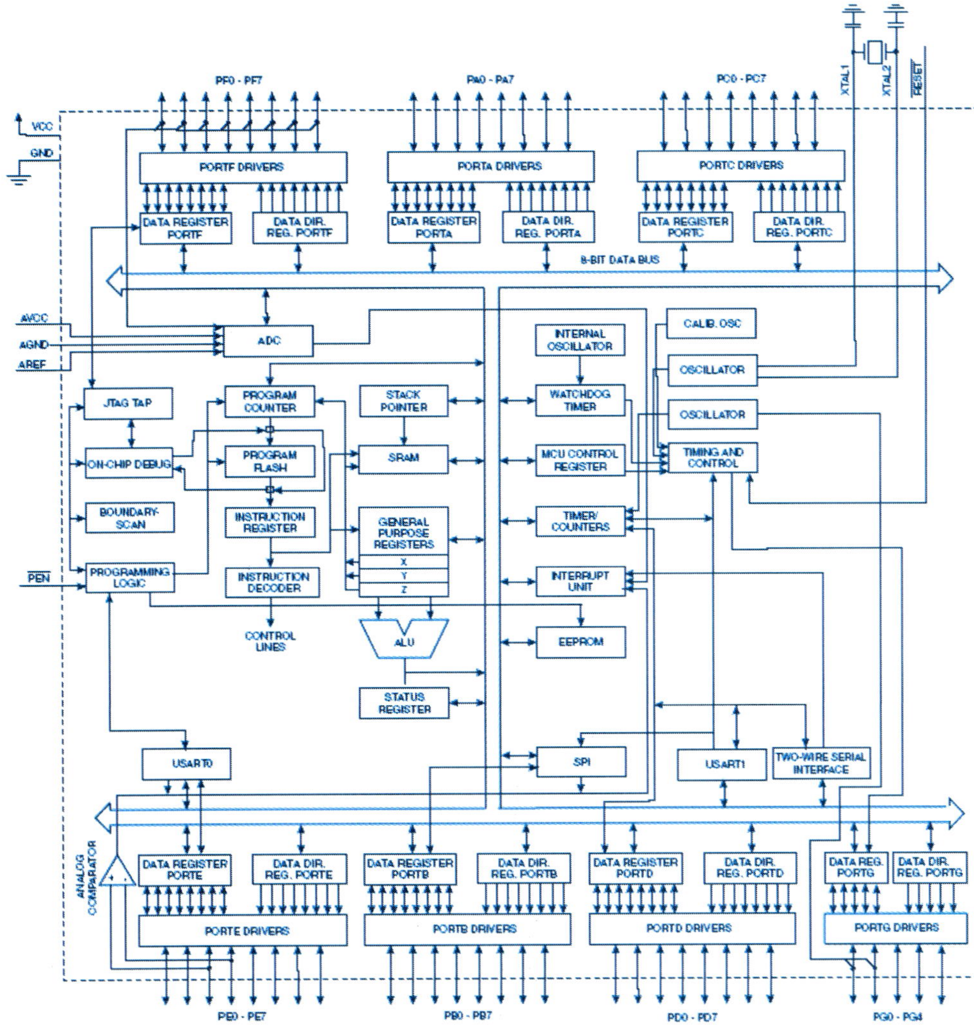

〈그림 9-2〉 ATMega128의 내부 블록도

그림을 보면 느낄 수 있겠지만 언뜻 봐서는 어떤 구조인지 이해하기 힘들 것이다. 이렇듯 ATMega128은 복잡한 구조로 구성되어 있다. 하지만 우리가 복잡한 내부구조를 모두다 알고 있을 필요는 없다. 위에서도 잠깐 언급했지만 데이터 시트를 참고하면 굳이 외우고 있지 않더라도 구조에 대하여 알 수 있기 때문이다. 다시 한번 위의 주목해서 봐야 할 것은 네모 점선 밖으로 화살표가 삐져나온 부분이다. 각각 PA(Port A)~PG(Port G)까지 8(0~7)비트로 구성된 Port들인데, ED-5964을 통해 제어하고자 하는 Led, Key, FND 모두 Port를 제어하여 프로그래밍해야 하는 것이다. 또한 제어를 할 때 레지스터를 설정해야 한다. 프로그래밍은 뒤에서 좀 더 자세히 다루기로 하고, I/O Port에 대해 더욱더 알아보자.

ATMega128에는 총 7개의 Port가 있다. 〈그림 9-3〉을 보자.

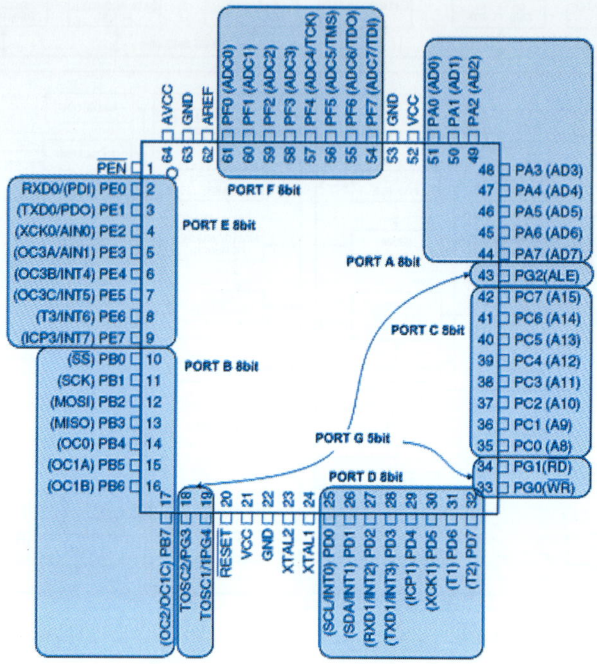

〈그림 9-3〉 ATMega128의 7개 포트

PA(Port A)~PF(Port F)까지는 8비트로 구성되어 있으며 PG는 5비트로 구성되어 있다. 이 Port들과 앞에서 언급한 레지스터들을 이용하여 다음 Section부터 실습을 하도록 하자.

6) LED(Light Emitting Diode) 개요

발광다이오드라 하는 LED(Light Emitting Diode)는 빛을 발하는 반도체 소자를 말하며, 방출하는 빛의 색깔은 반도체를 구성할 때 칩 구성원소의 배합에 따라 파장을 만드는데, 이때 만들어진 파장이 빛의 색깔을 결정하는 것이다. 〈표 9-3〉은 파장과 색과의 관계를 나타낸 것이다.

〈표 9-3〉 파장에 따른 빛의 색깔

Color	Wavelength(nm)	Color	Wavelength(nm)
violet	370~430 nm	amber	590~595 nm
blue	450~480 nm	orange	600~615 nm
green	500~530 nm	orange-red	620~640 nm
yellow-green	550~580 nm	red	645~700 nm
white	x:0.32 y:0.32	golden white	x:0.43 y:0.41

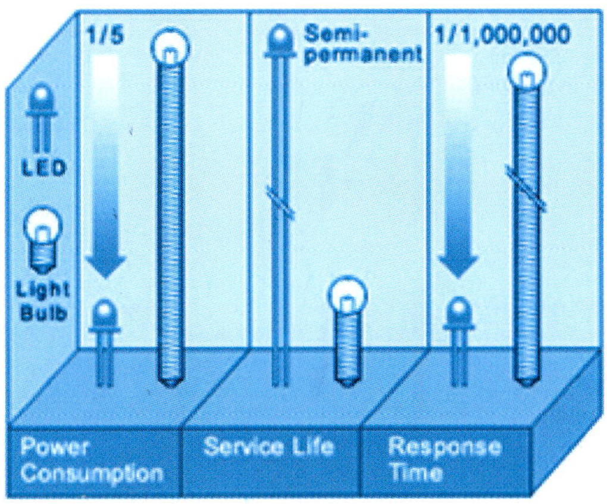

〈그림 9-4〉 LED와 Light Bulb의 특성

위의 〈그림 9-4〉는 LED와 Light Bulb의 특성에 대하여 비교한 것이다. 위에서 보다시피 LED는 일반 백열전구에 비하여 소비전력은 1/5밖에 안되고, 반응시간은 1,000,000배나 빠르며, 수명은 반영구적으로서, 그동안 각종 적용 분야에 현저히 발달, 향상되어 정밀 반도체 장비 검사 기구, 자동차 계기판 등의 전자표시판, 전광판, 산업기계 표시기 및 각종 교통안전 신호등, 대체 조명등에 사용되고 있다.

(1) LED의 특징

① 광변환 효율이 높기 때문에 소비전력이 매우 적다.

② 작은 광원이기 때문에 소형화, 박형화, 경량화를 할 수 있다.

③ 수명이 길다(50~100배).

④ 형광등과 같은 수은, 방전용 가스를 사용하지 않기 때문에 환경 친화적인 조명광

원이다.

⑤ 반영구적인 사용이기 때문에 쓰레기를 발생시키지 않는다.

(2) LED의 외형과 부분 명칭

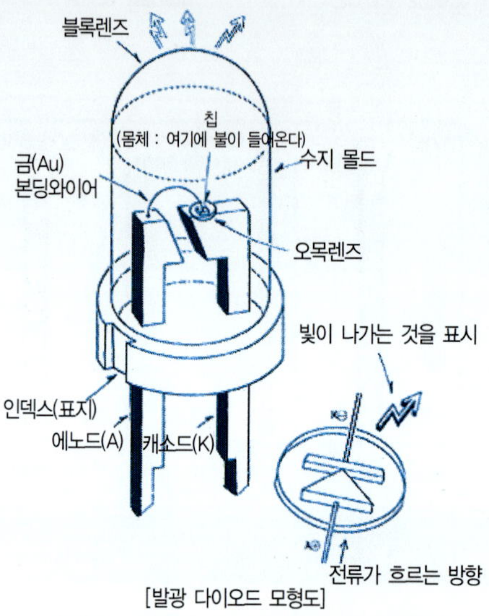

〈그림 9-5〉 LED 외형, 부분 명칭

7) Tactile Switch에 대해

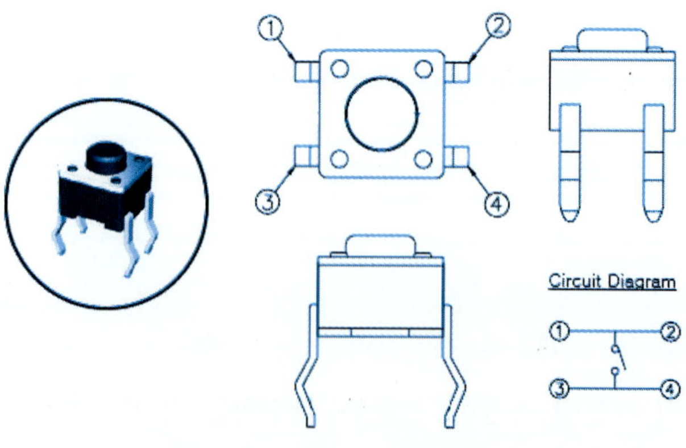

〈그림 9-6〉 Tactile Switch 회로

Tactile Switch의 생김새는 위의 〈그림 9-6〉에서 보는 바와 같이 다리와 push 버튼으로 구성되어 있으며 동작은 회로에서 보는 바와 같이 ①, ②가 연결되어 있고 ③, ④가 연결되어 있는 구조로서 push 버튼을 누르면 ①, ②와 ③, ④가 연결되게 된다. 우리는 실험을 통해 Tact Switch의 특성을 이용할 것이다.

8) FND의 개요

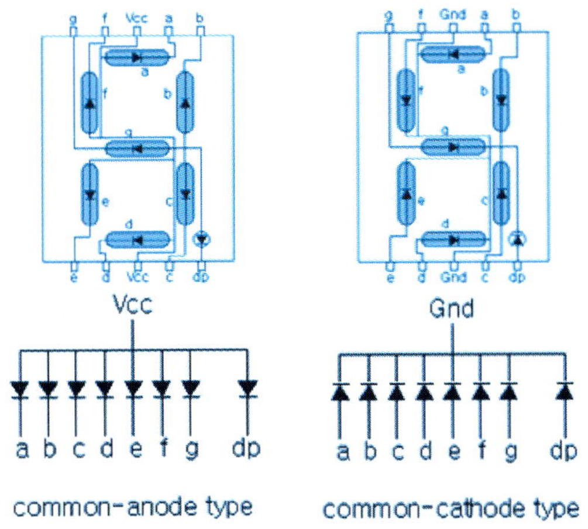

〈그림 9-7〉 FND 회로도

〈그림 9-7〉은 디지털 회로에서 숫자를 표시하기 위하여 가장 많이 사용하는 소자로서 이름에서 알 수 있듯이 7개의 LED를 이용하여 왼쪽 그림과 같이 숫자를 표시하는데 사용한다.

FND(Flexible Numeric Display)는 크게 두 가지 종류로 나눌 수 있는데, 공통 양극(Common anode)과 공통 음극(Common cathode)이다. 7개의 LED의 어떤 극을 공통으로 하느냐에 따라 종류를 구분할 수 있는 것인데, 위 그림에서 Vcc를 공통으로 한 것이 공통 양극(Common anode), GND를 공통으로 한 것이 공통 음극(Common cathode)이다.

또한 이런 FND에 따라 각각 제어기가 틀려지는데, FND의 종류에 따라 사용 가능한 IC는 7446과 7447 등이 있다. 이러한 IC는 2진의 데이터값을 사람이 알아 볼 수 있도록 해주는 디코더이다. 즉, FND는 2진법으로 생성된 데이터를 10진법으로 볼 수 있도록 하는 소자라고 정의가 가능할 것이다.

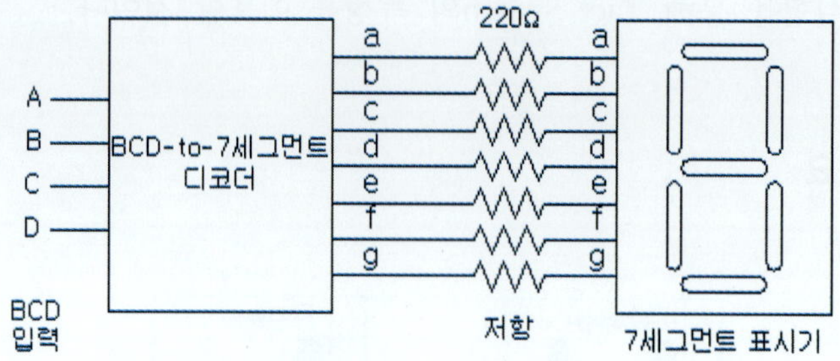

〈그림 9-8〉 FND 회로

디코더를 통해 입력된 4비트의 데이터는 24개의 데이터를 표현할 수 있는데, 이 데이터를 입력값과 출력값에 대해 정리한 것을 〈표 9-4〉로 만들었다.

〈표 9-4〉 FND 정리표

Disp. Num.	입력				7-Segment Output						
	A	B	C	D	a	b	c	d	e	f	g
0	0	0	0	0	1	1	1	1	1	1	0
1	0	0	0	1	0	1	1	0	0	0	0
2	0	0	1	0	1	1	0	1	1	0	1
3	0	0	1	1	1	1	1	1	0	0	1
4	0	1	0	0	0	1	1	0	0	1	1
5	0	1	0	1	1	0	1	1	0	1	1
6	0	1	1	0	0	0	1	1	1	1	1
7	0	1	1	1	1	1	1	0	0	0	0
8	1	0	0	0	1	1	1	1	1	1	1
9	1	0	0	1	1	1	1	0	0	1	1

위 7-Segment Output Data가 우리가 사용할 데이터이므로 참고하기 바란다.

9) DIP Switch(Dual Inline Package)

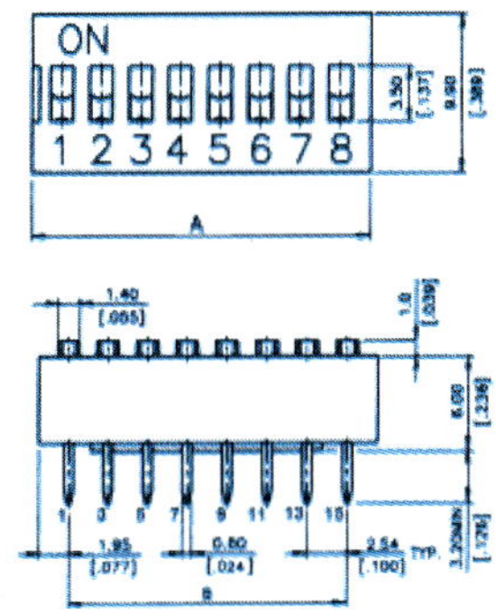

〈그림 9-9〉 Dip SW 외형

위의 〈그림 9-9〉에서 볼 수 있는 DIP(Dual in line Package) Switch는 작은 구조로 된 스위치들을 불연성 재질로 된 플라스틱으로 MOLDING해서 소형으로 만든 스위치 회로로서 소형인데 반해 접촉 특성이 좋고 수명이 긴 특징이 있다.

회로 구성에 따라 여러 종류가 있으며 다리 간격은 IC핀 간격(2.54mm)과 같으며 다리는 그림과 같이 2열로 마주 보게 만들어진 평행 쌍 실장형이다.

9-3 ED-5964 전력선 송수신 프로그램 실습 절차

9-3-1. 실험 준비 사항

(1) ED-5964 kit

(2) Personal Computer

(3) PonyProg2000

(4) IAR 컴파일러

(5) 다운로드용 ISP

(6) 직류전원 공급용 Adapter

9-3-2. 실험 주의 사항

(1) ED-5964 kit의 취급을 주의한다.

(2) PC의 전원이 나가지 않도록 주의한다.

(3) PonyPorg2000 및 IAR 컴파일러(Compiler)의 설치 및 환경을 설정한다.

(4) 교육용 kit에 다운로드용 ISP를 연결할 때 올바르게 연결한다.

9-3-3. ED-5964 전력선 송수신 프로그램 실습

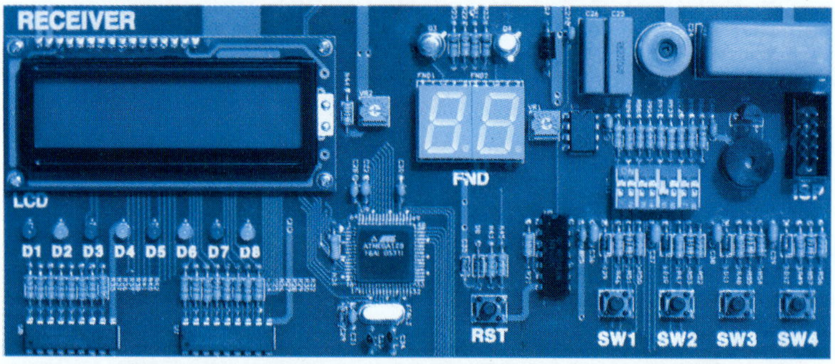

〈그림 9-10〉 Firmware를 실습할 ED-5964 수신기 모듈

실험에 필요한 모든 사항들이 구비되면, 전원을 공급하지 않는 상태에서 PC의 병렬 포트(Parallel Port)에 Cable을 연결하고 Cable Port와 제공되는 ISP를 올바르게 연결한다. ISP의 10 Pin 커넥터는 ED-5964 kit의 커넥터와 연결한다. 위의 연결이 올바르게 되었다면 전원을 공급한다. 다음의 〈그림 9-11〉과 같이 한다.

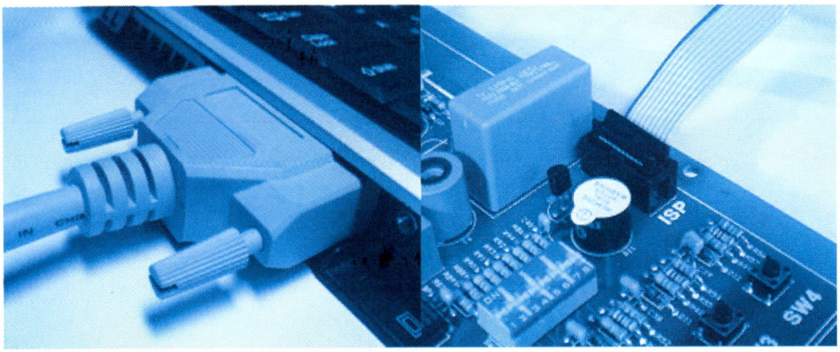

〈그림 9-11〉 각 부분의 연결

위와 같이 연결부분들을 모두 연결해 줬다면 PC와 ED-5964키트에 전원을 ON하여 실습을 시작하도록 한다. 또한 PC의 IAR 컴파일러와 PonyProg2000을 구동하여 프로그램을 할 수 있는 적절한 환경을 설정하도록 한다.

9-3-4. ED-5964 Firmware 프로그램 실습

〈그림 9-12〉에서 〈그림 9-17〉은 프로그래밍을 하기 위해 필요한 하드웨어의 정보를 나타낸 것이다. 프로그래밍할 때 하드웨어의 회로들과 순서도를 참고하여 하도록 하자.

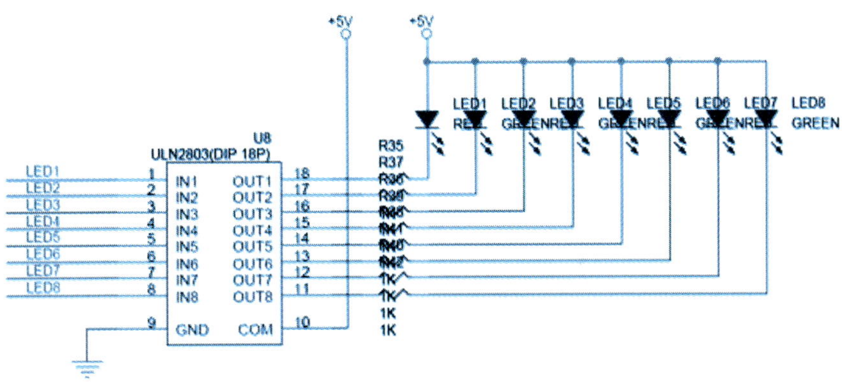

〈그림 9-12〉 LED 회로

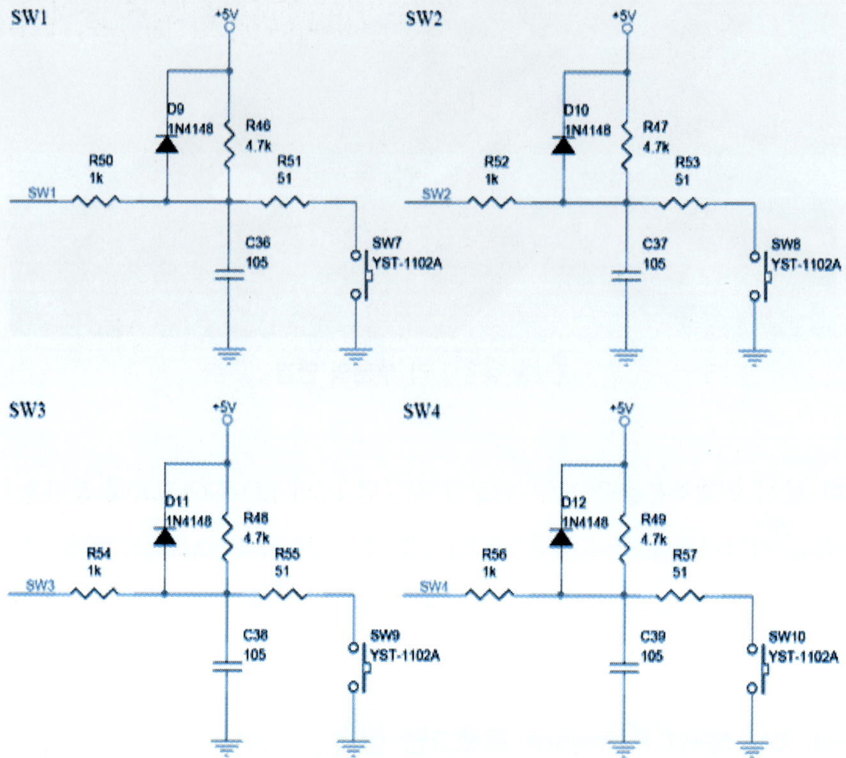

〈그림 9-13〉 Switch 회로

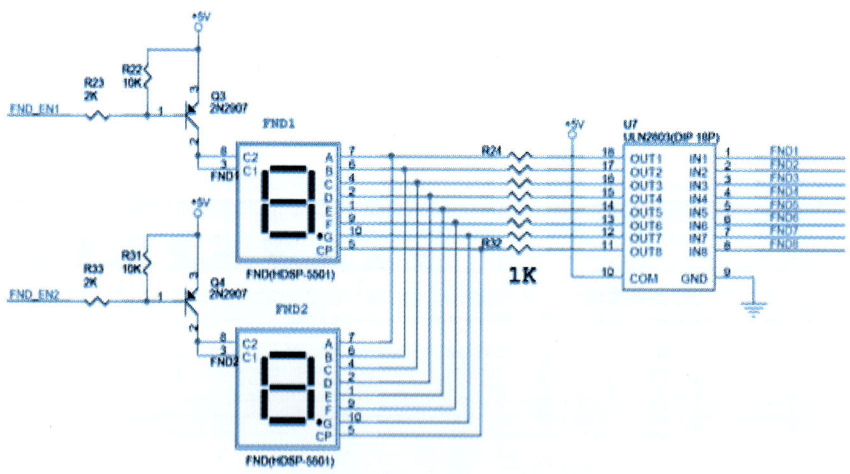

〈그림 9-14〉 FND 회로

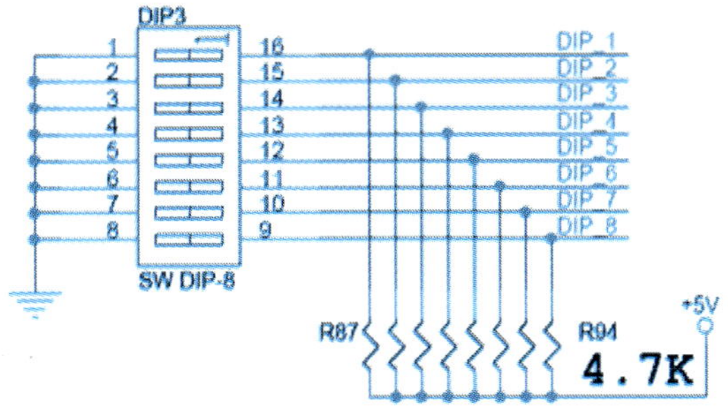

〈그림 9-15〉 DIP Switch 회로

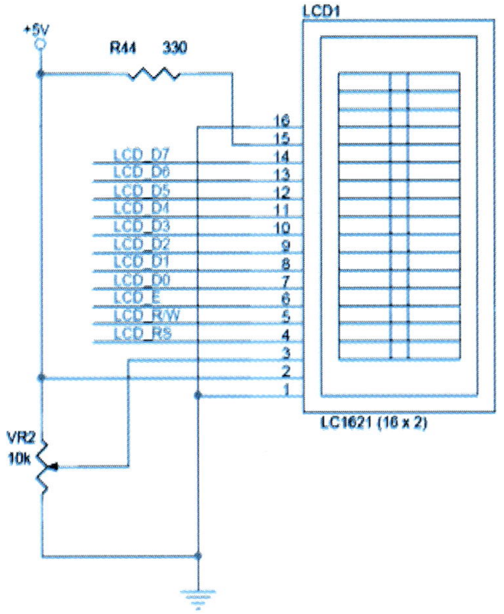

〈그림 9-16〉 LCD 회로

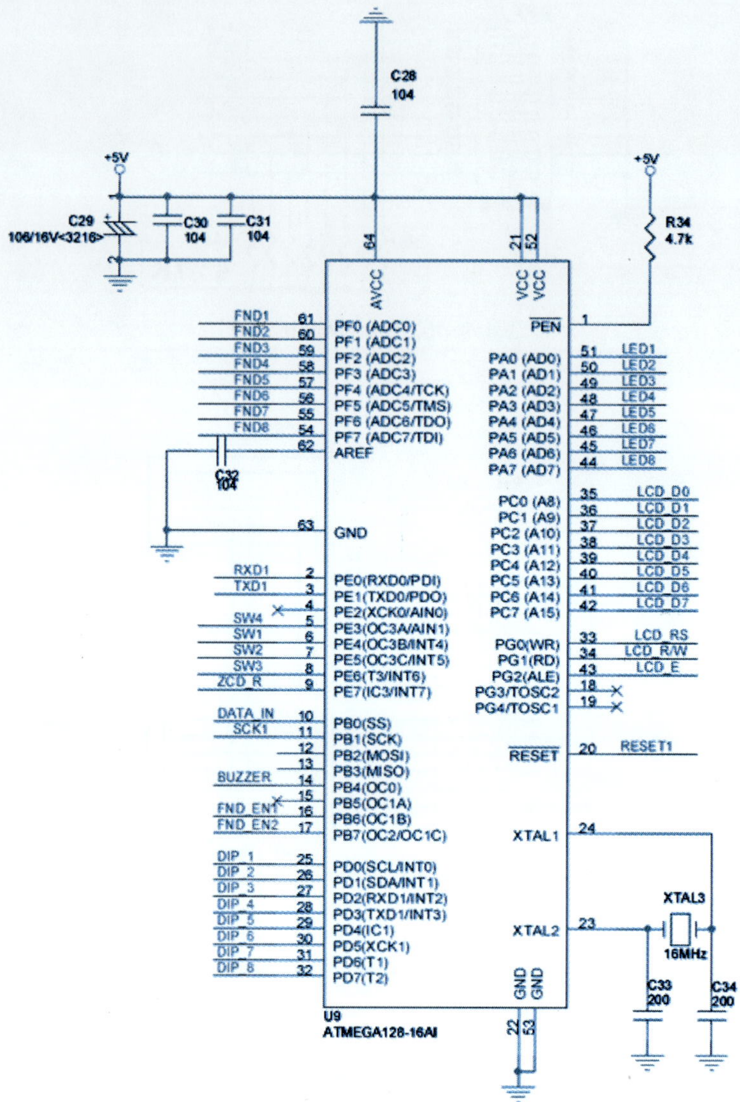

〈그림 9-17〉 Main Processor 회로

(1) LED 토글 프로그램 실습

기초실습 첫 번째로 〈그림 9-18〉처럼 포트F의 비트0에 연결되어 있는 LED1을 0.5초 간격으로 토글거리는 프로그램을 실습하도록 한다. 이때 포트F의 다른 비트의 출력 상태에 영향을 주지 않아야 한다. 〈그림 9-18〉에 순서도를 나타내었다. 또한 여기서는 0.5초의 시간 간격으로 LED를 깜박이기 위하여 Delay 함수를 만들어 사용하였다.

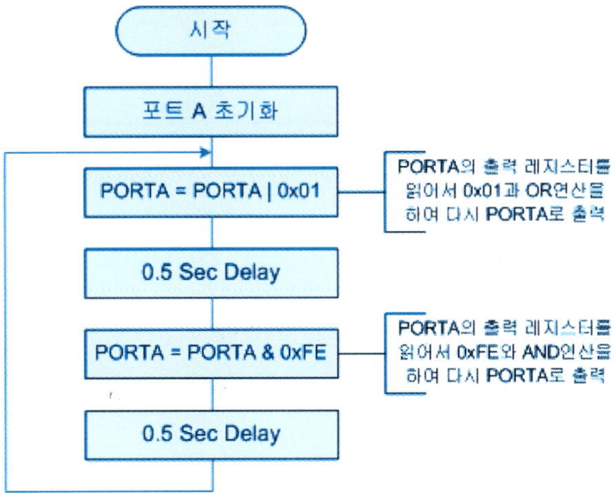

〈그림 9-18〉 LED 프로그램 순서도

```
#include <iom128.h>

void delay_ms( unsigned long ms );

void main(void)
{
        PORTA=0x00;                     // 포트A 출력 레지스터를 0으로 설정
        DDRA=0xFF;                      // 포트A 전체를 출력으로 설정

        while (1) {
                PORTA = PORTA | 0x01;   // 포트A의 출력 레지스터를 읽어서 0x01과
                                        // OR연산을 하여 다시 포트A로 출력한다.
                delay_ms(500);          // 0.5초 지연
                PORTA = PORTA & 0xFE;   // 포트A의 출력 레지스터를 읽어서 0xFE와
                                        // AND연산을 하여 다시 포트A로 출력한다.
                delay_ms(500);          // 0.5초 지연
                }
}

void delay_ms ( unsigned long ms ){  // Timer를 사용하여 1ms를 만들어주는 함수
        unsigned long i, Set;

        TCCR2 = 0x04;                   // CLK/256 - 1ms is 62 timer match

        Set = 62;                       // Set = (fclk/256) / 1000

        for( i=0 ; i<ms ; i++ ){
                TCNT2 = 0;
                OCR2 = TCNT2 + Set;
                while( OCR2 != TCNT2 );
```

```
        }
}
```

(2) 회전 및 토글 LED 프로그램 실습

〈그림 9-19〉는 LED1→LED2→LED3→LED4→LED5→LED6→LED7→LED8이 250mSec 간격으로 계속 회전하면서 깜박이는 프로그램에 대한 순서도이다.

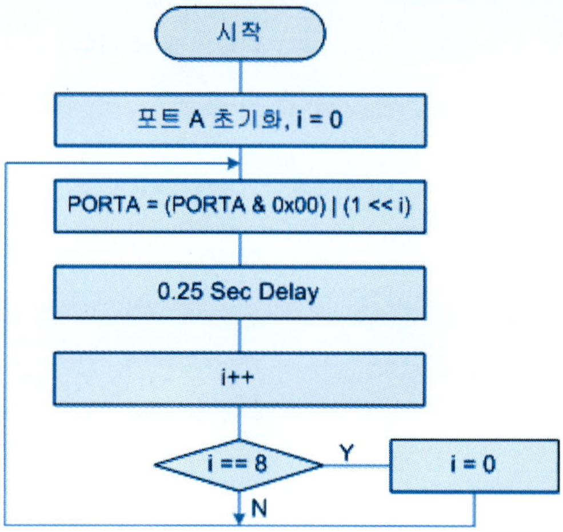

〈그림 9-19〉 회전 LED 프로그램 순서도

```
#include <iom128.h>

void delay_ms ( unsigned long ms );

void main(void)
{
        int i;

        DDRA=0xFF;                  // 포트A 전체를 출력으로 설정
        PORTA=0x00;                 // 포트A 출력 레지스터를 0으로 설정

        i = 0;
        while (1)
```

```
		{
			// 1을 i만큼 왼쪽으로 시프트하고 OR연산하여 다시 포트A로 출력한다.
			PORTA = (PORTA & 0x00) | (1 << i);
			delay_ms(250);			// 0.25초 지연

			i++;				// i를 1증가.
			if (i == 8) i = 0;  // i를 증가하여 8이 되면 다시 0으로 한다.
			}
}

void delay_ms ( unsigned long ms ){  // Timer를 사용하여 1ms를 만들어주는 함수
		unsigned long i, Set;

		TCCR2 = 0x04;				// CLK/256 - 1ms is 62 timer match

		Set = 62;				// Set = (fclk/256) / 1000

		for( i=0 ; i<ms ; i++ ){
			TCNT2 = 0;
			OCR2 = TCNT2 + Set;
			while( OCR2 != TCNT2 );
		}
}
```

(3) Key 입력 테스트 1 실습

〈그림 9-20〉은 SW1~SW4의 상태에 따라 LED1~LED4를 켜는 프로그램에 대한 순서도이다.

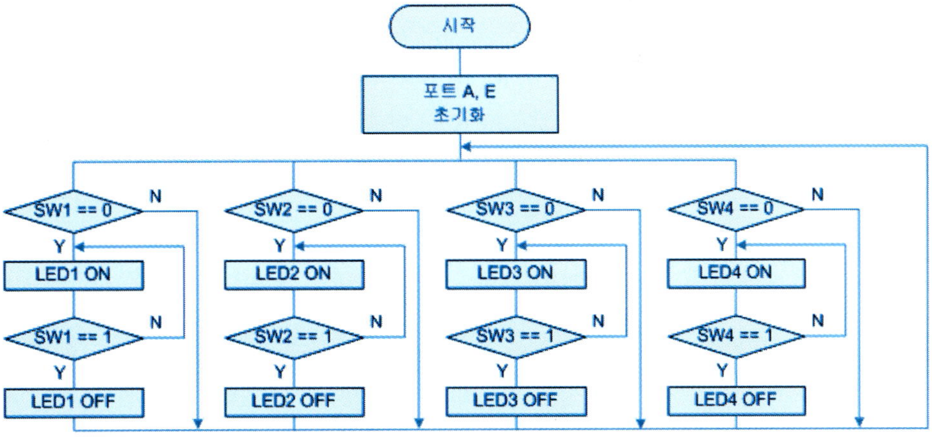

〈그림 9-20〉 Key 입력 프로그램 1 순서도

```
#include <iom128.h>

// 포트 E에 연결된 스위치
#define SW1      4
#define SW2      5
#define SW3      6
#define SW4      3

// 포트 A에 연결된 LED
#define LED1     0
#define LED2     1
#define LED3     2
#define LED4     3
#define LED5     4
#define LED6     5
#define LED7     6
#define LED8     7

void main(void)
{
        DDRA = 0xFF;     // 포트A : LED : 전체를 출력으로 설정
        PORTA = 0x00;    // 포트A 출력 레지스터를 0으로 설정

        DDRE = 0x87;     // 포트E : Switch : 3, 4, 5, 6 비트를 입력으로 설정
        PINE = 0x87;     // 포트E 3, 4, 5, 6 비트 입력 레지스터를 0으로 설정

        while (1) {

                // 포트E 상태를 입력받아 SW1에 해당하는 비트가 0인지 1인지를 판단
                if ((PINE & (1 << SW1)) == 0) {
                        // SW1의 해당 비트의 상태가 0이면 LED1을 켠다.
                        PORTA = PORTA | (1 << LED1);
                        } else {
                        // SW1의 해당 비트의 상태가 1이면 LED1을 끈다.
                        PORTA = PORTA & ~(1 << LED1);
                        }
                // 포트E 상태를 입력받아 SW2에 해당하는 비트가 0인지 1인지를 판단
                if ((PINE & (1 << SW2)) == 0) {
                        // SW2의 해당 비트의 상태가 0이면 LED2를 켠다.
                        PORTA = PORTA | (1 << LED2);
                        } else {
                        // SW2의 해당 비트의 상태가 1이면 LED2를 끈다.
                        PORTA = PORTA & ~(1 << LED2);
                        }
                // 포트E 상태를 입력받아 SW3에 해당하는 비트가 0인지 1인지를 판단
                if ((PINE & (1 << SW3)) == 0) {
```

```
                    // SW3의 해당 비트의 상태가 0이면 LED3을 켠다.
                    PORTA = PORTA | (1 << LED3);
                    } else {
                    // SW3의 해당 비트의 상태가 1이면 LED3을 끈다.
                    PORTA = PORTA & ~(1 << LED3);
                    }
            // 포트E 상태를 입력받아 SW4에 해당하는 비트가 0인지 1인지를 판단
            if ((PINE & (1 << SW4)) == 0) {
                    // SW4의 해당 비트의 상태가 0이면 LED4를 켠다.
                    PORTA = PORTA | (1 << LED4);
                    } else {
                    // SW4의 해당 비트의 상태가 1이면 LED4를 끈다.
                    PORTA = PORTA & ~(1 << LED4);
                    }
            }
}
```

(4) Key 입력 테스트 2 실습

<그림 9-21>은 SW1을 한 번 누르면 LED1을 켜고, 다시 누르면 LED1을 끄는 실습에 대한 순서도이다.

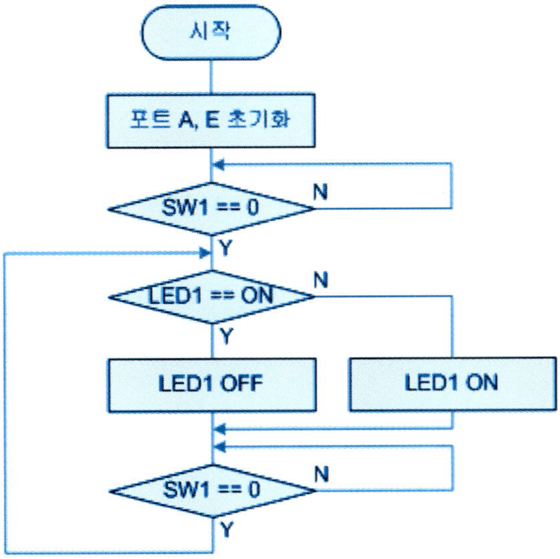

<그림 9-21> Key 입력 프로그램 2 순서도

```
#include <iom128.h>

#define SW1      4              // 포트 E에 연결된 스위치
#define LED1     0              // 포트 A에 연결된 LED

void main(void)
{
        DDRA = 0xFF;  // 포트A 전체를 출력으로 설정
        PORTA = 0x00; // 포트A 출력 레지스터를 0으로 설정
        DDRE = 0x87;  // 포트E 3,4,5,6 비트를 입력으로 설정
        PORTE = 0x87; // 포트E 3,4,5,6 비트의 입력 레지스터를 0으로 설정

        while (1) {

                // 포트E 상태를 입력받아 SW1의 해당 비트가 0인지 1인지를 판단
                if ((PINE & (1 << SW1)) == 0) {

                        if ((PORTA & (1 << LED1)) == 0) {

                        // LED1의 출력 레지스터의 상태가 0이면 LED1을 켠다.
                                PORTA = PORTA | (1 << LED1);
                        } else {

                        // LED1의 출력 레지스터의 상태가 1이면 LED1을 끈다.
                                PORTA = PORTA & ~(1 << LED1);
                        }

                        // SW1을 다시 누를 때까지 무한 루프를 실행한다.
                        while ((PINE & (1 << SW1)) == 0);
                        }
                }
}
```

(5) Key 입력 테스트 3 실습

〈그림 9-22〉는 SW1~SW4의 상태를 입력받아 해당 LED1~LED4 중 하나를 켜는 실습에 대한 순서도이다.

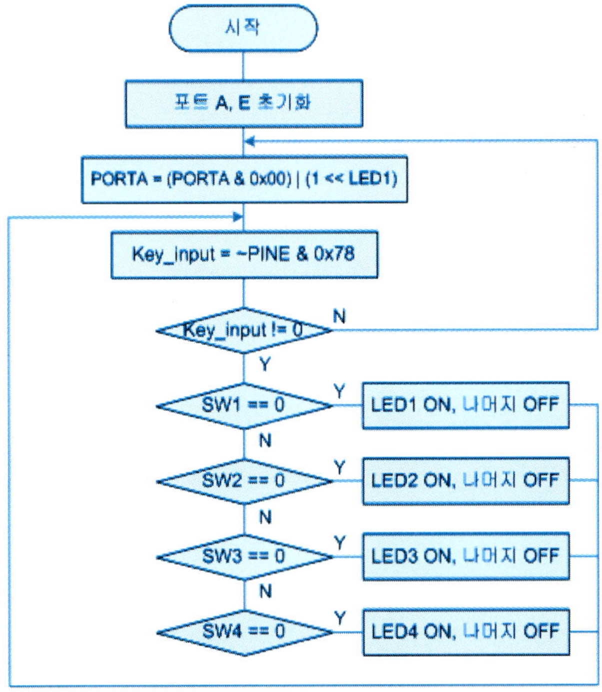

〈그림 9-22〉 Key 입력 프로그램 3 순서도

```
#include <iom128.h>

#define SW1      4            // 포트 E에 연결된 스위치 정의
#define SW2      5
#define SW3      6
#define SW4      3
// 스위치 전체의 해당 비트를 선택하기 위하여 정의, 0x78과 같다. (01111000)
#define SW_ALL   ((1 << SW1) | (1 << SW2) | (1 << SW3) | (1 << SW4))

#define LED1     0            // 포트 A에 연결된 LED
#define LED2     1
#define LED3     2
#define LED4     3
```

```
#define LED5	4
#define LED6	5
#define LED7	6
#define LED8	7

void main(void)
{
		unsigned char key_input;

		DDRA = 0xFF;  // 포트A 전체를 출력으로 설정
		PORTA = 0x00; // 포트A 출력 레지스터를 0으로 설정
		DDRE = 0x87;  // 포트E 3,4,5,6 비트를 입력으로 설정
		PORTE = 0x87; // 포트E 3,4,5,6 비트의 입력 레지스터를 0으로 설정

		PORTA = (PORTA & 0x00) | (1 << LED1);	// LED1을 켠다.

		while (1)
		{
			// 포트E의 상태를 입력받아 스위치가 눌려졌는지 판단한다.
			key_input = ~PINE & SW_ALL;

			if (key_input != 0) {
				switch (key_input) {
					case (1 << SW1) :	// LED1을 켠다.
						PORTA = (PORTA & 0x00) | (1 << LED1);
						break;
					case (1 << SW2) :	// LED2를 켠다.
						PORTA = (PORTA & 0x00) | (1 << LED2);
						break;
					case (1 << SW3) :	// LED3을 켠다.
						PORTA = (PORTA & 0x00) | (1 << LED3);
						break;
					case (1 << SW4) :	// LED4를 켠다.
						PORTA = (PORTA & 0x00) | (1 << LED4);
						break;
					default :
						break;
				}
			}
		}
}
```

(6) FND Display 테스트 1 실습

〈그림 9-23〉은 0.5 초마다 FND의 상태가 1씩 증가하는 Counter에 대한 순서도이다.

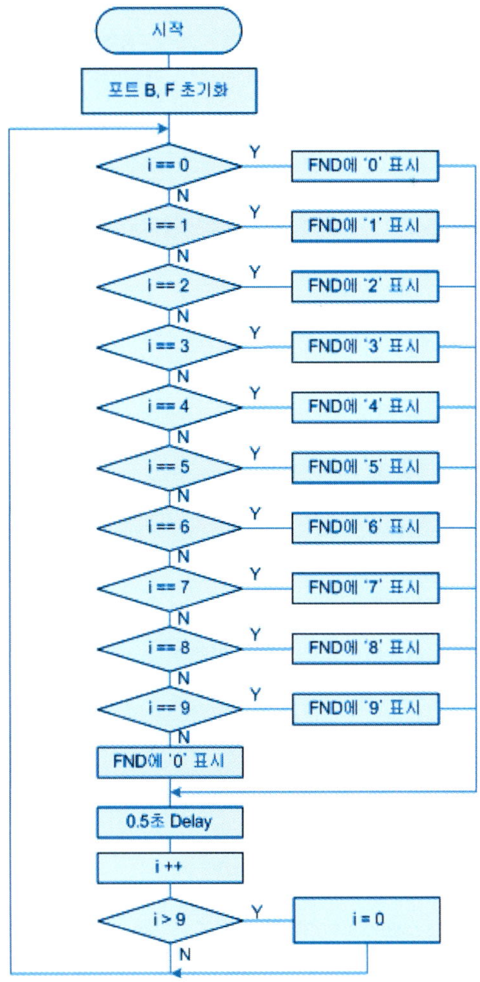

〈그림 9-23〉 FND Display 프로그램 순서도

```
#include <iom128.h>

#define FND1    6          // 포트 B에 연결된 FND Enable 비트
#define FND2    7
```

```
void delay_ms ( unsigned long ms );

void main(void)
{
        int i;

        DDRB=0xC0;              // 포트B 상위 2 비트를 출력으로 설정
        PORTB=0x00;             // 포트B 출력 레지스터를 0으로 설정

        DDRF=0xFF;              // 포트F : FND : 전체를 출력으로 설정
        PORTF=0x00;             // 포트F 출력 레지스터를 0으로 설정

        PORTB = 0x80;           // FND1만 Enable하여 Display

        i = 0;
        while (1){          // FND Display
                switch (i) {
                        case 0 : PORTF = 0x3F;
                        break;
                        case 1 : PORTF = 0x06;
                        break;
                        case 2 : PORTF = 0x5B;
                        break;
                        case 3 : PORTF = 0x4F;
                        break;
                        case 4 : PORTF = 0x66;
                        break;
                        case 5 : PORTF = 0x6D;
                        break;
                        case 6 : PORTF = 0x7D;
                        break;
                        case 7 : PORTF = 0x27;
                        break;
                        case 8 : PORTF = 0x7F;
                        break;
                        case 9 : PORTF = 0x6F;
                        break;
                        default : PORTF = 0x3F;
                        break;
                        }
                delay_ms(500);          // 0.5초 지연
                i++;                    // i를 1증가
                if (i > 9)
                        i = 0;          // i가 증가하여 16이 되면 다시 0이 됨
                }
}

void delay_ms ( unsigned long ms ){  // Timer를 사용하여 1ms를 만들어주는 함수
```

```
        unsigned long i, Set;

        TCCR2 = 0x04;                       // CLK/256 - 1ms is 62 timer match

        Set = 62;                   // Set = (fclk/256) / 1000

        for( i=0 ; i<ms ; i++ ){
                TCNT2 = 0;
                OCR2 = TCNT2 + Set;
                while( OCR2 != TCNT2 );
        }
}
```

(7) FND Display 테스트 2 실습

〈그림 9-24〉는 SW1이 눌릴 때마다 FND의 상태를 1씩 Count하는 실습에 대한 순서도이다.

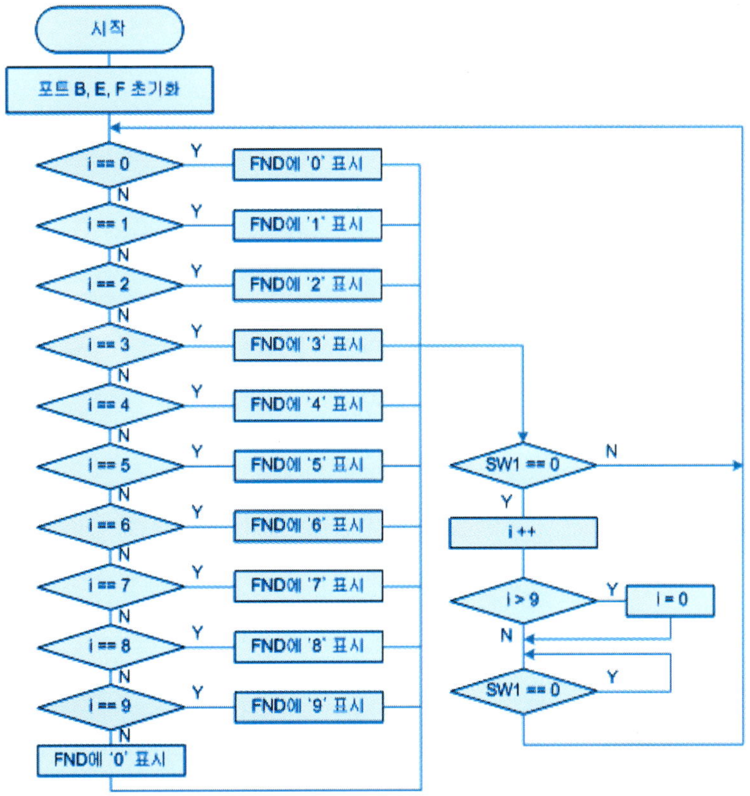

〈그림 9-24〉 FND Display 2 프로그램 순서도

```
#include <iom128.h>

// 포트 D에 연결된 스위치
#define SW1     4
#define SW2     5
#define SW3     6
#define SW4     3

// 포트 F에 연결된 FND Enable 비트
#define FND1    6
#define FND2    7

void delay_ms ( unsigned long ms );

void main(void)
{
        int i;

        DDRB = 0xC0;            // 포트B 상위 2 비트를 출력으로 설정
        PORTB = 0x00;           // 포트B 출력 레지스터를 0으로 설정

        DDRE = 0x87;            // 포트E 3,4,5,6번 비트 입력으로 설정
        PINE &= 0x87;           // 포트E 3,4,5,6번 비트 입력 레지스터를 0으로 설정

        DDRF = 0xFF;            // 포트F : FND : 전체를 출력으로 설정
        PORTF = 0x00;           // 포트F 출력 레지스터를 0으로 설정

        PORTB = 0x40;           // FND1을 Enable한다.

        i = 0;
        while (1) {             // FND Display
                switch (i) {
                        case 0 : PORTF = 0x3F;
                        break;
                        case 1 : PORTF = 0x06;
                        break;
                        case 2 : PORTF = 0x5B;
                        break;
                        case 3 : PORTF = 0x4F;
                        break;
                        case 4 : PORTF = 0x66;
                        break;
                        case 5 : PORTF = 0x6D;
                        break;
                        case 6 : PORTF = 0x7D;
                        break;
```

```
                    case 7 : PORTF = 0x27;
                    break;
                    case 8 : PORTF = 0x7F;
                    break;
                    case 9 : PORTF = 0x6F;
                    break;
                    default : PORTF = 0x3F;
                    break;
                    }

            // 포트D 상태를 입력받아 SW1에 해당하는 비트가 0인지 1인지를 판단
            if ((PINE & (1 << SW1)) == 0) {
                    i++;                    // i를 1증가.
                    if (i > 9) i = 0;       // i가 10이 되면 0으로 대입

            while ((PINE & (1 << SW1)) == 0);
                    }
            }
}

void delay_ms ( unsigned long ms ){  // Timer를 사용하여 1ms를 만들어주는 함수
        unsigned long i, Set;

        TCCR2 = 0x04;                // CLK/256 - 1ms is 62 timer match

        Set = 62;                    // Set = (fclk/256) / 1000

        for( i=0 ; i<ms ; i++ ){
                TCNT2 = 0;
                OCR2 = TCNT2 + Set;
                while( OCR2 != TCNT2 );
        }
}
```

(8) FND Display 테스트 3 실습

〈그림 9-25〉는 FND를 이용한 다이내믹 디스플레이 실습에 관한 순서도이다.

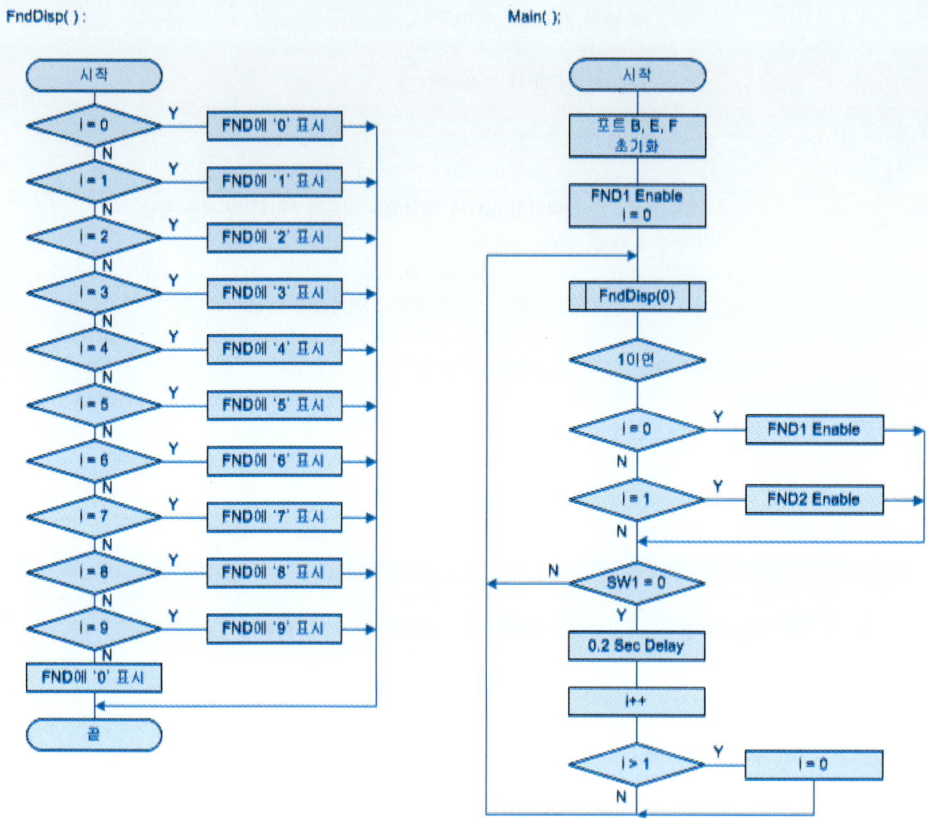

〈그림 9-25〉 FND Display 프로그램 3 순서도

```
#include <iom128.h>

// 포트 E에 연결된 스위치
#define SW1    4
#define SW2    5
#define SW3    6
#define SW4    3

// 포트 B에 연결된 FND Enable 비트
#define FND1   6
#define FND2   7
```

```
void delay_ms ( unsigned long ms );
void FndDisp( int val );

void main(void)
{
        int i;

        DDRB = 0xC0;            //포트 B의 6,7비트만 출력으로 설정
        PORTB = 0x00;           // 포트 B 출력 레지스터를 0으로 설정

        DDRE=0x87;              // 포트E 3,4,5,6 비트를 입력으로 설정
        PINE=0x87;              // 포트E 3,4,5,6 입력 레지스터를 0으로 설정

        DDRF=0xFF;              // 포트F 전체를 입력으로 설정
        PORTF=0x00;             // 포트F 출력 레지스터를 0으로 설정


        // FND1을 켠다.
        PORTB = (PORTB & 0x00) | (1 << FND1);

        i = 0;
        while (1) {
                FndDisp(0);     // FND에 해당 값을 표시한다.

                switch (i) {
                        case 0  :   PORTB = (PORTB & 0x00) | (1 << FND1);
                                break;
                        case 1  :   PORTB = (PORTB & 0x00) | (1 << FND2);
                                break;
                        default :
                                break;
                        }

                // 포트E 상태를 입력받아 SW1에 해당하는 비트가 0인지 1인지를 판단
                if ((PINE & (1 << SW1)) == 0) {
                        delay_ms(200);    // 0.2초 지연
                                // 지연시간을 10ms로 변경하고 SW1을 누른다.
                                // 2개의 FND가 동시에 표시되는 것을 볼 수 있다.
                                // 다이내믹 디스플레이의 원리이다.

                        i++;            // i를 1증가.
                        if (i > 1) i = 0;// i를 증가하여 2가 되면 다시 0으로 한다.
                        }
                }
}
```

```
void delay_ms ( unsigned long ms ){  // Timer를 사용하여 1ms를 만들어주는 함수
        unsigned long i, Set;

        TCCR2 = 0x04;              // CLK/256 - 1ms is 62 timer match

        Set = 62;                  // Set = (fclk/256) / 1000

        for( i=0 ; i<ms ; i++ ){
                TCNT2 = 0;
                OCR2 = TCNT2 + Set;
                while( OCR2 != TCNT2 );
        }
}

void FndDisp( int val )        // FND 데이터를 PORTF로 출력한다.
{
        switch (val) {
                case 0  :   PORTF = 0x3F;
                            break;
                case 1  :   PORTF = 0x06;
                            break;
                case 2  :   PORTF = 0x5B;
                            break;
                case 3  :   PORTF = 0x4F;
                            break;
                case 4  :   PORTF = 0x66;
                            break;
                case 5  :   PORTF = 0x6D;
                            break;
                case 6  :   PORTF = 0x7D;
                            break;
                case 7  :   PORTF = 0x27;
                            break;
                case 8  :   PORTF = 0x7F;
                            break;
                case 9  :   PORTF = 0x6F;
                            break;
                default :   PORTF = 0x3F;
                            break;
                }
}
```

(9) DIP Switch 입력 결과를 FND Display 테스트 실습

〈그림 9-26〉은 DIP Switch의 입력에 대한 결과를 FND에 Display하는 실습에 대한 순서도이다.

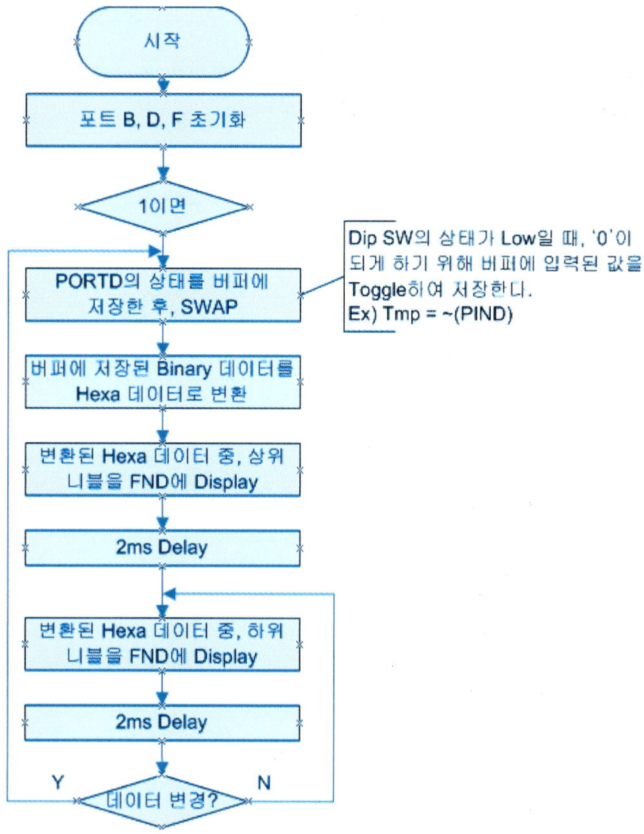

〈그림 9-26〉 DIP 스위치 입력 결과 FND 디스플레이 프로그램 순서도

```
#include <iom128.h>

void FND_Disp ( int i );
void ConHex ( int d );
void delay_ms( unsigned long ms );

char Nib_H, Nib_L;

void main ( void )
```

```
{
    unsigned char tmp=0;
    unsigned char tmp2;
    unsigned i;

    DDRB=0xC0;              // 포트B 상위 2Bit : 출력, 하위 6Bit : 입력
    PORTB=0xC0;             // 포트B 상위 2 Bit의 출력 레지스터를 0으로 설정

    DDRD=0x00;              // 포트D : DIP SW : 전체를 입력으로 설정
    PIND=0xFF;              // 포트D 입력 레지스터를 0으로 설정

    DDRF = 0xFF;            // 포트F : FND : 전체를 출력으로 설정
    PORTF = 0x00;           // 포트F 출력 레지스터를 0으로 설정

    while( 1 ){
                tmp = ~(PIND);              //Dip SW를 Toggle하여 읽는다.

                for(i=0; i<8; i++){         // 상위비트와 하위비트 Swap
                        tmp2 = tmp2 << 1;
                        tmp2 |= (tmp & 0x01);
                        tmp = tmp >> 1;
                        }
                ConHex( tmp2 );

                PORTB |= 0xC0;  // 상위 4 Bit FND Display
                FND_Disp( Nib_H );
                PORTB &= ~(0x40);

                delay_ms(2);

                PORTB |= 0xC0;  // 하위 4 Bit FND Display
                FND_Disp( Nib_L );
                PORTB &= ~(0x80);

                delay_ms(2);
        }
}

void ConHex ( int d ){                  // 8 Bit Data를 2 Nibble Hexa Data로 변환
        Nib_H = 0, Nib_L = 0;

        Nib_H = (d >> 4) & 0x0F;
        Nib_L = d & 0x0F;
}

void FND_Disp ( int i ){

        switch (i) {
```

```
                case 0 : PORTF = 0x3F;
                         break;
                case 1 : PORTF = 0x06;
                         break;
                case 2 : PORTF = 0x5B;
                         break;
                case 3 : PORTF = 0x4F;
                         break;
                case 4 : PORTF = 0x66;
                         break;
                case 5 : PORTF = 0x6D;
                         break;
                case 6 : PORTF = 0x7D;
                         break;
                case 7 : PORTF = 0x27;
                         break;
                case 8 : PORTF = 0x7F;
                         break;
                case 9 : PORTF = 0x6F;
                         break;
                case 10 : PORTF = 0x77;
                         break;
                case 11 : PORTF = 0x7C;
                         break;
                case 12 : PORTF = 0x39;
                         break;
                case 13 : PORTF = 0x5E;
                         break;
                case 14 : PORTF = 0x79;
                         break;
                case 15 : PORTF = 0x71;
                         break;
                default : PORTF = 0x3F;
                         break;
        }
}

void delay_ms ( unsigned long ms ){  // Timer를 사용하여 1ms를 만들어주는 함수
        unsigned long i, Set;

        TCCR2 = 0x04;              // CLK/256 - 1ms is 62 timer match

        Set = 62;                  // Set = (fclk/256) / 1000

        for( i=0 ; i<ms ; i++ ){
                TCNT2 = 0;
                OCR2 = TCNT2 + Set;
                while( OCR2 != TCNT2 );
        }
}
```

(10) LCD Display 테스트 실습

〈그림 9-27〉은 LCD에 'Hello! World!'를 Display하는 실습에 대한 순서도이고, 〈그림 9-28〉은 LCD와 관련된 Setup을 하는 내용을 담은 소스에 대한 순서도이며, 〈그림 9-29〉는 LCD의 초기화를 구현하는 내용에 대한 순서도이다.

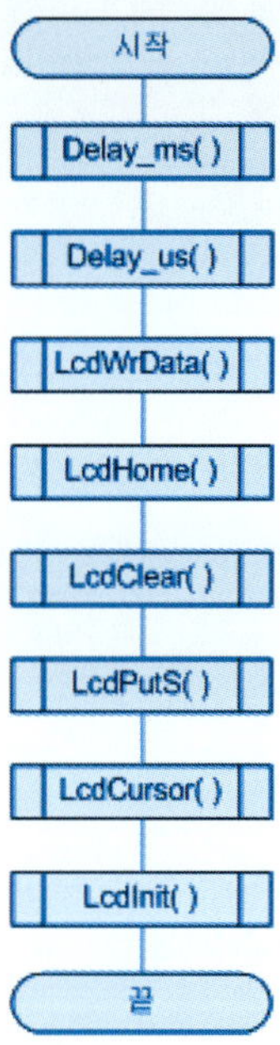

〈그림 9-27〉
LCD Display 순서도

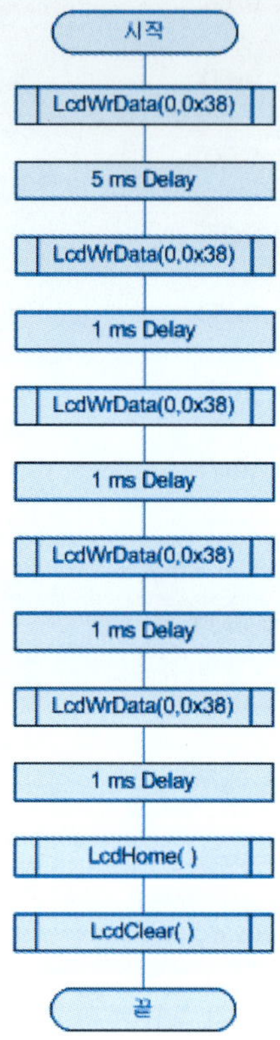

〈그림 9-28〉
LCD 설정 순서도

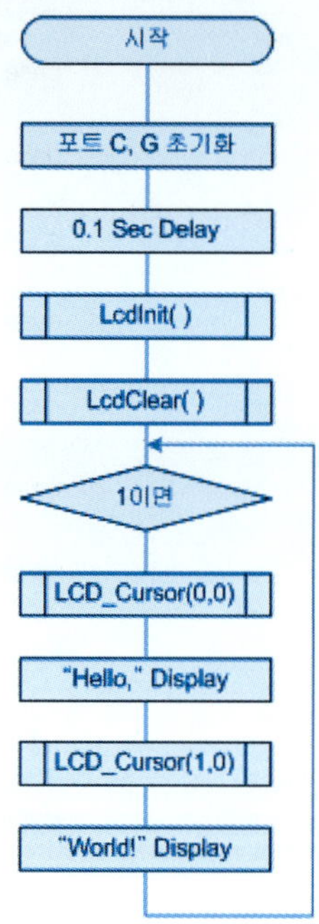

〈그림 9-29〉
LCD 초기화 순서도

Main( ) :

```
#include <iom128.h>
#include "LCD_Setup.c"

//==================================
//          MAIN TOP
```

```
//================================
void main( void ) {

        // 포트 초기화
        DDRC = 0xFF;
        PORTC = 0x00;
        DDRG = 0x07;
        PORTG = 0x00;

        delay_ms( 100 );
        LcdInit( );                                          // LCD 초기화

        LcdClear( );

        while(1){

                LcdCursor( 0, 0 );
                LcdPutS("     Hello!      " );
                LcdCursor( 1, 0 );
                LcdPutS("     World!      " );

                }
}
```

LCD_Setup.c :

```
//////////////////////////////////////////
//                                      //
//              LCD_Setup.c             //
//                                      //
//////////////////////////////////////////

void LcdInit( void );
void LcdWrData( unsigned char rs, unsigned char d );
void LcdClear( void );
void LcdHome( void );
void LcdPutS( unsigned char *s );
void LcdCursor (char row, char column);

//          Delay
void delay_ms(unsigned long ms);
void delay_us( unsigned long us );

//=========================================
//          LCD Display
//=========================================
```

제9장

```
//////////////  PIN Table  /////////////////////
//      LCD_RS          PIN_G0          //
//      LCD_RW          PIN_G1          //
//      LCD_E           PIN_G2          //
//      LCD_D0          PIN_C0          //
//      LCD_D1          PIN_C1          //
//      LCD_D2          PIN_C2          //
//      LCD_D3          PIN_C3          //
//      LCD_D4          PIN_C4          //
//      LCD_D5          PIN_C5          //
//      LCD_D6          PIN_C6          //
//      LCD_D7          PIN_C7          //
//////////////////////////////////////////////

void LcdInit( void ){                           // LCD 초기화

        LcdWrData( 0, 0x38 );                   // Funtion Set
        delay_ms(5);
        LcdWrData( 0, 0x38 );                   // Funtion Set
        delay_ms(1);
        LcdWrData( 0, 0x38 );                   // Funtion Set
        delay_ms(1);
        LcdWrData( 0, 0x0c );                   // Display On/Off control
        delay_ms(1);
        LcdWrData( 0, 0x06 );                   // Entry Mode set
        delay_ms(1);

        LcdHome( );
        LcdClear( );
}

void LcdWrData( unsigned char rs, unsigned char d ){

        ( d & 0x01 ) ? (PORTC |= 0x01) : (PORTC &= ~(0x01));
        ( d & 0x02 ) ? (PORTC |= 0x02) : (PORTC &= ~(0x02));
        ( d & 0x04 ) ? (PORTC |= 0x04) : (PORTC &= ~(0x04));
        ( d & 0x08 ) ? (PORTC |= 0x08) : (PORTC &= ~(0x08));
        ( d & 0x10 ) ? (PORTC |= 0x10) : (PORTC &= ~(0x10));
        ( d & 0x20 ) ? (PORTC |= 0x20) : (PORTC &= ~(0x20));
        ( d & 0x40 ) ? (PORTC |= 0x40) : (PORTC &= ~(0x40));
        ( d & 0x80 ) ? (PORTC |= 0x80) : (PORTC &= ~(0x80));

        ( rs ) ? (PORTG |= 0x01) : (PORTG &= ~(0x01));
        PORTG &= ~(0x02);                       // LCD RW : low
        PORTG |= 0x04;                  // LCD E : high
        delay_us(5);
```

```
        PORTG &= ~(0x04);                    // LCD E : low
        PORTG |= 0x02;                       // LCD RW : high
        delay_us(50);
}

void LcdHome( void ){

        LcdWrData( 0, 0x02 );
        delay_ms(2);
}

void LcdClear( void ){

        LcdWrData( 0, 0x01 );
        delay_ms(2);
}

void LcdPutS( unsigned char *s ){
        unsigned char i;

        for( i=0 ; i<100 ; i++ ){
                if( *s != '₩0' )
                        LcdWrData( 1, *s );
                else
                        break;
                s ++;
        }
}

void LcdCursor (char row, char column){
        unsigned char CursorTable[4]={0,40,20,60};
        unsigned char i;

        LcdHome( );

        for( i=0 ; i<CursorTable[row] ; i++ )
                LcdWrData( 0, 0x14 );
        for( i=0 ; i<column ; i++ )
                LcdWrData( 0, 0x14 );
}

void delay_ms ( unsigned long ms ){          // Timer를 사용하여 1ms를 만들어주는 함수
        unsigned long i, Set;

        TCCR2 = 0x04;                        // CLK/256 - 1ms is 62 timer match

        Set = 62;                            // Set = (fclk/256) / 1000

        for( i=0 ; i<ms ; i++ ){
                TCNT2 = 0;
```

제 9 장

```
                OCR2 = TCNT2 + Set;
                while( OCR2 != TCNT2 );
        }
}

void delay_us ( unsigned long us ){            // Timer를 사용하여 1us를 만들어주는 함수
        unsigned long i, Set;

        TCCR0 = 0x01;                          // CLK/1 - 1us is 13 timer match

        Set = 16;

        for( i=0 ; i<ms ; i++ ){
                TCNT0 = 0;
                OCR0 = TCNT0 + Set;
                while( (TIFR & 0x02) == 0 );
        }
}
```

10 전력선 통신 충돌감지 응용

10-1 실험 목적

(1) 이더넷(Ethernet)의 원리를 이해한다.

(2) 이더넷(Ethernet) IEEE802.3 CSMA/CD 원리를 익힌다.

(3) CSMA/CD 충돌방지(Anti Collision)는 어떻게 작동하는지를 익힌다.

(4) 전력선 통신에서 충돌(Collision)을 감지하는 방법을 익힌다.

10-2 전력선 통신의 충돌

10-2-1. 이더넷 개요

회선 상에서 데이터를 전송하는 여러 가지 방식들 중 현재 전 세계적으로 90% 이상 사용되는 대표적인 네트워크 형태로, 제록스(Xerox)의 연구원이었던 밥 메칼프(Bob Metcalfe)와 데이빗 벅스(David Boggs)에 의해 소개되었다.

데이터를 전송하기 위해 CSMA/CD라는 약속을 사용하며, 전송속도는 현재 10~1000Mbps까지 다양하게 존재한다.

이더넷(Ethernet)이란 약속을 통해 네트워크를 구성하기 위해선 네트워크 인터페이스 카드(NIC)를 설치해야 한다.

이 랜카드(LAN Card)의 역할은 우리가 원하는 데이터(DATA)를 네트워크 상에 전파시키는 역할을 한다. 총 7단계로 이루어진 이 과정은 "OSI(Open System Interconnection) 7 계층"으로 불리우며, 인터넷을 유지하고 있는 TCP/IP와 매우 비슷한 형태를 유지하고 있다.

1) 충돌

〈그림 10-1〉에서 'C'에서 데이터(DATA) 전송이 네트워크를 통해 보내려고 하고 있을 때 'B'에서 회선상태를 점검해본 결과 신호를 감지하지 못하게 되므로 'B'는 데이터를 회선을 통해 전송하게 된다.

이러한 상황을 충돌(Collision)이 발생했다고 하는데, 충돌이 발생하게 되면 'B'는 랜덤한 시간을 기다린 후 다시 회선상태를 감지(Carrier sense)하여 전송이 없을 때 데이터(DATA)를 보낸다.

이더넷에서는 충돌발생시 위와 같은 방법(CSMA/CD)을 사용하여 충돌을 방지한다.

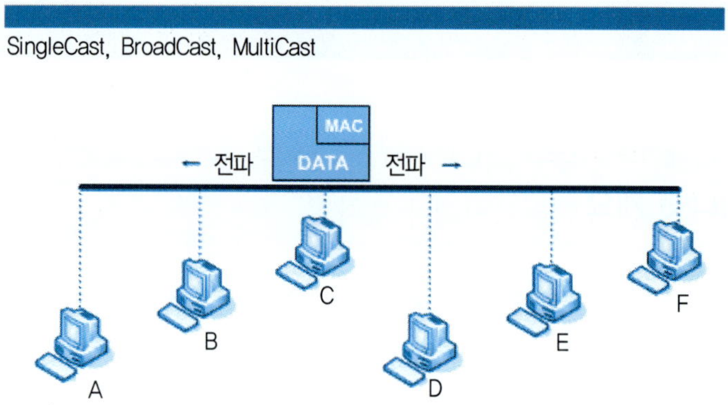

〈그림 10-1〉 SingleCast, BroadCast, MultiCast 방식

2) 유니 · 멀티 브로드캐스트(Broadcast)

송신된 데이터(DATA)는 네트워크로 연결된 모든 컴퓨터들의 이더넷 카드에 전달된다. 이를 수신한 이더넷 카드는 전달받은 데이터 위에 적힌 주소(MAC 주소)를 확인하게 되는데, 자신의 MAC 주소와 비교해 받을지 여부를 판단하게 된다.

3) 유니캐스트(Unicast)

네트워크에서 발생하는 신호들은 모두 목적지를 가지고 있다. 즉 데이터를 받을 컴퓨터가 존재한다는 의미이다.

수신할 컴퓨터들이 하나일 수도 있고 다수일 수도 있고 모두가 될 수도 있다. 그 중 특정한 하나의 컴퓨터에게 신호를 보내는 경우를 유니캐스트(싱글 캐스트)라 한다.

4) 브로드캐스트(Broadcast)

'C' 컴퓨터는 데이터를 받을 컴퓨터의 IP주소만 알고 있는 상황인데, 데이터 전달을 위해 MAC주소가 필요하게 되고, 이를 알기 위해 "IP를 가지고 있으면 응답하시오 !" 라는 신호를 보내면서 모두 들을 수 있도록 신호를 사용하게 된다.

즉 네트워크에 연결된 모든 컴퓨터에게 신호를 받아보도록 하는데 이를 브로드캐스트(Broadcast)라 하며, 통상 목적지 MAC 주소에 "FF-FF-FF-FF-FF-FF"를 사용하며 이를 브로드캐스트 신호로 여기게 되며, 이 브로드캐스트 신호를 수신한 모든 컴퓨터들은 다른 일을 멈추고 응답해야 한다.

5) 멀티캐스트(Multicast)

멀티캐스트의 경우 전체가 아닌 일부를 대상으로 신호를 보낼 경우 사용하며, 특정 IP주소들이 멀티캐스트용으로 예약되어 있다.

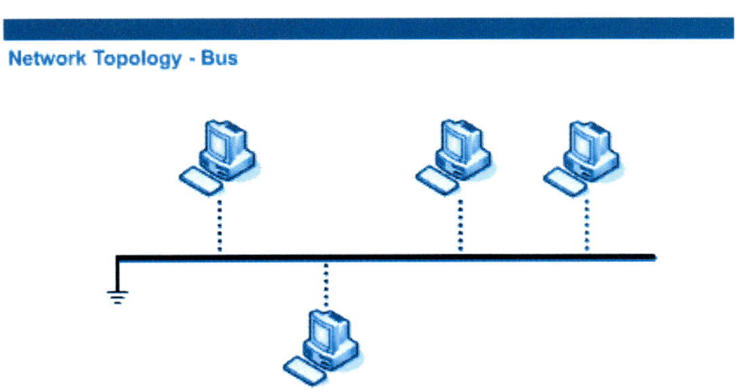

〈그림 10-2〉 네트워크의 다양한 형태 : Bus형 네트워크

가장 일반적인 네트워크의 형태는 <그림 10-2>와 같이 중앙에 백본(Backbone) 두고 호스트(Host)들을 연결한 형태이다.

<그림 10-2>와 같은 연결형태를 통상 버스(Bus)라 하는데, 회선의 양 끝에는 신호의 반송을 막기 위해 터미네이터(Terminator) 혹은 접지를 시키는 것이 일반적이다.

단점으로는 특정 호스트가 문제를 일으켜 이상한 신호를 끊이지 않고 지속적으로 회선에 뿌리게 되면, CSMA/CD을 사용하는 이더넷의 특성 때문에 다른 호스트들은 계속 기다려야 하는 상황이 되어 결국 통신을 못하게 되는 상황이 발생하게 된다.

6) 네트워크의 다양한 형태 : Ring

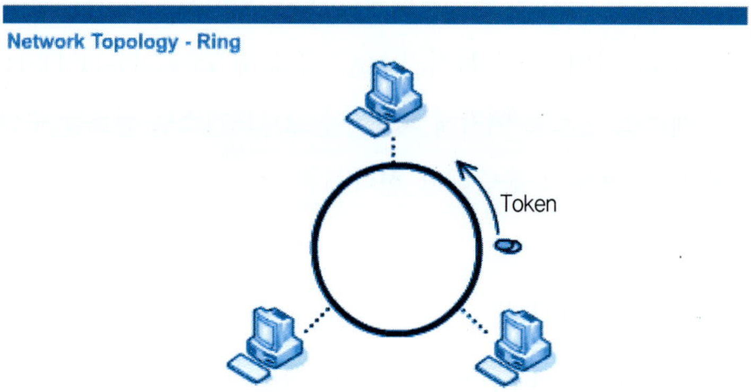

<그림 10-3> Ring형 네트워크

Bus와 마찬가지로 중앙에 백본을 두고 있지만 양끝을 서로 연결시켜 원형을 만들며, 대표적인 네트워크는 토큰링(Token Ring)이다.

네트워크에 연결된 다른 컴퓨터는 순서를 기다려야 하며, 이후 자신의 할 일을 마쳤거나 토큰의 사용기간이 만료되면 옆의 컴퓨터로 토큰을 전달하는 방식을 취한다. 이런 제한적인 네트워크 구조로 버스(Bus)나 스타(Star)구조와는 달리 이더넷의 특징인 충돌이 발생하지 않는다. 현재 이런 토큰링은 대형서버들에서 주로 사용되고 있다.

7) 네트워크의 다양한 형태 : Star

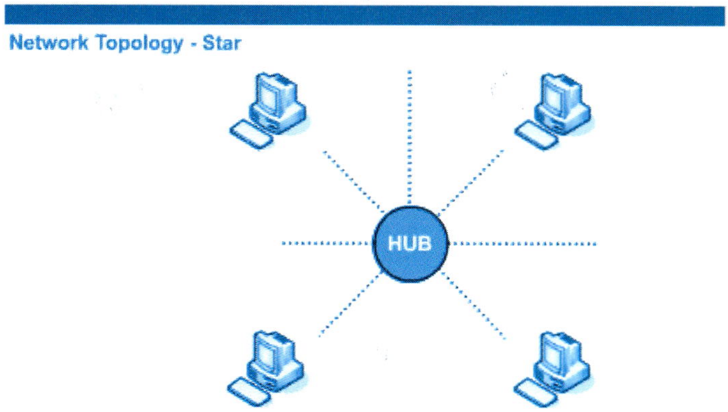

〈그림 10-4〉 Star형 네트워크

스타구조는 현재 가장 많이 사용되고 있으며, 대부분의 네트워크 장비들도 스타구조를 지원하고 있다.

허브나 스위치, 그리고 IP공유기가 바로 스타구조를 지원하고 있다.

가장 큰 장점으로는 아래 그림처럼 확장이 매우 간편하다는데 있다. 게다가 버스형태와는 달리 특정 호스트에 문제가 발생할 경우 위치를 파악해 해결하기가 매우 간편하다.

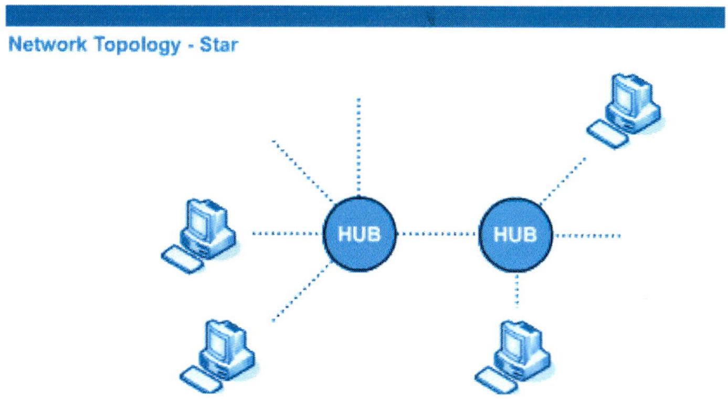

〈그림 10-5〉 확장이 용이한 스타구조

8) 허브(HUB)

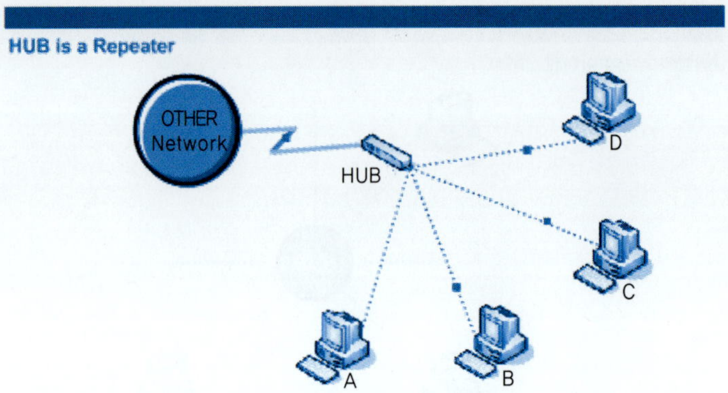

〈그림 10-6〉 HUB의 역할

허브는 단순히 중계를 해주기 때문에 신호를 각 포트로 연결된 컴퓨터들에게 모두 전달하게 된다. A컴퓨터에 있는 사용자가 D컴퓨터에게 데이터를 전달한다고 가정해 보면, A로부터 출발된 데이터(패킷)는 허브를 통해 각 호스트들로 전파가 이루어지게 된다.(유니캐스트로 전달)

허브를 통해 네트워크를 확장하게 되면 각 신호가 전파되는 범위가 커져 충돌이 일어날 확률이 높아지게 된다. 즉 충돌 도메인(Collision Domain)이 커지게 된다.

또한 A에서 D로 데이터를 보내는 그 순간에는 B, C의 컴퓨터들은 회선이 사용중이기 때문에 자신의 차례를 위해 랜덤한 시간 동안 기다린 후 회선의 사용유무를 검사하게 된다.

9) 브리지/스위치

연결해야 할 호스트들이 많아지면, 추가적으로 허브를 연결하게 되고 이 때문에 충돌 도메인이 증가하게 된다. 이를 효과적으로 해결할 수 있도록 기존의 허브를 개선시킨 네트워크 장비가 브리지(Bridge)이다.

최근에는 브리지보다 좀더 우수한 기능과 가격까지 저렴해진 스위치를 많이 사용하고 있다.

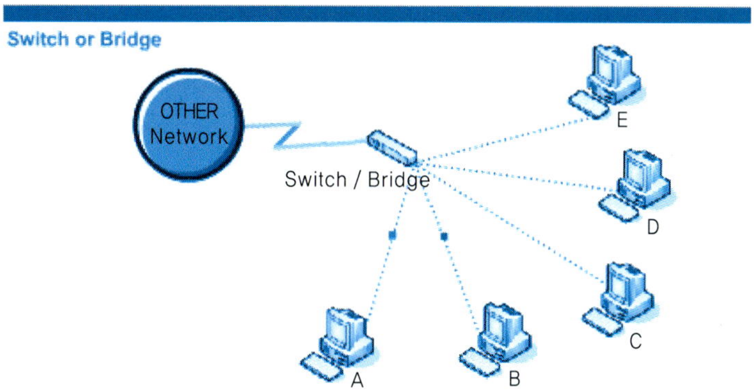

〈그림 10-7〉 Bridge 또는 Switch의 역할

10-2-2. CSMA/CD의 개요

교환기능이 있는 스위치에 접속된 두 DTE(Data Terminal Equipment)는 자신들만의 통신로를 개설할 수 있어, 상호 간 통신 중에 다른 통신국의 영향을 받지 않고 이 통신로를 독점적으로 사용할 수 있다.

그러나 한 개의 통신로를 다수의 DTE가 공유하는 버스형 통신망에서는 두 개 이상의 통신국이 동시에 송신한 프레임은 상호간의 충돌에 의해 이 프레임들 모두가 버려질 수 있다.

이를 해결하기 위하여 통신국 간에 미리 정해진 통신규약(protocol)에 따라 하나의 통신로를 공평하게 공유하는 방법을 멀티 액세스 프로토콜(Multiple Access Protocol)이라고 한다.

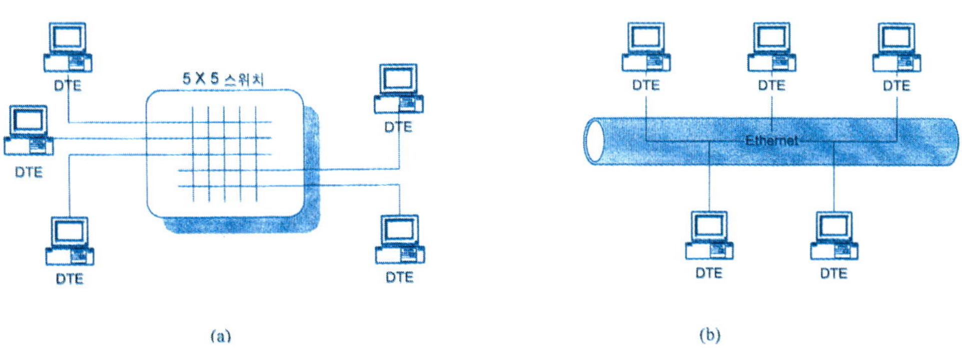

〈그림 10-8〉 Multiple Access 프로토콜의 종류

제 10 장

현재까지 제안된 수백 가지가 넘는 멀티 액세스 프로토콜 중에서 가장 많이 사용되는 프로토콜이 이더넷에서 사용하는 CSMA/CD(Carrier Sense Multiple Access with Collision Detection) 방식이다.

대표적인 LAN인 IEEE802.3 CSMA/CD 방식을 살펴보자.

LAN에서 데이터를 주고받는 프로토콜(protocol)은 OSI7계층 중 제2계층인 데이터 링크층(Data Link Layer)의 아래 반쪽에 해당하는 MAC층(Media Access Control; 매체 액세스 제어)에 위치한다.

데이터 링크층의 프로토콜은 원래 케이블에 직접 접속되어 있는 PC나 워크스테이션이 확실하게 통신할 수 있도록 통신절차를 정해놓은 것으로, LAN에서는 CSMA/ CD나 토큰링이 이에 해당한다.

또한 이 MAC층은 케이블이 동축케이블 · 트위스트페어케이블에 관계가 없는, 즉 매체에 의존하지 않는 계층이다. 그 때문에 매체에 따라 달라지는 물리층(Physical Layer) 위에 위치하게 된다.

CSMA/CD는 'Carrier Sense Multiple Access with Collision Detection'의 준말로 반송파 감지 다중액세스/충돌 검출(방식)을 의미한다. 좀더 구체적으로 말하자면, 'Carrier Sense(반송파 감지)'란 데이터 신호가 케이블상에 존재하는 그 여부를 확인하여 없으면 자신의 데이터를 상대방에게 보내는 것을 말한다.

다중 액세스(Multiple Access)란 여러 개(Multiple)의 PC 등이 접속되어 있는 케이블을 지나다니는 데이터에 액세스하는 것을 말한다.

'Collision Detection(충돌검출)'은 몇 개의 PC가 동시에 동축케이블로 데이터를 내보냈을 때 서로 충돌하여 데이터 내용이 파손되었을 경우 이를 검출하여 일정 시간 기다린 후 한 번 더 파손된 데이터를 재전송하는 시도를 뜻한다.

이 CSMA/CD 방식(액세스 제어방식)은 IEEE802 위원회에서 표준화된 방식으로 다음과 같은 특징이 있다.

1) 캐리어 센스

메시지를 송신하려고 하는 스테이션은 우선 캐리어 센스(Carrier Sense, 반송파 감지)에 의해 전송 매체가 비어 있는지를 감지한다. 10BASE5에서는 트랜시버가 동축케이블을 감시하고 있어 동축케이블상에 신호가 흐르고 있는 것이 감지되면 스테이션에 알린다. 보고를 받은 스테이션은 송신을 연기, 대기하고 있다가 트랜시버가 '전송로(동축케이블)가 무신호 상태가 되었다'고 보고해 왔을 때에 송신을 시작한다.

2) 송신 데이터의 충돌 검출

이더넷(10BASE5)에서는 복수의 스테이션이 동시에 같은 전송 매체상으로 메시지를 송출하면 신호의 충돌이 발생하게 된다. 스테이션은 충돌을 검출하면 메시지의 송신을 멈추게 하고 일정시간 동안 기다린 후 다시 송신을 한다. 메시지의 송신을 중지하였을 때 스테이션은 충돌 발생을 다른 스테이션에도 알리기 위해서 잼신호(정지신호)를 송신한다. 잼신호를 받은 스테이션은 프레임을 송신할 수 없다.

3) 재송신시간(슬롯 타임)

슬롯 타임(slot time)이란 1세그먼트 내에 신호의 왕복 운반 지연시간(round trip 시간)과 잼신호(정지신호)의 최대 시간을 합한 타입을 말한다. 다시 말해 송신하는 스테이션이 충돌을 검출하기 위해 필요한 최소의 시간을 슬롯 타임이라고 한다.

10Mbps의 이더넷에서는 슬롯 타임이 51.2us, 100Mbps의 고속 이더넷(Fast Ethernet)에서는 5.12us로 규정되어 있다.

스테이션이 충돌을 검출하고 나서 다시 송신을 하기까지의 시간은 이 슬롯 타임을 단위로 하여 결정된다. 이 슬롯 타임에 따라 이더넷 프레임의 최소 길이가 64옥텟[10Mbps일 경우 512비트(=64×8비트)를 전송하는 시간은 512비트÷10×10^6=51.2us]으로 규정되어 있다. 64옥텟 미만에서는 충돌이 발생한다 하여도 스테이션이 검출되기 이전에 그 프레임의 송신이 종료되기 때문에 충돌을 검출할 수 없게 된다.

재송신까지의 시간을 결정하는 알고리즘(연산방식)을 BEB(Binary Exponential Backoff, 2진수 백오프) 알고리즘이라고 한다. 이 알고리즘은 재송신 횟수의 증가에 따라 재송신시간을 지수로 증가시키는 것이다.

슬롯의 수를 X로 하면 X는 $0 \leq X \leq 2^n$의 범위 내의 난수가 된다. 여기서 N은 재송

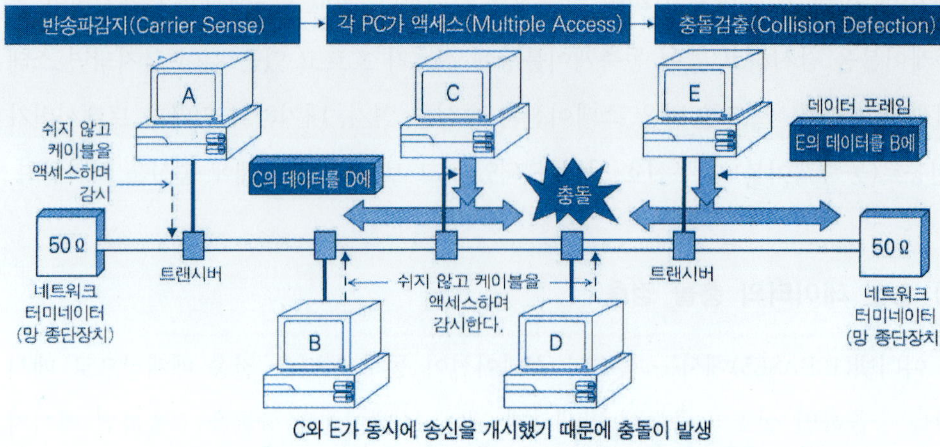

〈그림 10-9〉 CDMA/CD의 데이터 송신 및 수신 과정

신 횟수 또는 10보다 작은 값을 취한다.

재송신시간은 슬롯 타임과 X를 곱한 것이 된다. 다만 재송신이 연속해서 16회 발생되면 프레임은 일단 파기되고 그 재송신 처리는 상위층으로 넘어간다.

〈그림 10-9〉는 E가 B에 데이터를 보낸 조금 후 C가 D에 C의 데이터를 송신하게 되면 충돌이 생겨 보내는 데이터가 파손되는 내용이다. 이 때문에 E는 일정 시간 기다린 후 재송신을 시도한다.

E로부터 보낸 데이터는 양쪽으로 다 전송되며(이것을 브로드캐스트라 한다), 도착지 주소가 자기 것인 비트열 프레임(패킷)을 쉬지 않고 PC속에서 찾아내어 B가 자기에게 보내오는 주소라면 그때의 데이터를 받아들인다.

이와 같이 CDMA/CD방식은 가장 빨리 액세스한 터미널에 송신권을 우선적으로 부여하는 방식을 취하고 있다.

(1) 송신과정

MAC controller는 MAC 프레임을 준비한 뒤 캐리어를 검사한다. 만약에 busy하면 idle할 때까지 캐리어를 계속 검사한다. 캐리어가 idle해지면 interframe gap시간인 9.6us를 대기한 다음 전송을 개시한다.

이때 Preamble, SFD 및 FCS 부분은 MAC controller가 하드웨어적으로 만들어

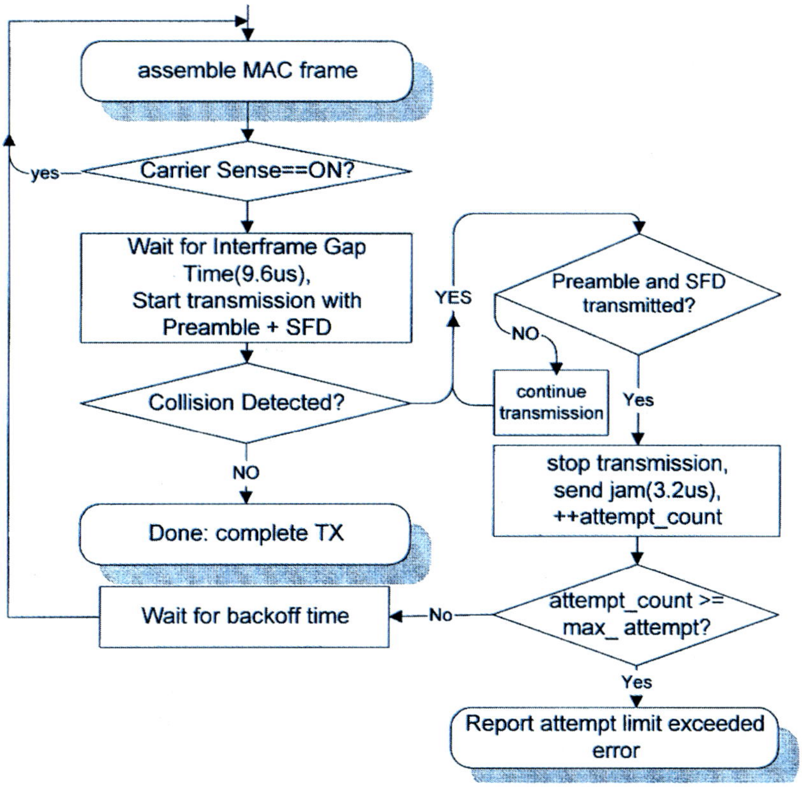

〈그림 10-10〉 CDMA/CD의 송신 과정 흐름도

덧붙인다. 전송 중 케이블에서 충돌이 감지되면 즉시 전송을 중지한 뒤 잼(Jam)신호를 3.2us 동안 송신한다.

만약에 Preamble 또는 SFD 부분의 전송 중 충돌이 감지되면 이 부분의 송신을 완료한 후 잼(jam)신호를 송신한다.

그리고 전송 시도 횟수(attempt_count 변수 : 초기값은 0)가 max_attempt(=16) 이상이 되었으면 더 이상의 송신을 시도하지 않고, 상위 계층에 재전송 시도 초과 오류를 보고한다. 그렇지 않으면 backoff time 동안 대기한 후 재전송 시도를 개시한다.

(2) 수신과정

물리계층 장치로부터 보고되는 캐리어상황이 idle에서 busy로 전이되고 또한 수

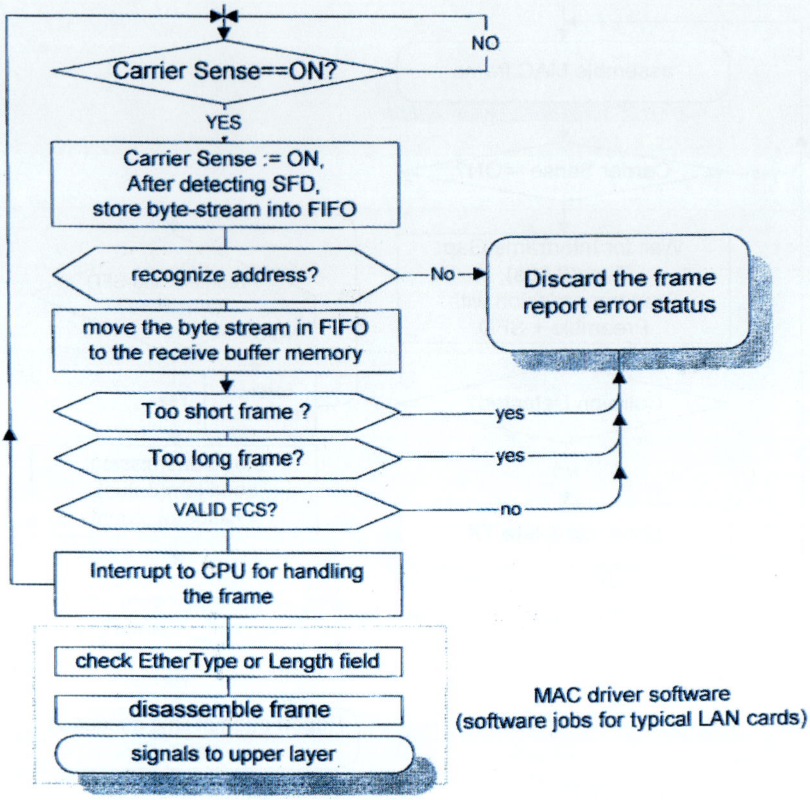

〈그림 10-11〉 CDMA/CD의 수신 과정 흐름도

신 clock에 동기된 수신 비트열이 MAC으로 전달되면, MAC controller는 수신 비트열로부터 SFD부분을 감지하여 SFD 영역 이후부터 정보영역 끝 부분까지의 비트열을 카드의 shared 메모리(수신 버퍼)에 byte 단위로 저장하면서, 프레임의 길이, 목적지 주소 및 FCS의 계산을 동시에 수행한다. 수신 도중에 이 프레임이 최소 및 최대 프레임 길이 규정에 어긋나거나, 목적지 주소가 자신의 주소가 아닌 경우 및 FCS가 틀린 경우에는 수신 버퍼 포인터를 원 위치시킴으로써 프레임을 버리도록 한다.

수신이 정상적으로 완료되면 일반적인 MAC controller는 CPU에 인터럽트를 걸어 수신 프레임의 처리를 요청한다. MAC 계층의 소프트웨어(패킷 드라이버 등)는 인터럽트에 반응하여 프레임 헤더의 Ethertype영역(또는 길이영역)을 참조하여, 적합한 상위 계층으로 정보영역만을 전달한다.

10-2-3. 전력선 통신에서의 충돌

지금까지 우리는 전력선 통신에서 필요한 네트워크 구성과 통신방식 그리고 충돌에 대하여 알아보았다. 이것을 토대로 전력선 통신에서의 충돌 발생의 여부에 대하여 알아보도록 하자. 집안으로 유입되는 전력선에는 AC 220V 60Hz의 전압이 흐른다. 전력선 통신은 앞서 말한 전압에 120kHz의 캐리어 주파수가 데이터로 실려 전송되어서 통신이 이루어지는 것인데, 이를 그림으로 나타낸 것이 〈그림 10-12〉이다.

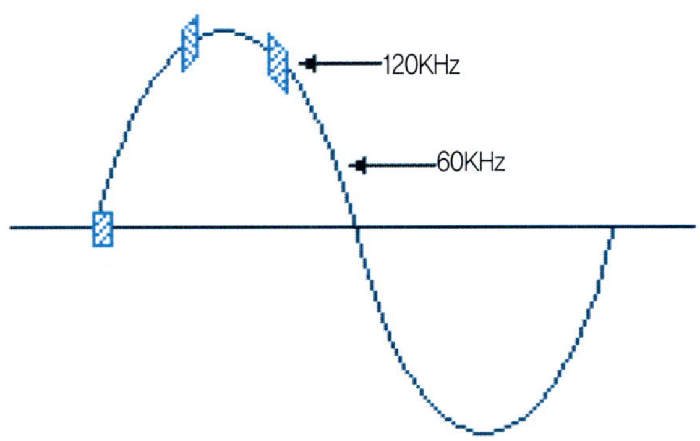

〈그림 10-12〉 전력선에 실린 데이터

〈그림 10-12〉와 같이 데이터는 60Hz의 전력선에 실려 목적지 혹은 목적 구동장치에 전송이 되는 것이고, 해당 데이터를 받은 구동장치들은 수신된 데이터가 자신의 데이터인지 확인을 하여 데이터에 알맞은 동작을 하게 되는 것이다. 하지만 우리가 통신에서도 발생하는 충돌에 대한 문제는 전력선상에도 동일하게 나타나는데, 이러한 문제가 전력선 통신에 나타난 것을 〈그림 10-13〉에 나타내었다.

〈그림 10-13)을 통하여 Data1과 Data2의 가장 마지막 비트가 다르다는 것을 알 수 있는데, 그에 따른 전력선 통신로 상에 캐리어 주파수가 한 주기에 두 개가 실려 있는 것을 확인할 수 있다. 물론 Start Code에서도 한 주기의 펄스에 두 개의 캐리어가 실려 있지만 이와는 달리 명령어에는 한 주기에 한 개의 캐리어가 실려야 한다. 결국 전력선 통신에서 전송되는 데이터가 겹치게 되면 위와 같은 현상에 의해 충돌이 발생하게 되는 것을 알 수 있다.

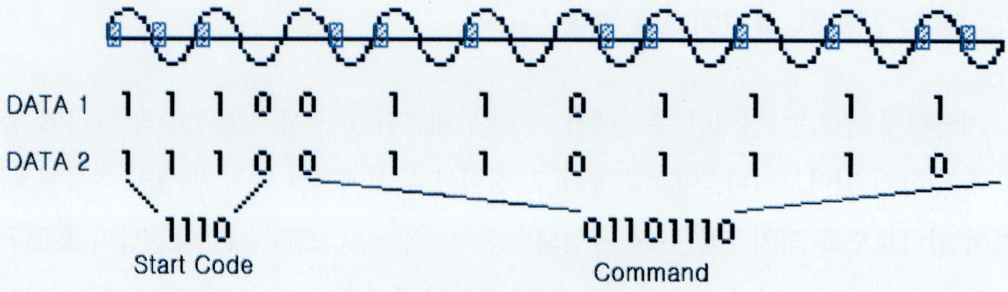

〈그림 10-13〉 충돌 발생

10-3 ED-5964 전력선 통신의 충돌 감지 실습 절차

1) 실험 준비 사항

(1) ED-5964 장비 본체

(2) 오실로스코프

2) 실험 주의 사항

(1) 실습용 장비가 충분한 기능을 수행할 수 있도록 본체의 왼쪽에 부착된 전원스위치를 켜고 5분 정도 지난 후 실험을 시작한다.

(2) 연결된 선들의 상태를 확인 및 점검한다.

(3) 스코프 전원을 인가 후 5분 정도 지난 후 실험을 진행한다.

3) ED-5964의 충돌 감지 실습

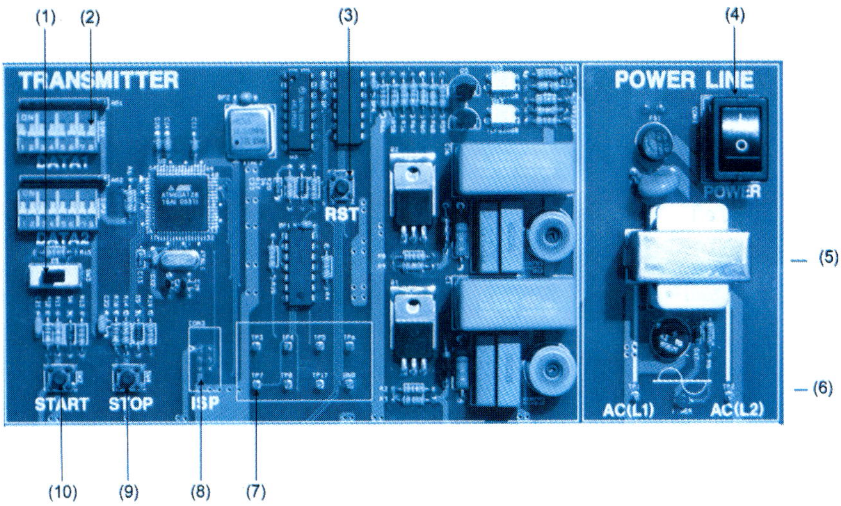

〈그림 10-14〉 전력선 통신 전송기 모듈

(1) ED-5964 왼쪽에 부착된 전원스위치를 켠다.

(2) ED-5964 장비의 오른쪽 상단에 있는 DATA1과 DATA2의 Dip Switch를 각각 11111111과 11111110으로 설정하도록 한다.

(3) Data Send Mode를 Single Mode( )로 설정을 하도록 한다.

(4) 설정이 완료되면 Transmitter(송신부)의 Start Switch를 눌러 DATA1의 송신을 시작한다.

(5) 오실로스코프를 이용하여 전송기(Transmitter)의 하단에 있는 TP4에 프로브를 찍어보자. 〈그림 10-15〉와 같은 파형이 나타나는 것을 확인할 수 있을 것이다. 이 파형은 Single Mode에서 데이터를 전송한 DATA1의 파형이다.

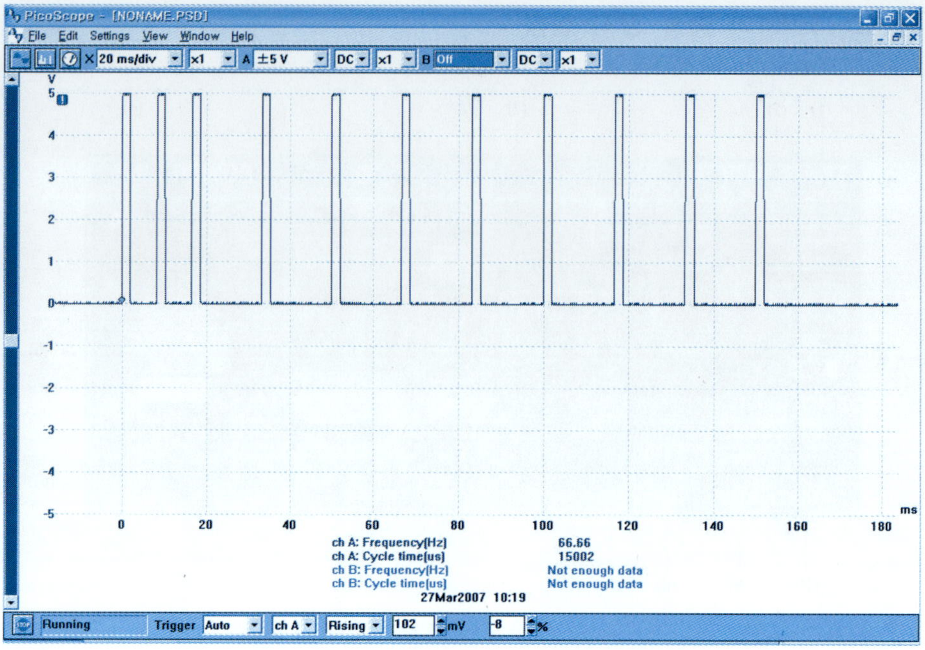

〈그림 10-15〉 DATA1(11111111)의 파형

이러한 DATA1의 파형과 캐리어 주파수가 변조된 파형이 TP3에서 나타나는 파형으로 〈그림 10-16〉과 같다.

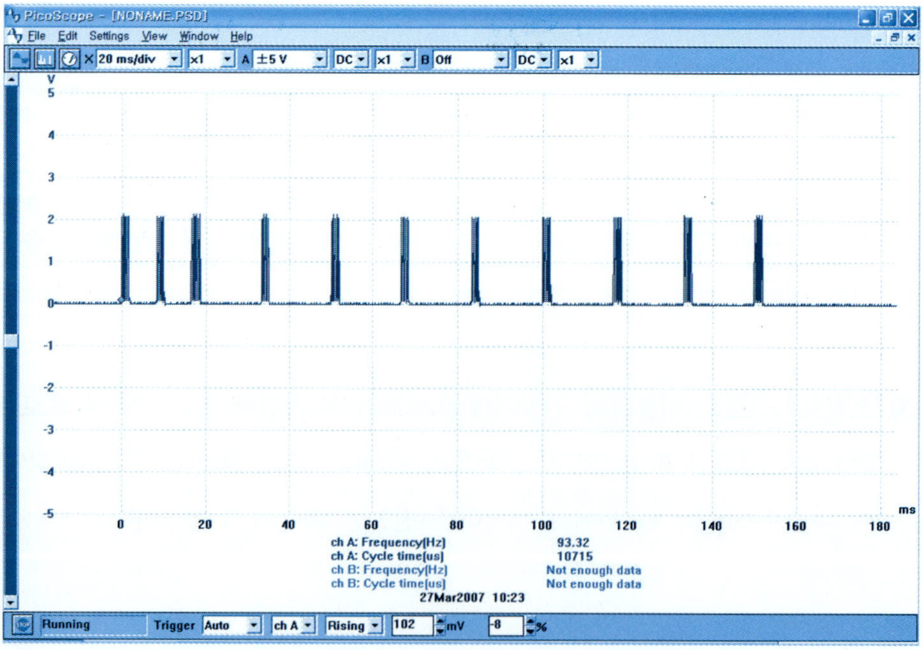

〈그림 10-16〉 변조되어진 파형

각각의 비트에는 캐리어 주파수가 함께 전송되고 있는 것을 확인할 수 있을 것이다.

(6) 위의 실험에 이어서 Dip Switch의 데이터를 임의로 변경하며, 출력의 변화를 관찰하도록 한다.

(7) 〈그림 10-17〉은 Data Send Mode를 Dual Mode( )로 설정했을 때 TP6을 통해 확인할 수 있는 파형이다.

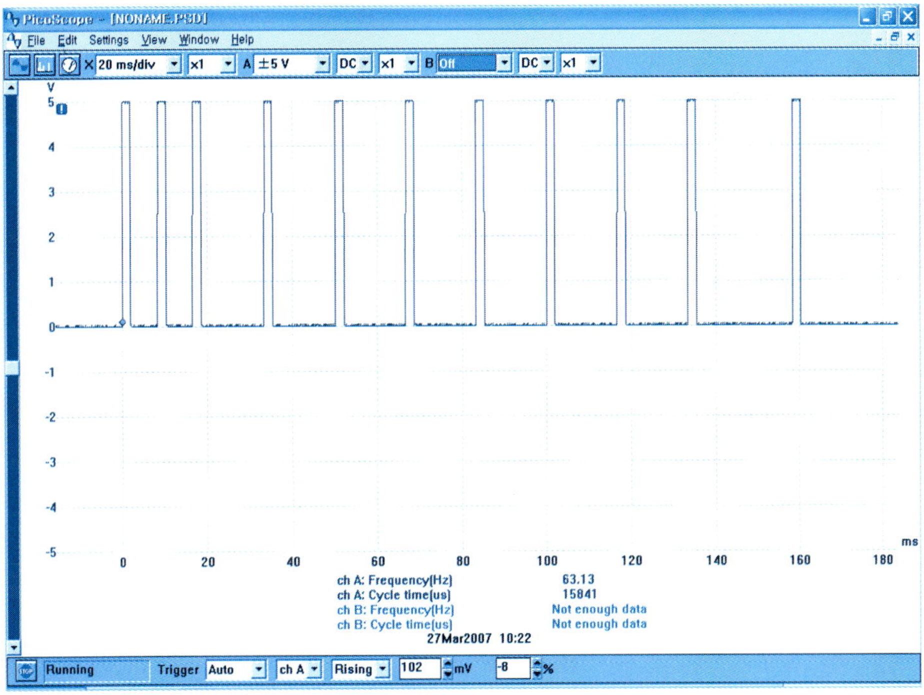

〈그림 10-17〉 DATA2(11111110)의 파형

위의 파형도 DATA1의 파형과 마찬가지로 앞에 Header(1110) 4비트가 전송이 된 후, 맨체스터 코딩(Manchester Coding) 방식에 의해 출력되는 데이터가 출력되는 것을 확인할 수 있다.

맨체스터 코딩 방식의 표현은 〈그림 10-18〉에서 보는 것과 같다.

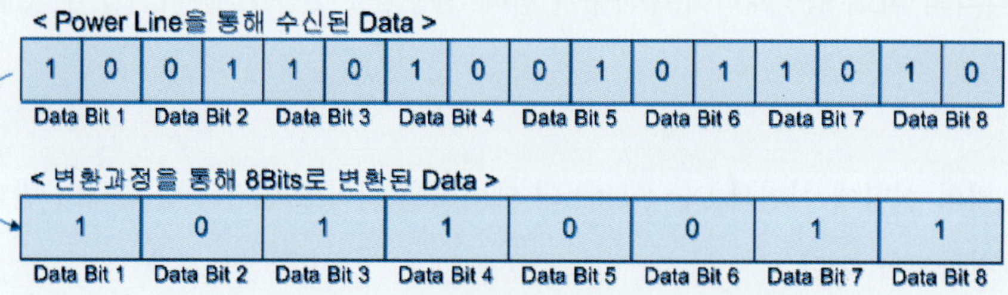

〈그림 10-18〉 맨체스터 코딩 방식과 실제 데이터의 표현방식

즉, 맨체스터 코딩 방식은 2개의 비트를 수신해야 한 개의 비트를 받은 것과 같다고 정의하고 구현해 놓았기 때문에 Header에서 보는 것처럼 1개의 데이터가 1개의 비트로 표현할 수 있는 것과는 달리 2비트가 한 개의 비트를 표현하게 되는 것이다. 듀얼 모드에서 변조된 파형은 TP5를 프로브로 찍어봄으로써 〈그림 10-19〉와 같음을 확인할 수 있다.

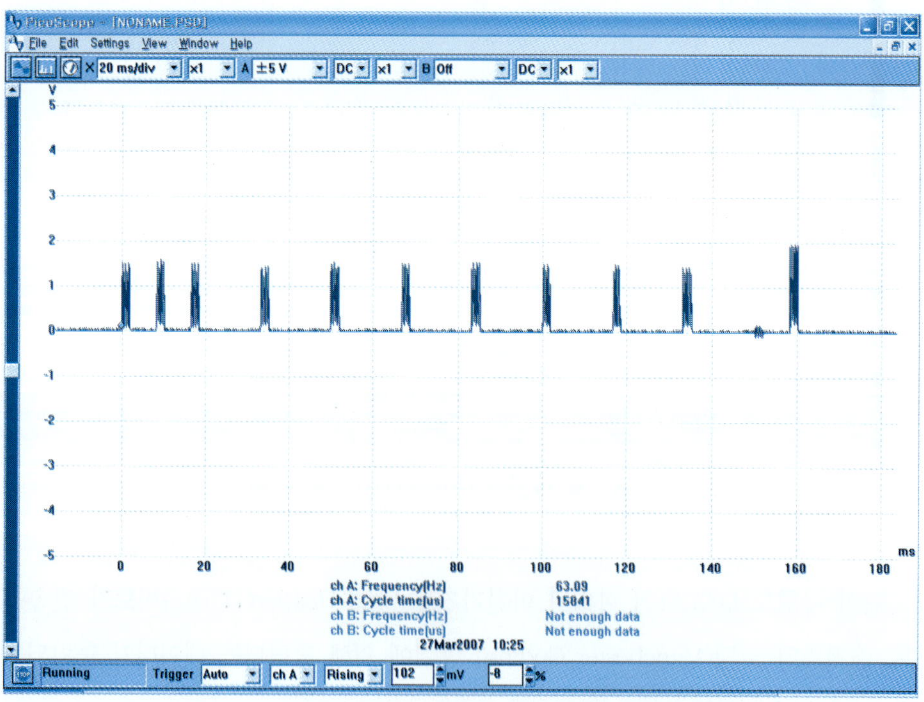

〈그림 10-19〉 Dual Mode에서 DATA2(11111110)의 파형

〈그림 10-19〉의 파형을 보며 Header와 데이터를 구분해보고 데이터의 값이 무엇인지 확인해보도록 하자.

(8) 이어서 DATA2의 Dip Switch를 임의로 변경해가며 변화를 확인하도록 한다. 데이터가 어떠한 방식으로 전송되는 것인지 생각해보자.

(9) DATA1과 DATA2의 Dip Switch를 각각 처음에 설정했던 11111111과 11111110으로 설정하고 프로브를 CH1은 TP4에 CH2는 TP1,2에 연결하여 출력되는 파형을 관찰해보자.
〈그림 10-20〉은 설명대로 실습한 결과의 파형을 나타낸 것이다.

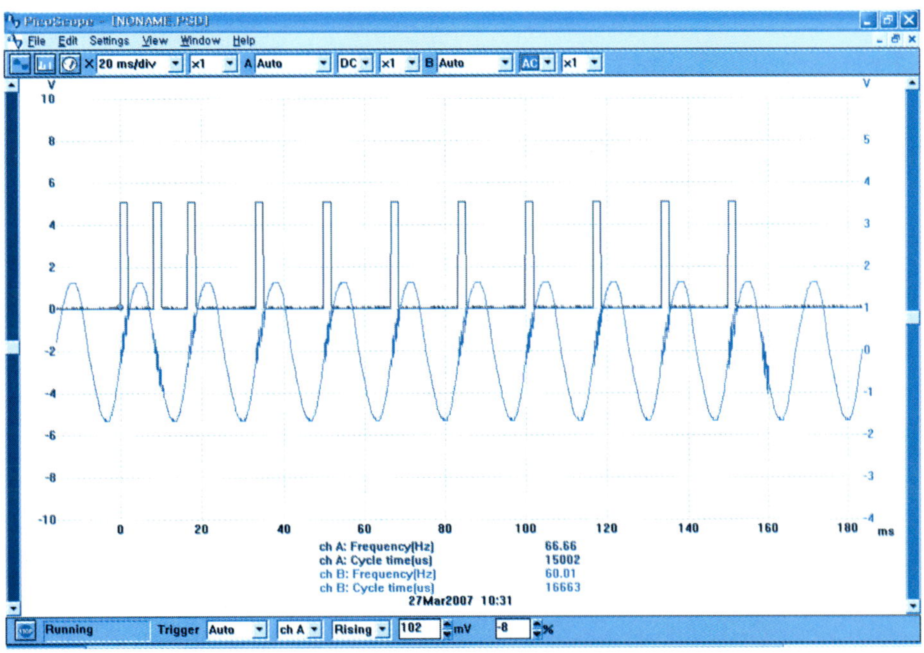

〈그림 10-20〉 DATA1의 파형과 AC Line상에서의 출력된 파형

〈그림 10-20〉에서 볼 수 있듯이 DATA1의 파형은 설정해놓은 값 그대로 출력된다는 것을 확인할 수 있다. 여기서 DATA2를 찍지 않은 이유는 DATA1이나 DATA2 중에서 AC Line과 비교할 기준을 DATA1로 했기 때문이며, DATA2를 기준으로 AC

Line과 비교해도 무방하기 때문에 DATA2를 프로브로 연결하여 실험해도 상관없다. 위의 파형에서 AC Line을 보면 DATA1의 펄스와 상관없이 AC Line에 캐리어 주파수가 실려 있는 곳을 찾을 수 있을 것이다. 이론에서 설명한 바와 같이 한 개의 데이터 전송로인 전원 케이블에 두 개의 데이터가 동시에 전송되었기 때문에 〈그림 10-20〉과 같은 충돌이 발생한 것이다.

(10) DATA1과 DATA2를 다른 데이터로 설정하여 전송해보고 충돌의 원리에 대하여 확실하게 이해하도록 한다.

(11) 위의 모든 과정에 대하여 실습을 마쳤다면 전원을 OFF하고 실습을 마무리 짓도록 한다.

11 IAR 컴파일과 PonyProg2000의 환경 설정

11-1 실험 목적

(1) IAR 컴파일러를 설치하고, 사용방법을 익힌다.

(2) 다운로드(PonyProg2000)에 필요한 프로그램을 설치하고, 사용방법을 익힌다.

(3) PonyProg2000을 이용하여 생성된 HEX 파일을 다운로드하는 방법을 숙지한다.

11-2 컴파일 개요 및 환경 설정

11-2-1. 컴파일러 개요

① 고급언어로 쓰여진 프로그램이 컴퓨터에서 수행되기 위해서는 컴퓨터가 직접 이해할 수 있는 언어로 바꾸어 주어야 한다. 이러한 일을 하는 프로그램을 컴파일러라고 한다. 예를 들어 원시언어가 파스칼(Pascal)이나 코볼(Cobol)과 같은 고급언어이고 목적언어가 어셈블리 언어나 기계어일 경우, 고급언어를 목적언어로 변환해야 하는데 이를 번역해 주는 프로그램을 컴파일러라 한다.

② 컴파일을 하기 위하여 입력되는 프로그램을 원시 프로그램이라 하고 이 프로그램을 기술한 언어를 원시언어(source language)라 한다. 또 번역되어 출력되는 프로그램을 목적 프로그램이라 하고 이 프로그램을 기술한 언어를 목적언어(object language 또는 target language)라 한다. 한 프로그램을 컴파일하여 목적 프로그램으로 바꾸어 놓으면, 원시 프로그램을 수정하지 않는 한 계속 반복해서 수행할 수 있다.

③ 크로스 컴파일러(cross-compiler)라는 것은 원시 프로그램을 컴파일러가 수행되고 있는 컴퓨터의 기계어로 번역하는 것이 아니라, 다른 기종에 맞는 기계어로 번역하는 컴파일러를 말한다. 이 밖에 다른 번역기를 살펴보면 어셈블러(assembler), 인터프리터(interpreter), 그리고 프리프로세서(preprocessor) 등을 들 수 있다.

④ 어셈블러는 어셈블리 언어로 쓰여진 프로그램을 입력으로 받아 기계어 프로그램으로 바꾸어 주는 번역기이며, 어떤 번역기는 원시언어를 특수한 형태의 중간언어로 변환하는데 인터프리터는 이러한 중간언어를 입력으로 받아 목적 언어로 변환하지 않고 직접 수행하는 프로그램이다.

⑤ 고급언어로 쓰여진 프로그램의 의미를 수행하는데 있어서 컴파일러는 그와 동등한 의미를 갖는 목적 프로그램으로 바꾸어 목적 프로그램을 수행함으로써 결과를 얻고, 인터프리터는 원시 프로그램의 의미를 직접 수행하여 결과를 얻는다. 원시 프로그램의 수정 없이 계속 반복 수행하는 응용 시스템에서는 컴파일러가 효율적이며, 개발 시스템이나 교육용 시스템에서는 인터프리터가 더 능률적이다.

즉, 컴파일러란 고급언어로 쓰여진 프로그램을 그와 의미적으로 동등하며 컴퓨터에서 즉시 실행될 수 있는 형태의 목적 프로그램으로 바꾸어 주는 번역 프로그램이라고 요약할 수 있다.

11-2-2. IAR 컴파일러 환경 설정

1) IAR 컴파일러 다운로드

① IAR 컴파일러의 개발사 홈페이지(http://www.iar.com/)에 접속한 후 아래의 그림처럼 Product 메뉴의 C/C++ compilers and debuggers를 클릭하여 이동한다.

〈그림 11-1〉 IAR 컴파일러 다운로드

② Supported 구동장치의 Chip Manufacturer 중에서 Atmel을 클릭한다.

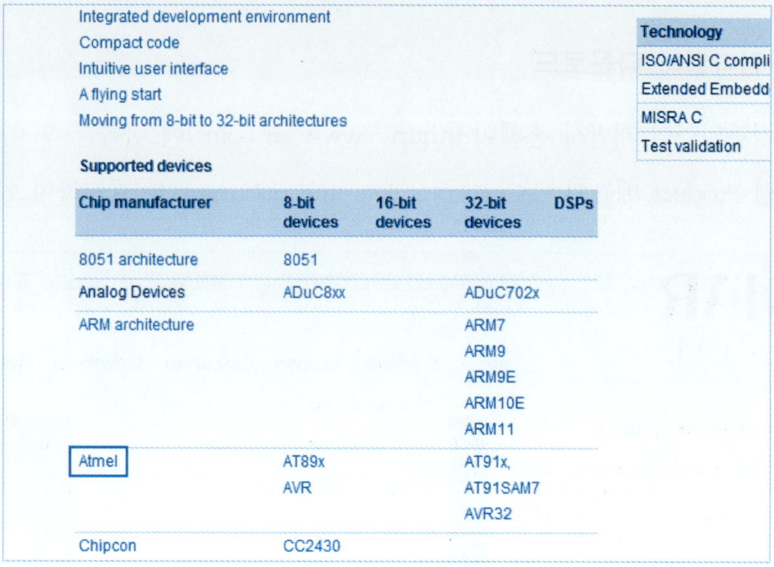

Integrated development environment
Compact code
Intuitive user interface
A flying start
Moving from 8-bit to 32-bit architectures

Technology
ISO/ANSI C compli
Extended Embedd
MISRA C
Test validation

Supported devices

Chip manufacturer	8-bit devices	16-bit devices	32-bit devices	DSPs
8051 architecture	8051			
Analog Devices	ADuC8xx		ADuC702x	
ARM architecture			ARM7 ARM9 ARM9E ARM10E ARM11	
Atmel	AT89x AVR		AT91x, AT91SAM7 AVR32	
Chipcon	CC2430			

〈그림 11-2〉 칩 제조업체 선택

③ Chip Manufacturer의 종류를 Atmel로 선택하여 클릭하면 여러 가지 컴파일러들이 나오는데 그 중 아래의 그림처럼 IAR Embeded Workbench for Atmel AVR을 선택하여 클릭하도록 한다.

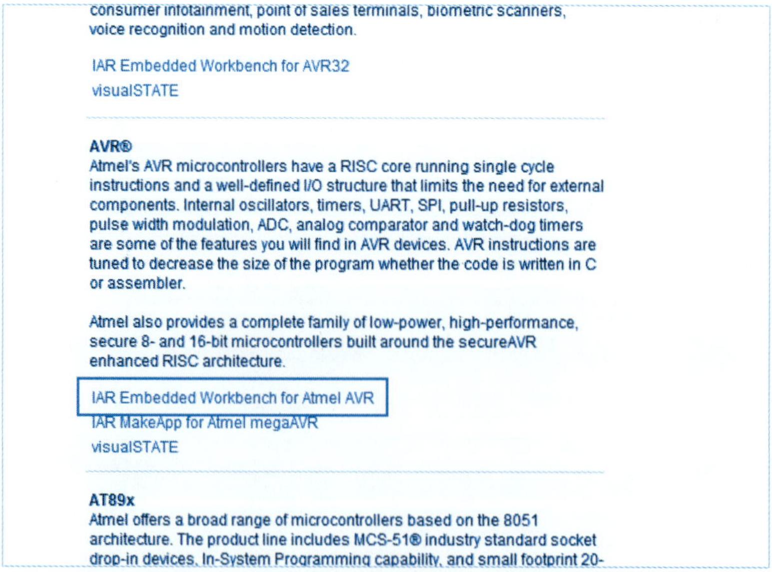

consumer infotainment, point of sales terminals, biometric scanners, voice recognition and motion detection.

IAR Embedded Workbench for AVR32
visualSTATE

AVR®
Atmel's AVR microcontrollers have a RISC core running single cycle instructions and a well-defined I/O structure that limits the need for external components. Internal oscillators, timers, UART, SPI, pull-up resistors, pulse width modulation, ADC, analog comparator and watch-dog timers are some of the features you will find in AVR devices. AVR instructions are tuned to decrease the size of the program whether the code is written in C or assembler.

Atmel also provides a complete family of low-power, high-performance, secure 8- and 16-bit microcontrollers built around the secureAVR enhanced RISC architecture.

IAR Embedded Workbench for Atmel AVR
IAR MakeApp for Atmel megaAVR
visualSTATE

AT89x
Atmel offers a broad range of microcontrollers based on the 8051 architecture. The product line includes MCS-51® industry standard socket drop-in devices, In-System Programming capability, and small footprint 20-

〈그림 11-3〉 Atmel AVR 선택

④ 클릭을 하면 〈그림 11-4〉와 같은 화면이 나타나는데, 그 화면의 오른쪽을 보면 다운로드를 할 수 있도록 메뉴가 나와 있는 것을 볼 수 있다. 그 메뉴들 중 30-day evaluation edition을 선택하여 클릭하면 〈그림 11-5〉처럼 창이 생기게 되는데, 밑의 Continue 버튼을 눌러 다음 순서로 진행하도록 한다.

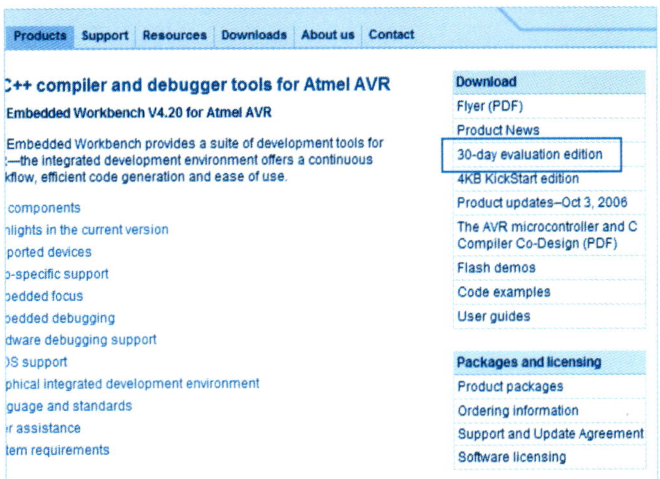

〈그림 11-4〉 30일 평가판 선택

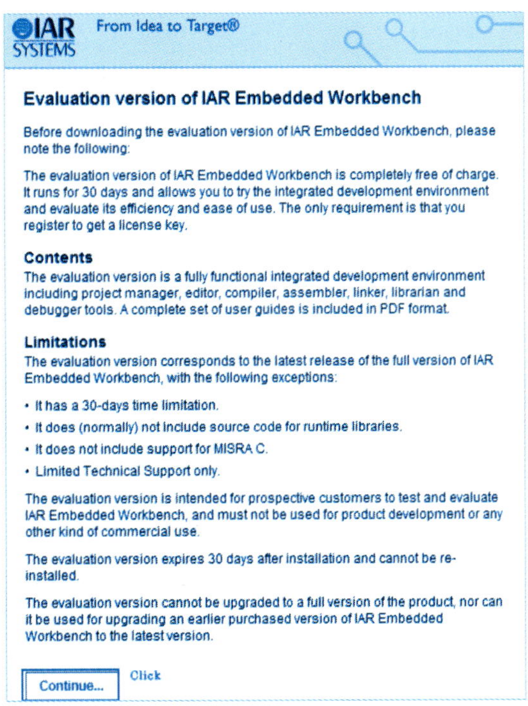

〈그림 11-5〉 Continue 버튼 선택

⑤ Continue 버튼을 누르면 〈그림 11-6〉, 〈그림 11-7〉과 같이 새로운 창이 뜨는데, 이름 및 메일주소 등을 입력하고 Submit Registration 버튼을 클릭하도록 한다.

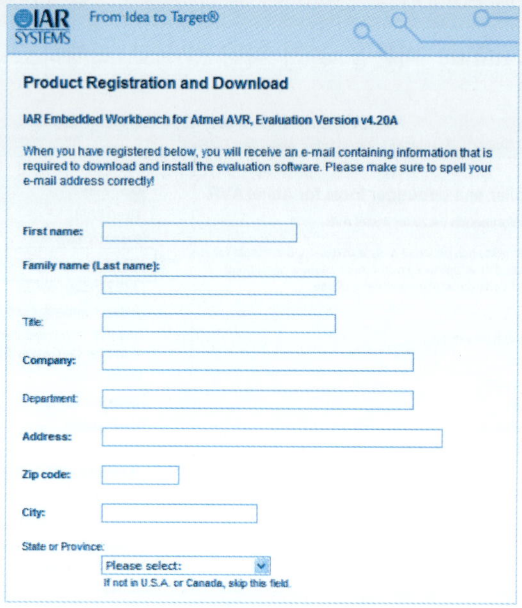

IAR SYSTEMS From Idea to Target®

Product Registration and Download

IAR Embedded Workbench for Atmel AVR, Evaluation Version v4.20A

When you have registered below, you will receive an e-mail containing information that is required to download and install the evaluation software. Please make sure to spell your e-mail address correctly!

First name:

Family name (Last name):

Title:

Company:

Department:

Address:

Zip code:

City:

State or Province:
Please select:
If not in U.S.A. or Canada, skip this field.

〈그림 11-6〉 새로운 창에서 이름 및 메일 주소 등 입력

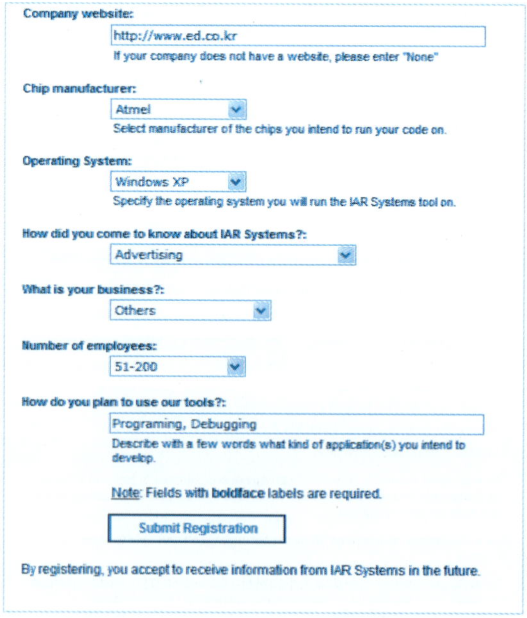

Company website:
http://www.ed.co.kr
If your company does not have a website, please enter "None"

Chip manufacturer:
Atmel
Select manufacturer of the chips you intend to run your code on.

Operating System:
Windows XP
Specify the operating system you will run the IAR Systems tool on.

How did you come to know about IAR Systems?:
Advertising

What is your business?:
Others

Number of employees:
51-200

How do you plan to use our tools?:
Programing, Debugging
Describe with a few words what kind of application(s) you intend to develop.

Note: Fields with boldface labels are required.

Submit Registration

By registering, you accept to receive information from IAR Systems in the future.

〈그림 11-7〉 Submit Registration 클릭

⑥ 위의 과정을 모두 마치면 〈그림 11-8〉과 같은 메시지가 나타나는데 Registration 할 때 등록했던 메일주소로 들어가면 IAR 컴파일러를 다운받을 수 있는 WebPage 주소가 적혀 있는 메일이 도착한 것을 볼 수 있을 것이다.

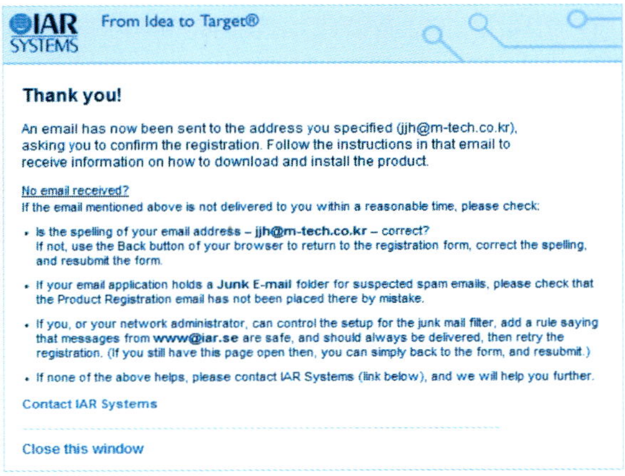

〈그림 11-8〉 웹 페이지 주소가 있는 메일

⑦ 도착한 메일에서 적혀 있는 WebPage 주소를 클릭하면 새 창이 뜨면서 〈그림 11-9〉와 같은 화면이 나타나는데, 빨간 글씨로 적혀 있는 것을 클릭하여 다운로드를 시작하고 License Number와 License Key는 따로 적어놓거나 메모장에 복사하도록 한다.

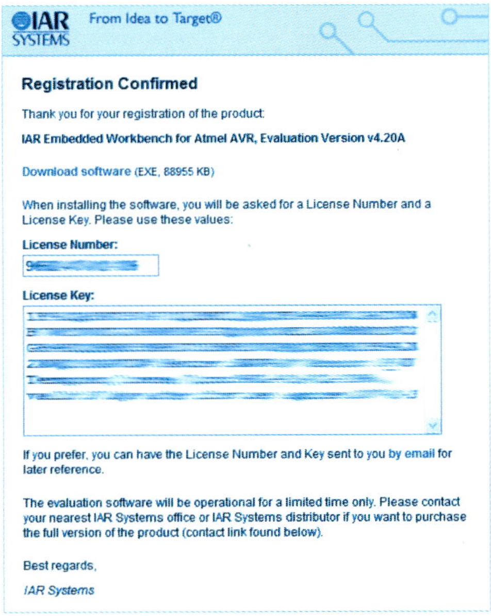

〈그림 11-9〉 라이선스 번호와 라이선스 키 표시

제 11 장

⑧ 〈그림 11-10〉과 같이 다운로드한 파일을 확인하고 더블클릭하여 설치를 시작한다. 설치를 시작하면 〈그림 11-11〉과 같은 메시지가 나오는데, 실행을 눌러 계속해서 진행하도록 한다.

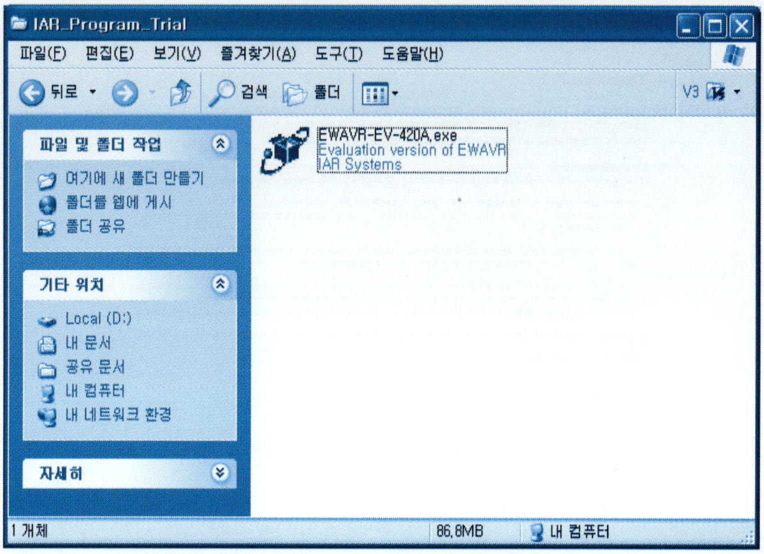

〈그림 11-10〉 다운로드 파일 확인(EWAVR-EV)

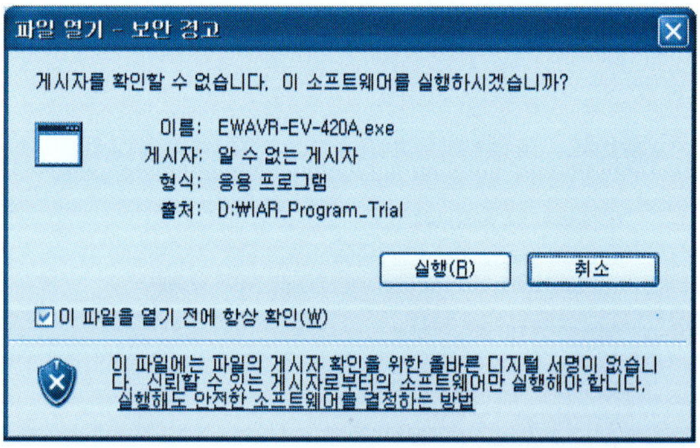

〈그림 11-11〉 EWAVR-EV 실행 클릭

⑨ 〈그림 11-12〉와 같은 Install에 대한 정보 창이 뜨면 Next를 눌러 설치를 진행하고 〈그림 11-13〉과 같이 설치에 동의 하느냐는 창이 뜨면 Accept를 눌러 설치를 진행하도록 한다.

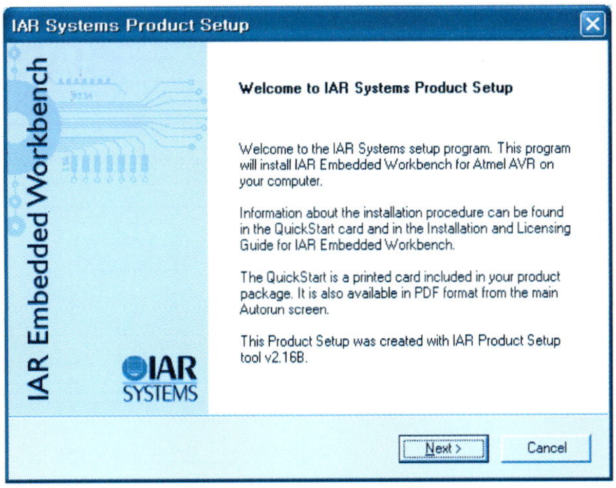

〈그림 11-12〉 IAR 시스템 설정 진행 클릭

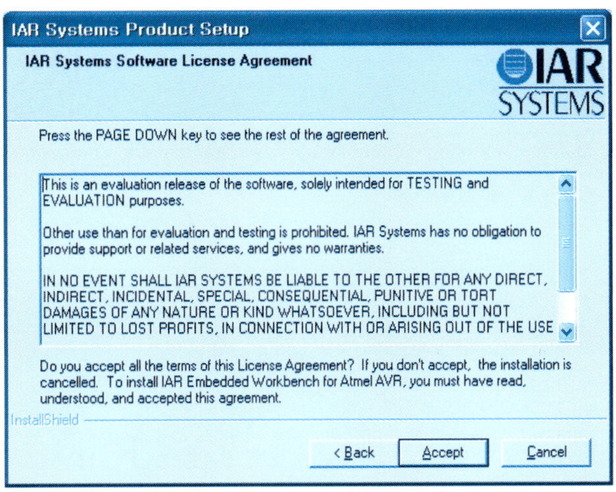

〈그림 11-13〉 IAR 라이센스 동의 클릭

⑩ 〈그림 11-14〉와 같이 Information을 입력하는 창이 뜨면 정보를 입력하고 기존에 적어둔 License Number를 입력하고 Next를 눌러 〈그림 11-15〉와 같이 Enter License Key를 입력하는 순서로 넘어간다. License Key를 입력하고 Next를 눌러 다음 창으로 진행하도록 한다.

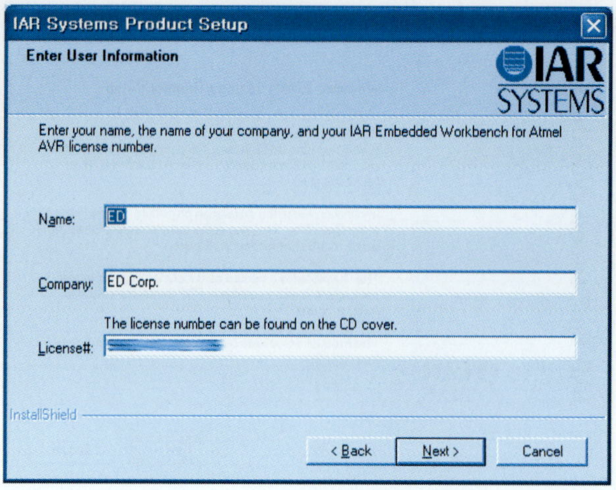

〈그림 11-14〉 유저 정보 입력

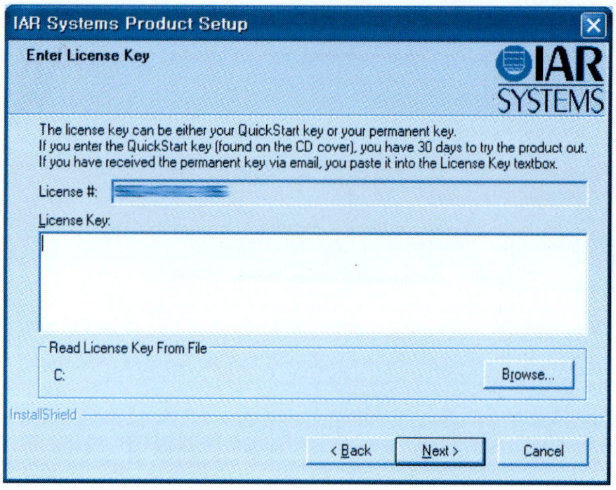

〈그림 11-15〉 라이센스 키 입력

⑪ 〈그림 11-16〉은 설치될 폴더를 설정하는 창인데, 설치할 폴더를 설정하지 않는다면 바로 Next를 눌러 다음으로 넘어간다.

〈그림 11-17〉은 설치될 프로그램에 대하여 설정하는 창인데, default인 Full로 설정된 상태로 Next를 눌러 다음으로 넘어간다.

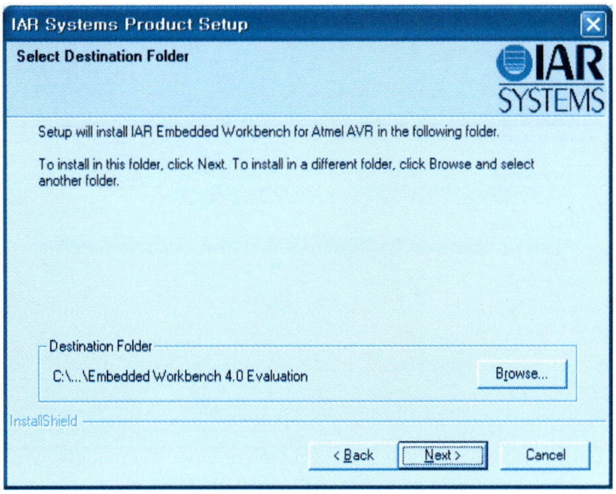

〈그림 11-16〉 설치할 폴더 설정 창 클릭

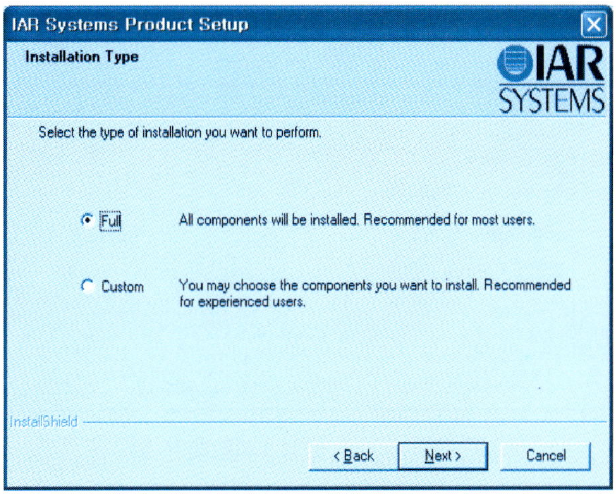

〈그림 11-17〉 설치할 프로그램 설정 창 클릭

⑫ 〈그림 11-18〉은 프로그램의 폴더를 설정하는 창인데, 설정할 폴더를 설정하지 않는다면 바로 Next를 눌러 다음으로 넘어간다.

⑬ 〈그림 11-19〉는 설치될 프로그램에 대한 설정내용을 확인하는 창인데, 정상적으로 설정이 되어 있는지 확인하고 이상이 없다면 Next를 눌러 〈그림 11-20〉과 같이 Install을 시작한다.

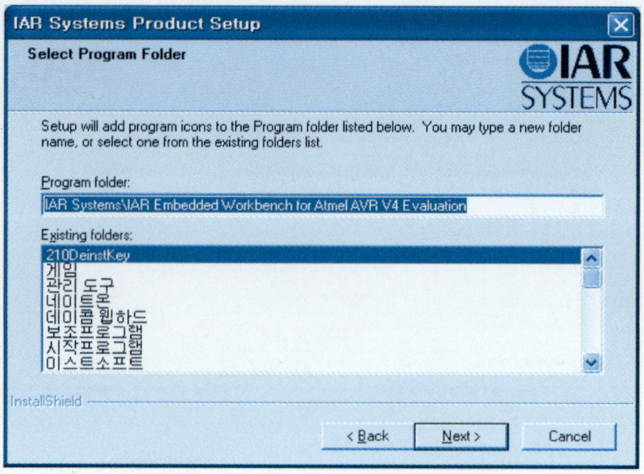

〈그림 11-18〉 설정 폴더의 설정 창

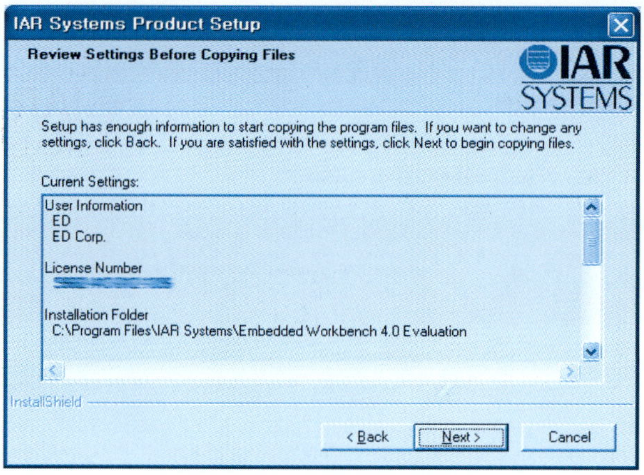

〈그림 11-19〉 설정 내용 확인 창

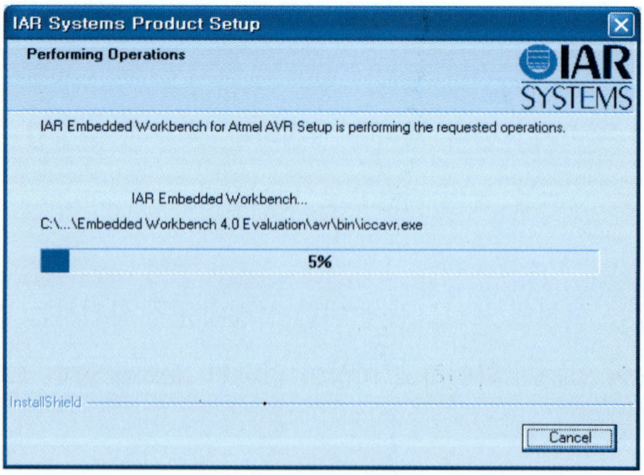

〈그림 11-20〉 정상적인 설정 확인 클릭

⑭ 프로그램의 Install이 끝나면 〈그림 11-21〉과 같은 창이 뜨는데, Finish를 눌러 설치를 마무리한다.

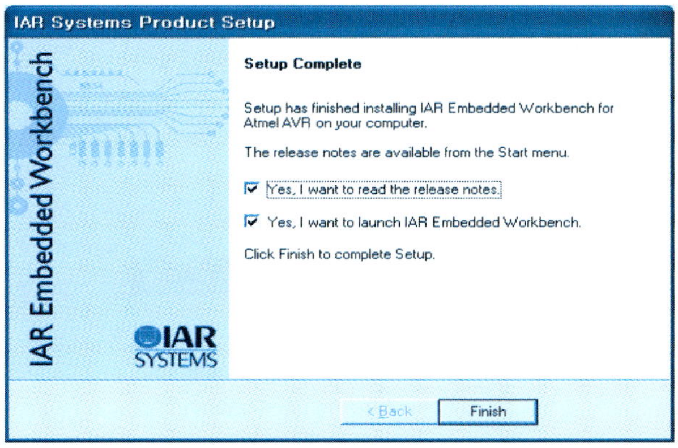

〈그림 11-21〉 프로그램 설치 완료

2) IAR 컴파일러 사용하기

① Install이 완료되면 다음과 같은 아이콘이 생긴다.

② 아이콘을 더블클릭하여 실행하면 아래 〈그림 11-22〉와 같은 프로그램이 시작된다.

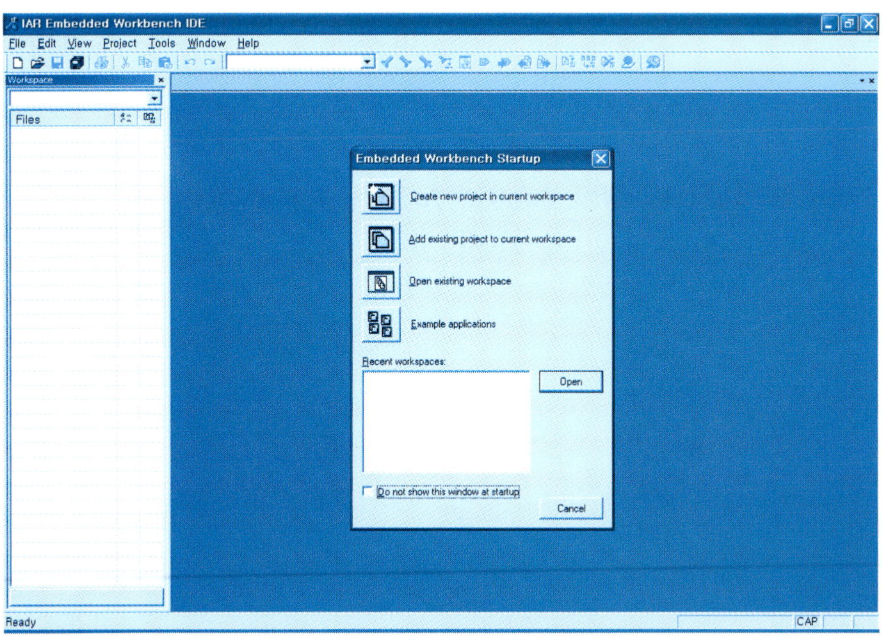

〈그림 11-22〉 IAR 컴파일러 실행

③ 프로그램을 시작하면 〈그림 11-23〉과 같은 Startup창이 뜨는데, 현재 WorkSpace에 새로운 Project를 생성하거나 현재 WorkSpace에 기존의 Project를 추가하는 기능을 수행할 수 있으며, 작성된 WorkSpace를 열거나 이미 작성된 Application 들에 대한 예제들을 여는 기능을 수행할 수 있다. 또한 최근 WorkSpace를 손쉽게 볼 수 있도록 기능을 갖고 있다. Startup 창을 다음부터 실행하지 않을 것이라면 아래 체크를 하도록 한다.

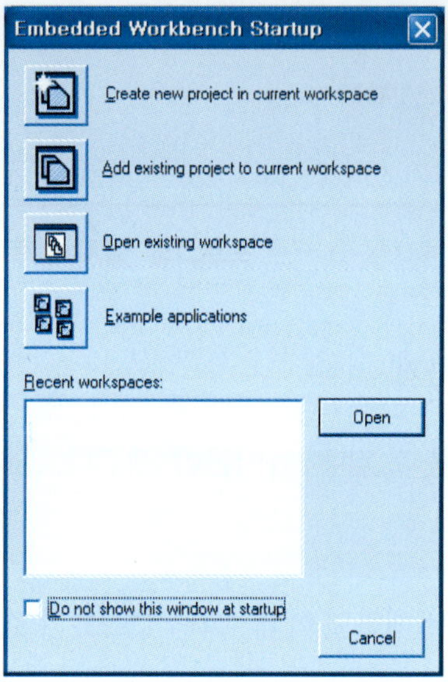

〈그림 11-23〉 IAR 설정 창

④ Project 메뉴의 Create New Project를 누르면 〈그림 11-24〉와 같이 새로 생성할 Project를 선택하는 창이 뜨는데, Tool chain은 AVR로 설정하고 Project templates는 Empty Project를 선택한 후 OK 버튼을 누른다.

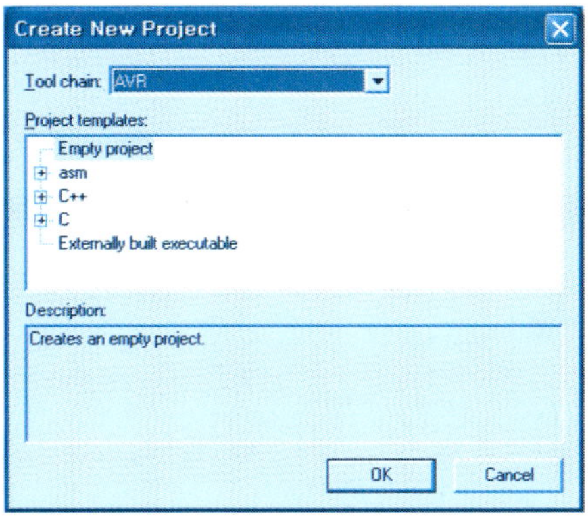

〈그림 11-24〉 Project 메뉴의 Create New Project 클릭

⑤ 〈그림 11-25〉와 같이 프로젝트를 저장할 곳을 설정하여 파일이름을 정해 저장하도록 한다.

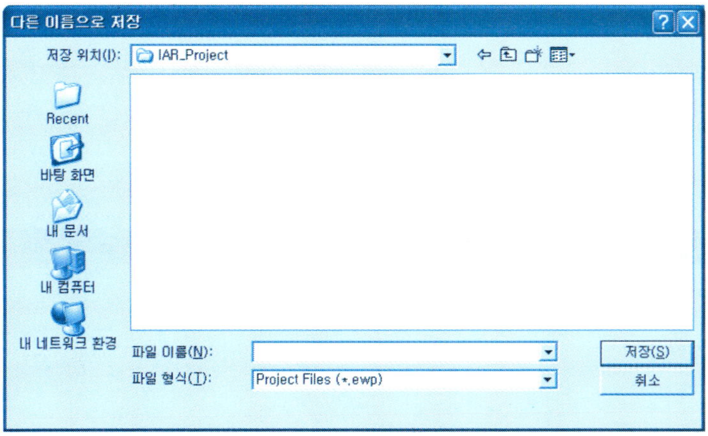

〈그림 11-25〉 프로젝트의 파일이름 설정 저장

⑥ 〈그림 11-26〉과 같이 프로젝트가 생성된 것을 확인할 수 있다. 프로젝트가 생성이 되면 마우스 오른쪽 버튼을 눌러 Option을 설정하도록 한다.

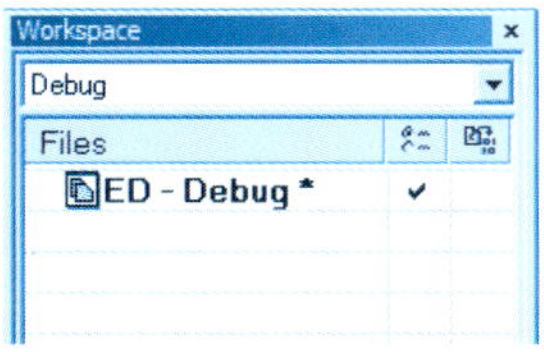

〈그림 11-26〉 프로젝트 생성 확인(ED-Debug)

제 11 장

⑦ Option에서 General Option의 Target Menu에 대한 설정을 〈그림 11-27〉과 같이 설정한다.

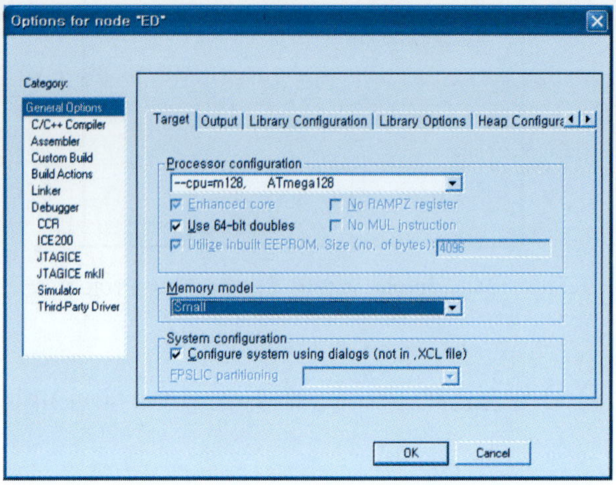

〈그림 11-27〉 General Option의 Target Menu 설정

⑧ Option에서 Linker의 Output Menu에 대한 설정을 〈그림 11-28〉과 같이 설정한다.

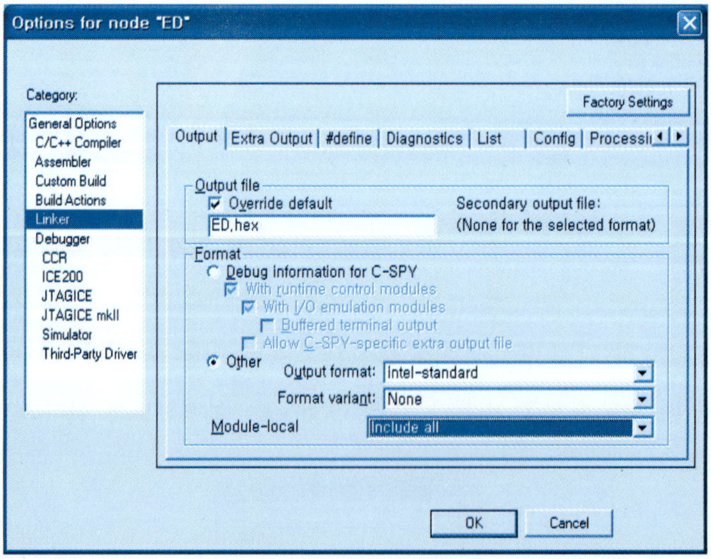

〈그림 11-28〉 Linker의 Output Menu 설정

⑨ 설정이 끝났다면 새로 버튼을 눌러 New Document를 띄운다. 그리고 〈그림 11-29〉와 같이 실행할 코드를 작성하도록 한다. 그리고 버튼을 눌러 작성한 코드를 저장하도록 한다. 이때 파일의 확장자는 *.c로 저장한다.

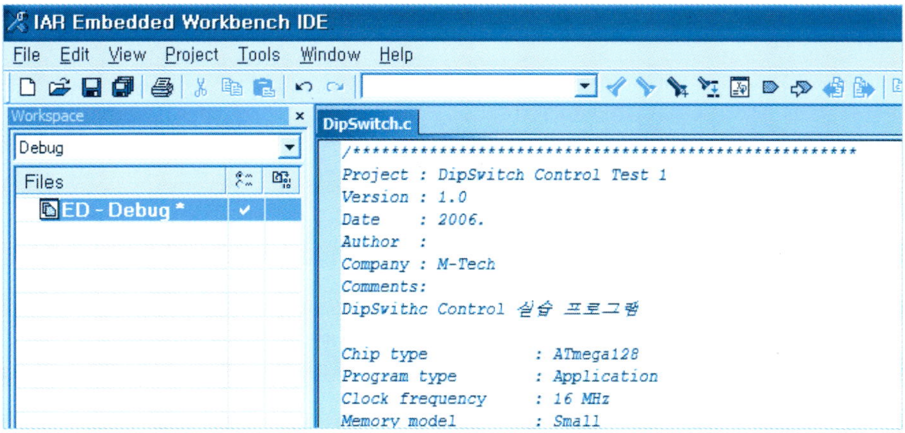

〈그림 11-29〉 New Document에서 실행 코드 작성

⑩ 〈그림 11-30〉과 같이 생성한 *.c 파일을 만들어 놓은 프로젝트에 추가하도록 한다.

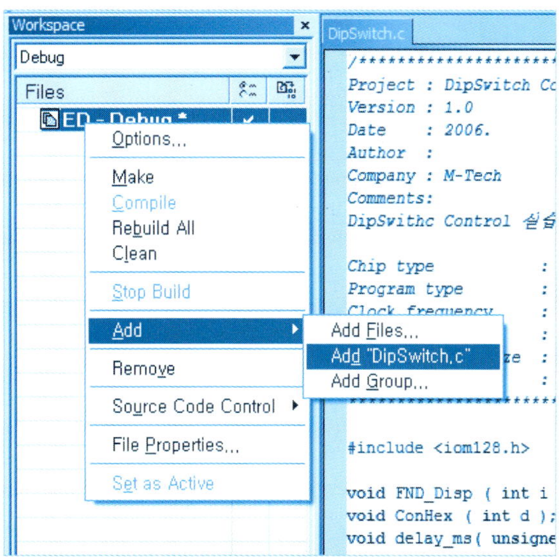

〈그림 11-30〉 생성 파일의 프로젝트 추가

⑪ 프로젝트에 코딩한 파일을 추가한 후 File Menu의 Save Workspace를 눌러 전체 Workspace를 저장하도록 한다. 그리고 버튼을 눌러 코딩한 소스가 문법상 오류가 있는지 여부를 검사하도록 한다. 이상이 없다면 아래 〈그림 11-31〉과 같은 메시지가 나타날 것이다.

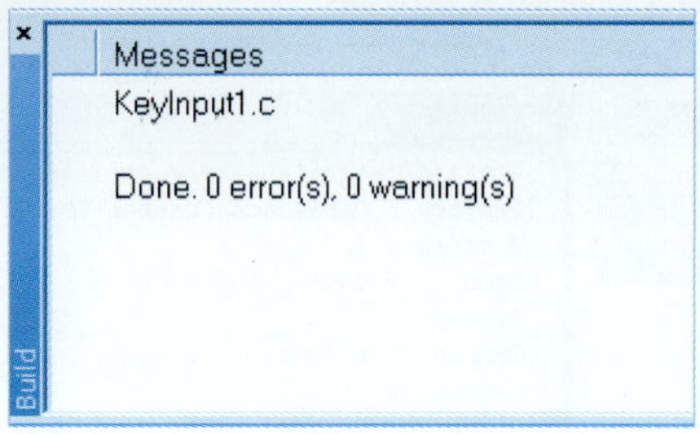

〈그림 11-31〉 코딩된 소스의 오류 검사 메시지

⑫ 에러와 경고가 없다면 다운로드에 필요한 Hex파일을 만들도록 하는데, 버튼을 눌러 〈그림 11-32〉와 같은 메시지가 나타나면 Workspace가 저장되어 있는 폴더로 들어가서 Debug 폴더 안에 있는 Exe폴더로 들어가서 hex파일이 있는지 확인하도록 한다.

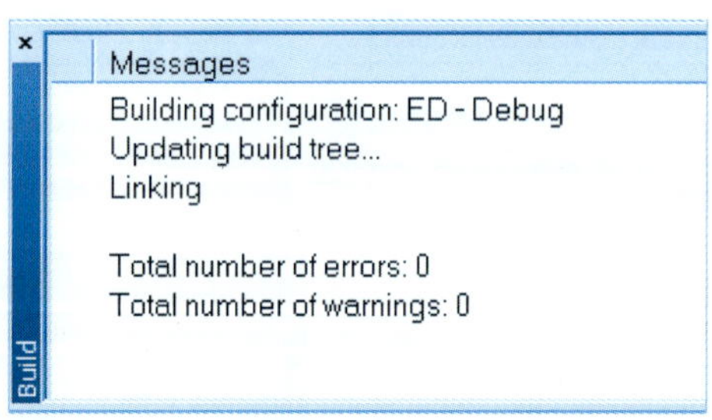

〈그림 11-32〉 HEX파일 생성 확인 메시지

11-2-3. PonyProg2000을 통한 프로그램 다운로드

1) PonyProg2000 설치하기

① PonyProg2000의 개발사 홈페이지(http://www.lancos.com/ppwin95.html)에 접속하여 v2.06f BETA를 다운로드한다.

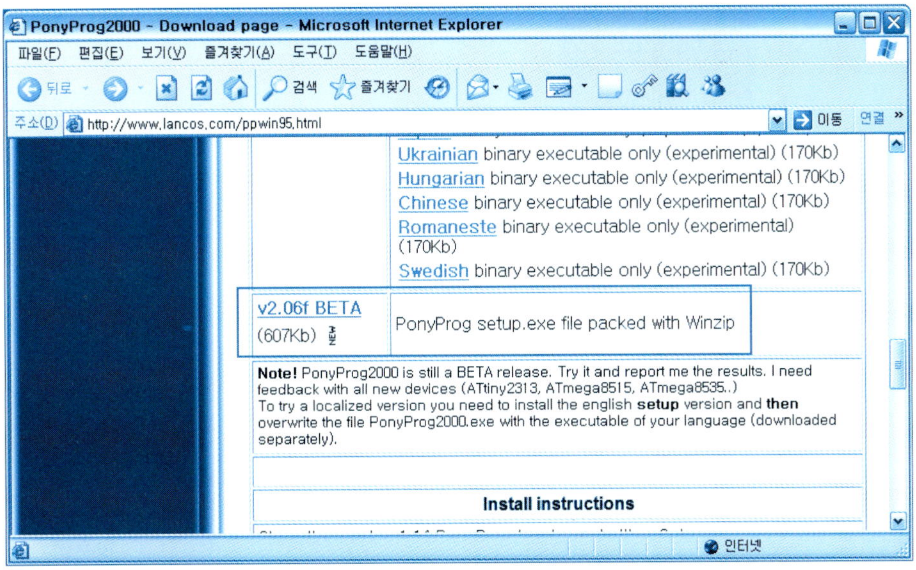

② Setup.exe를 더블클릭하여 실행하면 아래와 같은 창이 뜨는데, '예'를 클릭하여 설치를 진행한다.

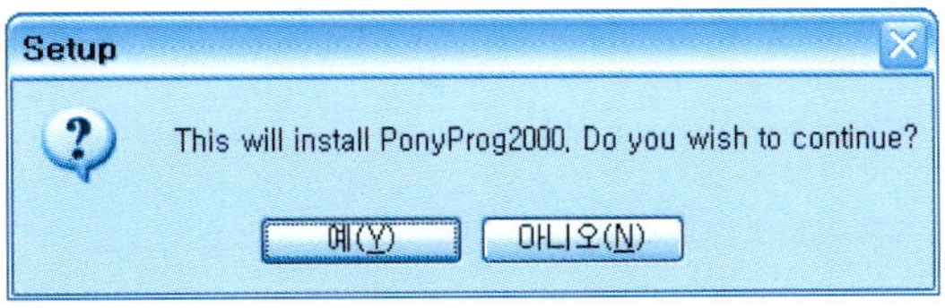

③ 설치를 계속해서 진행하고자 한다면 Next를 누른다.

④ 설치에 동의한다면 동의하는 칸을 체크하고 Next 버튼을 누른다.

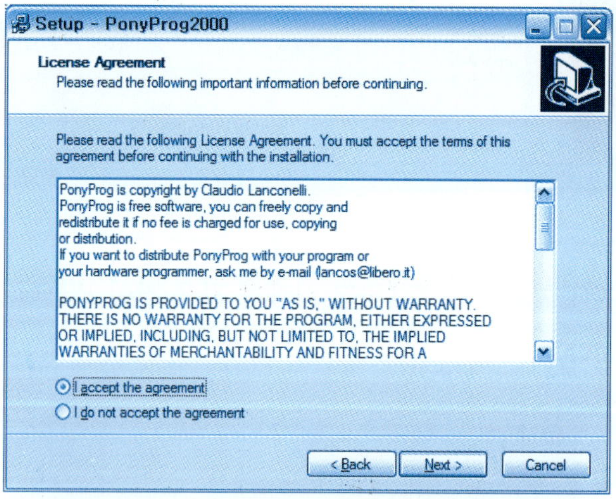

⑤ 설치하고자 하는 임의의 폴더를 설정해 준 뒤, Next 버튼을 눌러 설치를 계속 진행한다.

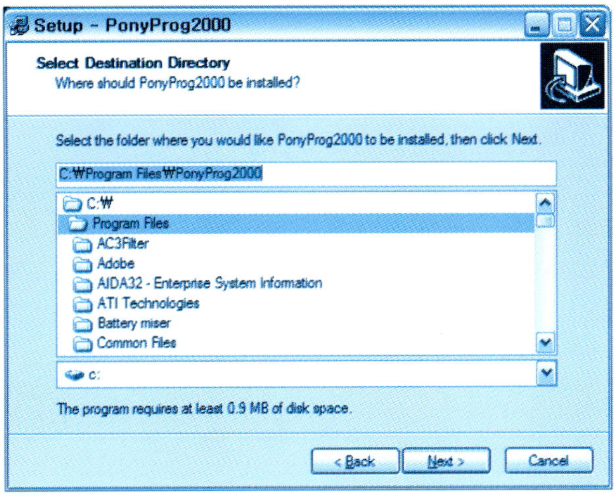

⑥ Start Menu Folder를 설정한 뒤, Next 버튼을 눌러 설치를 진행한다.

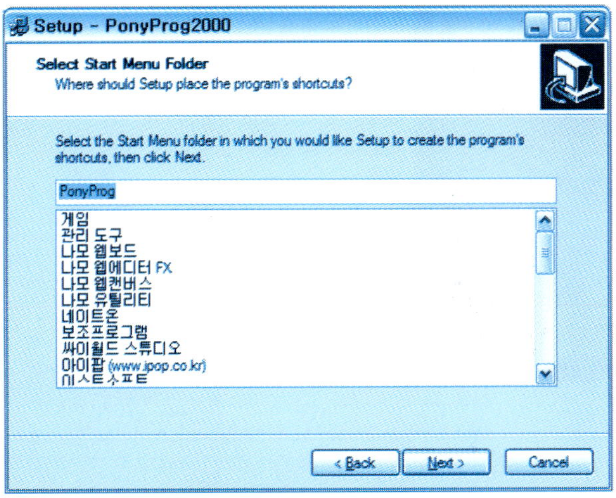

제 11 장

⑦ 지정한 사항들이 맞는지 확인한 뒤에 Install 버튼을 눌러 설치를 시작한다.

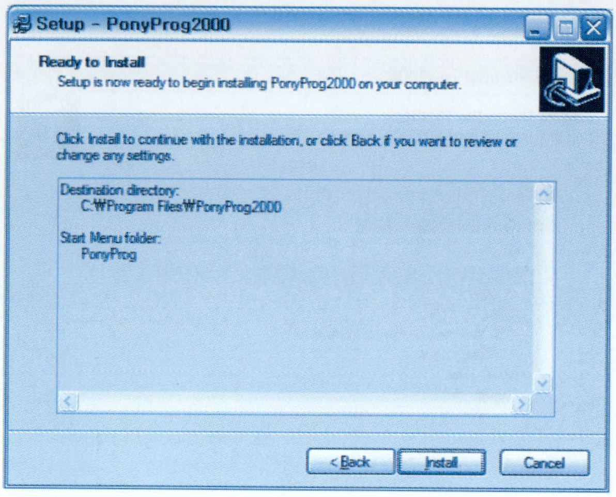

⑧ 설치가 완료되면 다음과 같은 화면이 뜰 것이다.

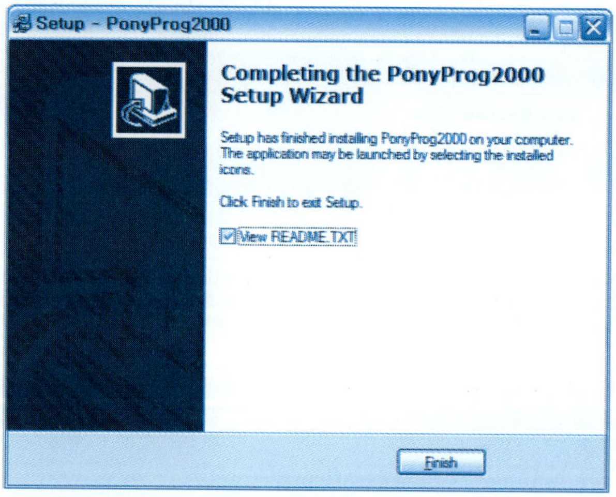

⑨ Finish 버튼을 눌러 설치를 끝내고 프로그램을 시작한다.

2) PonyProg2000 기본 설정 및 다운로드하기

① 아래의 아이콘을 더블클릭하여 프로그램을 실행한다.

② 실행하게 되면 아래와 같은 팝업창이 뜨며 말 울음소리가 날 것이다. OK 버튼을 눌러 팝업창을 없앤다. 다음부터 말 울음소리를 듣지 않으려면 Disable sound에 Check하면 된다.

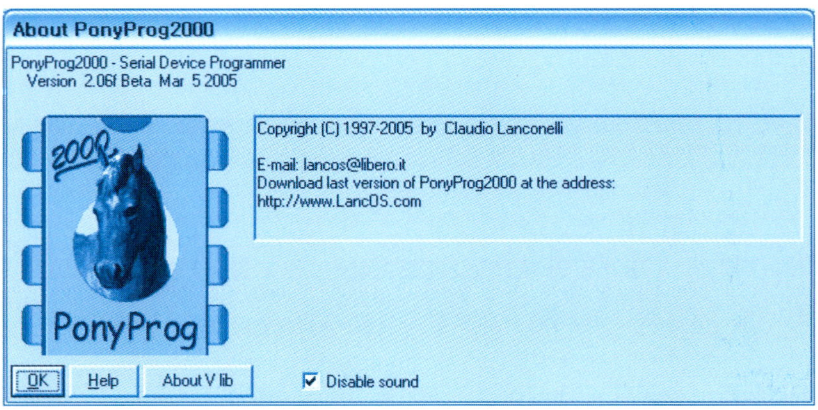

③ 아래와 같은 Notice창이 뜨는데 이것은 기본적인 설정이 되어있지 않기 때문에 생기는 것이므로 OK를 눌러 없애고 환경설정을 하도록 한다.

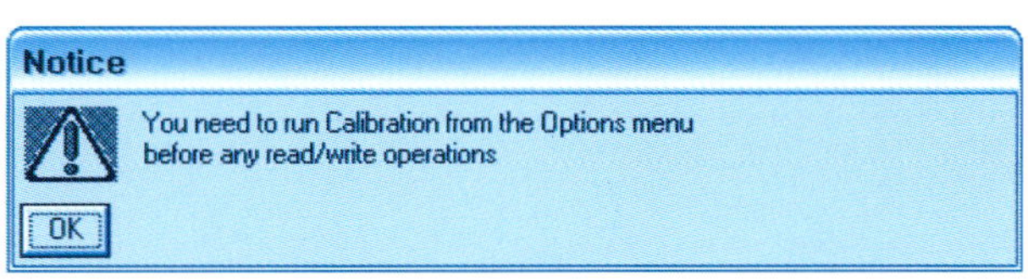

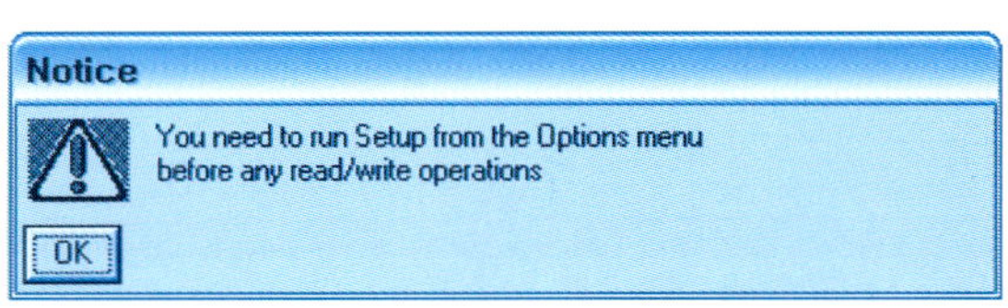

④ 아래 그림은 아무런 설정이 되지 않은 기본적인 프로그램 메인화면이다. 이제부터 자신의 개발환경에 맞도록 설정을 하도록 한다.

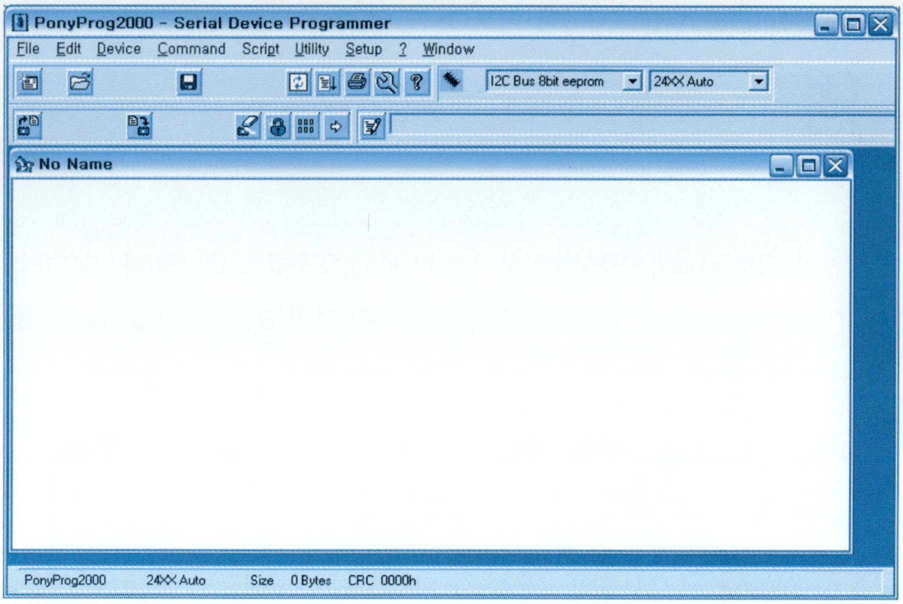

⑤ 우리는 여기서 AVR계열인 ATMega128이라는 MCU를 사용할 것이므로 아래와 같이 AVR micro를 선택하고 세부항목으로 ATMega128을 선택한다.

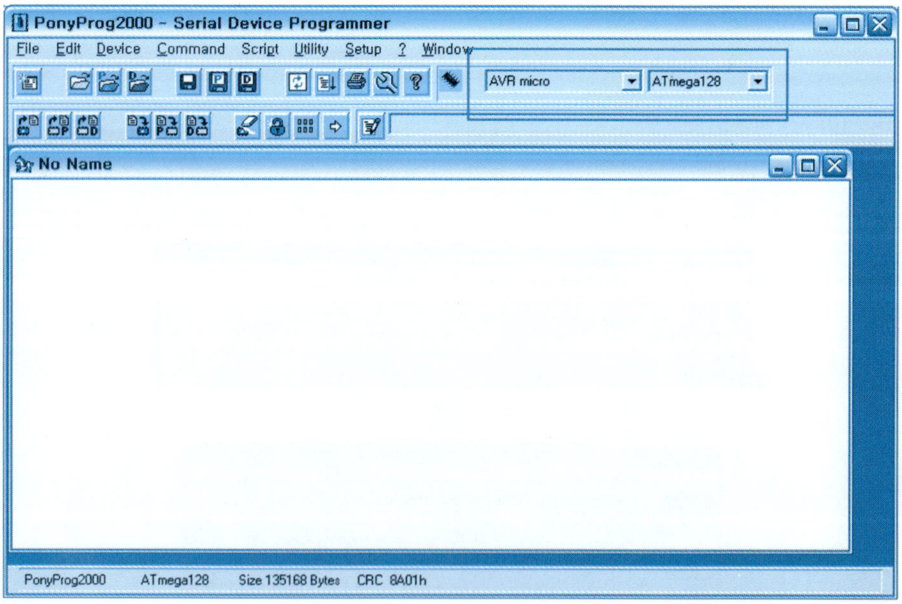

⑥ 다음으로 Setup 메뉴에서 Interface Setup을 설정하면 아래와 같이 I/O port Setup에서 Parallel을 선택하고 AVi ISP I/O을 설정하고, Setup에서 Calibration 을 눌러 실행하도록 한다.

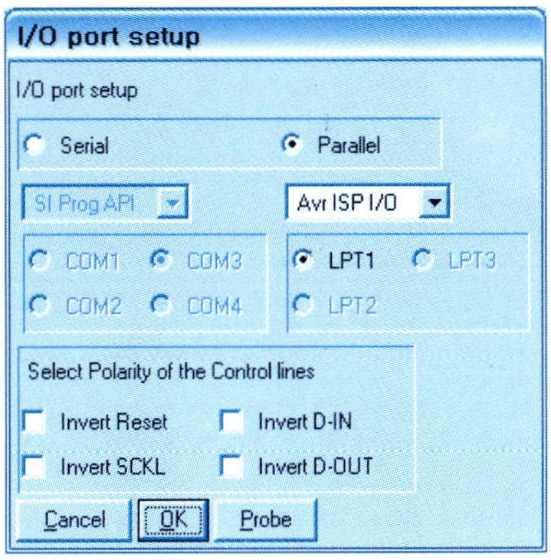

⑦ 기본적인 설정이 끝났다면, 이제 다운로드를 위해 Hex 또는 Rom 파일을 불러오도록 한다. 우리가 사용하는 Codevision에서 컴파일해서 만들어지는 확장자는 Hex이므로 버튼을 눌러 아래와 같이 Hex 파일을 찾아 Open한다.

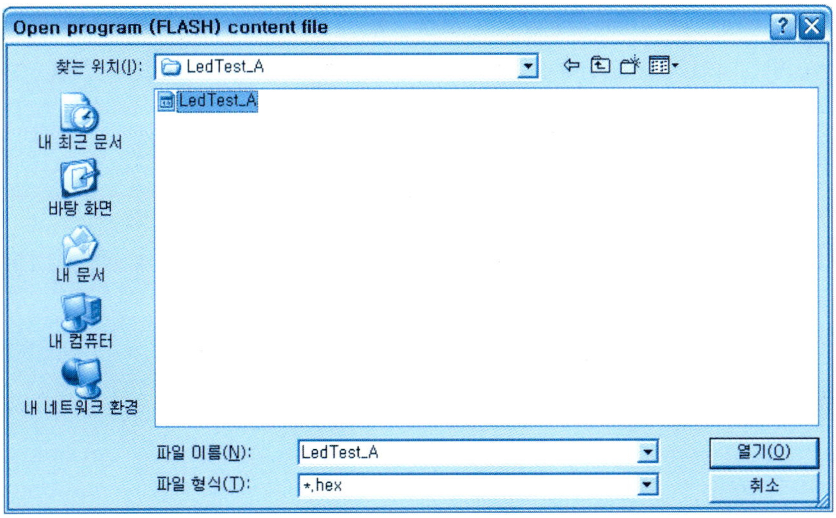

제 11 장

⑧ 아래의 그림은 LedTest_A라는 파일을 Open한 내용이다. 여기서 붉은 색으로 씌어진 숫자는 어드레스 주소를 의미하며, 녹색으로 씌어진 숫자는 데이터를 맨 오른쪽의 보라색으로 씌어진 내용은 데이터와 대응되는 ASCII값을 나타낸다.

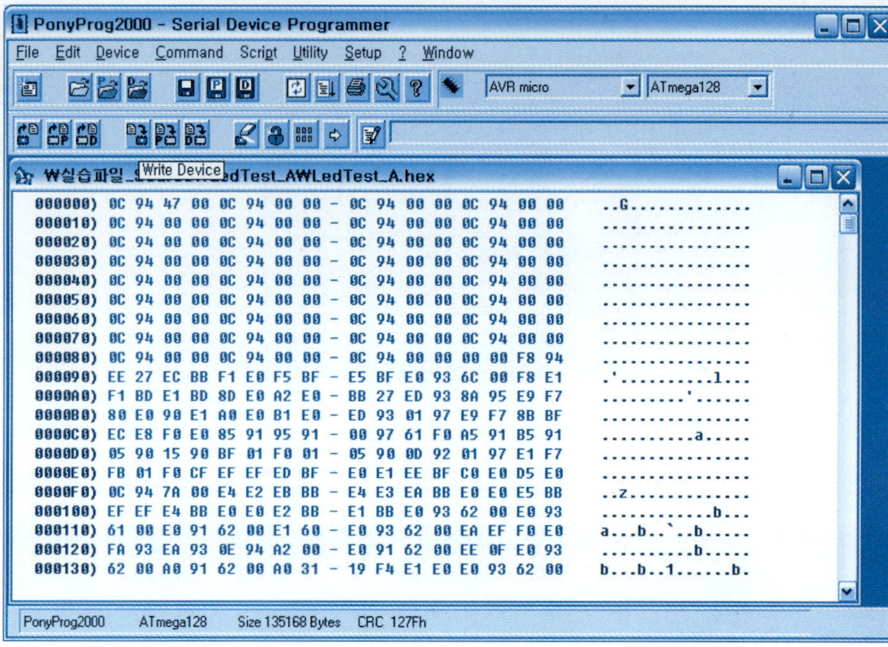

⑨ Open한 데이터를 ATMega128에 다운로드하기 위해  버튼을 누른다.

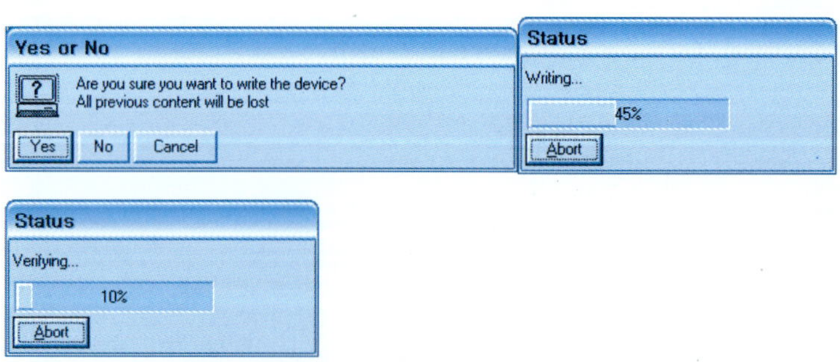

⑩ 위와 같이 이전의 데이터가 사라진다는 메시지가 나오면 Yes를 눌러 프로그램을 실행시킨다. 이 때, MCU안에 지우면 안되는 데이터가 있다면 No를 눌러 실수로 지워지는 일이 없도록 해야 한다.

다운로드를 하면 Verifying 단계가 상당히 오랜 시간이 걸리는 것을 알게 될텐데, 이때 계속해서 기다리지 말고 Esc를 눌러 보자. 그냥 지나가도 다운로드가 된다는 것을 알 수 있을 것이다.

⑪ 혹시 다운로드를 했는데도 원하는 결과가 나타나지 않는다면 CodeVision을 이용하여 Debugging을 하며, 원하는 결과를 얻도록 한다.

12 전력선 통신 X10, Z256 프로토콜 응용

12-1 실험 목적

12-2 전력선 통신 프로토콜의 개요

12-3 ED-5964 전력선 통신 프로토콜 실습 절차

12-1 실험 목적

(1) 전력선 통신에서의 프로토콜에 대해 이해한다.

(2) 프로토콜의 필요성 이해한다.

(3) 전력선 통신에 사용되는 프로토콜 종류를 파악한다.

(4) X10, Z256 프로토콜을 사용하여 특성을 파악한다.

12-2 전력선 통신 프로토콜의 개요

12-2-1. 프로토콜

컴퓨터 네트워크나 정보통신의 세계에서는 "Protocol(통신규약)" 이라고 하는 단어가 자주 사용된다. 구체적으로는 TCP/IP, TELNET, FTP 등과 NetWare 환경의 IPX와 SPX, Apple Talk 등이 프로토콜(Protocol)이라 불린다.

〈표 12-1〉 통신체계 프로토콜

통신체계	Protocal
TCP/IP	IP, ICMP, UDP, HTTP, TELNET, SNMP, SMTP...
NetWare	IPX, SPX, NPC...
Apple Talk	DDP, RTMP, AEP, ZIP...
DECnet	DPR, NSP, SCP...
OSI	FTAM, MOTIS, VT, CMIS.CMIP, CLNP, CONP
XNS	IDP, SPP, PEP

IPX: Internet work Packet eXchange

SPX: Sequenced Packet eXchanged

제 12 장

물론 우리가 E-Mail을 보내거나, 웹으로부터 정보를 수집하기 위해 프로토콜을 인식할 필요는 없다. 의식하는 것은 컴퓨터를 네트워크에 연결하고, 네트워크를 설정할 때뿐이다. 설정이 끝나고, 네트워크에 접속이 가능하게 되면, 더 이상은 프로토콜에 대해 신경쓰지 않아도 된다.

그러나 네트워크를 이용하여 커뮤니케이션을 하기 위해서는 프로토콜이 가장 중요한 것이라 할 수 있다. 프로토콜을 간단히 설명하면, 컴퓨터와 컴퓨터가 네트워크를 이용하여 통신하기 위해 결정된 "약속"이라는 의미이다. 메이커나 CPU 또는 OS가 다른 컴퓨터 간에도 동일한 프로토콜을 사용할 수 있다면 상호 통신이 가능하다. 반대로 같은 프로토콜을 사용하지 않으면 불가능하다. 프로토콜에는 여러 종류가 있고 각각의 명확한 사양이 결정되어 있다. 상호 통신을 하기 위해서는 통신하는 컴퓨터들이 같은 프로토콜을 이해하고 처리가 가능해야 한다.

1) 프로토콜의 원리

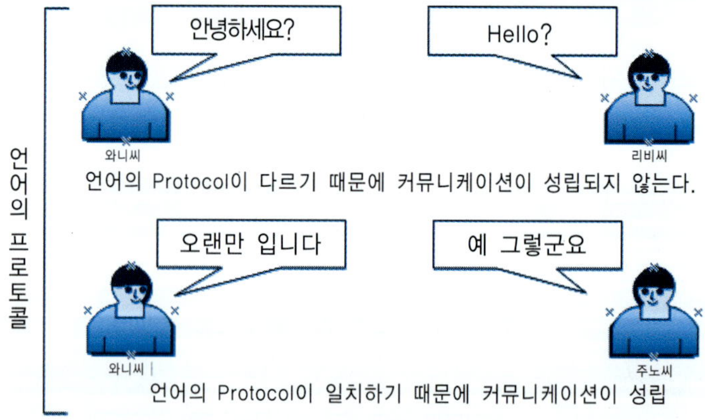

〈그림 12-1〉 **프로토콜의 원리**

〈그림 13-1〉에서 우리말 밖에 할 줄 모르는 와니씨와 영어 밖에 할 줄 모르는 리비씨 그리고 우리말과 영어를 모두 하는 주노씨가 있는 것으로 하고, 와니씨와 리비씨는 대화가 가능할까? 또 와니씨와 주노씨는 대화가 어떨까?

- 우리말과 영어를 프로토콜
- 언어에 의해 커뮤니케이션하는 것을 통신
- 대화의 내용을 데이터

라고 생각하자. 와니와 리비가 얘기를 하여도 와니는 우리말로 리비는 영어로 하기 때문에 양쪽 모두 상대의 말을 알아들을 수 없다. 그 결과 와니와 리비는 자신이 전하려고 하는 내용을 상대에게 전할 수 없다. 즉 커뮤니케이션이 성립되지 않는다. 이 예에서는 와니와 리비가 얘기하는 언어 프로토콜이 다르기 때문에 상호 데이터(말의 내용)를 전하는 것이 불가능하다.

다음으로 와니와 주노의 경우를 보자. 이 경우는 양쪽에서 우리말 프로토콜을 사용하면 상대의 말을 이해하는 것이 가능하다. 즉 와니와 주노는 같은 프로토콜을 사용하기 때문에 전하고 싶은 데이터(말의 내용)를 상대에게 전하는 것이 가능하고, 그 결과 통신(커뮤니케이션)이 성립하는 것이다. 이렇게 생각해 보면 프로토콜의 의미가 무엇인지 알게 되었을 것이다. 여기에서는 단순히 사람과 사람사이에 주고받는 대화를 예로서 설명했지만 컴퓨터와 컴퓨터 네트워크를 통하여 통신하는 경우에도 거의 동일하다고 생각하면 된다.

실제로 이와 같이 우리들의 일상생활에서 당연하다고 생각하며 행동하는 것들 속에도 프로토콜이라고 하는 개념을 접목시킬 수 있다.

2) 컴퓨터에서의 프로토콜

인간은 지능, 응용력, 이해력을 갖고 있어서 어느 정도 룰에서 벗어나더라도 의식의 교정이 가능하다. 또 인간의 경우에는 순간적으로 룰을 변경한다거나 룰을 확장하는 것이 용이하다.

그러나 컴퓨터에 의한 통신의 경우는 그렇지 못하다. 컴퓨터는 사람과 같은 지능, 응용력, 이해력을 갖고 있지 않다. 그렇기 때문에 Connector 형태의 물리적인 Level부터 Application 같은 S/W Level까지 여러 부분에서 명확한 약속들을 결정하여, 지키지 않으면 통신은 불가능하다. 그래서 양쪽의 컴퓨터에 필요한 최소한의 기능이 모두 되어 있어야만 한다. 앞의 예를 컴퓨터로 바꿔서 생각하면, 프로토콜을 명확히 정의하여 그 프로토콜을 지키는 소프트웨어나 하드웨어를 만들어야만 한다.

우리는 보통 특별하게 아무것도 의식하지 않고 얘기를 하지만 상대는 대부분 큰 오해 없이 얘기한 내용을 이해한다. 또한 얘기 도중 잘 듣지 못한 말이 있어도 전후의 얘기를 갖고 의미를 추측하여 이해하는 것도 가능하다. 그러나 컴퓨터의 경우는 이와 같은 일은 불가능하다. 프로그램이나 하드웨어를 만들 때에는 도중에 장애가 일어날 경우 처리하는 방법 등 통신 중에 일어날 것으로 예측되는 문제에 대해 처리 방안을 준비해 놓아야만 한다.

그렇게 해서 실제로 장애가 발생한 경우에는 통신하는 컴퓨터 간에 상호 적절한 처리를 하기 위한 기기 또는 프로그램을 만들어야만 한다.

이와 같이 컴퓨터 통신에서는 컴퓨터 간의 약속을 세밀하게 작성하여 그것을 지키는 것이 가장 중요한 것이다. 이 약속을 '프로토콜'이라고 한다.

그렇다면 프로토콜은 언제쯤 누가 결정한 것일까? 여러 회사의 컴퓨터가 상호 통신가능 하도록 하기 위해 프로토콜 사양을 결정하고, 세상 어느 곳에서나 이용이 가능하도록 하는 표준을 만드는 기관이 있다.

3) 프로토콜 표준화 활동

지금까지 컴퓨터 통신에서 프로토콜의 의미와 프로토콜의 중요성에 대하여 설명하였다. 프로토콜이 중요시 되게 된 역사와 표준화 활동에 대하여 소개한다.

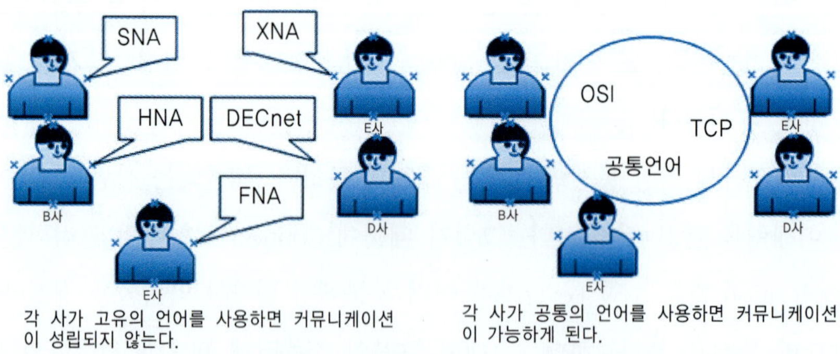

〈그림 12-2〉 프로토콜의 표준화 활동

컴퓨터 통신이 시작된 당초에는 표준화의 필요성은 고려되지 않았다. 각 컴퓨터 메이커는 각각의 독자적인 생각에 따라 프로토콜 체계를 생각하여 프로토콜을 만들고, 컴퓨터간의 통신을 실현하였다. 당연한 얘기지만 각 메이커가 독자적으로 개발한 프로토콜은 다른 메이커가 개발한 프로토콜과는 호환성이 없었다. 따라서 같은 메이커의 제품 간에는 통신이 가능하지만 다른 메이커의 제품과는 통신이 불가능하였다. 그 결과 네트워크를 구축하기 위해서는 모든 기종을 같은 메이커의 제품으로 통일하여야만 했다.

이것은 이용자 입장에서 보면 대단히 불편한 것이다. 왜냐하면 최초에 컴퓨터를 도입하면 언제까지라도 그 회사의 제품만을 지속적으로 구매해야만 하기 때문이다. 메이커가 도산 한다거나 그 제품이 공급이 되지 않게 되면 모든 제품을 교체 해야만 되기 때문이다. 또 다른 부서에서 별도의 메이커 제품을 도입하는 경우 각 부서의 네트워크를 상호 접속시켜야 하는 경우도 프로토콜이 다르기 때문에 접속 할 수 없는 경우가 많다. 이와 같이 유연성이 없는 네트워크는 확장성에서도 불편할 수밖에 없다.

그러나 컴퓨터의 중요성이 증가하여 많은 기업에서 컴퓨터 네트워크가 도입되고 있으며, 메이커가 달라도 통신이 가능한 호환성이 가장 중요한 과제가 되었다. 이것이 네트워크의 개방화 멀티 벤더화이다.

서로 다른 메이커의 컴퓨터 간에도 자유로운 통신이 가능한 환경이 강하게 요구되었다.

(1) 표준화

표준화라고 하는 것은 다른 메이커의 제품 간에 호환성을 갖고 이용 가능한 규격을 만드는 것이다. 표준화는 컴퓨터의 통신 이외에도 연필이나 화장지로부터 전원 콘센트, 오디오, 비디오 등 일상생활에서 흔히 볼 수 있다. 이러한 것이 메이커에 의해서 서로 다르다면 어떨지 쉽게 상상이 될 것이다.

현실의 세계에서는 기술적으로는 우수하여도 개발한 기업이 사양을 공개하지 않으면 일반적으로 그다지 보급되지 않아 사용되어지지 않는 기술이 상당히 많이 있다. 기업이 독점을 포기하고 사양을 공개하여 업계의 표준으로 만들면 지속적으로 사용되는 기술이 된다고 볼 수 있다. 이와 같이 표준화는 전 세계에 큰 영향을 줄 수 있기 때문에 대단히 중요한 것 이다.

국제표준화기구 ISO(International Organization for Standard)는 통신의 국제표준에 착수하였다. 그것이 OSI(Open System Interconnection)이라고 부르는 프로토콜 참조 모델이다.

한편 TCP/IP는 ISO의 국제표준은 아니지만 인터넷 상의 표준이기 때문에 디펙토 스탠다드(de-facto standard)로서 세계에서 가장 많이 사용하고 있는 프로토콜이다. TCP/IP는 IETF(Internet Engineering Task Force)에서 제안과 표준화 작업이 이루어졌다. 이 TCP/IP는 대학 등의 연구기관과 컴퓨터 업계가 중심이 되어 추진된 것이다. 프로토콜이 표준화되어 모든 기기에 준비가 되면 컴퓨터의 하드웨어나 O.S의 차이를 의식할 필요 없이 세계 속의 어떤 컴퓨터와도 통신이 가능하게 된다. 표준화에 따라 컴퓨터 네트워크는 점점 편리하게 되는 것이다.

(2) 국제표준화기구(ISO)
[國際標準化機構, International Organization for Standardization]

지적 활동이나 과학 · 기술 · 경제활동 분야에서 세계 상호간의 협력을 위해 1946년 설립한 국제기구.

〈표 12-2〉 ISO 특징

설립연도	1947년 2월 23일
목적	지적활동, 과학, 기술, 경제활동 분야에서 세계 상호간의 협력 발전
주요활동	공업규격 조정, 통일, 물자 및 서비스의 국제적 교류 원할
가입국가	139개 회원국(2002)
본부소재지	스위스 제네바

1926년 ISA(International Federation of the National Standardizing Associations)를 설립해 기계공학 분야에서부터 표준화를 시작하였다.

제2차 세계대전으로 잠시 활동을 중단하였으나 1946년 런던에서 25개국이 참가한 가운데 모임을 재개하고 1947년 2월 23일 현재의 이름으로 공식적인 업무를 시작하였다.

조직은 총회, 이사회, 기타 전문부회가 있으며 기술적인 업무는 2,850개의 기술위원회, 하부 위원회와 업무수행 그룹이 맡아 시행한다. 표준화 업무에는 산업 각 분야, 조사 학회 회원, 정부 관계자, 사용자 단체, 국제기구 등이 참가하며, 해마다 모임에 참가하는 전문가의 수는 3만 명에 이른다.

주로 각국의 공업규격을 조정 · 통일하고, 물자와 서비스의 국제적 교류를 유도하며, 과학적 · 지적 · 경제적 활동 분야의 협력을 증진하는 것을 목적으로 활동한다.

다루는 분야는 IEC(International Electrotechnical Commission)의 담당 분야인 전기와 전자 공학 분야를 제외한 모든 부문이며 필요한 부분에서는 IEC, 세계무역기구(WTO : World Trade Organization) 등 기타 전 세계 500개 지역 기관들과 협력한다.

1987년 최초로 ISO 9000시리즈를 제정하는 등 설립 이래 2000년 현재 1만 2000건 이상의 광범위한 분야의 국제표준을 제정, 공표하였다.

산업 분야에서 필요한 표준화 작업은 해당 국가 단체에서 충분한 의견 수렴을 거쳐 ISO에 제안되면 분과위원회와 기술위원회를 거쳐 총회 정원의 75%의 찬성을 통해 국제규격(IS : International Standard)으로 승인되고 ≪International Standards≫에 실린다. 본부는 스위스 제네바에 있다.

(3) 미국표준협회(ANSI)
[美國標準協會, American National Standards Institute]

미국의 공업제품 표준의 통일을 위하여 설립한 협회.

〈표 12-3〉 ANSI의 특징

구분	공업표준단체
설립연도	1969년
소재지	미국 워싱턴
설립목적	공업제품의 통일된 규격의 제시
주요활동	공업제품의 규격 발표
규모	회원단체 1,000여 개(2000)

공업제품의 통일을 위한 규격표시에 사용하며, 표준화 정책결정에 영향력을 행사한다. 조직에는 이사회, 위원회, 자문위원회 등이 있다.

이 규격은 1967년에 'USA Standards' 또는 'USAS'라 부르기 시작하였고, 조직은 USASI(United States of America Standards Institute)가 변경하였다.

다시 1969년부터 조직을 ANSI Inc.(American National Standards Institute Incorporated)로 변경하고 규격도 ANSI로 바꾸었다.

ISO(International Organization for Standardization:국제표준화기구)의 회원으로 가입하였으며 IEC(International Electrotechnical Commission:국제전기표준회의)의 일원이다. 특히 한국에서는 사진필름의 감도 규격표시로 널리 알려졌다. 2000년 현재 1,000여 개 단체가 회원으로 가입하였으며, 본부는 미국 워싱턴에 있다.

(4) 국제전기표준회의(IEC)
[國際電氣標準會議, International Electrotechnical Commission]

전기 관계의 국제 표준화를 목적으로 설립된 국제단체.

각국을 대표하는 표준화 기관으로 구성되어 있다. 1904년 미국 세인트루이스에서 개최된 국제 전기 회의에서 전기 기기에 관한 용어와 규격의 표준화 필요성이 제창되어, 1908년 영국 런던의 회의에서 13개국이 참가하여 국제전기표준회의(IEC)를 발족시켰다. IEC도 국제표준화기구(ISO)와 마찬가지로 의결권을 갖는 회원은 1국가 1단체 또는 기관으로 국한되어 있다.

전문 분야별로 기술위원회(TC), 분과 위원회(SC), 또는 작업그룹(WG)을 설치하고 IEC 국제표준(IEC Publication)을 작성, 발표하여 각국에서 국가표준을 정할 때 통일된 표준을 준거하도록 권고하고 있다.

IEC 국제 표준은 약 3,000건에 달한다. 1961년에는 TC 83(정보 기기) 등을 설치하여 정보기술 분야의 표준화를 추진해 왔는데, ISO와 TC 97(컴퓨터와 정보처리)의 활동 분야와 중복되는 점을 감안하여 ISO와 합의하여 두 TC를 합병한 ISO/IEC JTC 1을 설치했다.

12-2-2. 네트워크 아키텍처와 OSI 참조 모델

프로토콜의 표준화 작업을 진행하기 위해서는 네트워크 아키텍처(Architecture)를 깊이 생각할 필요가 있다. 네트워크 아키텍처라는 것은 네트워크의 프로토콜을 생각할 때 구조와 같은 것이다.

이에 대한 결과로 네트워크 프로토콜의 계층화 모델이 제창(提唱)되어 OSI 참조 모델이 탄생되었다.

1) 모뎀을 통한 데이터 전송

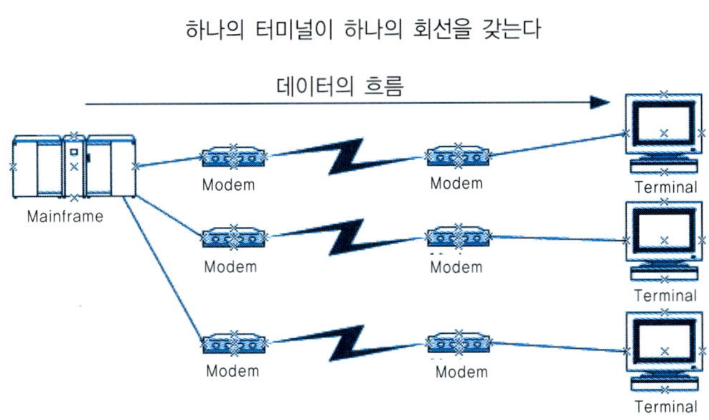

〈그림 12-3〉 모뎀의 데이터 전송개념

프로토콜이라는 단어가 사용되기 시작한 것은 컴퓨터 네트워크가 등장한 1970년대쯤이라고 할 수 있다. 컴퓨터 네트워크가 등장하기 전에는 네트워크 아키텍처에 대해 그다지 심각하게 생각 하지 않았다.

컴퓨터 네트워크 등장 이전의 통신은 모뎀과 같은 것을 이용하여 통신하고 싶은 컴퓨터와 직접 접속하였다. 이 경우 접속되어 있는 컴퓨터 이외에는 통신이 되지 않았다. 양단의 2대가 동일한 프로토콜을 사용하면 되므로 어렵게 생각할 필요가 없었다. 그렇기 때문에 대단히 단순한 프로토콜만으로도 충분하였다.

2) 패킷 교환과 프로토콜의 복잡화

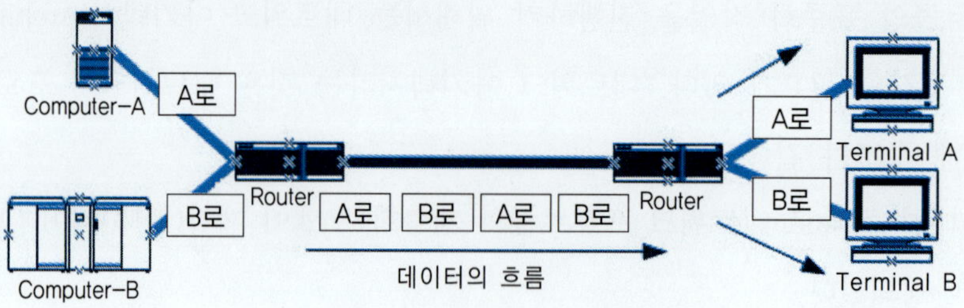

〈그림 12-4〉 패킷 교환 기술의 개념

패킷(Packet) 교환기술이란 것은 데이터를 패킷이라고 하는 단위로 잘라, 분해하여 송수신하는 방법이다. 패킷 교환이 되면 응용성이 넓어짐과 동시에 프로토콜은 대단히 복잡하게 된다. 또한 통신 경로의 도중에 패킷을 모으거나 분배하는 라우터(Router)라고 불리는 기기가 등장하게 되었다.

라우터도 컴퓨터도 같이 프로토콜을 이해하여 패킷을 중계 하여야 한다. 또한 패킷 통신에서는 통신 상대를 한 곳으로 국한하지 않는다. 하나의 통신선로를 복수의 컴퓨터에서 공유하는 것이 가능하다. 또한 하나의 컴퓨터가 복수의 컴퓨터와 통신하는 것도 가능하게 되었다.

이와 같이 패킷 통신을 실현하게 되면 프로토콜로서 필요한 기능이 확대된다. 그런 기능을 어떻게 구현하는 것이 좋을까, 심각하게 생각해야만 했다. 그 결과 네트워크 아키텍처를 바르게 설계하게 하기 위한 네트워크 프로토콜의 계층화가 이루어지게 되었다.

(1) 패킷교환

패킷 교환이라고 하는 것은 큰 데이터를 패킷이라고 하는 단위로 나누어서 송신하는 방법이다. 패킷이라는 단어를 사전에서 찾아보면 소포라고 설명되어 있다. 따라서 데이터를 소포로서 상대에게 전하는 것이다. 소포에는 자신의 주소와 상대의 주소를 쓴 전표를 붙여서 우체국 등에 갖고 간다. 컴퓨터 통신의 경우에도 동일하여 하나의 패킷에 자신의 주소와 상대의 주소를 써넣고 통신회선에 보낸다. 각각의 패킷에 자신의 주소와 상대의 주소를 써 넣기 때문에 하나의 회선을 복수의 유저가 공유하여도 각각의 패킷이 어디에서 오고 어디로 가는지 구분이 가능 하다. 또 큰 데이터를 몇 개의 패킷으로 나누는 경우 본래의 데이터의 어느 부분인가를 표시하는 번호를 써넣는다. 받는 측에서는 번호를 확인하여 본래의 데이터와 같은 형태로 조립하게 된다.

자신의 주소와 상대의 주소 그리고 데이터의 번호가 적힌 부분이 헤더라고 하는 부분이다.

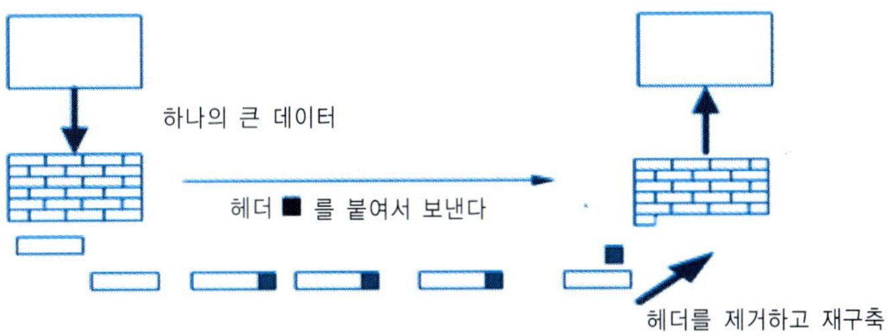

〈그림 12-5〉 헤더의 첨가와 제거에 의한 데이터 전송

(2) 프로토콜의 계층화

ISO는 OSI의 프로토콜을 표준화하기 전에 네트워크 아키텍처에 대해 의논을 충분히 하였다. 그래서 통신 프로토콜을 설계할 때의 지표로서 OSI의 참조 모델을 제창하였다. 이것은 프로토콜을 7개의 계층으로 나누어 기능을 분할한 것으로써 복잡할 수 밖에 없는 네트워크 프로토콜을 단순화하기 위한 모델이다.

각 계층은 하위 계층으로부터 특정 서비스를 받아 상위 계층에 특정 서비스를 제공한다. 상위 계층과 하위 계층 사이에서 서비스의 주고 받음을 약속한 것을 인터페이스라고 하며 통신 상대의 같은 계층과 주고 받을 때의 약속을 프로토콜이라 한다.

이 프로토콜의 계층화는 소프트웨어를 개발할 때 모듈화하는 것과 같다. OSI의 참조 모델의 경우에는 이상적으로는 제1계층으로부터 제7계층까지 7개의 모듈을 만들어 합치면 통신이 가능하게 된다는 것이다. 계층화를 하면 각 계층을 독립된 것으로 취급하는 것이 가능하게 되는 이점이 있다. 시스템의 어떤 계층을 변경하여도 그 영향이 시스템 전체에 파급되지 않기 때문에 확장성이나 유연성이 풍부한 시스템 구축이 가능하다. 또한 통신의 기능분할이 이루어졌기 때문에 여러 계층의 프로토콜 실장이 용이하게 되고 그에 반해 책임의 한계점도 명확하게 되는 이점이 있다. 단점으로는 모듈화를 진행하게 되면 각 모듈에 비슷한 처리를 하는 기능이 각각 필요하게 된다. 그 결과 불필요한 루틴이 증가하게 되는 문제가 생긴다.

OSI에서는 계층을 중시하기 때문에 불필요한 일들이 생기는 것은 할 수 없다고 생각한다. TCP/IP에서는 불필요한 일들을 적게 하기 위해서 계층을 무시하는 경우가 있다.

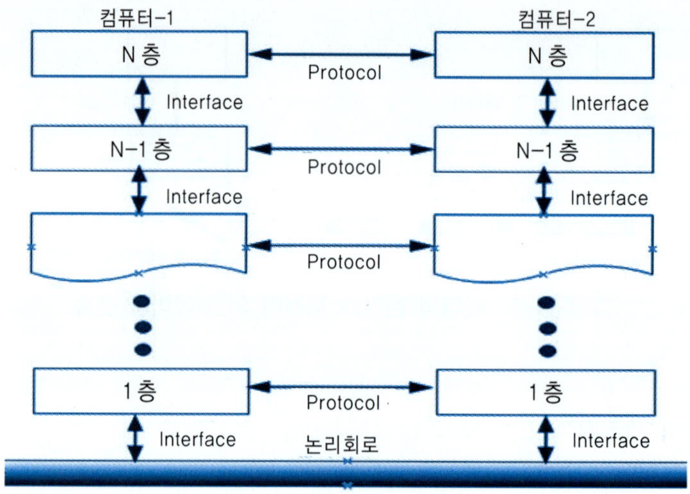

〈그림 12-6〉 **계열별 프로토콜**

대화에서 계층화를 생각해 보면 계층화에 대하여 와니와 주노의 대화를 예로 들어 간단히 설명한다. 여기에서는 대화 계층과 통신장치 계층의 2개 층에 대해 생각해 보자.

처음 전화를 사용하여 대화하는 경우를 생각해 보며 다음 그림을 보자. 와니와 주노가 통신장치 계층을 이용하여 우리말 언어 프로토콜로서 얘기를 하고 있다는 것을 알 수 있다. 여기에서 좀 더 깊이 생각해보자.

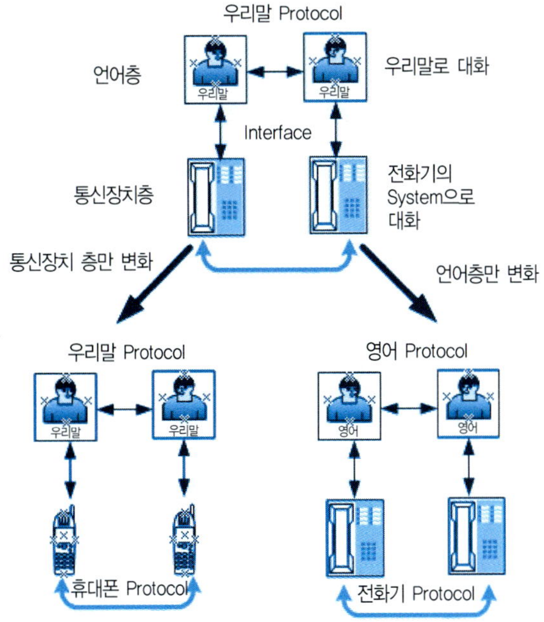

〈그림 12-7〉 **프로토콜의 의미**

와니와 주노가 우리말로 대화하고 있는 것처럼 보이지만 사실은 와니도 주노도 전화기의 스피커에서 나오는 말을 듣고 있으며 마이크에 대고 얘기하고 있는 것뿐이라는 걸 알아야 한다. 전화기라는 것을 모르는 사람이 이 광경을 보았다고 생각해 보면 사람이 전화기와 얘기를 하고 있는 것으로 보여질 것이다. 사실은 사람이 얘기하는 언어 프로토콜은 음파로서 수화기의 마이크에 진동을 일으키고, 통신장치계층에서 전기신호의 파형으로 변환되는 것이다. 그리고 상대 전화기까지 전달되어 통신장치 층에서 음파로 변환되는 것이다. 따라서 사람은 전화기와의 사이에서 음파에 의해 언어를 전달하는 인터페이스를 이용하는 것이다. 보통 전화를 사용하면 상대방과 직접 얘기하는 듯한 느낌을 갖지만 좀 더 관심을 갖고 생각해 보면 전화기와 대화를 하는 것이다.

혹시 와니의 전화기로부터 전달되는 전기신호가 주노의 전화기에서 정확히 일치하는 주파수로 변환되지 않는다면 이는 양쪽 전화기의 프로토콜이 맞지 않는다는 것이다. 이때는 서로 다른 사람의 음성을 듣고 있다는 생각을 하게 될 지도 모른다. 주파수가 다르게 되면 상대의 말이 우리말로 들리지 않을지도 모른다.

또한 언어계층은 동일한 상태에서 통신장치 계층 변경하면 어떻게 될까? 예를 들면 전화를 휴대폰으로 변화시켜 보자. 통신장치 계층에서 휴대폰을 사용하게 되면 2개의 계층간 인터페이스로서 휴대폰 사용법을 배워야 한다. 그러나 언어계층 프로토콜로서는 우리말을 사용하기 때문에 일반 전화기 때와 같은 방법으로 대화가 가능하다.

그러면 통신장치 계층은 전화기를 사용하고, 언어계층을 영어로 변환시켜 보자. 전화기는 우리말로 대화를 하거나 영어로 대화를 하거나 동일한 통신이 된다. 좀더 깊이 생각해 보면 프로토콜의 계층화는 편리성에 의미가 있다는 것을 이해할 필요가 있다.

3) OSI 참조 모델의 세분화

앞에서는 단순히 2개의 계층을 모델로 설명하였다. 그러나 패킷 통신 프로토콜은 대단히 복잡하다. 이것을 정리하여 알기 쉽게 하기 위한 모델의 대표적인 것이 7계층의 OSI 참조 모델이라고 한다.

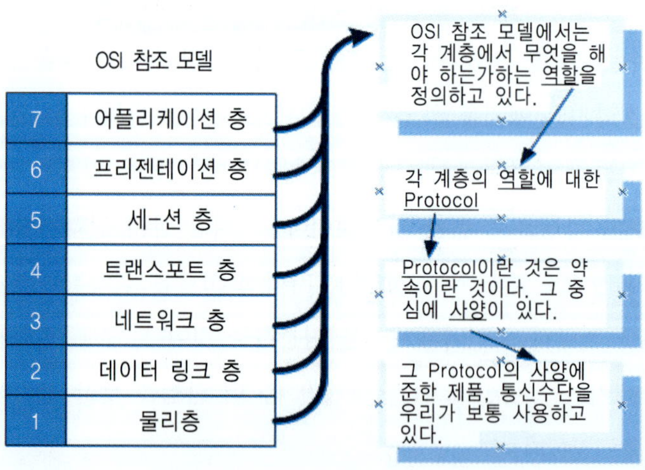

〈그림 12-8〉 OSI 참조 모델

대부분의 프로토콜들은 이 OSI 참조 모델의 7계층을 기준으로 어느 계층에 해당하는지를 알려주는 것이 가능하다.OSI 참조 모델에 해당하는 것으로 통신기능 전체 중에서의 담당하는 프로토콜의 위치나 역할을 알려주는 것이 가능하다.

프로토콜의 상세한 사양에 대하여는 각 사의 사양을 읽어야 하겠지만 그 역할에 대하여는 그 계층 모델을 통하여 검토가 가능하다.

그렇기 때문에 프로토콜의 사양을 공부하기 전에 OSI 참조 모델을 공부하는 것은 대단히 중요하다.

4) OSI 참조 모델의 각 층별 역할

이 항에서는 OSI 참조 모델의 각 층의 역할을 간단히 설명한다. OSI 참조 모델의 각 층의 역할을 일람표 형식으로 나타내었다.

① 어플리케이션 층(Application Layer)

이용된 어플리케이션 속에서 통신에 관한 부분을 정한다. 파일전송, 전자메일, 원방 로그인(가상 단말)등을 실현하기 위한 프로토콜이 있다.

〈표 12-4〉 OSI 참조 모델의 계층별 특징

	계층	기능	각 층의 기능 이미지
7	어플리케이션 층	특정 Application에 특화되어진 프로토콜	어플리케이션의 프로토콜 전자메일용 프로토콜 로그인용 프로토콜 파일 전송용 프로토콜
6	프리젠테이션 층	기기 고유데이터 Format과 네트워크 공통의 데이터 Format 교환	문자열이나 화상, 음성 등의 정보 표현이 다른 것을 흡수한다.
5	세션 층	통신의 관리 커넥션(데이터가 흐르는 논리적인 통신로)의 확립/절단 트랜스포트 층 이하 층의 관리	커넥션을 언제 연결하고 언제 끊을 것인가. 어느 정도의 길이인가
4	트랜스포트 층	양단 노드 간의 데이터 전송을 관리하고 데이터 전송의 신뢰성을 제공한다.	데이터의 손실은 없는가
3	네트워크 층	어드레스의 관리와 경로의 선택	어느 경로를 통하여 목적지까지 전달할 것인가
2	데이터 링크 층	직접 접속되어진 기기 사이에서 데이터 프레임의 식별과 전송을 한다.	Frame과 비트열의 교환
1	물리 층	"0"과 "1"을 전압의 고저와 빛의 점멸로 변환하는 Connector나 케이블의 형상을 규정	비트열과 신호의 변환 Connector나 케이블의 형상

② 프리젠테이션 층(Presentation Layer)

전송하는 데이터의 표현 형식을 관리한다. 구체적으로 말하면 기기 고유의 데이터 표현형식(Data Format)을 네트워크 공통의 데이터 형식으로 변환하는 역할을 갖고 있다. 같은 비트의 나열에서도 기기가 변환하려면 다른 의미로 해석되어질 가능성이 있지만 그것을 조정하는 역할을 갖고 있다.

③ 세션 층(Session Layer)

커넥션(데이터가 흐르는 논리적인 통신로)의 확립과 차단, 전송하는 데이터 차단 지점의 설정 등 데이터 전송에 관하여 관리를 행한다.

④ 트랜스포트 층(Transport Layer)

대상 노드에 데이터를 확실히 전하는 역할을 한다. 통신을 행하는 양단의 노드에서 처리되어진다.

⑤ 네트워크 층(Network Layer)

물리 층이 간접적으로 접속되어진 네트워크에서 종점 노드간(송신측으로부터 목적지까지)의 통신을 가능하게 한다.

⑥ 데이터 링크 층(Data Link Layer)

물리 층에서 직접 접속된 노드사이의 통신을 가능하게 한다.

0과 1의 숫자열을 의미가 있는 프레임으로 나누어 상대에게 전달한다(Frame의 생성과 수신).

⑦ 물리 층(Physical Layer)

비트 열(0과 1의 숫자 열)을 전압의 높낮이나 빛의 점멸로 변환하여 전압의 고저나 빛의 점멸을 비트 열로 변환한다.

5) OSI 참조 모델에 의한 통신 처리 예제

구체적인 통신 예로서 7계층의 기능을 설명하겠다. 호스트 A를 사용하는 와니씨가 호스트 B를 사용하는 주노씨에게 E-mail을 보내는 경우를 생각해보자.

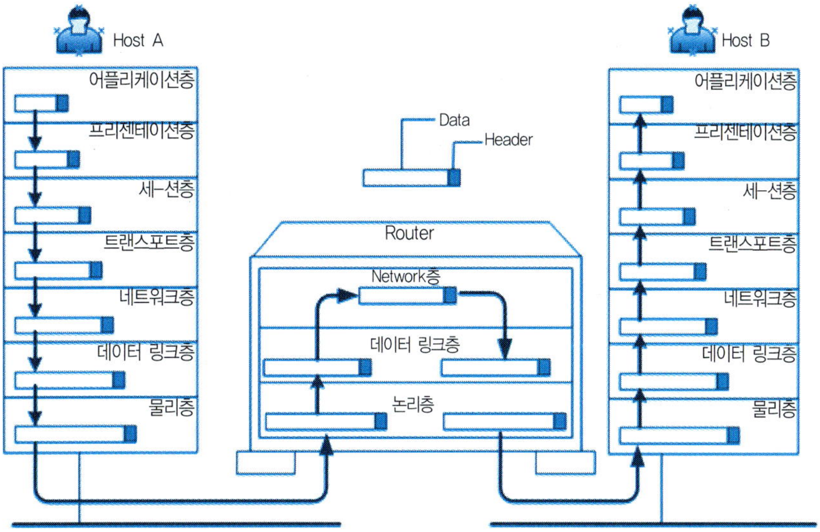

〈그림 12-9〉 프로토콜을 통해 통신하는 흐름도

(1) OSI 7계층 모델은 어떻게 통신을 하는 것일까

이것은 언어와 전화의 2계층 모델과 동일하게 송신측에서는 7층, 6층 순으로 위에서 아래층으로 데이터가 전해지고, 각각의 계층에서는 상위 층으로부터 전달받은 데이터에 자신의 계층 프로토콜 처리에 필요한 정보를 헤더라고 하는 형태로 붙인다. 수신측에서는 수신된 데이터를 처리하여 헤더와 상위로 보낼 데이터를 분리한다. 그래서 데이터를 상위 층에 전하게 된다. 이렇게 해서 송신된 데이터가 원래의 데이터로 복원되는 것이다.

제 12 장

(2) 세션 층 이상에서의 처리

와니씨가 주노씨에게 '안녕하십니까'라고 문장을 보내는 경우 어떤 처리가 이루어지는가. 상위 층에서 순서적으로 살펴보자.

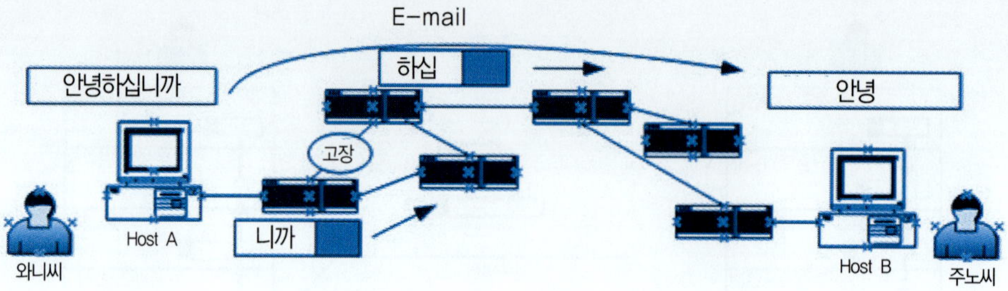

〈그림 12-10〉 **상위 층에서 데이터 처리 흐름**

① 어플리케이션 층

와니씨는 Host A에서 메일 프로그램을 사용하여 새로운 메시지를 작성한다. 그리고 상대를 주노씨로 하고 키보드를 이용 "안녕하십니까"라고 입력한다.

메일 프로그램의 기능을 세밀히 분류하면 통신에 관계된 부분과 그렇지 않은 부분으로 나눌 수 있다. 예를 들면 '안녕하십니까'처럼 데이터를 입력하는 부분은 통신과 관계가 없는 부분이다. 그 문장을 Host B에 전송하는 부분은 통신에 관계가 있는 부분이다. 이처럼 문장을 입력한 후에 데이터를 송신하는 부분이 어플리케이션 층이다.

사용자가 문장 입력을 끝내고 '송신' 버튼을 마우스로 클릭하게 되면, 어플리케이션 프로토콜이 동작을 시작한다. 예를 들면 '안녕하십니까'가 전자 메일의 본문으로 있다는 것과 상대는 주노씨라고 하는 정보를 나타내는 헤더가 붙여지게 된다. 헤더가 붙은 데이터는 Host B에서 메일의 수신처리를 하는 어플리케이션에 보내진다.

Host B의 어플리케이션은 Host A의 어플리케이션으로부터 보내진 정보를 분석한다. 그리고 헤더와 데이터를 분석하여 메일을 하드디스크에 보존하는 등의 필요한 처리를 행한다. 만일 Host B의 하드디스크 용량이 부족하거나 수신인에 해당하는 메일 박스가 존재하지 않는 등의 에러가 발생한 경우에는 에러 메시지를 보낸다. 이와 같이 어플리케이션 고유의 에러처리도 어플리케이션 층의 역할이다. Host A의 어플리케이션 층은 Host B의 어플리케이션 층과 통신하여 E-mail을 하드디스크에 저장하는 등의 최종적 처리까지 행한다.

② 프리젠테이션 층

프리젠테이션이라고 하는 것은 '표시' 또는 '제시'라고 하는 의미로서, 데이터의 표현형식을 의미한다. 컴퓨터에 따라서 데이터의 표현형식은 다르다. 또 사용하는 프로그램이 다르면 거의 데이터 표현형식이 다르다고 할 수 있다. 예를 들면 워드프로세서에서 작성한 문서파일은 '이 프로그램을 만든 회사의 어떤 버전밖에는 읽을 수 없다'고 하는 경우가 종종 있다. 이와 같은 일은 E-mail에서도 일어난다. 와니와 주노가 사용하는 E-mail 프로그램이 동일하다면 아무 문제없겠지만 그렇지 않은 경우에는 E-mail을 읽을 수가 없다. 이것은 아주 불편한 일이다.

이와 같은 문제를 해결하는 데에는 몇 가지 방법이 있지만 프리젠테이션 층을 이용하는 경우에는 송신하는 데이터를 '컴퓨터 고유의 표현형식'에서 '네트워크 공통의 표현형식'으로 변환 송신한다. 이것을 수신한 호스트는 '컴퓨터 고유의 표현형식'으로 변환하고 난 다음 그 후의 처리를 하게 된다.

이와 같이 데이터 형식을 공통된 표현으로 변환해서 주고 받음으로 이기종간에도 데이터의 표현양식의 정합성을 갖는 것이 가능하다. 이것이 프리젠테이션 층의 역할이다. 결국 프리젠테이션 층은 '네트워크 전체에서 통일된 표현방식'과 '컴퓨터나 프로그램에 적합한 표현형식' 상호 변환하는 계층이라고 할 수 있다.

여기에서 예를 든 '안녕하십니까'라고 하는 문자를 결정되어 있는 부호화 방식으로 "네트워크 전체에서 통일된 표현방식"으로 변환한다. 단순한 문자열조차도 간단치가 않고 복잡하여 우리말 뿐인 경우에도 UNICODE, KSCODE 등이 있어 여러 가지 부호화 방식이 있다.

또 프리젠테이션 층에서도 프리젠테이션 층 사이에 데이터의 부호화 방식을 식별하기 위해서 헤더가 붙여져 있다. 그래서 실제의 데이터를 전송하는 모든 처리는 세션 층에 맡긴다.

③ 세션 층

다음으로 Host A는 Host B에 대하여 실제 메일의 데이터를 송신한다. 우선 Host

제 12 장

A는 Host B로 가는 통신로를 확보하고 데이터를 송신할 준비를 한다. 이것을 'Connection의 확립'이라고 말한다. 여기에 따라 Host A와 Host B사이에 메일의 송수신이 가능하게 된다. 그리고 양쪽 Host의 세션 층 사이에서 어떻게 데이터를 보내면 효율좋게 주고 받을 수 있을까 데이터의 송신방법을 어떻게 하면 좋을까 등을 결정하여 행한다.

예를 들면 와니가 주노에게 보낼 메일 5통을 작성했다고 하자. 그것을 송신하는 방법은 여러 가지를 생각할 수 있다. 우선 하나 하나의 메일을 송신할 때마다 connection을 확보했다가 끊고 하는 방법을 생각할 수 있고, 또 하나는 한 번의 connection을 이용하여 5통의 메일을 순서적으로 송신하는 방법을 생각할 수 있다. 또 하나 connection을 동시에 5개 확보하여 5개의 메일을 병행하여 보내는 방법이다. 이것을 분석하여 제어하는 것이 세션 층의 역할이라고 할 수 있다.

세션 층에서도 어플리케이션 층이나 프리젠테이션 층과 같이 어떤 태그나 헤더를 붙여서 하위 층에 데이터를 전한다고 생각해서는 안 되는데, 그 이유는 태그나 헤더에 데이터를 어떤 순서로 전할 것인가가 기록되어 있기 때문이다.

여기에서 어플리케이션 층에 의해서 기록된 데이터가 프리젠테이션 층에서 부호화 되고, 세션 층에서 만들어진 가상 connection을 이용하여 데이터가 송신된다는 것까지 설명하였다. 그러나 실제 connection의 확립이나 패킷의 배송처리 등은 트랜스포트 층이나 그 하위의 계층에 의해 행해진다. 세션 층은 connection을 확보하는 타이밍이나 데이터를 전송하는 타이밍의 관리를 할 뿐, 실제로 데이터를 전송하는 기능은 없다. 세션 층 보다도 하위의 층이 실제로 네트워크를 이용하여 데이터의 송신처리를 행한다.

(3) 트랜스포트 층 이하에서 처리

① 트랜스포트 층

트랜스포트 층은 데이터를 확실하게 상대에게 전하는 역할을 한다. 그렇게 하기 위해서 종단의 Host 사이에서 가상적인 통신 회선을 만들기 위해 connection의 확보나 차단 처리를 행한다. 또 통신하는 컴퓨터 사이에서 데이터가 확실히 전달되었는지를 확인한다거나 전달된 데이터를 재송신한다거나 하는 역할을 한다. 예를 들면 '안녕하십니까'라고 하는 데이터를 Host A가 Host B에 보냈다고 하자. 하지만 어느 쪽 때문인지 모르지만 어떤 원인으로 데이터가 깨진다거나 네트워크에 이상이 발생한다든지 하는 이유로 일부 데이터가 상대에게 제대로 전해지지 못할 가능성이 있다. 그 결과 Host B에는 '안녕하'까지 밖에 전달되지 않았다. 이 경우 Host B는 '안녕하' 만을 받았지만 그 이후 부분은 받지 못했다는 것을 Host A에 전한다. 그것을 인지한 Host A는 '십니까'를 한 번 더 보내고 도착되었는지를 확인한다. 이것은 사람과 대화를 하고 있을 때에 "지금 뭐라고 말씀하셨지요?"라는 얘기를 들으면 다시 한 번 얘기하는 것과 동일하다.

이와 같이 주고 받는 데이터 전송의 신뢰성을 보증하는 것이 트랜스포트 층의 역할이다. 신뢰성을 보증하기 위해서 패킷의 번호와 같은 정보를 포함한 헤더가 데이터에 붙게 된다. 실제로 트랜스포트 층부터 상위의 데이터를 상대까지 전달하는 처리는 네트워크 층에 맡긴다.

② 네트워크 층

네트워크 층의 역할은 네트워크와 네트워크가 접속된 환경에서 송신 Host로부터 수신 Host까지 패킷을 배달하는 것이다. 즉 Host A에서 Host B로 패킷을 보내는 것이 이 네트워크 층의 역할이다.

실제로 패킷을 송신하기 위해서는 상대의 주소 즉 어드레스가 필요하다. 이 어드레스는 통신을 위해 전 세계 네트워크에서 유일한 번호가 사용된다. 이 어드레스를 기반으로 하여 네트워크 층에서 패킷의 배달처리를 행하게 된다. 이 어드레스와 네트워크 층의 패킷 배송처리에 따라 지구 반대편까지 패킷을 보내는 것이 가능하게 된다. 이 네트워크 층에서는 네트워크 층의 상위 층으로부터 전달된 데이터에 어드레스 정보 등을 붙여 데이터 링크 층으로 보낸다.

③ 데이터 링크 층, 물리 층

통신은 실제로 물리적인 통신매체를 사용해서 행한다. 데이터 링크 층에서는 통신매체에 직접 접속된 기기들로서 데이터의 주고 받는 것을 가능하게 하는 역할을 갖고 있다. 물리 층에서는 데이터의 0이나 1을 전압이나 빛의 펄스로 변환하여 물리적인 통신 매체에 흘려보낸다. 직접 접속된 기기사이에서도 어드레스가 이용되는 경우도 있다. 이것은 MAC 어드레스 또는 물리적인 어드레스, 하드웨어 어드레스라고 부른다. 이 어드레스는 동일한 통신매체에 접속된 기기를 식별하기 위한 어드레스이다. 이 MAC 어드레스의 정보를 포함한 헤더가 네트워크 층에서 보내진 데이터에 붙여서 실제 네트워크로 흘러간다.

④ Host B의 처리

이것을 받은 Host B는 반대로 동작을 행해 상위 층에 데이터를 전달한다. 주노씨는 최종적으로 Host B의 메일 프로그램을 통해서 와니씨가 보낸 "안녕하십니까"라는 메일을 읽을 수 있게 된다.

이와 같이 프로토콜의 각 층은 각각의 결정된 역할을 갖고 있다. 그래서 그 층에 해당하는 프로토콜에서는 헤더 등의 데이터 포맷(Format)과 데이터를 처리하는 수순이 구체적으로 정의되어진 것이다.

(4) 트랜스포트 층과 네트워크 층의 관계

네트워크 층에서는 패킷의 도달성을 보증하지 않는 경우가 있다. 예를 들면 IP에서 패킷이 상대 Host에 전달되었다고 하는 보증은 없다. 도중에 패킷이 없어지거나 순서가 바뀌거나 할 가능성이 있다. 이와 같이 신뢰성이 없는 네트워크 층의 경우에 '바르게 데이터를 전달하는 처리'는 모두 트랜스포트 층에 맡겨져 있다. 각 층의 역할을 바르게 알게 되면, 프로토콜의 사양을 결정하기 쉽게 되고, 또 실제로 프로토콜을 실장하는 작업도 가능하다.

TCP/IP에서는 네트워크 층과 트랜스포트 층이 함께 움직이는 것에 의해 세계 속에 패킷을 전하는 것이 가능하고 신뢰성 있는 통신을 제공하는 것이 가능하게 된다.

① MAC(Media Access Control)

매체 액세스 제어. MAC 어드레스는 맥 어드레스라고 읽는다.

② 프로토콜의 실장

프로토콜을 프로그램하여 컴퓨터상에서 움직이게 하는 것

12-2-3. 전력선 통신 프로토콜(X10, Z256)

1) 전력선 통신 프로토콜 종류

(1) X10 프로토콜(X-10)

스코틀랜드 회사 Pico Electronics Ltd.는 1976년경 일반 가정에서 별도의 배선 공사 없이도 원격지에서 조명이나 다른 가전기기들을 제어할 수 있는 장치를 개발하기 위해서 X-10이라고 명명되어진 프로젝트를 수행하였다. 이러한 X-10 프로젝트의 결과로 전력선을 이용하여 조명이나 가전기기들을 제어할 수 있는 모듈들이 개발되었으며, 1978년에서 1979년 사이에 상용화되어 일반 가정에 소개되었다. 이 기술은 이미 안정화되어 있는 기술이며, 상용 제품들이 많이 출시되어 있는 상태이다.

X-10은 설치 및 사용이 편하고 전력선을 이용함으로써 배선 비용이 감소되는 큰 장점이 있으나, 한 제어 네트워크에서 256개 이상의 제어가 어렵고, 제어 노드 기능이 명령의 전송과 수신 외에는 불가능하다는 단점이 있다. 따라서 복잡하거나 고도의 제어 네트워크를 구축하기에는 다소 어렵다고 할 수 있다.

(2) 론웍스 프로토콜(애쉴론)

Mike Markkula가 설립한 Echelon 사는 1991년에 처음으로 제어 네트워크 제품을 생산하였으며, 3년이 지난 1994년 중반경에는 1,000개가 넘는 회사에서 Echelon의 제어 네트워크에 관한 기술과 제품을 사용하게 되었다. 론웍스(LonWorks)라고 불리우는 이 제어 네트워크 기술은 건물 자동화와 관련한 회사들 사이에서 실질적 표준으로 인정받고 있으며, 물류운송, 공장제어, 에너지 관리, 원거리 통신과 같은 분야의 회사에서 이용할 수 있는 기술을 포함하고 있다.

애쉴론에서 제공하는 론웍스 기술은 통신 기능과 지능형 관리기능을 자신의 제품에 도입하고자 하는 제조업자들을 위해서 개방형 구조로 설계되었다. 개방형 구조라는 론웍스 기술의 특징으로 여러 기업들이 그들 자신의 기술을 개발하지 않고도 개발 도구, 소프트웨어, 하드웨어 등을 구입하기만 하면 자신의 제품에 필요한 기능을 추가할 수 있게 되었다. 이것은 제조업자들이 각각의 새로운 제품들마다 고유한 해결책을 찾아야만 했던 개발 초기의 상황을 상당히 개선시킨 것이다.

(3) CEBus 프로토콜

1984년경에 EIA(Electronic Industries Association)의 회원들이 기존의 X-10이 가지고 있는 단순제어기능 외에도 더 많은 제어 기능을 포함하는 표준이 필요하다고 인식을 갖게 되었다. 그 후 6년의 기간을 거친 후 국제적인 회사들을 대표하는 엔지니어들이 CEBus(Consumer Electronic Bus)라는 새로운 표준을 제안하게 되었으며, 1992년에 이르러서 CEBus 표준이 완전한 틀을 갖추게 되었다.

CEBus 개발의 주요한 동기는 가정 내에 있는 전자 제품들이 제조업체와는 상관없이 상호통신을 할 수 있는 통일된 저렴한 방법을 개발하고, 일반 가정에 새로운 제품이나 서비스를 공급하는데 비용이나 혼란을 최소화시킬 수 있도록 하자는 것이다. 또한 하나의 멀티미디어 네트워크 표준으로 가정 내에 설치되어 있는 다양한 제품들을 제어할 수 있도록 하며, 가정 내에 있는 기기나 장치들을 제어하면서 불필요한 요소를 최소화하자는 것이다.

CEBus에서 가장 주목할 만한 사항은 호환성에 있다. 즉, 모든 CEBus 제품은 언제나 다른 CEBus 기반 제품들과 호환성을 가지고 있어서, 제어를 위한 네트워크 내에서 상호 이해가 가능한 언어를 이용해서 통신을 하고 필요한 제어 기능을 수행하게 된다. CEBus 표준은 제품을 만드는 제조업체에게 기기의 주소를 하드웨어 자체에 할당해 주며, 그 주소는 40억 개까지 할당이 가능하다. 그리고 많은 수의 잘 정의된 객체지향의 제어를 위한 언어를 제공하고 있어서 볼륨을 높이거나 빨리감기, 되감기, 잠시 멈춤, 지나가기, 그리고 온도 1도씩 높이기 등의 다양한 명령어를 제공한다.

(4) CENELEC(European Norm 50065)

CENELEC은 1973년 벨기에 규정아래에 비영리적인 목적으로 설립된 조직으로서 유럽의 전자공학 표준화를 위한 위원회이다. 위원회의 소속 회원들은 그간 유럽 경제사회의 균형적인 발전을 위해 유럽 단일화를 위해 함께 연구를 해오고 있었다. CENELEC 에서는 유럽시장의 표준화를 제정하기 위해 19개의 EC, EFTA 국가에서

40,000명의 기술전문가들이 활동을 해오고 있다.

CENELEC과 국제 전자공학위원회(IEC)는 서로 다른 분야에서 활동해 오고 있지만 전자공학 분야에서는 가장 중요한 표준화 제정기구이기 때문에 상호 많은 연관성을 갖고 있었다. 두 위원회는 상호 협력을 필요로 하고 공존해 오다가 1996년 9월 독일에서 맺은 'Dresden Agreement'을 통해 공동보조를 이루기로 합의했다.

CENELEC은 1991년 베를린에서 회의를 갖고 EN 50065라는 표준을 제정했다. EN 50065는 전력 분배망을 통해 통신 및 데이터 전송을 하기 위해 제정된 표준이다. 이 표준은 제한된 주파수대역(3kHz~148.5kHz) 내에서 500mW를 넘지 않는 범위 내에서 특정한 채널과 커플링 방법을 이용하여 전송을 하도록 규정하고 있다. 여기에서 제시하는 주파수대역은 크게 3개의 부분으로 나뉘어 각자 사용자들에게 할당되어 있다. 또한 여러 대역을 한 사용자가 동시에 사용하지 못하도록 규정이 되어 있으며 사용 가능한 최대 신호 전력도 표준에 의해 제한되어 있다. 148.5kHz 이하 대역만을 사용하도록 허락이 되어 있기 때문에 주어진 조건 하에서 전송할 수 있는 데이터 속도도 한정이 되어 있다.

(5) ZBus 프로토콜

전력선 통신 홈네트워크를 위한 국내 기술로는 플레넷의 360bps급(Z256 프로토콜)과 9.6kbps(iZ256 프로토콜)급의 전력선 통신 기술이 있다.

플레넷은 자체 기술로 개발한 국내 유일의 양방향 전력선 통신 프로토콜 에 대해 특허를 보유하고 있으며, X10 호환 기종의 CDMA PLC Chip과 CEBUS 호환 기종의 확산 스펙트럼(Spread Spectrum) PLC Chip을 상용화하고 있다. 이 기술은 기존 전력선 통신 프로토콜이 가지는 여러 단점을 개선하여 통신의 안정성을 보장하고, 댁내에 이미 설치되어 있는 전기배선을 이용하여 가정 내 모든 가전기기를 네트워크화하며, 기기의 동작상태를 확인, 제어할 수 있게 하는 네트워크 및 제어 프로토콜이다.

Zbus 프로토콜은 CSMA/CDCA 기법과 CSMA/CDCR 기법을 지원하고 있다. CSMA/CDCA 기법은 전력선에 동시에 데이터가 송신 시 충돌이 감지(detect)되면 송신을 중단하고, 전력선이 empty시 재전송하는 기법이다.

CSMA/CDCR 기법은 전력선에 동시에 데이터가 전송될 시 충돌이 감지되면 송신 우선순위에 따라 통신을 계속하게 하여 통신의 효율성을 높여주는 기법이다.

2) 프로토콜(X-10, Z256)

전력선 통신 모뎀은 전력선을 매체로 하여 전력선에 접속되어 있는 전력선 응용기기를 제어할 수 있도록 해준다. 아래 표들은 홈오토메이션을 위한 전력선 프로토콜 X10과 Z256 프로토콜에 대하여 정의한 것들이다.

〈표 12-5〉 인터페이스 프로토콜 RS232c/UART 통신규약

통신속도	4,800 bps
데이터 비트	8 Bits
정지 비트	1 Bit
패리티 비트	None

〈표 12-6〉 AIC 프로토콜 표준 패킷 구조

STX	Len.P	CMD	MSG	C/S
1Byte	1Byte	1Byte	nByte	1Byte

〈표 12-7〉 AIC 패킷 설명

STX	Start Code	1 Byte	FEh	Packet의 시작
Len.P	Packet Length	1 Byte	Hex	CMD + MSG + C/S
CMD	Commad Code	1 Byte	Hex	AIC Command Code Table
MSG	Message Data	n Byte	Hex	Max Length 8 Byte
C/S	Check Sum	1 Byte	Hex	STX ~ MSG Exclusive OR

〈표 12-8〉 응답 명령어(Response Command)

항목	값	설명
ACK	06h	RS232C 통신 성공.
NAK	15h	RS232C 통신 중 Packet Error.
BUSY	04h	명령을 전송할 수 없다.

〈표 12-9〉 결과 명령어(Result Command)

항목	값	설명
Status OFF	37h	현재 상태가 OFF 상태.
Status ON	3Bh	현재 상태가 ON 상태.
Status Fail	40h	장치를 찾을 수 없다.
Status Nothing	4Ah	상태가 없는 Device.

〈표 12-10〉 AIC 충돌 패킷

STX	Len.P	CMD	MSG	C/S
FEh	1Byte	4Ch	1Byte	1Byte

〈표 12-11〉 AIC PLC_TX_Stop 패킷

STX	Len.P	CMD	MSG	C/S
FEh	1Byte	57h	1Byte	1Byte

〈표 12-12〉 AIC 명령어 코드표(Command Code Table)

HEX	Asc	명령어	Type	설명
30H	0	ALL UNIT OFF	CMD	모든 Concent OFF
31H	1	HAIL REQUEST	NOT	
32H	2	DIM	CMD	S/W 어둡게
33H	3	EXTENDED DATA	NOT	
34H	4	ON	CMD	Device ON
35H	5	PRESET DIM 50%	NOT	
36H	6	ALL LIGHT OFF	CMD	모든 S/W OFF
37H	7	STATUS OFF	RLT	상태가 OFF
38H	8	ALL LIGHT ON	CMD	모든 S/W를 ON
39H	9	HAIL ACKNOWLEDGE	RLT	Home Code Find OK
3AH	:	BRIGHT	CMD	S/W를 밝게
3BH		STATUS ON	RLT	상태가 ON
3CH	〈	OFF	CMD	Device OFF
3DH	=	PRESET DIM 25%	NOT	
3EH	〉	EXTENDE CODE	NOT	
3FH	?	STATUS REQUEST	CMD	장치가 상태 요구
40H	@	STATUS FAIL	RLT	장치를 찾을 수 없음
41H	A	EXTENDED ADDRESS	CMD	확장ADD
42H	B	INSTALL CODE	CMD	장치 Install용

HEX	Asc	명령어	Type	설명
43H	C	EMERGENCY	RLT	비상이 발생했다
44H	D	UP(OPEN)		
45H	E	DOWN(CLOSE)		
46H	F	LEFT(LEFT TURN)		
47H	G	RIGHT(RIGHT TURN)		
48H	H	STATUS ALL REQUEST	BRD	모든 장치의 상태 요구
49H	I	EXTENDED DATA(P)	CMD	확장 데이터 전송
4AH	J	STATUS NOTHING	RLT	장치의 상태가 없음
4BH	K	TRABLE	RLT	장치의 고장 여부
4CH	L	COLLISION	RLT	Collision이 발생되었다.
4DH	M	EEPROM READ RETURN	RLT	EEPROM Read에 의한 결과값이다.
4EH	N	EEPROM WRITE	CMD	EEPROM에 쓰기
4FH	O	EEPROM READ	CMD	EEPROM에서 읽기
50H	P	HHRQ	BRD	Find Home Code Start
51H	Q	Broadcast Set Homecode	BRD	Broadcast Home Setting
52H	R	Request Group Status	CMD	Group 상태를 요구
53H	S	Result Group State	RLT	Group의 상태
54H	T	HHRS	BRD	Home Code Find OK
55H	U	P&PAHail	BRD	Find Address Start
56H	V	Address Change(PCM)	CMD	PC Module Add 변경
57H	W	PLC TX Stop	CMD	전력선으로 전송을 중단해라
58H	X	HomeCode_Erase	CMD	PC Module 홈코드를 지워라
59H	Y	Group ON	CMD	Group으로 장치를 On 해라
5AH	Z	Group OFF	CMD	Group으로 장치를 OFF 해라
5BH	[			
5CH	₩	PLC TX End	RLT	전력선으로 전송을 마쳤다.
5DH	]			
5EH	^			
5FH	_			
60H		비밀번호 저장		
61H	a	비밀번호 확인		
62H	b			
63H	c			
64H	d			
65H	e			
66H	f			
67H	g			
68H	h			
69H	i			
6AH	j			
6BH	k	IR Reserved 1	CMD	

HEX	Asc	명령어	Type	설명
6CH	l	IR Reserved 2	CMD	
6DH	m	IR Reserved 3	CMD	
6EH	n	IR Reserved 4	CMD	
6FH	o	IR Reserved 5	CMD	

■	:	X10	□	:	Z256
CMD	:	Command	RLT	:	Result Command
BRD	:	Broadcast Command	NOT	:	Not Used

12-3 ED-5964 전력선 통신 프로토콜 실습 절차

1) 실험 준비 사항

(1) ED-5964 kit

(2) Personal Computer

(3) PonyProg2000

(4) IAR 컴파일러

(5) 다운로드용 ISP

(6) 직류전원 공급용 Adapter

2) 실험 주의 사항

(1) ED-5964 kit의 취급을 주의한다.

(2) ED-5964 장비의 전원이 AC 220V인가 확인한다.

(3) PonyPorg2000 및 IAR 컴파일러의 설치 및 환경을 설정한다.

(4) ED-5964 kit에 다운로드용 ISP를 연결할 때 올바르게 연결한다.

3) ED-5964 전력선 통신 프로토콜 실습

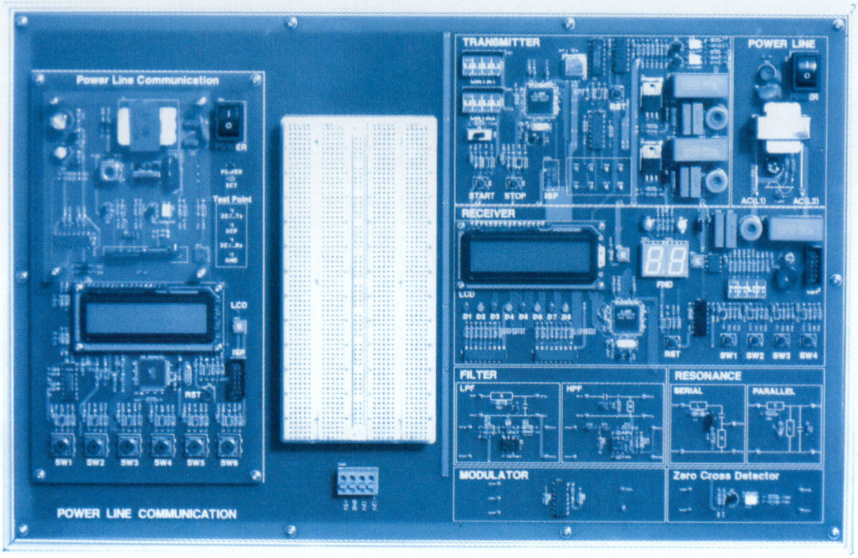

〈그림 12-11〉 ED-5964 전력선 통신 실습용 메인 보드(Board)

실험에 필요한 모든 사항들이 구비되면, 전원을 공급하지 않는 상태에서 PC의 병렬 포트에 케이블을 연결하고 케이블 포트와 제공되는 ISP를 올바르게 연결한다. ISP의 10 Pin 커넥터는 교육용 kit의 커넥터와 연결한다. 위의 연결이 올바르게 되었다면 전원을 공급한다.

그리고 PC의 IAR 컴파일러와 PonyProg2000을 구동하여 프로그램을 할 수 있는 적절한 환경을 설정하도록 한다.

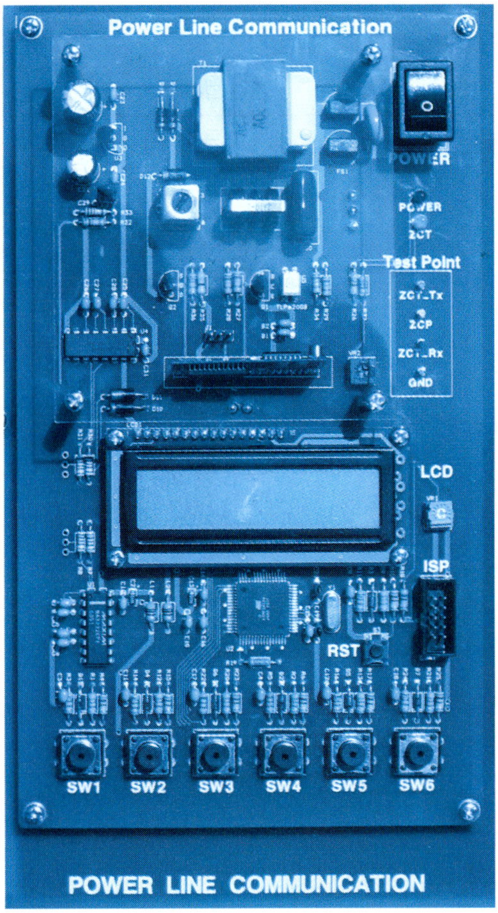

〈그림 12-12〉 ED-5964 Firmware를 실습할 모듈의 외형

〈그림 12-12〉에서 프로토콜을 생성하는 Main Processor와 주변의 구동장치들에 대한 하드웨어의 회로를 〈그림 12-13〉과 그 다음에 나타내었다. 이 회로들과 순서도를 이용하여 프로그램 소스를 작성하고 전체적인 흐름에 대하여 파악하고 이해하도록 하자.

제 12 장

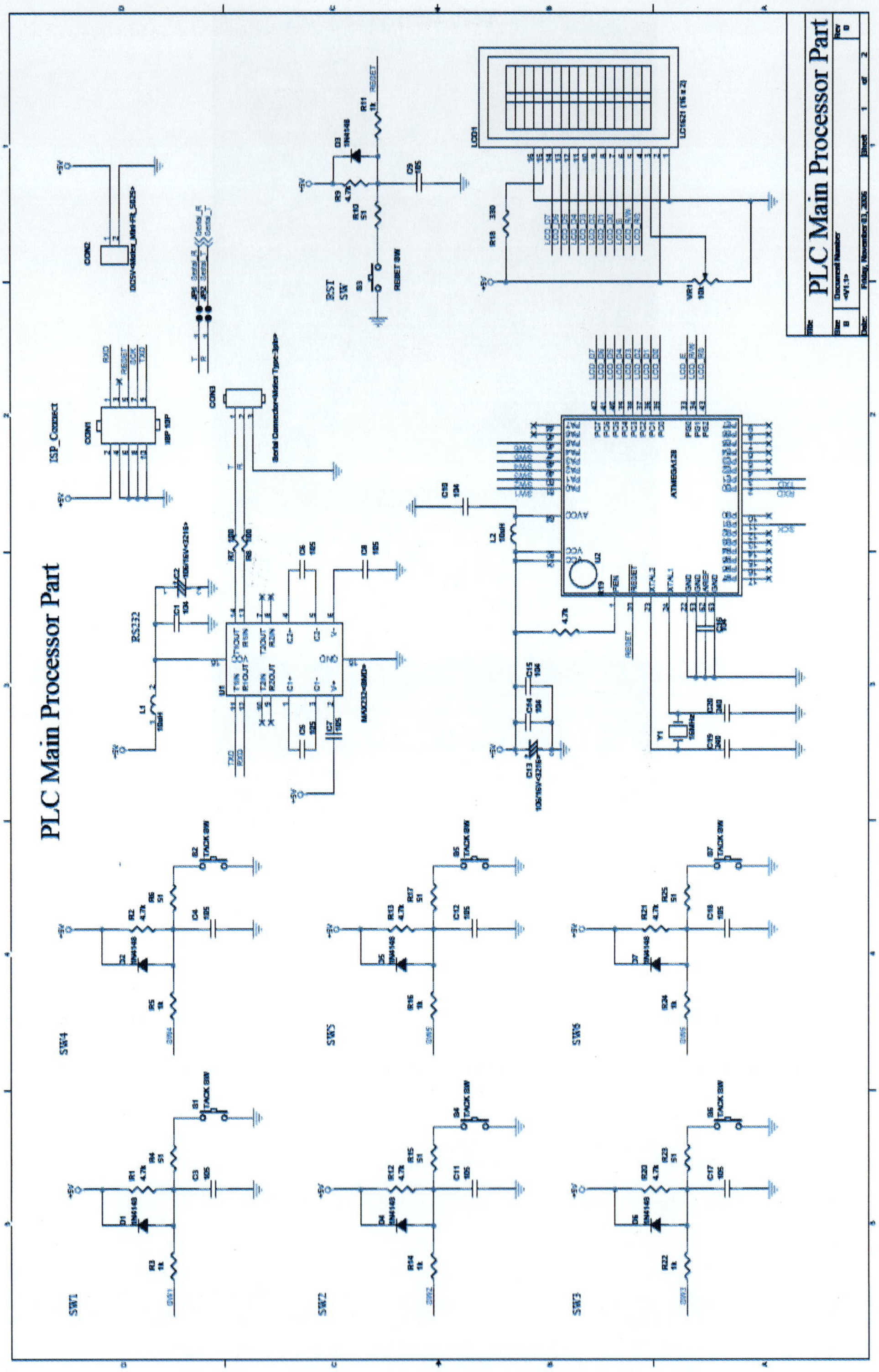

〈그림 12-13〉 PLC 메인 프로세서 부분 전체 회로도

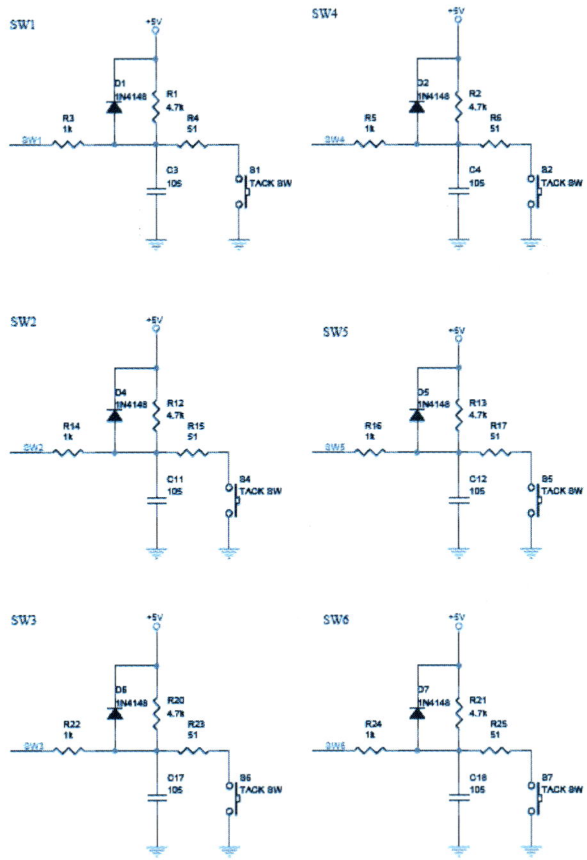

〈그림 12-14〉 SW1～SW6까지 회로

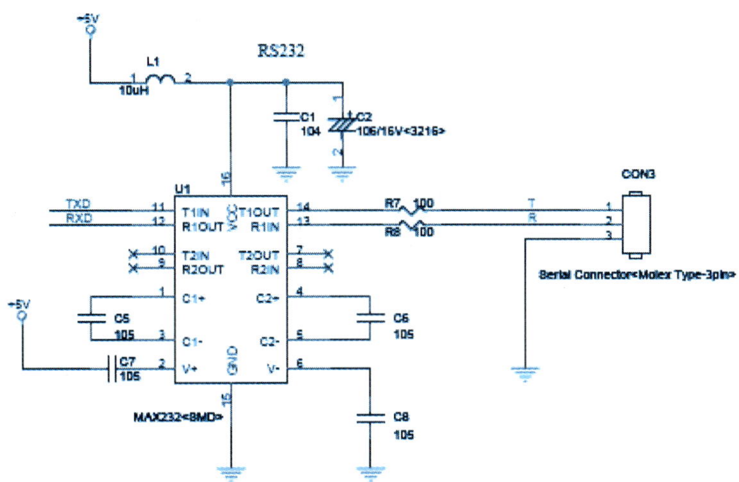

〈그림 12-15〉 MAX232 회로

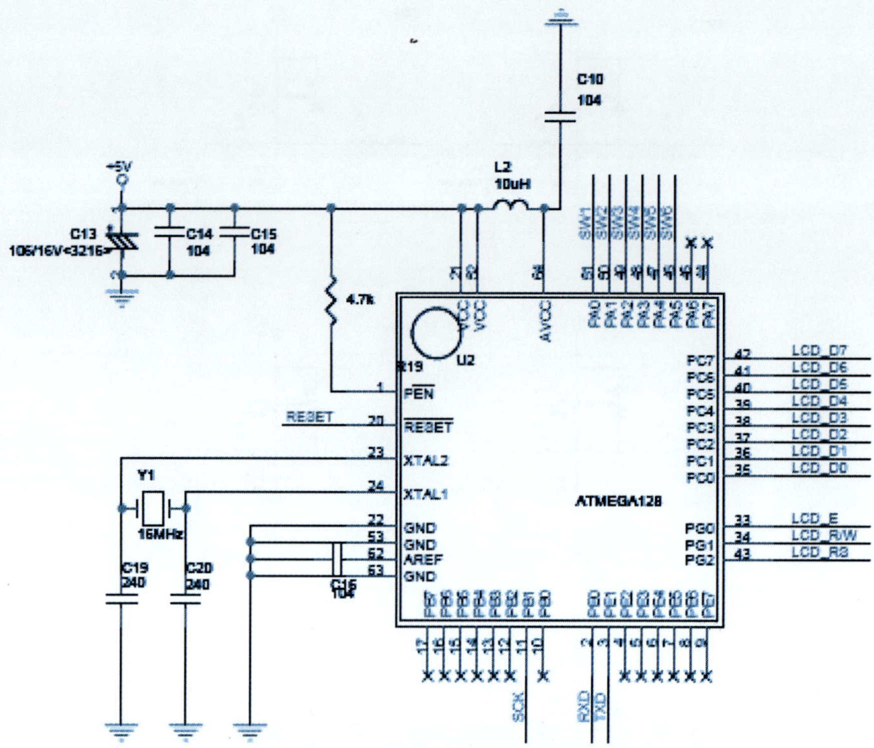

〈그림 12-16〉 프로세서 회로

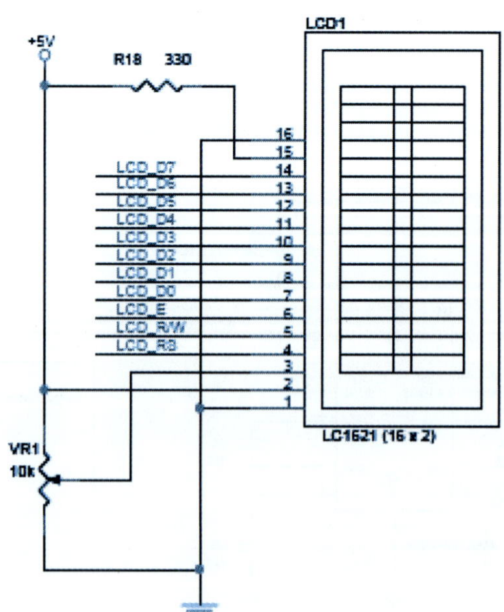

〈그림 12-17〉 LCD 회로

(1) ED-5964 전력선 통신 프로토콜 프로그램 실습

① 가스밸브 OFF 프로그램 실습

〈그림 12-18〉은 SW1을 눌렀을 때 가스밸브(Gas Valve)가 닫히게 하는 프로토콜 데이터를 전송하여 기구부의 가스밸브를 닫는 프로그래밍 실습을 위한 순서도이다.

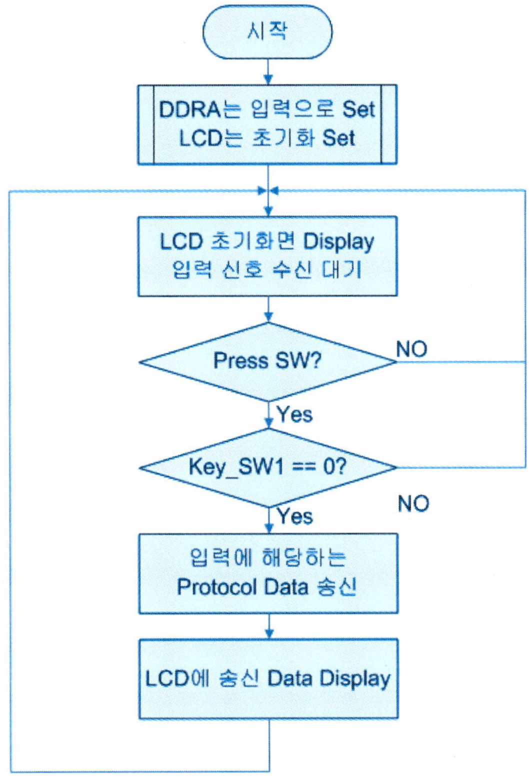

〈그림 12-18〉 가스밸브 제어에 대한 순서도

다음의 소스는 가스밸브를 OFF할 때 메인 프로세서에서 수행해야 하는 명령들에 대한 것이다. 〈그림 12-18〉에 의해 프로그래밍되어진 소스이므로 프로그래밍 소스를 입력할 때 각각의 함수가 어떠한 기능을 하는지 주석을 읽고 파악하도록 하며, 해당 함수가 어떠한 동작을 하는 것인지 파악하도록 한다.

제 12 장

```
#include <iom128.h>
#include "inc₩setup.c"                    // Serial, Timer, Counter, PWM, Interrupt에 대해
                                          // Set 해놓은 파일을 포함한다.
void mpu_setup(void);                     // 프로그램에서 필요한 함수들을 선언한다.
void KeyScan( void );
void Timer0_Setup( void );
void SoftTxData( INT8U d );
void SendData( void );
INT8U ChksumCal( INT8U *d );
void dataTx(void);
void LcdDisplay( INT8U s );
void LcdInit( void );
void LcdWrData( INT8U rs, INT8U d );
void LcdClear( void );
void LcdHome( void );
void LcdPutS( INT8U *s );
void LCD_Cursor (char row, char column);

INT8U SendStart=0;              // 프로그램에서 필요한 변수들을 선언한다.
INT16U LcdTimer, RxdTimer=0, RxMode=1, RxFlag=0;
INT8U Rxd[10];
INT8U RxDataType=0x10;
INT8U KeyPressFlag='0';

void main( void ) {             // 프로그램의 Main 함수
        mpu_setup();            // 시스템, LCD 등을 초기화
                                // 각 timer_tick은 Counter를 이용, 개별적으로 동작
        while(1){
                if( timer_tick1 >= 200 ){     // Counter가 400을 세면 0부터 다시
                        timer_tick1 = 0;      // Count를 시작하고 그때마다
                        LcdDisplay( '1' );    // LcdDisplay('1') 함수를 호출한다.
                }
                if( timer_tick2 >= 20 ){      // Counter가 20을 세면 0부터 다시
                        timer_tick2 = 0;      // Count를 시작하고 그때마다
                        KeyScan( );           // KeyScan() 함수를 호출한다.
                }
                if( timer_tick3 >= 150 ){     // Counter가 150을 세면 0부터 다시
                        timer_tick3 = 0;      // Count를 시작하고 그때마다 dataTx()
                        dataTx( );            // 함수와 SendData() 함수를 호출한다.
                        SendData( );
                }
        }
}

void mpu_setup(void){                     // Main Processor에서 사용하는 모든 Function을 Set
```

```
        system_setup( );              // Timer와 Interrupt의 사용에 대하여 Set
        Timer0_Setup( );              // PLC에서 한 비트의 Pulse를 만들기 위한 Set
                                      // Timer0_COMP_vect에 의해 0.2ms가 만들어진다.
        delay_ms( 100 );
        LcdInit( );                   // LCD 초기화 함수
        LcdClear( );                  // LCD Clear 함수
        LcdDisplay( '0' ); // LCD에 Display되어질 내용을 담은 함수
        LcdClear( );                  // LCD Clear 함수

        __enable_interrupt();         // Interrupt를 활성화하도록 설정한 함수
}

void SendData( void ){                // Command를 전송하기 위한 함수
        INT8U b[10];
        if( SendStart == 1 ){                        // GAS OFF Command

                        b[0] = 0xFE;                 // STX
                        b[1] = 0x03;                 // Len.P
                        b[2] = 0x3C;                 // CMD
                        b[3] = 0x3F;                 // MSG
                        b[4] = ChksumCal( b );       // C/S

                        SoftTxData( b[0] );          // SoftTxData 함수에 의해 b[0]~b[4]
                        SoftTxData( b[1] );          // 까지의 Data가 PIN_E1으로 전송됨
                        SoftTxData( b[2] );
                        SoftTxData( b[3] );
                        SoftTxData( b[4] );
                                                     // STX 위치가 아닌 곳에 0xFE인 경우
                if( b[4]==0xFE )  // 연속해서 두 번 보낸다.
                              SoftTxData( b[4] );
                }
                SendStart = 0;
}

void dataTx( void ){                                 // Data가 전송되었을 때 LCD에
                                                     // Display되어질 내용을 담는 함수
        if(SendStart == 1){
                LcdDisplay('2');
        }
}

INT8U ChksumCal( INT8U *d ){                         // Error를 Check하기 위한 함수
        INT8U i, Chksum=0;                           // Data를 서로 ExOR하여 생성한다.
        for( i=0 ; i<4 ; i++ )
                Chksum ^= d[i];
        return Chksum;
```


제 12 장

```
}

#define     KEY_SW1          PIN_A0  // KEY_SW0에 대한 정의
void KeyScan( void ){                        // Switch가 눌릴 때마다 KeyScan 함수가 실행된다.
        if( KeyPressFlag == '0'){
                if(port_input(KEY_SW1)==0){
                        SendStart = 1;
                        KeyPressFlag = '1';
                }
                if(port_input(KEY_SW1)==1){
                        SendStart = 0;
                }
                KeyPressFlag = '0';
        }
}

INT8U Timer0CompCounter=1;
INT8U TxDataNo=0, TxDataBitCount=0, TxDataBitCountOld=0;


void Timer0_Setup( void ){                   // Timer0에 대하여 설정한 함수

        TCCR0 = 0x08|0x01;                   // CLK/1, CTC Mode
        OCR0 = 65                            // 4us를 만들어 주기 위한 설정
        TCNT0 = 0;                           // TCNT0 레지스터를 0으로 설정
        output_high( PIN_E1 );               // Data Output Pin 설정(Setup.c 참조)
        TIMSK |= 0x02;                       // Timer0의 비교 출력 기능을 활성화로 설정
}

#pragma vector=TIMER0_COMP_vect              // 위에서 설정한 OCR0와 TCNT0의 설정을 이용
__interrupt void Timer0Int( void ){          // PLC에서 필요한 한비트당 0.2ms를 만들어
                                             // 주는 기능을 한다.
        if( Timer0CompCounter>=50 ){         // 4us * 50 = 0.2ms
                Timer0CompCounter = 1;
                if( (TxDataNo > 0)  ){
                        TxDataBitCount++;
                }
        }
        else{
                Timer0CompCounter ++;
        }
}

void SoftTxData( INT8U d ){                  // Serial Line을 이용한 것이 아닌 일반 핀
                                             // 을 이용하여 Data를 출력하도록 만든 함수
        timer1_interrupt_disable( );         // timer1을 비활성화하여 다른 명령 수행을 방지
```

```
TxDataNo = 1;
                                        // 아래의 Switch-Case문에 의해 전송하고자 하는
while(1){                               // Data가 PIN_E1으로 출력됨
        if( TxDataBitCount != TxDataBitCountOld ){
                switch( TxDataBitCount ){
                        case 0:         // Delay
                                break;
                        case 1:         // Start Bit
                                PORTE &= 0xFD;
                                break;
                        case 2:         // Data Bit0
                                (d&0x01)?(PORTE|=0x02):(PORTE&=0xFD);
                                break;
                        case 3:         // Data Bit1
                                (d&0x02)?(PORTE|=0x02):(PORTE&=0xFD);
                                break;
                        case 4:         // Data Bit2
                                (d&0x04)?(PORTE|=0x02):(PORTE&=0xFD);
                                break;
                        case 5:         // Data Bit3
                                (d&0x08)?(PORTE|=0x02):(PORTE&=0xFD);
                                break;
                        case 6:         // Data Bit4
                                (d&0x10)?(PORTE|=0x02):(PORTE&=0xFD);
                                break;
                        case 7:         // Data Bit5
                                (d&0x20)?(PORTE|=0x02):(PORTE&=0xFD);
                                break;
                        case 8:         // Data Bit6
                                (d&0x40)?(PORTE|=0x02):(PORTE&=0xFD);
                                break;
                        case 9:         // Data Bit7
                                (d&0x80)?(PORTE|=0x02):(PORTE&=0xFD);
                                break;
                        case 10: // Stop Bit
                                PORTE|=0x02;
                                break;
                        default:
                                break;
                }
                TxDataBitCountOld = TxDataBitCount;

                if( TxDataBitCount >= 11 ){
                        TxDataBitCount = 0;
                        TxDataBitCountOld = 0;
                        TxDataNo = 0;
```

```
                                        break;
                                }
                        }
                }
                timer1_interrupt_enable( );  // timer1을 활성화하여 다음 동작을 대기한다.
}

#define    LCD_RS         PIN_G2  // LCD Control에 사용될 각 PIN에 대하여
#define    LCD_RW         PIN_G1  // 정의해놓은 부분
#define    LCD_E          PIN_G0
#define    LCD_D0         PIN_C0
#define    LCD_D1         PIN_C1
#define    LCD_D2         PIN_C2
#define    LCD_D3         PIN_C3
#define    LCD_D4         PIN_C4
#define    LCD_D5         PIN_C5
#define    LCD_D6         PIN_C6
#define    LCD_D7         PIN_C7

void LcdInit( void ){                                          // LCD를 초기화하는 함수

        LcdWrData( 0, 0x38 );                                  // Funtion Set
        delay_ms(5);
        LcdWrData( 0, 0x38 );                                  // Funtion Set
        delay_ms(1);
        LcdWrData( 0, 0x38 );                                  // Funtion Set
        delay_ms(1);
        LcdWrData( 0, 0x0c );                                  // Display On/Off control
        delay_ms(1);
        LcdWrData( 0, 0x06 );                                  // Entry Mode set
        delay_ms(1);

        LcdHome( );
        LcdClear( );

}

void LcdWrData( INT8U rs, INT8U d ){                // LCD에 Data를 Write하는 함수

        ( d & 0x01 ) ? output_high(LCD_D0) : output_low(LCD_D0);
        ( d & 0x02 ) ? output_high(LCD_D1) : output_low(LCD_D1);
        ( d & 0x04 ) ? output_high(LCD_D2) : output_low(LCD_D2);
        ( d & 0x08 ) ? output_high(LCD_D3) : output_low(LCD_D3);
        ( d & 0x10 ) ? output_high(LCD_D4) : output_low(LCD_D4);
        ( d & 0x20 ) ? output_high(LCD_D5) : output_low(LCD_D5);
```

```
        ( d & 0x40 ) ? output_high(LCD_D6) : output_low(LCD_D6);
        ( d & 0x80 ) ? output_high(LCD_D7) : output_low(LCD_D7);

        ( rs ) ? output_high(LCD_RS) : output_low(LCD_RS);
        output_low(LCD_RW);
        output_high(LCD_E);
        delay_us(5);
        output_low(LCD_E);
        output_high(LCD_RW);
        delay_us(50);
}

void LcdHome( void ){                       // LCD_Home 함수
        LcdWrData( 0, 0x02 );
        delay_ms(2);
}

void LcdClear( void ){                      // LCD_Clear 함수
        LcdWrData( 0, 0x01 );
        delay_ms(2);
}

void LcdPutS( INT8U *s ){                   // LCD에 입력되는 String 함수
        INT8U i;                            // 이 함수를 통하여 LCD에 문자열을
                                            // 출력할 수 있게 된다.
        for( i=0 ; i<100 ; i++ ){
                if( *s != '₩0' )
                        LcdWrData( 1, *s );
                else    break;
                s ++;
        }
}

void LCD_Cursor (char row, char column){    // LCD Cursor 함수
        INT8U CursorTable[4]={0,40,20,60};
        INT8U i;

        LcdHome( );
        for( i=0 ; i<CursorTable[row] ; i++ )
                LcdWrData( 0, 0x14 );
        for( i=0 ; i<column ; i++ )
                LcdWrData( 0, 0x14 );
}

INT8U LcdWaitCounter=0;
```

제 12 장

```
void LcdDisplay( INT8U s ){                          // Case에 맞춰서 LCD에 Display할
        INT8U i;                                     // 내용들을 정의해 놓은 함수
        LcdTimer ++;
        switch( s ){
                case '0' :                                      // 전원이 들어갈 때 LCD에
                        LCD_Cursor( 0, 0 );                     // Display됨
                        LcdPutS("Power Line Comm." );
                        LCD_Cursor( 1, 0 );
                        LcdPutS("  www.ed.co.kr   " );
                        delay_ms(4000);
                        break;
                case '1' :                                      // 대기 중일 때 LCD에 Display
                        LCD_Cursor( 0, 0 );                     // 되는 내용
                        LcdPutS("  Press CMD SW   " );
                        LCD_Cursor( 1, 0 );
                        LcdWaitCounter++;
                        if( LcdWaitCounter>=8 )
                                LcdWaitCounter = 0;
                        LcdPutS("SCAN : " );
                        for( i=0 ; i<8 ; i++ )
                                ( i<=LcdWaitCounter ) ? LcdPutS(">" ) : LcdPutS(" " );
                        LcdPutS("  " );
                        break;
                case '2' :                                      // SW1이 눌려서 해당
                        LCD_Cursor( 0, 0 );                     // Command가 전송될 때
                        LcdPutS("CMD : GAS OFF    " );          // Display됨
                        LCD_Cursor( 1, 0 );
                        LcdPutS("> FE033C3FFEFE <" );
                        delay_ms(4000);
                        break;
                default :
                        break;
        }
}
```

위의 소스를 응용하여 콘센트 ON/OFF, 스위치 ON/OFF, 스위치 ON/OFF/Dimmer/Brighter 기능을 제어할 수 있도록 각 기능에 해당하는 프로그래밍을 연습하도록 하자.

② 콘센트 ON/OFF 프로그램 실습

〈그림 12-19〉는 SW2을 눌렀을 때 콘센트(Concent)가 ON이 되고, SW3을 눌렀을 때 콘센트가 OFF가 되게 하는 실습에 대한 순서도이다.

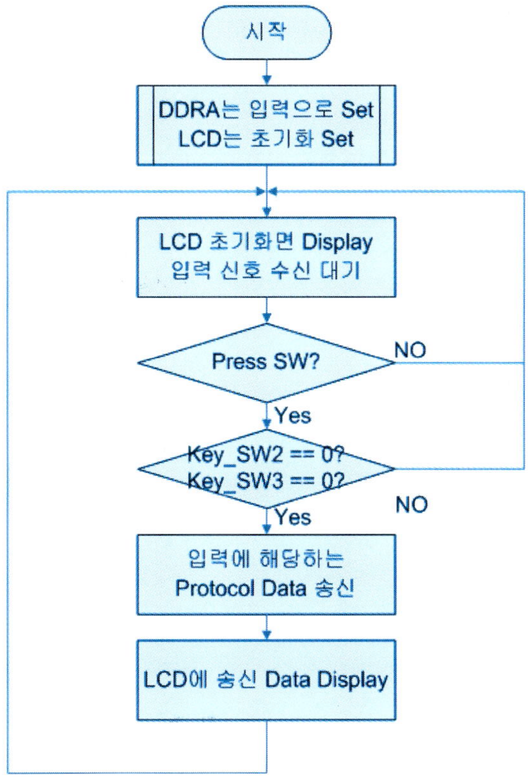

〈그림 12-19〉 콘센트 ON/OFF 제어에 대한 순서도

아래의 소스는 가스밸브 제어에 따른 소스에서 수정되어야 할 부분만 응용하여 프로그래밍한 내용을 적어 놓은 것이다.

```
                    .
                    .
                    .
void SendData( void ){
    INT8U b[10];
```

제 12 장

```
        if( SendStart == 1 ){                          // Concent1 ON

                    b[0] = 0xFE;                       // STX
                    b[1] = 0x03;                       // Len.P
                    b[2] = 0x34;                       // CMD
                    b[3] = 0x07;                       // MSG
                    b[4] = ChksumCal( b );             // C/S

                    SoftTxData( b[0] );                // SoftTxData 함수에 의해 b[0]~b[4]
                    SoftTxData( b[1] );                // 까지의 Data가 PIN_E1으로 전송됨
                    SoftTxData( b[2] );
                    SoftTxData( b[3] );
                    SoftTxData( b[4] );
                                                       // STX 위치가 아닌 곳에 0xFE인 경우
                    if( b[4]==0xFE )                   // 연속에서 두 번 보낸다.
                          SoftTxData( b[4] );
              }
        if( SendStart == 2 ){                          // Concent1 OFF

                    b[0] = 0xFE;                       // STX
                    b[1] = 0x03;                       // Len.P
                    b[2] = 0x3C;                       // CMD
                    b[3] = 0x07;                       // MSG
                    b[4] = ChksumCal( b );             // C/S

                    SoftTxData( b[0] );                // SoftTxData 함수에 의해 b[0]~b[4]
                    SoftTxData( b[1] );                // 까지의 Data가 PIN_E1으로 전송됨
                    SoftTxData( b[2] );
                    SoftTxData( b[3] );
                    SoftTxData( b[4] );
                                                       // STX 위치가 아닌 곳에 0xFE인 경우
                    if( b[4]==0xFE )  // 연속에서 두 번 보낸다.
                          SoftTxData( b[4] );
              }
              SendStart = 0;
}
                              .
                              .
                              .

void dataTx( void ){                     // Data가 전송되었을 때 LCD에
        if(SendStart == 1){              // Display되어질 내용을 담은 함수
              LcdDisplay('2');
        } else if(SendStart == 2){
              LcdDisplay('3');
```

```
        }
}
                        .
                        .
                        .

#define     KEY_SW2          PIN_A1   // KEY_SW2와 KEY_SW3에 대한 정의
#define     KEY_SW3          PIN_A2

void KeyScan( void ){                          // Switch가 눌릴 때마다 KeyScan 함수가 실행된다.

        if( KeyPressFlag == '1'){
                if(port_input(KEY_SW2)==0 ){
                        SendStart = 1;
                } else if(port_input(KEY_SW3)==0 ){
                        SendStart = 2;
                }
                KeyPressFlag = '2';
        } else{
                if( port_input(KEY_SW2) && port_input(KEY_SW3) ){
                        KeyPressFlag = '0';
                } else{
                        if( KeyPressFlag == '0' )
                                KeyPressFlag = '1';
                        }
                }
}
                        .
                        .
                        .

void LcdDisplay( INT8U s ){
        INT8U i;

        LcdTimer ++;

        switch( s ){
                case '0' :                                      // 전원이 들어갈 때 LCD에
                        LCD_Cursor( 0, 0 );                     // Display 됨
                        LcdPutS("Power Line Comm." );
                        LCD_Cursor( 1, 0 );
                        LcdPutS("  www.ed.co.kr  " );
                        delay_ms(4000);
                        break;
                case '1' :                                      // 대기 중일 때 LCD에 Display
                        LCD_Cursor( 0, 0 );                     // 되는 내용
```

```
                LcdPutS("  Press CMD SW   " );
                LCD_Cursor( 1, 0 );
                LcdWaitCounter++;
                if( LcdWaitCounter>=8 )
                        LcdWaitCounter = 0;
                LcdPutS("SCAN : " );
                for( i=0 ; i<8 ; i++ )
                        ( i<=LcdWaitCounter ) ? LcdPutS(">" ) : LcdPutS(" " );
                LcdPutS("  " );
                break;
        case '2':                                       // SW2가 눌려서 해당
                LCD_Cursor( 0, 0 );                     // Data가 전송될 때
                LcdPutS("CMD : CON ON     " );          // Display되는 내용
                LCD_Cursor( 1, 0 );
                LcdPutS(" > FE033407CE < " );
                delay_ms(4000);
                break;
        case '3':                                       // SW3이 눌려서 해당
                LCD_Cursor( 0, 0 );                     // Data가 전송될 때
                LcdPutS("CMD : CON OFF    " );          // Display되는 내용
                LCD_Cursor( 1, 0 );
                LcdPutS(" > FE033800C5 < " );
                delay_ms(4000);
                break;
        default :
                break;
    }
}
                        .
                        .
                        .
```

③ 스위치 ON/OFF 프로그램 실습

〈그림 12-20〉은 SW4를 눌렀을 때 스위치(Switch)가 ON이 되고, SW5를 눌렀을 때 스위치가 OFF가 되게 하는 실습에 대한 순서도이다.

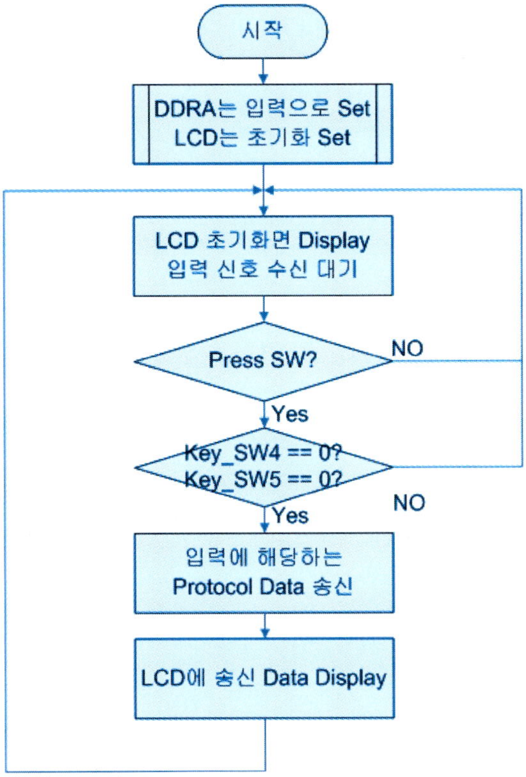

〈그림 12-20〉 스위치(Lamp) ON/OFF 제어에 대한 순서도

아래의 소스는 가스밸브 제어에 따른 소스에서 수정되어야 할 부분만 응용하여 프로그래밍한 내용을 적어 놓은 것이다.

```
void SendData( void ){                          // Command를 전송하기 위한 함수
    INT8U b[10];

        if( SendStart == 1 ){                   // All SW ON
                    b[0] = 0xFE;                // STX
```

```
                    b[1] = 0x03;                // Len.P
                    b[2] = 0x38;                // CMD
                    b[3] = 0x00;                // MSG
                    b[4] = ChksumCal( b );      // C/S

                    SoftTxData( b[0] );         // SoftTxData 함수에 의해 b[0]~b[4]
                    SoftTxData( b[1] );         // 까지의 Data가 PIN_E1으로 전송됨
                    SoftTxData( b[2] );
                    SoftTxData( b[3] );
                    SoftTxData( b[4] );
                                                // STX 위치가 아닌 곳에 0xFE인 경우
                    if( b[4]==0xFE )            // 연속해서 두 번 보낸다.
                            SoftTxData( b[4] );
            }
        if( SendStart == 2 ){                   // All SW OFF
                    b[0] = 0xFE;                // STX
                    b[1] = 0x03;                // Len.P
                    b[2] = 0x36;                // CMD
                    b[3] = 0x00;                // MSG
                    b[4] = ChksumCal( b );      // C/S

                    SoftTxData( b[0] );         // SoftTxData 함수에 의해 b[0]~b[4]
                    SoftTxData( b[1] );         // 까지의 Data가 PIN_E1으로 전송됨
                    SoftTxData( b[2] );
                    SoftTxData( b[3] );
                    SoftTxData( b[4] );


                                                // STX 위치가 아닌 곳에 0xFE인 경우
                    if( b[4]==0xFE )            // 연속해서 두 번 보낸다.
                            SoftTxData( b[4] );
            }

            SendStart = 0;

}
                          .
                          .
                          .

void dataTx( void ){                    // Data가 전송되었을 때 LCD에
        if(SendStart == 1){             // Display되어질 내용을 결정하는 함수
                LcdDisplay('2');
        } else if(SendStart == 2){
                LcdDisplay('3');
        }
}
```

```
                                .
                                .
                                .
#define    KEY_SW4         PIN_A3  // KEY_SW3에 대한 정의
#define    KEY_SW5         PIN_A4  // KEY_SW4에 대한 정의

void KeyScan( void ){                      // Switch가 눌릴 때마다 KeyScan 함수가 실행된다.

        if( KeyPressFlag == '1'){
                if(port_input(KEY_SW4)==0 ){
                        SendStart = 1;
                } else if(port_input(KEY_SW5)==0 ){
                        SendStart = 2;
                }
                KeyPressFlag = '2';
        } else{
                if( port_input(KEY_SW4) && port_input(KEY_SW5) ){
                        KeyPressFlag = '0';
                } else{
                        if( KeyPressFlag == '0' )
                                KeyPressFlag = '1';
                        }
                }
}
                                .
                                .
                                .
INT8U LcdWaitCounter=0;
void LcdDisplay( INT8U s ){                // Case문에 맞춰서 LCD에 Display할
        INT8U i;                           // 내용들을 정의해놓은 함수
        LcdTimer ++;
        switch( s ){
                case '0' :                                 // 전원이 들어갈 때 LCD에
                        LCD_Cursor( 0, 0 );                // Display됨
                        LcdPutS("Power Line Comm." );
                        LCD_Cursor( 1, 0 );
                        LcdPutS("  www.ed.co.kr   " );
                        delay_ms(4000);
                        break;
                case '1' :                                 // 대기 중일 때 LCD에 Display
                        LCD_Cursor( 0, 0 );                // 되는 내용
                        LcdPutS("  Press CMD SW   " );
                        LCD_Cursor( 1, 0 );
                        LcdWaitCounter++;
```

제 12 장

```
            if( LcdWaitCounter>=8 )
                LcdWaitCounter = 0;
            LcdPutS("SCAN : " );
            for( i=0 ; i<8 ; i++ )
                ( i<=LcdWaitCounter ) ? LcdPutS(">" ) : LcdPutS(" " );
            LcdPutS("  " );
            break;
        case '2' :                              // SW3 또는 SW4가 눌려서
            LCD_Cursor( 0, 0 );                 // 해당 Command가 전송될
            LcdPutS("CMD : ALL SW ON " );       // 때 Display됨
            LCD_Cursor( 1, 0 );
            LcdPutS(" > FE033600CB < " );
            delay_ms(4000);
            break;
        case '3':                               // SW3 또는 SW4가 눌려서
            LCD_Cursor( 0, 0 );                 // 해당 Command가 전송될
            LcdPutS("CMD : ALL SW OFF" );       // 때 Display됨
            LCD_Cursor( 1, 0 );
            LcdPutS(" > FE033201CE < " );
            delay_ms(4000);
            break;
        default :
            break;
    }
}
                    .
                    .
                    .
```

④ 스위치 ON/OFF/Dim./Bri. 프로그램 실습

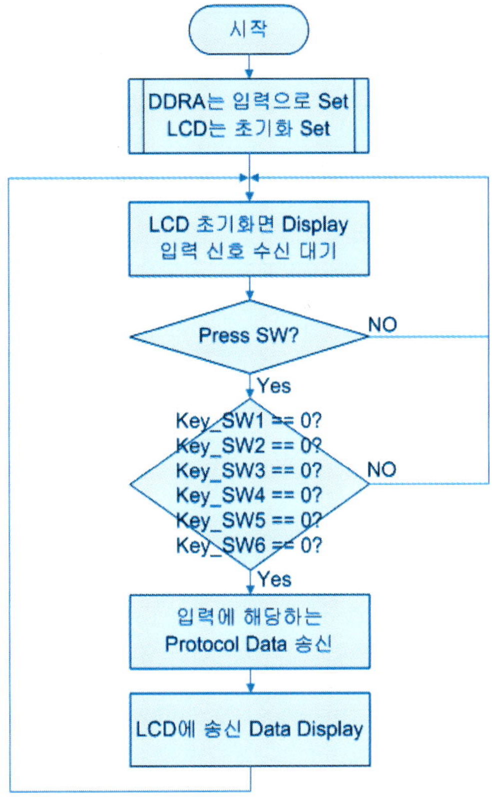

〈그림 12-21〉 스위치 ON/OFF/Dim./Bri. 제어에 대한 순서도

〈그림 12-21〉은 SW1~SW6까지의 스위치들을 눌렀을 때 각각의 스위치마다 갖고 있는 제어명령을 전송하는 것에 대한 순서도를 나타낸 것이다. 각 스위치마다 갖고 있는 제어명령에 대하여 〈표 12-13〉을 참고하자.

〈표 12-13〉 각 스위치별 TX 데이터와 기능

SW번호	TX 데이터	의미
SW1	FE 03 38 00 C5	All Switch(Lamp) On
SW2	FE 03 36 00 CB	All Switch(Lamp) Off
SW3	FE 03 32 01 CE	Switch1(Lamp1) Dimmer
SW4	FE 03 3A 01 C6	Switch1(Lamp1) Bright
SW5	FE 03 32 02 CD	Switch2(Lamp2) Dimmer
SW6	FE 03 3A 02 C5	Switch2(Lamp2) Bright

```
void SendData( void ){                                  // Command를 전송하기 위한 함수
    INT8U b[10];

        if( SendStart == 1 ){                           // All SW ON
                    b[0] = 0xFE;                        // STX
                    b[1] = 0x03;                        // Len.P
                    b[2] = 0x38;                        // CMD
                    b[3] = 0x00;                        // MSG
                    b[4] = ChksumCal( b );              // C/S

                    SoftTxData( b[0] );                 // SoftTxData 함수에 의해 b[0]~b[4]
                    SoftTxData( b[1] );                 // 까지의 Data가 PIN_E1으로 전송됨
                    SoftTxData( b[2] );
                    SoftTxData( b[3] );
                    SoftTxData( b[4] );
                                                        // STX 위치가 아닌 곳에 0xFE인 경우
                    if( b[4]==0xFE )                    // 연속해서 두 번 보낸다.
                            SoftTxData( b[4] );
        }
        if( SendStart == 2 ){                           // All SW OFF
                    b[0] = 0xFE;                        // STX
                    b[1] = 0x03;                        // Len.P
                    b[2] = 0x36;                        // CMD
                    b[3] = 0x00;                        // MSG
                    b[4] = ChksumCal( b );              // C/S

                    SoftTxData( b[0] );                 // SoftTxData 함수에 의해 b[0]~b[4]
                    SoftTxData( b[1] );                 // 까지의 Data가 PIN_E1으로 전송됨
                    SoftTxData( b[2] );
                    SoftTxData( b[3] );
                    SoftTxData( b[4] );

                                                        // STX 위치가 아닌 곳에 0xFE인 경우
                    if( b[4]==0xFE )                    // 연속해서 두 번 보낸다.
                            SoftTxData( b[4] );
        }
        if( SendStart == 3 ){                           // SW1_DIM
                    b[0] = 0xFE;                        // STX
                    b[1] = 0x03;                        // Len.P
                    b[2] = 0x32;                        // CMD
                    b[3] = 0x01;                        // MSG
                    b[4] = ChksumCal( b );              // C/S

                    SoftTxData( b[0] );                 // SoftTxData 함수에 의해 b[0]~b[4]
                    SoftTxData( b[1] );                 // 까지의 Data가 PIN_E1으로 전송됨
                    SoftTxData( b[2] );
```

```
                    SoftTxData( b[3] );
                    SoftTxData( b[4] );

                                                // STX 위치가 아닌 곳에 0xFE인 경우
                    if( b[4]==0xFE )            // 연속해서 두 번 보낸다.
                            SoftTxData( b[4] );
        }
if( SendStart == 4 ){                           // SW1_BRIGHT
                    b[0] = 0xFE;                // STX
                    b[1] = 0x03;                // Len.P
                    b[2] = 0x3A;                // CMD
                    b[3] = 0x01;                // MSG
                    b[4] = ChksumCal( b );      // C/S

                    SoftTxData( b[0] );         // SoftTxData 함수에 의해 b[0]~b[4]
                    SoftTxData( b[1] );         // 까지의 Data가 PIN_E1으로 전송됨
                    SoftTxData( b[2] );
                    SoftTxData( b[3] );
                    SoftTxData( b[4] );

                                                // STX 위치가 아닌 곳에 0xFE인 경우
                    if( b[4]==0xFE )            // 연속해서 두 번 보낸다.
                            SoftTxData( b[4] );
        }
if( SendStart == 5 ){                           // SW2_DIM
                    b[0] = 0xFE;                // STX
                    b[1] = 0x03;                // Len.P
                    b[2] = 0x32;                // CMD
                    b[3] = 0x02;                // MSG
                    b[4] = ChksumCal( b );      // C/S

                    SoftTxData( b[0] );         // SoftTxData 함수에 의해 b[0]~b[4]
                    SoftTxData( b[1] );         // 까지의 Data가 PIN_E1으로 전송됨
                    SoftTxData( b[2] );
                    SoftTxData( b[3] );
                    SoftTxData( b[4] );

                                                // STX 위치가 아닌 곳에 0xFE인 경우
                    if( b[4]==0xFE )            // 연속해서 두 번 보낸다.
                            SoftTxData( b[4] );
        }
if( SendStart == 6 ){                           // SW2_BRIGHT
                    b[0] = 0xFE;                // STX
                    b[1] = 0x03;                // Len.P
                    b[2] = 0x3A;                // CMD
                    b[3] = 0x02;                // MSG
```

```
                        b[4] = ChksumCal( b );      // C/S

                        SoftTxData( b[0] );         // SoftTxData 함수에 의해 b[0]~b[4]
                        SoftTxData( b[1] );         // 까지의 Data가 PIN_E1으로 전송됨
                        SoftTxData( b[2] );
                        SoftTxData( b[3] );
                        SoftTxData( b[4] );

                                                    // STX 위치가 아닌 곳에 0xFE인 경우
                        if( b[4]==0xFE )            // 연속해서 두 번 보낸다.
                                SoftTxData( b[4] );
                }
                SendStart = 0;
}
                                    .
                                    .
                                    .

void dataTx( void ){                        // Data가 전송되었을 때 LCD에
        if(SendStart == 1){                 // Display 되어질 내용을 결정하는 함수
                LcdDisplay('2');
        } else if(SendStart == 2){
                LcdDisplay('3');
        } else if(SendStart == 3){
                LcdDisplay('4');
        } else if(SendStart == 4){
                LcdDisplay('5');
        } else if(SendStart == 5){
                LcdDisplay('6');
        } else if(SendStart == 6){
                LcdDisplay('7');
        }
}
                                    .
                                    .
                                    .

#define     KEY_SW1         PIN_A0  // KEY_SW1에 대한 정의
#define     KEY_SW2         PIN_A1  // KEY_SW2에 대한 정의
#define     KEY_SW3         PIN_A2  // KEY_SW3에 대한 정의
#define     KEY_SW4         PIN_A3  // KEY_SW4에 대한 정의
#define     KEY_SW5         PIN_A4  // KEY_SW5에 대한 정의
#define     KEY_SW6         PIN_A5  // KEY_SW6에 대한 정의

void KeyScan( void ){                           // Switch가 눌릴 때마다 KeyScan 함수가 실행된다.
```

```
		if( KeyPressFlag == '1'){
			if(port_input(KEY_SW1)==0 ){
				SendStart = 1;
			} else if(port_input(KEY_SW2)==0 ){
				SendStart = 2;
			} else if(port_input(KEY_SW3)==0 ){
				SendStart = 3;
			} else if(port_input(KEY_SW4)==0 ){
				SendStart = 4;
			} else if(port_input(KEY_SW5)==0 ){
				SendStart = 5;
			} else if(port_input(KEY_SW6)==0 ){
				SendStart = 6;
			}
			KeyPressFlag = '2';
		} else {
			if( port_input(KEY_SW1) && port_input(KEY_SW2)
			    && port_input(KEY_SW3) && port_input(KEY_SW4)
			    && port_input(KEY_SW5) && port_input(KEY_SW6) ){
				KeyPressFlag = '0';
			} else{
				if( KeyPressFlag == '0' )
					KeyPressFlag = '1';
				}
			}
}
                        .
                        .
                        .

INT8U LcdWaitCounter=0;
void LcdDisplay( INT8U s ){                    // Case문에 맞춰서 LCD에 Display할
		INT8U i;                                // 내용들을 정의해놓은 함수
		LcdTimer ++;
		switch( s ){
			case '0' :                          // 전원이 들어갈 때 LCD에
				LCD_Cursor( 0, 0 );             // Display됨
				LcdPutS("Power Line Comm." );
				LCD_Cursor( 1, 0 );
				LcdPutS("  www.ed.co.kr  " );
				delay_ms(4000);
				break;
			case '1' :                          // 대기 중일 때 LCD에 Display
				LCD_Cursor( 0, 0 );             // 되는 내용
				LcdPutS("  Press CMD SW  " );
				LCD_Cursor( 1, 0 );
```

제 12 장

```
				LcdWaitCounter++;
				if( LcdWaitCounter>=8 )
					LcdWaitCounter = 0;
				LcdPutS("SCAN : " );
				for( i=0 ; i<8 ; i++ )
					( i<=LcdWaitCounter ) ? LcdPutS(">" ) : LcdPutS(" " );
				LcdPutS("  " );
				break;
			case '2' :					// SW1 Switch를 눌려서
				LCD_Cursor( 0, 0 );			// 해당 Command가 전송될
				LcdPutS("CMD : SW 1,2 ON " );		// 때 Display됨
				LCD_Cursor( 1, 0 );
				LcdPutS(" > FE033800C5 < " );
				delay_ms(4000);
				break;
			case '3':					// SW2 Switch를 눌려서
				LCD_Cursor( 0, 0 );			// 해당 Command가 전송될
				LcdPutS("CMD : SW 1,2 OFF" );		// 때 Display됨
				LCD_Cursor( 1, 0 );
				LcdPutS(" > FE033600CB < " );
				delay_ms(4000);
				break;
			case '4':					// SW3 Switch를 눌려서
				LCD_Cursor( 0, 0 );			// 해당 Command가 전송될
				LcdPutS("CMD : SW1 DIMMER" );		// 때 Display됨
				LCD_Cursor( 1, 0 );
				LcdPutS(" > FE033201CE < " );
				delay_ms(4000);
				break;
			case '5':					// SW4 Switch를 눌려서
				LCD_Cursor( 0, 0 );			// 해당 Command가 전송될
				LcdPutS("CMD : SW1 BRIGHT" );		// 때 Display됨
				LCD_Cursor( 1, 0 );
				LcdPutS(" > FE033A01C6 < " );
				delay_ms(4000);
				break;
			case '6':					// SW5 Switch를 눌려서
				LCD_Cursor( 0, 0 );			// 해당 Command가 전송될
				LcdPutS("CMD : SW2 DIMMER" );		// 때 Display됨
				LCD_Cursor( 1, 0 );
				LcdPutS(" > FE033202CD < " );
				delay_ms(4000);
				break;
			case '7':					// SW6 Switch를 눌려서
				LCD_Cursor( 0, 0 );			// 해당 Command가 전송될
				LcdPutS("CMD : SW2 BRIGHT" );		// 때 Display됨
```

```
                LCD_Cursor( 1, 0 );
                LcdPutS(" > FE033A02C5 < " );
                delay_ms(4000);
                break;
        default :
                break;
    }
}
                        .
                        .
                        .
```

위의 모든 과정에 대한 실습이 마무리되었다면 전원을 끄고 모든 Connector의 연결을 끊고 실습장비를 정리하도록 한다.

제 12 장

13 LabVIEW 환경 설정 및 응용

13-1 실험 목적

(1) LabVIEW를 이용한 직렬통신에 대해 알아본다.

(2) LabVIEW를 이용한 직렬통신 VI를 생성하여 본다.

(3) 직렬 포트를 통해 전송되어지는 데이터를 확인하여 본다.

(4) 실습 예제를 통해 LabVIEW를 이용하여 직렬통신을 할 수 있는 능력을 배양한다.

13-2 LabVIEW의 개요

13-2-1. LabVIEW는 어떤 프로그램인가

LabVIEW는 Laboratory Virtual Instrument Engineering Workbench의 약자로, 프로그램을 그래픽으로 작성하는 일종의 프로그램 언어이다. 즉, LabVIEW는 텍스트로 작성하는 C, Pascal, Basic과 같은 고전적인 프로그램 언어와는 작성 방법이 다르다.

그러나 LabVIEW는 프로그램 언어 이상의 기능을 갖고 있으며 과학자, 엔지니어 등과 같이 컴퓨터 프로그램이 필수적으로 필요한 사람을 위해 특별히 고안된 프로그램 개발 및 실행 시스템이다. LabVIEW는 Microsoft 윈도우를 탑재한 PC, MacOS, Sun SPARC 스테이션, hp 9000/700시리즈에 실행할 수 있다.

LabVIEW의 매우 강력한 G(그래픽)프로그램 언어를 사용하면 생산성을 증대시킬 수 있다. LabVIEW는 데이터의 측정 및 분석, 표현에 적절하도록 특별히 고안되었으므로, 텍스트로 수개월간 작성한 고적전인 프로그램을 LabVIEW는 몇 시간 내에 완성할 수가 있다. 또한 LabVIEW는 매우 다양한 Graphical User Interface를 갖고

제 13 장

있고 쉽게 프로그램할 수 있으므로, 시뮬레이션, 아이디어 표현, 일반적인 프로그램 개념의 표현 및 설명에 이상적이다. 물론 LabVIEW에는 최근의 혁신적인 기술인 ActiveX, DDE 등의 기술이 접목되어 있으므로 사용자는 이러한 기술을 LabVIEW에 쉽게 접목할 수 있다.

LabVIEW는 그래픽적 특성 그 자체로 고전적인 C, Basic 프로그램 등으로 작성할 수 있는 프로그램을 쉽게 작성할 수 있다. LabVIEW 프로그램을 실행할 때 표시되는 출력은 사용자가 원하는 어떠한 형태로든 표현할 수 있다. 각종 인디케이터, 밸브, 스위치, 다이얼, 차트, 그래프 및 사용자정의 그래픽 등을 초보자도 쉽게 표현할 수 있다. 또한, 고전적인 프로그램 언어에 있는 포인터, 메모리 할당 등을 사용할 필요가 없이 프로그램을 작성할 수 있도록 LabVIEW는 광범위한 함수와 서브루틴 라이브러리를 갖고 있다.

또한 LabVIEW는 Data Acquisition(DAQ) 라이브러리, General purpose Interface Board(GPIB, IEEE488, HP-IB) 및 시리얼 측정 장비 제어, 네트워크, 이미지 데이터 운용, 모션 컨트롤, Fieldbus 및 CAN 인터페이스 운용, VXI/VME 운용, 데이터 분석, 데이터 표현, 데이터 저장에 관계된 라이브러리를 내장하고 있다. 분석 라이브러리는 시그널 출력, 시그널 프로세싱, 필터, 윈도우, 통계, 회기 분포, 선형 대수, 배열 연산 등 여러 종류의 유용한 분석 함수를 내장하고 있다.

LabVIEW 프로그램은 여러 종류의 컴퓨터와 OS에서 서로 사용 가능하므로, 대부분의 응용 프로그램은 Macintosh에서 작성한 프로그램을 수정 없이 윈도우에서 사용할 수 있다. LabVIEW 응용 프로그램은 광범위한 산업 분야에서 사용되고 있음을 곧 발견하게 될 것이다. 또한, LabVIEW에 추가적으로 제공되는 광범위한 툴을 이용하면 사용자 어플리케이션의 영역을 무한대로 확장할 수 있음을 발견할 것이다.

13-2-2. LabVIEW의 역사

1983년 National instruments는 최소 시간으로 측정 시스템을 프로그램하는 방법을 모색하였으며, LabVIEW의 가상 인스트루먼트(Virtual Instrument)를 도입하게 되었다.

LabVIEW 버전1은 1986년 메킨토시(Macintosh)에서 사용하게 작성되었다. 비록 Mac은 측정과 인스트루먼트에 광범위하게 사용되지 않았지만, Mac의 그래픽 특성은 LabVIEW의 취지와 부합하게 되었다.

1990년 National Instruments는 새로운 소프트웨어 기술과 결합해서 LabVIEW 프로그램을 재 작성하였다. LabVIEW 2는 VI의 실행 속도가 C로 작성한 프로그램 언어와 대등하도록 컴파일러의 기능을 추가하였다. 이 기간에 LabVIEW는 미국의 특허청에서 여러 가지 특허를 획득하게 되었다.

MacOS와 같은 새로운 그래픽 운용 시스템의 출현으로, National Instruments는 좀더 성숙한 LabVIEW 기술을 PC와 워크스테이션에 접목시켰다. 1992년에는 LabVIEW for Windows와 LabVIEW for Sun이 출시되었다. 국내에서는 윈도우 3.1용 LabVIEW가 버전 2.5로 공급되기 시작하였다.

1993년 LabVIEW 3.x는 Macintosh, Windows, Sun 운용 시스템에 동일하게 적용되었다. 또한 한 종류에서 작성된 LabVIEW 프로그램은 다른 기종의 컴퓨터에서 쉽게 사용할 수 있게 되었다. 이러한 호환성은 LabVIEW로 작성한 VI를 타 기종에 쉽게 이식할 수 있는 기회를 제공하였다.

1994년, LabVIEW는 Windows NT, Power Mac, HP워크스테이션까지 그 범위를 확장하였다. 1995년에는 Windows 95에 사용할 수 있는 LabVIEW 4.x가 출현하게 되었다. LabVIEW 4.x는 좀더 강력한 기능을 제공하는 프로그램으로 탄생하였다. 특히 강력한 디버깅 툴, OLE기능 등을 첨가하였다.

1997년에 발표된 LabVIEW 4.1에는 DAQ 채널 마법사 및 DAQ 해법 마법사 등의 기능이 추가되어서 초보자가 LabVIEW 프로그램을 좀더 쉽게 접근할 수 있게 하였다. 1998년에 발표된 LabVIEW 5.0은 사용자들이 빠르고 쉽게 프로그램 개발을 할 수 있도록 그래픽 프로그래밍에 최근의 소프트웨어 기술들을 접목시켰다. 이 버전에는 다음과 같은 기술들이 추가되었다.

즉, 시스템의 신뢰성을 증대시킨 Multithreading, 컴퓨터에 연결된 인스트루먼트를 자동적으로 찾는 인스트루먼트 마법사, 타 프로그램 간의 한계를 극복할 수 있는 ActiveX 컨테이너, LabVIEW를 서버로 사용할 수 있는 Automation 서버, 각국의 언어로 LabVIEW 프로그램을 쉽게 변환할 수 있는 번역과 문서용 툴, 광범위한 프로젝트를 구현할 때 매우 유용한 그래픽 차이 비교 분석용 툴(LabVIEW Professional Development System에서만 가능), 프로그램적인 메뉴 바와 Undo 기능 등이 추가되었다. 한편 LabVIEW 버전 5.0은 Windows NT/95/3.1, Mac OS,Solaris, HP-UX, 그리고 Concurrent PowerMAX에서 사용할 수 있다.

13-2-3. VI(Virtual Instrument)란 무엇인가

LabVIEW로 만들어진 프로그램의 확장자명은 vi이다. 여기에서 VI는 Virtual Instruments의 약자이다. 글자 그대로 가상 장비이다. 기존의 계측이나 자동제어 장비들은 하나의 독립적인 장비에 모든 기능이 들어 있으며 사용자가 전원을 넣고 버튼만 누르면 실행할 수 있게 되어 있다. 그래서 사용자는 장비의 매뉴얼만 읽어보고 시키는 대로만 실행하면 된다. 그러나 이러한 장비들은 하나의 독립된 장비에 모든 기능이 다 들어 있기 때문에 편리하기는 하지만 만약 타 장비에는 없는 다른 기능이 필요하다면 다른 고가의 장비를 새로 구입해야 된다. 반대로 그 장비의 많은 기능 중에서 대부분은 사용자가 한 번도 사용할 일이 없는 경우가 많다. 결국은 필요 없는 이러한 기능의 가격까지 지불하고 구입하는 것이므로 이중으로 낭비가 된다. 또한 여러 독립된 장비들을 하나의 시스템에서 통합하기가 힘들다. 물론 GPIB나 시리얼(Serial) 케이블 등을 이용하여 어느 정도까지는 통합이 가능하지만 그것에는 한계가 있다. 또한 이러한 독립 장비는 한 번 구입하면 업그레이드가 아주 힘들거나 불가능하다. 그래서 우리나라의 많은 실험실과 현장에는 쓰지도 못하고 자리만 차지하고 있는 몇 년 지난 모델의 고가의 장비들을 쉽게 찾아 볼 수 있다. 이러한 단점과 한계를 극복하기 위하여 나온 개념이 컴퓨터 기반의 자동제어와 계측 시스템이다.

컴퓨터의 발달 속도는 상상을 초월한다. 또한 거의 모든 엔지니어들이 컴퓨터 환경에 친숙하다. Virtual Instruments는 컴퓨터를 중심으로 사용자가 필요로 하는 요소들을 연결하고 컴퓨터 속의 가상공간에서 사용자가 정의한 Instruments를 만드는 것이다. 그래서 사용자가 원하는 기능만 추가할 수 있고, 또한 그 성능은 컴퓨터의 성능 향상과 함께 증가된다. 또한 현대사회의 빠른 패러다임 전환에 발을 맞출 수 있다. 최근에는 인터넷을 생각하지 않고는 어떤 프로젝트도 완벽하게 끝났다고 말할 수 없게 된 것이 그 좋은 예가 될 것이다.

컴퓨터가 각각의 하드웨어를 통합하여 정해진 순서와 방법으로 작업을 수행하게 만들기 위해서는 실행 프로그램이 필요하다. LabVIEW는 이러한 자동제어와 계측용 프로그램을 쉽게 작성할 수 있게 최적화된 프로그래밍 언어인 것이다. 이제 LabVIEW의 사용자들은 컴퓨터를 기반으로 필요한 기능들은 통합하여 사용자의 구미에 맞는 Instrument를 만들 수 있으며, 이것을 이용하여 작업의 효율과 생산성의 향상을 얻을 수 있다.

13-2-4. LabVIEW의 환경

1) LabVIEW 실행

LAbVIEW를 실행하면 다음과 같은 시작창이 뜬다.

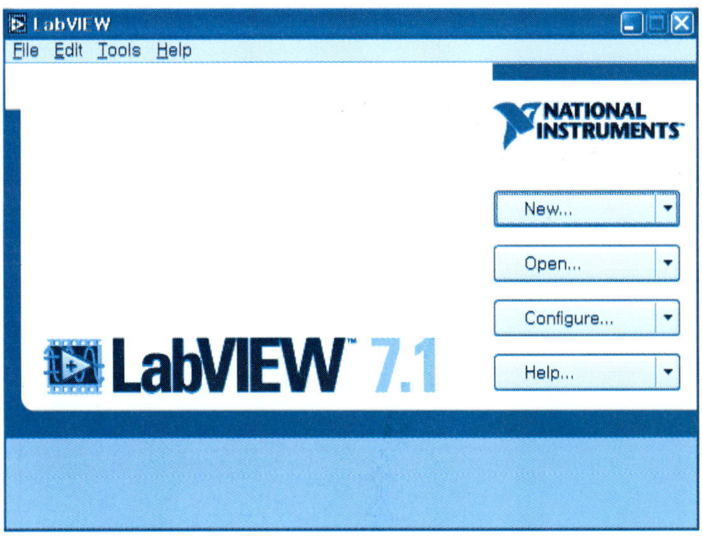

〈그림 13-1〉

위쪽에 네 개의 메뉴가 있고, 오른쪽에 네 개의 버튼이 있다.

네 개의 메뉴는 File, Edit, Tools, Help이며 마우스로 메뉴를 선택할 수 있고, 키보드의 단축키로 필요한 메뉴를 선택할 수도 있다.

New는 오른쪽에 위치한 New 버튼을 클릭하는 것과 같은 기능이며, New VI는 Blank VI를 열어준다.

2) 프런트 패널과 블록다이어그램

Blank VI를 선택하면 다음 두 개의 창이 나타난다.

프런트 패널(Front Panel)과 블록다이어그램(Block Diagram)이다. 그리고 Tools Palette와 Controls Palette, Functions Palette로 세 개의 팔레트가 나타난다. 이때 Controls Palette는 Front Panel에서 보이고 Functions Palette는 블록다이어그램에서 볼 수 있을 것이다. Tools Palette는 공통으로 사용된다.

① Front Panel : Controls Palette, Tools Palette

② Block Diagram : Functions Palette, Tools Palette

(1) 프런트 패널

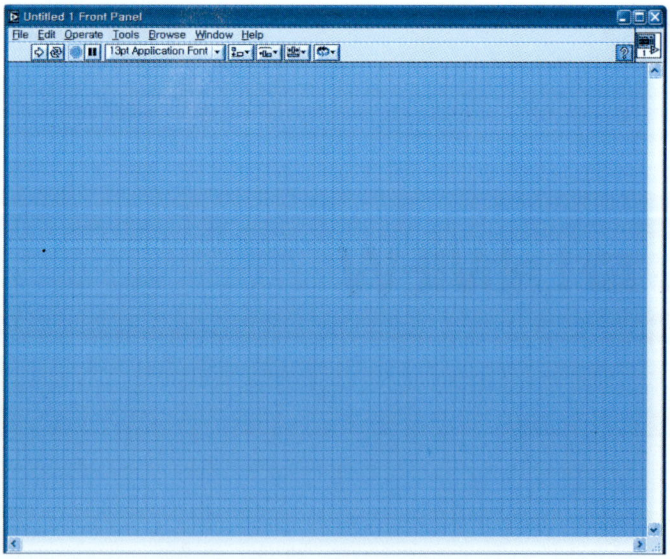

〈그림 13-2〉 Blank Front Panel

회색의 창으로 흔히 User Interface라고 하며, 그래프나 버튼, 입력과 출력에 필요한 아이콘들이 여기에 위치한다. 그리고 프런트 패널과 함께 Controls 팔레트를 사용할 수 있다.

Controls Palette에서 필요한 아이콘을 찾아서 Front Panel을 구성한다. 이때 각각의 아이콘에 대응하는 터미널이 블록다이어그램에 자동 생성된다. 그리고 이들 터미널은 데이터 타입에 따라서 모양과 색깔로 구분된다. 참고로 해당 아이콘을 더블클릭하면 블록다이어그램에 대응되는 터미널을 찾을 수 있다.

(2) Control Palette

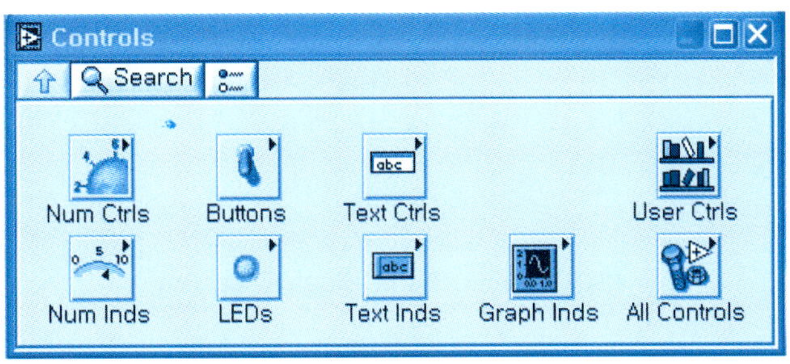

〈그림 13-3〉 Control Palette(show controls 활성화 상태)

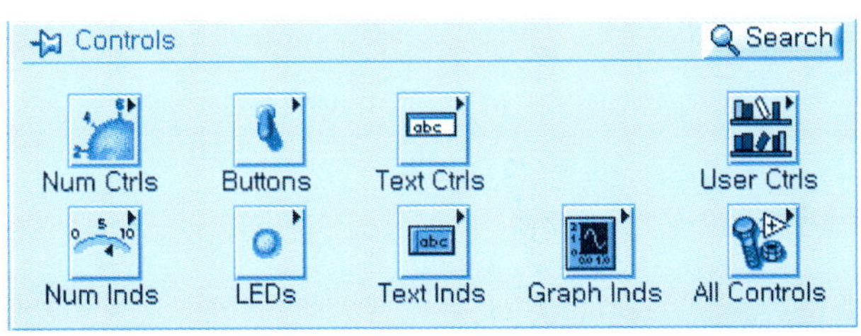

〈그림 13-4〉 Control palette(Front PanelRight_Mouse_Click)

Controls palette는 Front Panel에서만 사용이 가능하다. Controls palette는 Front Panel에서 사용할 control과 Indicator가 포함되어 있다. Menu에서 Show Controls Palette를 선택하거나 Front Panel에서 마우스 오른쪽 버튼을 누르면 Controls palette가 표시된다.

(3) Block Diagram

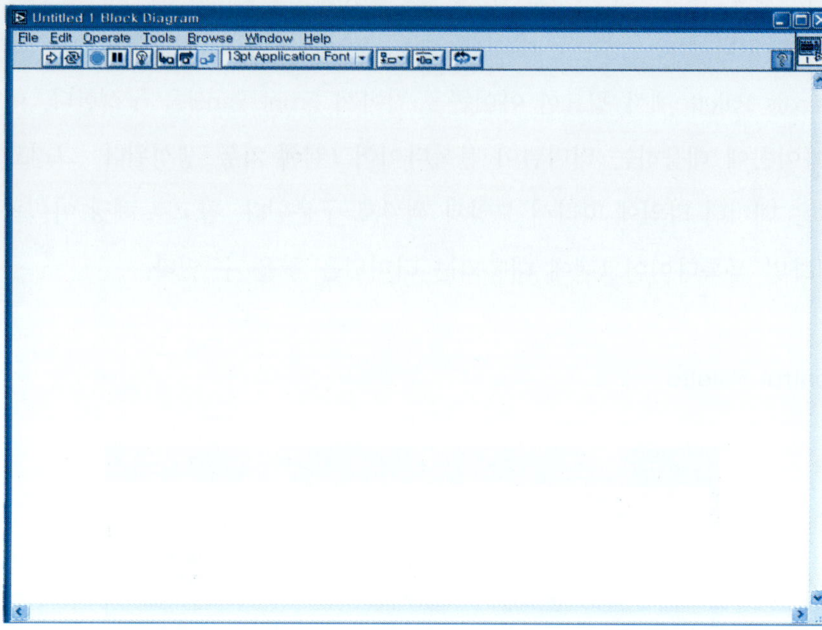

〈그림 13-5〉 Blank Block Diagram

블록다이어그램에서는 Functions Palette를 사용할 수 있으며, Front Panel의 아이콘에 대응되는 터미널이 위치하며, Front Panel의 아이콘에 라벨을 붙여주면, 대응되는 터미널에도 같은 라벨이 붙게 된다.

(4) Function Palette

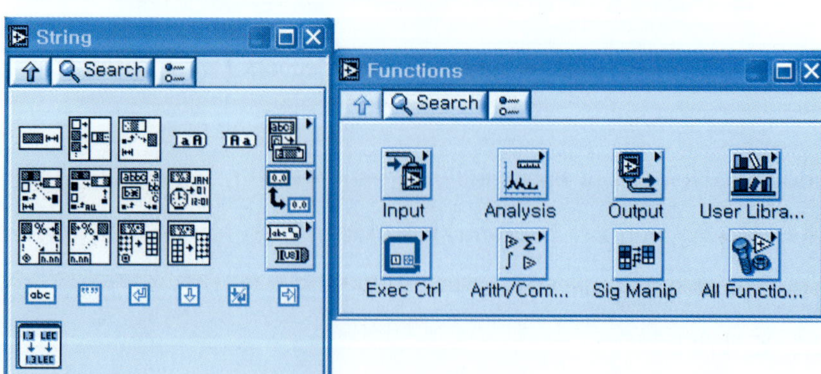

〈그림 13-6〉 Function Palette(show Function 설정 상태)

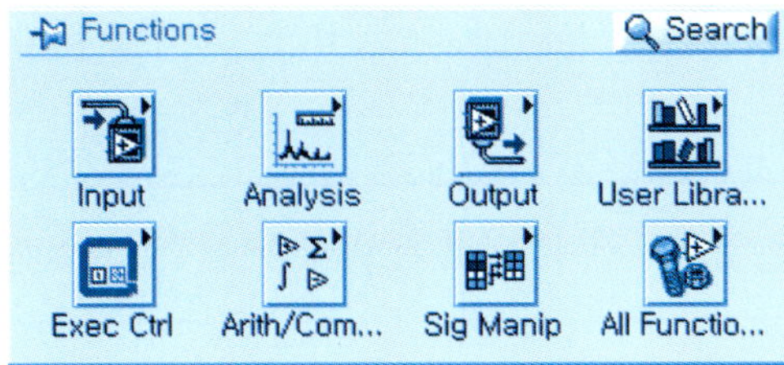

〈그림 13-7〉 Function Palette(Block Diagram Right_mouse_Click)

Functions palette는 블록다이어그램에서만 사용이 가능하다. Functions palette는 VI(Virtual Instrument)와 블록다이어그램에서 사용할 수 있는 함수들을 포함하고 있다. Menu에서 Show Functions 또는 Palette Front Panel에서 마우스의 오른쪽 버튼을 누르면 Functions palette가 표시된다.

(5) Tools Pallette

〈그림 13-8〉 Tools Palette

Tools Palette에서 마우스의 기능을 선택할 수 있다.

 **자동선택** 상황에 적절한 Tools를 자동으로 선택해준다.

 **실행** Front Panel에서 버튼을 누른다든지, Numeric 값을 입력하거나, Graph나 Slide의 Scale을 바꿀 때 사용된다.

선택 아이콘을 선택하고, 위치를 바꾸거나, 크기를 바꿀 때 사용한다.

문자입력 문자를 입력하거나, 라벨을 바꾸거나, Numeric 값을 입력할 때 사용한다.

Wire 연결 블록다이어그램에서 와이어를 연결하는 Tool이다. Wire를 통하여 데이터가 흘러가며, 와이어의 색깔과 모양은 그 와이어를 통하여 흘러가는 데이터 타입에 따라 달라진다.

단축메뉴 단축메뉴를 띄울 때 사용된다. 아이콘을 선택하고 마우스 오른쪽 버튼을 클릭하면 단축메뉴가 뜨는 것과 같은 역할이다.

화면이동 화면의 위치를 움직일 때 사용한다.

BreakPoint 블록다이어그램에서 사용되는 Tool이며 Breakpoint의 생성하거나 취소할 수 있다. 디버깅 Tool로 사용된다.

Probe 블록다이어그램에서 와이어를 통하여 흐르는 데이터값을 관찰할 수 있다.

스포이드 LabVIEW의 Front Panel에서 아이콘등의 색을 읽어들일 때 사용한다.

붓 Front Panel이나 블록다이어그램에서 RGB 255 Color로 사용자 인터페이스를 꾸밀 때 사용한다.

13-2-5. LabVIEW를 설치하기 위한 시스템 요구 사항

〈표 13-1〉 LavVIEW의 시스템 요구 사항

Windows		
	Minimum	Recommended
Processor	Pentium III/ Celeron 866 MHz or equivalent	Pentium 4/M or equivalent
RAM	256MB	512 MB
Screen Resolution	1024x768 pixels	1024x768 pixels
Operating System	Windows 2000/XP	Windows XP
Disk space	900 MB	1.2GB(Note -- Include default drivers from NI Device Drivers CD)
Mac OS X		
	Minimum	Recommended
Processor	G3 or better	G4 or better
RAM	256MB	512MB
Screen Resolution	1024x768 pixels	1024x768 pixels
Operating System	Msc OS X 10.3 or later	Msc OS X 10.3 or later
Disk space	500MB	600MB
Linux		
	Minimum	Recommended
Processor	Pentium III/ Celeron 866 MHz or equivalent	Pentium 4/M or equivalent
RAM	256MB	512 MB
Screen Resolution	1024x768 pixels	1024x768 pixels
Operating System	Linux kernel 2.2.x, 2.4.x or 2.6.x fot the Intel x86 architecture, GNU C Library (glibc) Version 2.2.4 or later	RedHat Enterprise Linux WS3 or later, Mandrake Linux/Mandriva 10.0 or later, SuSE Linux 9.1 or Later
Disk Space	400MB	550MB

13-2-6. LabVIEW를 이용한 직렬 포트 통신

직렬 통신(Serial Communication)은 컴퓨터와 다른 컴퓨터, 또는 컴퓨터와 주변 장치 사이의 데이터를 전송하는 방법이다. 그러나 GPIB와는 다르게, 직렬 포트는 단지 한 장치와 통신할 수 있다. 또한 직렬 포트 통신은 매우 느리다.

대부분의 컴퓨터와 많은 장치들은 내장형 직렬 포트를 가진다. 직렬통신은 컴퓨터의 내장형 직렬 포트를 사용하기 때문에 특별한 하드웨어를 구입하지 않고도 데이터를 송·수신할 수 있다. 직렬통신은 수신기로 단일 통신선을 따라 데이터를 송신 - 한 번에 한 비트씩 - 하기 위해 송신기(Transmitter)를 사용한다. 이 방법은 장거리와 데이터 전송 비율이 낮은 경우에 잘 동작한다. 직렬통신은 GPIB보다 느리고 신뢰성이 낮지만, 컴퓨터에 특정한 보드가 필요하지 않고 인스트루먼트들은 GPIB 표준을 따를 필요가 없다. 다음 그림은 전형적인 직렬통신 시스템을 보여 준다.

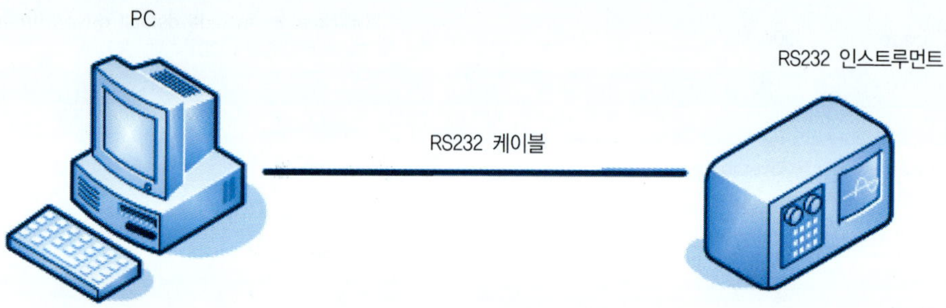

〈그림 13-9〉 직렬통신 시스템

직렬통신 포트 통신 표준으로 RS232가 있다. 모뎀과 플로터와 같은 데이터 터미널 장비(DTE : Data Terminal Equipment)라고 알려져 있는 장치와 컴퓨터와 터미널과 같은 데이터 통신 장치(DCE : Data Communication Equipment) 사이의 직렬 인터페이스를 정의하기 위해 전기 산업 기구(EIA)에서 개발한 RS232 표준은 신호와 전압 특성, 커넥터 특성, 개별적인 신호 함수, 터미널 모뎀 연결 방법을 포함한다.

RS232 직렬 포트 커넥터는 2가지 종류 - 25핀 커넥터와 9핀 커넥터 - 를 가진다. 양쪽 커넥터는 다음 그림과 같다. 9핀 커넥터는 2개의 데이터선(TXD, RXD)과 5개의 핸드쉐이크선(RTS, CTS, DSR, DCD, DRT)을 가진다. 이 소형 커넥터는 때때로 작은 RS232 실험용 장치에서 찾을 수 있고 이것은 대부분의 RS232 인터페이스에 사용되는 핵심 셋으로 충분한 핀을 가진다. 25핀 커넥터는 RS232 표준에서 정의된 모든 신호를 포함하는데 충분한 핀을 가지는 표준 RS232 커넥터이다.

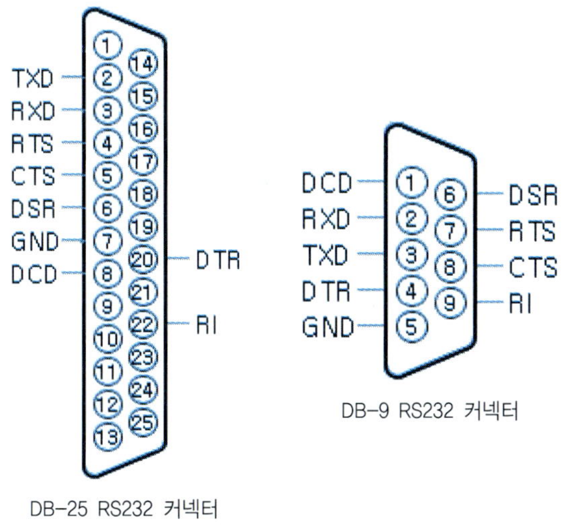

〈그림 13-10〉 RS232 직렬 포트 커넥터

직렬통신은 4개의 매개 변수를 지정하는 것이 요구된다. 전송 보율(baud rate), 문자 암호 데이터 비트(data bit)수, 임의의 패리티 비트(parity bit)사용 결정, 정지 비트(stop bit)수, 각각의 전송되는 문자는 단일 시작 비트와 뒤따르는 데이터 비트, 선택적인 패리티 비트, 그리고 정지 비트 또는 비트들로 구성되는 문자 프레임으로 포장된다.

13-3 LabVIEW 응용 실습 절차

1) 실험 준비 사항

(1) IBM 호환 PC

(2) LabVIEW 7.1

(3) ED-5964 전력선 모뎀 실습장치

2) 실험 주의 사항

(1) LabVIEW가 설치되어 있는 PC는 실습하는 동안 전원이 꺼지지 않도록 유의한다.

3) LabVIEW 응용 실습

(1) LabVIEW 환경 실습

① NI사의 LabVIEW가 설치되어 있는 PC의 바탕화면에서 시작을 누른다. 프로그램에서 National Instrument LabVIEW 7.1을 클릭하여 실행하도록 한다.

〈그림 13-11〉 윈도우즈에서 LabVIEW 실행하기

② 실행되어진 화면에서 New를 클릭하여 Wizard를 실행한다.

〈그림 13-12〉 LabVIEW의 New 클릭

③ 실행되어진 New 화면에서 Blank VI를 실행한다.

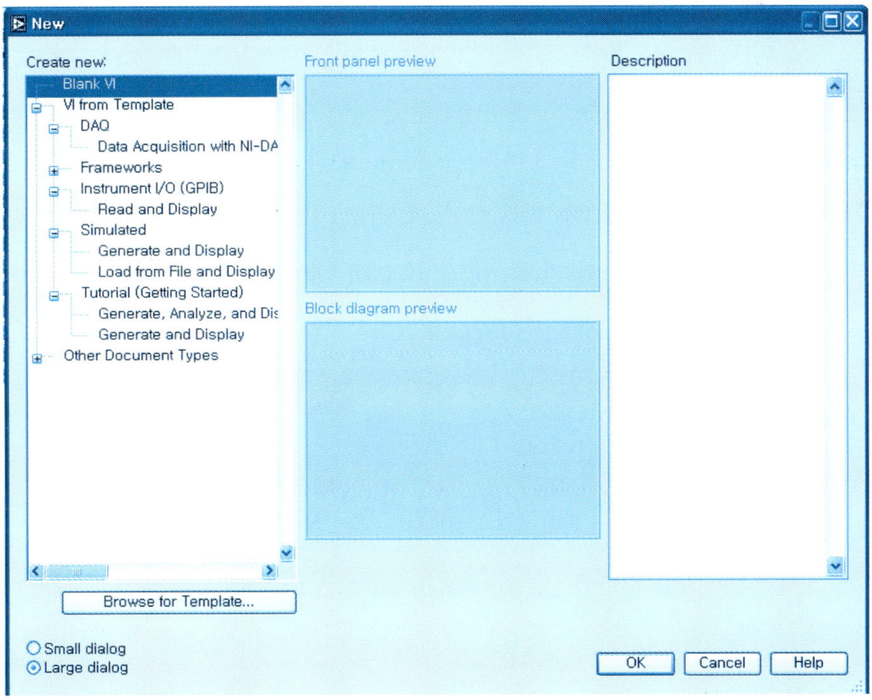

〈그림 13-13〉 New 화면에서 Blank VI 실행

제 13 장

④ 'OK'를 클릭하면 Blank 상태의 Front Panel과 Block Diagram이 생성되어 있는지 확인한다.

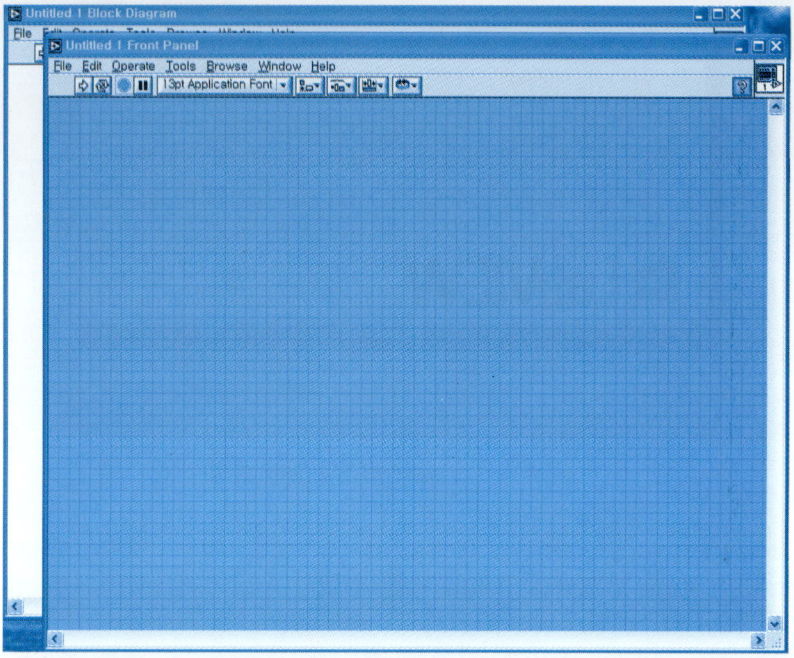

〈그림 13-14〉 Blank 상태의 Front Panel과 Block Diagram 생성

⑤ 직렬통신을 위해 전송할 데이터를 쓰는 곳과 받은 데이터를 보여줄 Text Control을 Front Panel에 Text Ctrls의 String Control(데이터 입력부분)을 나열한다. 또한 Text Inds의 String Indicator(데이터 출력부분)을 나열한다.

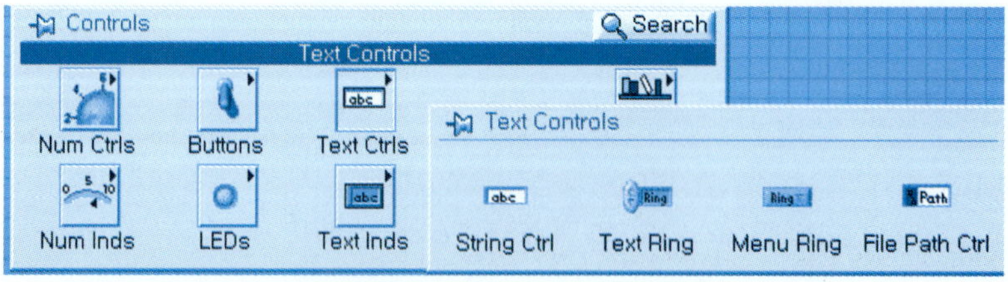

〈그림 13-15〉 Control Panel의 String Control 선택

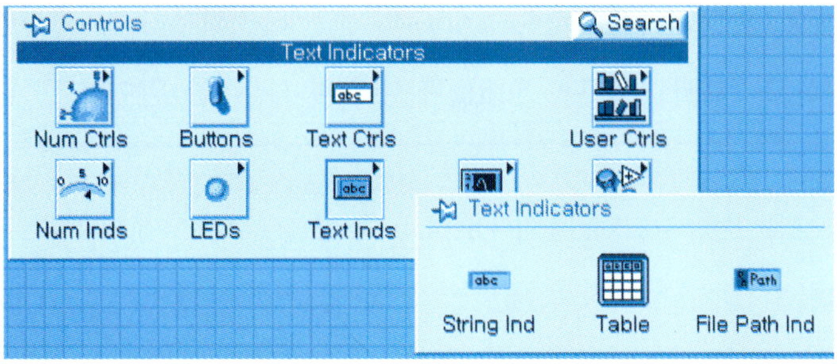

〈그림 13-16〉 Control Panel의 Sting Indicator 선택

⑥ 버튼의 Text 버튼을 배열한다.

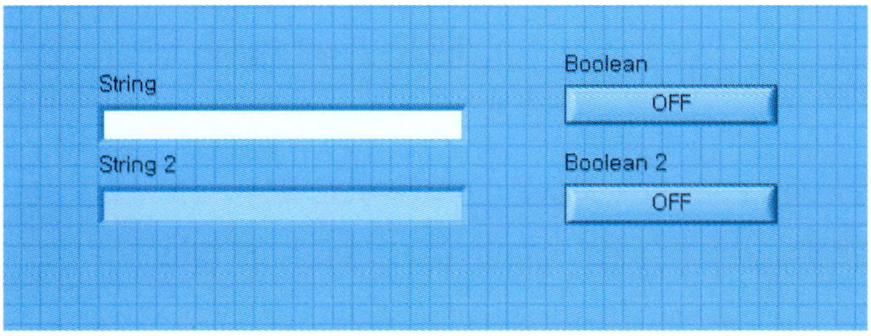

〈그림 13-17〉 Text Control과 버튼 Control을 나열한 결과

⑦ 버튼, Text의 속성을 변경한다.

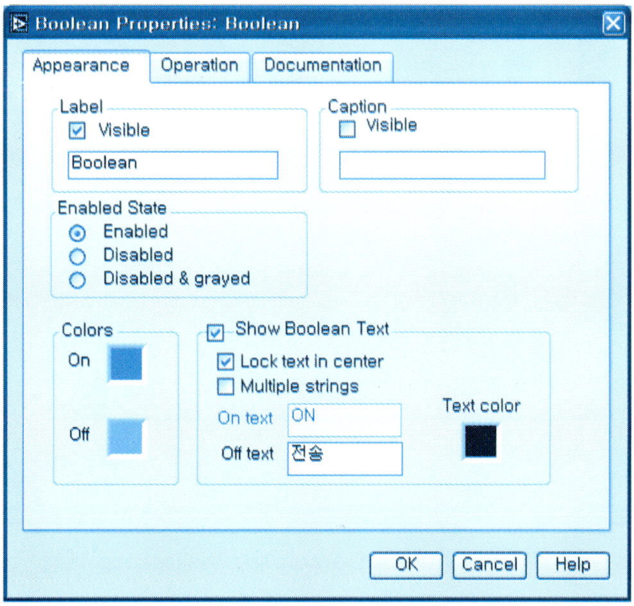

〈그림 13-18〉 버튼 속성 설정 창

Shown Boolean Text의 Multiple strings의 check를 해제하고 Off text 에 '전송'과 '종료'를 입력하고 OK를 누른다. String과 버튼의 Label을 알아보기 쉽게 정하도록 한다.

Text control과 Text Indicator의 Display 특성을 Normal에서 HEX Display로 변경하도록 한다.

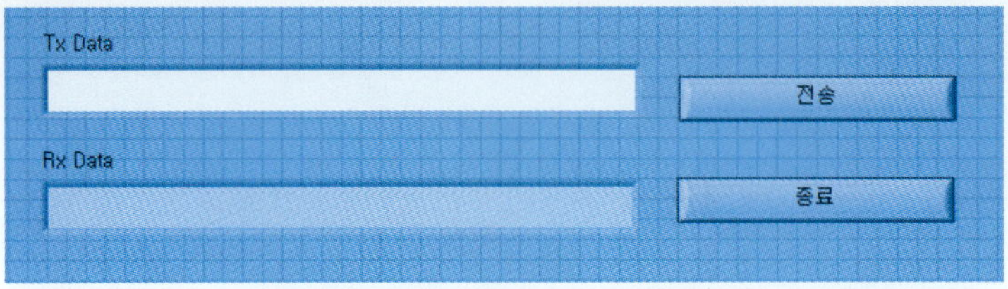

〈그림 13-19〉 정리된 Front Panel

⑧ 이제 Block Diagram에서 회로를 구성하여 보겠다.

먼저 Front Panel에서 생성한 ctrl과 Ind를 만날 수 있다.

Ctrl과 Ind를 잘 정돈하여 정리해주도록 한다.

Func Palette → Exec Ctrl → While Loop를 선택하여 블록에 배치하도록 한다.

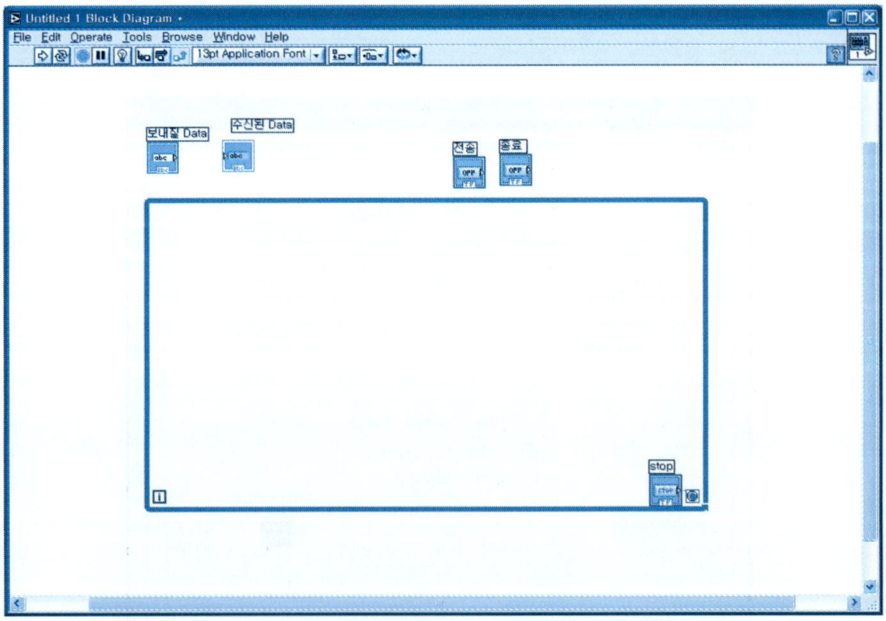

〈그림 13-20〉 Block Diagram에서 While Loop 배치

⑨ Func Palette → All Func → Instrument I/O → VISA → VISA Advanced 에서 VISA Open과 Close를 While Loop 왼쪽과 오른쪽에 배치하도록 한다.

* LabVIEW에서 RS232를 사용하기 위한 과정이다.

VISA 환경설정 → 쓰기 → 읽기 → 종료 순서로 작성한다.

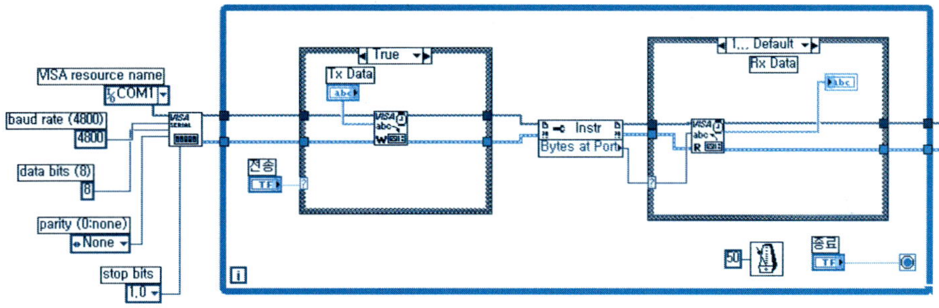

〈그림 13-21〉 완성되어진 직렬 통신 예제 Block Diagram

⑩ VISA Configuration

VISA Configuration 은 다음과 같이 구성하도록 한다. Func Palette에서 VISA Configuration을 선택하여 배치하고 다음과 같이 값이 연결되어지는 부분에서 오른쪽 마우스를 클릭하여 상수값을 미리 정의함으로써 VISA 환경설정을 할 수 있다. 〈그림 13-22〉를 Func 배치 후에 각 부분에 해당하는 상수값들을 정의한 것이고 그것에 Label로 설명까지 하였다.

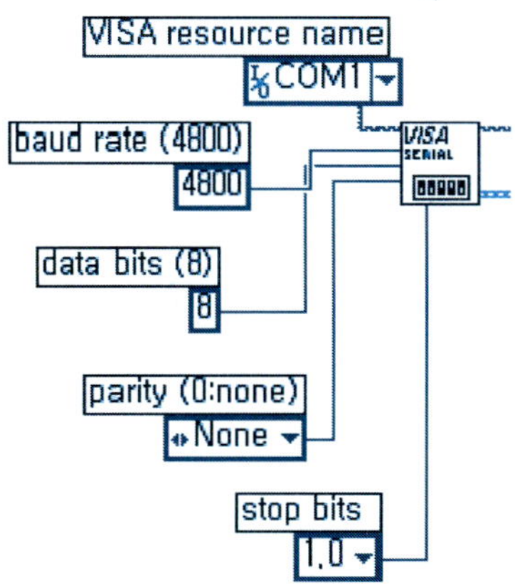

〈그림 13-22〉 VISA Configuration

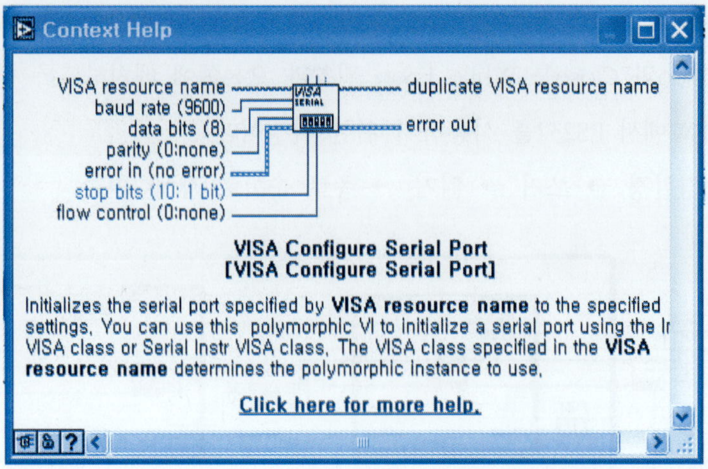

〈그림 13-23〉 VISA Configuration HELP

위의 그림은 VISA 환경설정과 관련된 도움말 창이다. 이것은 LabVIEW 메뉴 Help에서 Show Context Help를 선택해 놓으면 마우스가 가르키는 Func에 대해 설명하여 준다.

⑪ Write

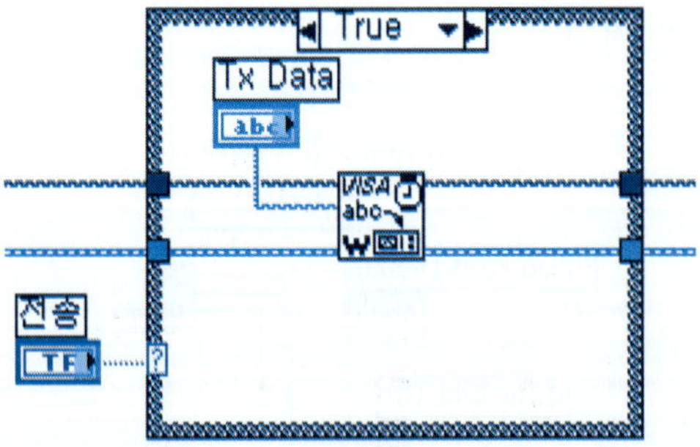

〈그림 13-24〉 VISA Write(True)

VISA Write 설정 부분이다. write 설정 부분은 전송 단추를 누를 때만 동작하기 때문에 case 문을 적용하도록 한다. 전송 단추를 눌렀을 때(True)일 때 VISA Write에 TX data에 입력한 data를 전송한다. False일 때는 다음과 같이 구성한다.

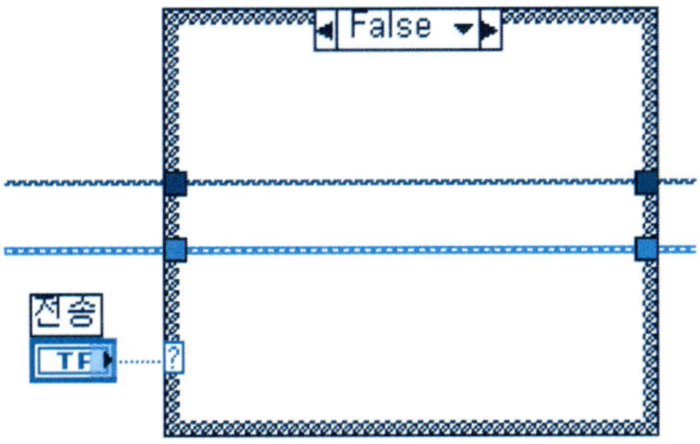

〈그림 13-25〉 VISA Write(False)

전송 버튼을 누르지 않는 경우는 〈그림 13-25〉와 같이 구성하도록 한다.

⑫ Read

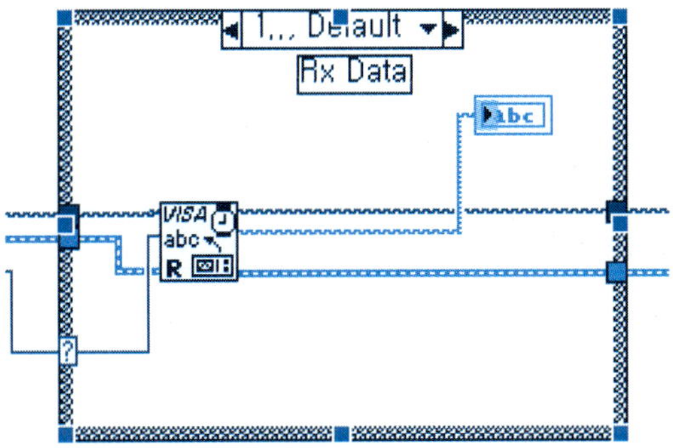

〈그림 13-26〉 VISA Read

VISA Read는 위와 같이 구성을 한다. Dafault 값으로 항상 읽는 모드로 선택하도록 한다.

⑬ VISA Close

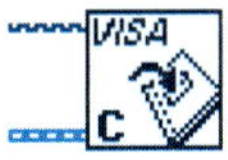

〈그림 13-27〉 VISA Close

VISA Close 는 while loop의 조건이 종료가 되었을 때, 프로그램 종료할 때 Open 된 VISA를 Close하여 준다. VISA를 close하여 수신단 버퍼의 데이터를 제거하며 다른 장치나 응용 프로그램이 직렬 통신을 할 수 있게 양도한다.

⑭ VI 저장

지금까지 작성한 VI를 저장하고 실행하여 본다.

이상으로 직렬통신 포트를 이용하여 데이터를 보내고 받는 방법에 대해서 설명하였다. 다음은 PLC PC용 응용 프로그램을 지금까지 작성한 직렬 통신 VI를 이용하여 만들어 보며 실습하도록 하겠다.

(2) 직렬 통신 VI를 이용한 PLC 제어 VI 만들기(가스밸브) 실습

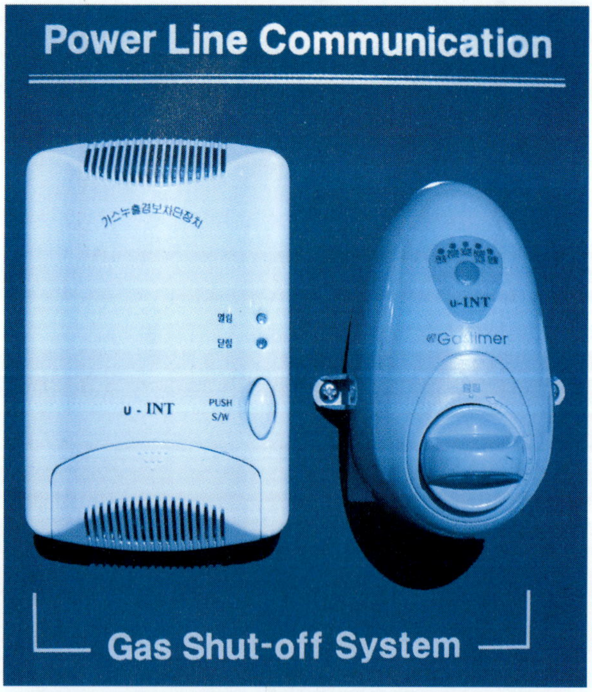

〈그림 13-28〉 ED-5964 가스밸브 구동장치(Actuator)

① 가스밸브 제어 VI

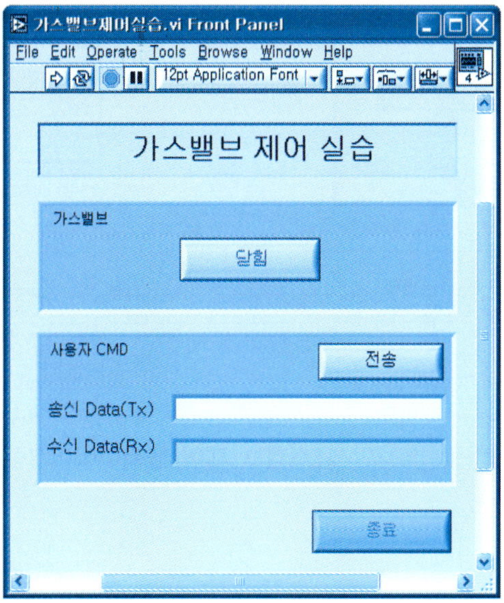

〈그림 13-29〉 가스밸브 제어 VI

위의 그림은 LabVIEW에서 지금까지 작성한 직렬 통신 VI를 이용하여 Front Panel을 구성한 것이다. 직렬 통신 vi와 다른 점은 '닫힘'이라는 버튼이 하나 추가가 되었으며, 버튼의 배열과 구성이 조금 다를 뿐이다. 이것은 Front panel에서 약간의 Decoration만 하면 된다.

② Front Panel의 구성을 완료하고, 블록다이어그램을 수정해 보도록 하자. 먼저 수정이 완료된 블록다이어그램 전체를 보도록 하겠다.

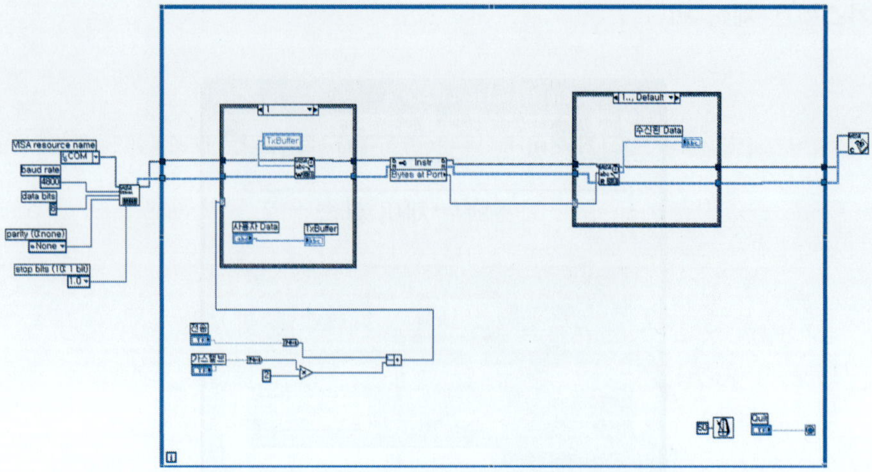

〈그림 13-30〉 가스밸브 제어 블록다이어그램

③ VISA Configuration

VISA의 Configuration은 직렬 통신 VI와 동일하게 사용하므로 수정하지 않아도 된다.

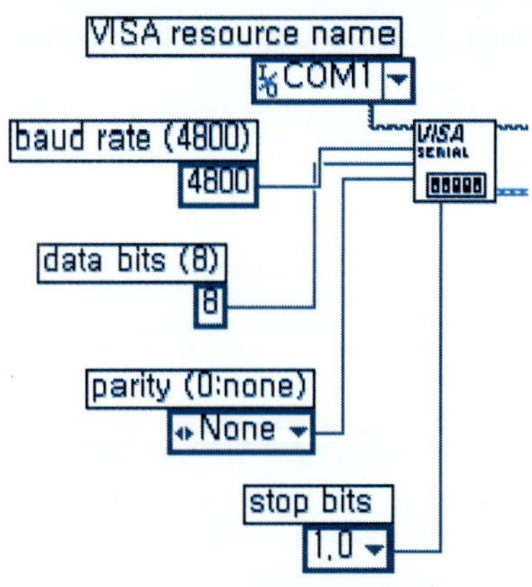

〈그림 13-31〉 VISA Configuration

④ VISA Write

직렬 통신에서의 VISA Write와는 다르게 구성이 된다. CASE문의 ADD CASE를 하여 경우의 수를 추가해야 한다. 직렬 통신의 VI true or false 두 가지의 경우만 있었으나, 지금 하고자 하는 가스밸브 제어는 하나의 경우를 추가하여야 한다.

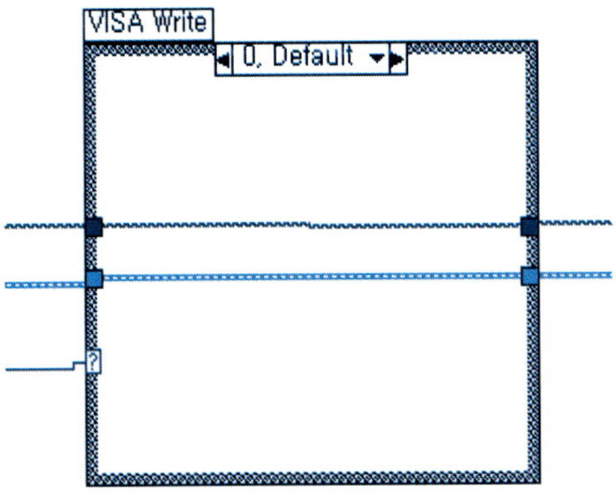

〈그림 13-32〉 case '0'

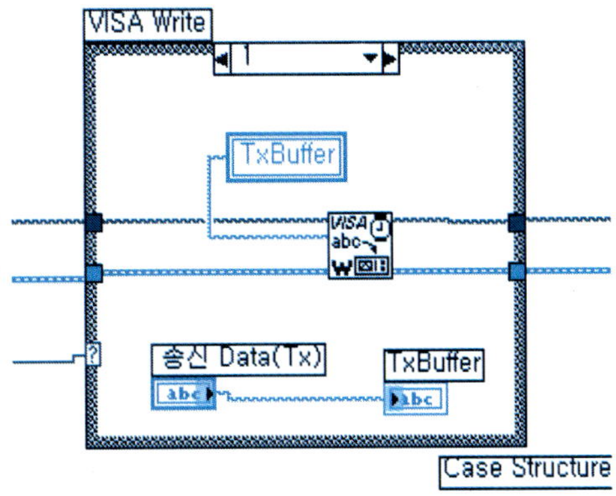

〈그림 13-33〉 case '1'

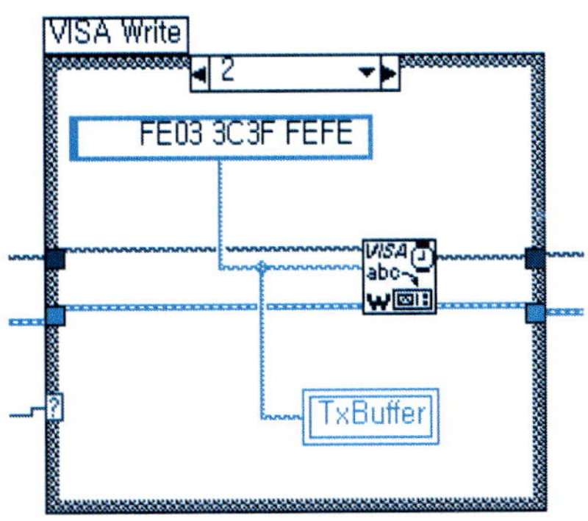

〈그림 13-34〉 case '2'

위의 그림은 case 블록다이어그램이다. 이 경우를 선택하게 하는 것은 다음과 같이 구성된다.

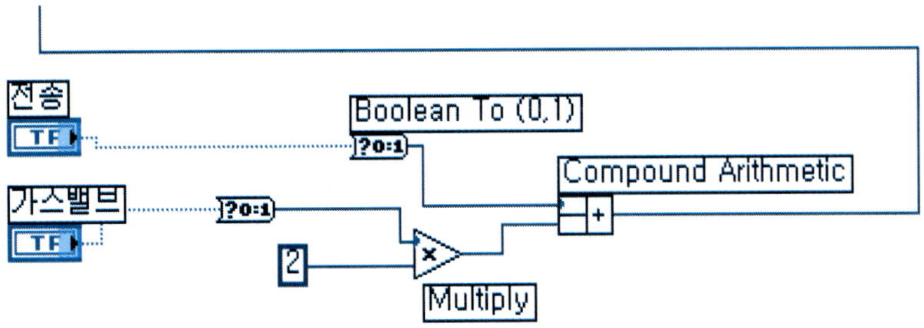

〈그림 13-35〉 경우를 선택하게 하는 부분

['0'default]

- 전송 버튼이나 가스밸브 닫힘 버튼을 누르지 않는 경우

['1']

- 전송 버튼을 누르면 Boolean To(0,1)을 통해 1이 전송되고 Compound Arithmetic에서 더해진 결과가 case 문의로 전송된다.

['2']

- 가스밸브 닫힘 버튼을 누르면 Boolean To (0,1)을 통해 1이 전송되어지고 Multiply 부분에서 상수 2와 곱해져 값이 2가 된다. 그리고 Compound Arithmetic(전송버튼이 동작하지 않으므로 0 + 2)를 통해 '2'라는 값이 case 문으로 전송되어진다.

⑤ VISA Read, VISA Close

직렬 통신 VI와 동일하게 사용하면 된다.

4) 실행 실습

① 가스밸브 닫힘을 눌러보자.

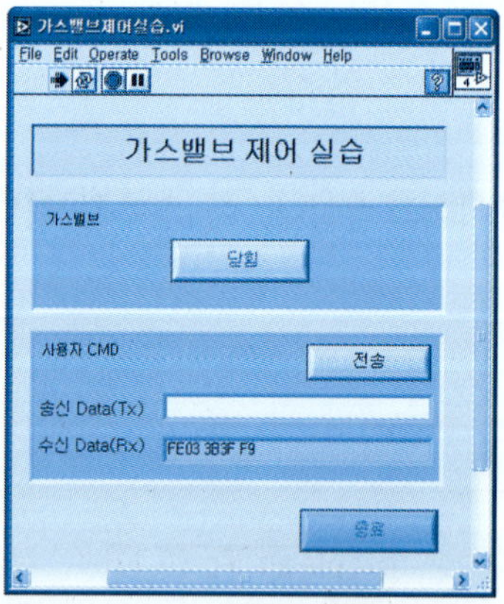

〈그림 13-36〉 가스밸브 닫힘 실행 후

② 하단의 사용자 CMD의 수신 데이터를 확인하는 곳에 수신 데이터가 보일 것이다. 가스밸브가 정상적으로 동작하여 가스밸브의 상태가 닫힘 상태라고 알려온 것이다.

③ 사용자 CMD의 송신 데이터를 직접 입력하여 보겠다.

'FE03 3C3F FEFE'를 입력하고 전송 버튼을 눌러보자.

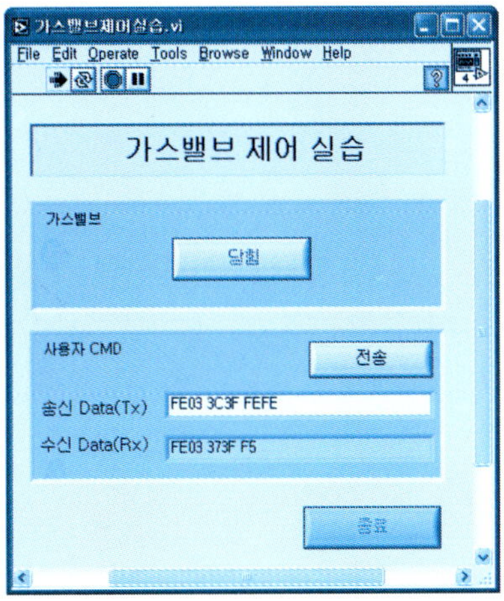

〈그림 13-37〉 **사용자 CMD TX 데이터 직접 입력 실험**

가스밸브 닫힘 버튼과 동일한 수신 데이터가 있음을 확인할 수 있다. 즉 버튼을 통해서 일정한 명령어를 전달할 수도 있지만, 이것처럼 사용자 CMD를 직접 입력하여 명령을 전달할 수도 있는 것이다.

14 LabVIEW 직렬통신 응용

14-1 실험 목적

(1) LabVIEW를 이용한 직렬통신에 대해 알아본다.

(2) LabVIEW를 이용한 직렬통신 VI를 생성하여 본다.

(3) 직렬 포트를 통해 전송되어지는 데이터를 확인하여 본다.

(4) 실습 예제를 통해 LabVIEW를 이용하여 직렬통신을 할 수 있는 능력을 배양한다.

14-2 LabVIEW 환경 설정 및 실행

14-2-1. LabVIEW의 환경

1) LabVIEW 실행

LAbVIEW를 실행하면 다음과 같은 시작창이 뜬다.

위쪽에 네 개의 메뉴가 있고, 오른쪽에 네 개의 버튼이 있다.

네 개의 메뉴는 File, Edit, Tools, Help이며 마우스로 메뉴를 선택할 수 있고, 키보드의 단축키로 필요한 메뉴를 선택할 수도 있다.

New는 오른쪽에 위치한 New 버튼을 클릭하는 것과 같은 기능이며, New VI는 Blank VI를 열어준다.

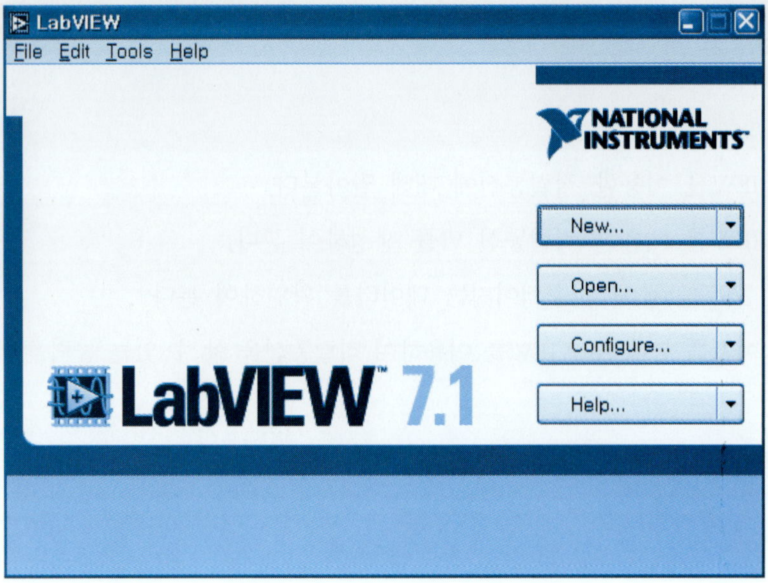

〈그림 14-1〉 LabVIEW 실행

2) 프런트 패널과 블록다이어그램

Blank VI를 선택하면 다음 두 개의 창이 나타난다.

Front Panel과 Block Diagram이다. 그리고 Tools Palette와 Controls Palette, Functions Palette로 세 개의 팔레트가 나타난다. 이때 Controls Palette는 Front Panel에서 보이고 Functions Palette는 블록다이어그램에서 볼 수 있을 것이다. Tools Palette는 공통으로 사용된다.

① Front Panel : Controls Palette, Tools Palette

② Block Diagram : Functions Palette, Tools Palette

(1) 프런트 패널

회색의 창으로, 흔히 User Interface라고 부르며, 그래프나 버튼, Input과 Output에 필요한 아이콘들이 여기에 위치한다. 그리고 프런트 패널과 함께 Controls 팔레트를 사용할 수 있다.

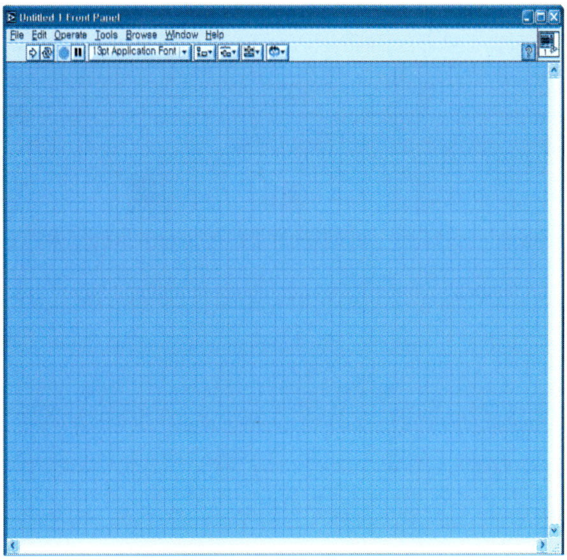

〈그림 14-2〉 Blank Front Panel

Controls Palette에서 필요한 아이콘을 찾아서 Front Panel을 구성한다. 이때 각각의 아이콘에 대응하는 터미널이 블록다이어그램에 자동 생성된다. 그리고 이들 터미널은 데이터 타입에 따라서 모양과 색깔로 구분된다. 참고로 해당 아이콘을 더블클릭하면 블록다이어그램에 대응되는 터미널을 찾을 수 있다.

(2) Control Palette

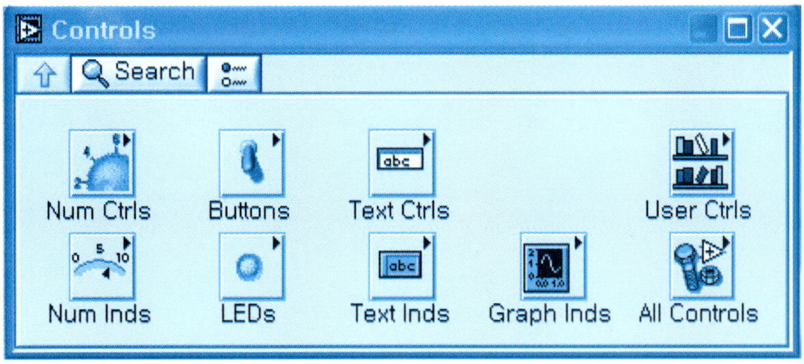

〈그림 14-3〉 Control Palette(show controls 활성화 상태)

제 14 장

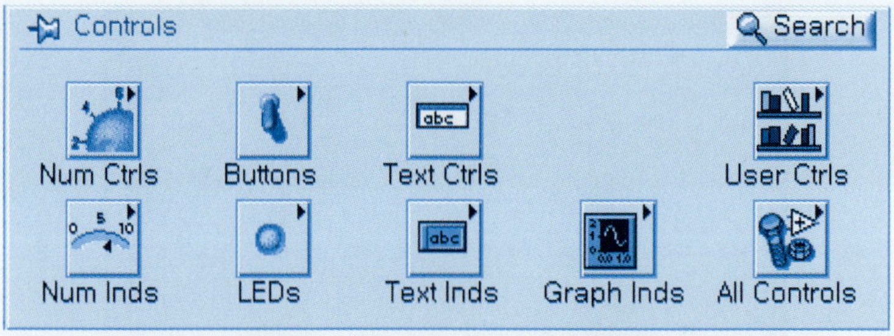

〈그림 14-4〉 Control palette(Front PanelRight_Mouse_Click)

Controls palette는 Front Panel에서만 사용이 가능하다. Controls palette는 Front Panel에서 사용할 control과 Indicator가 포함되어 있다. Menu에서 Show Controls Palette를 선택하거나 Front Panel에서 마우스 오른쪽 버튼을 누르면 Controls palette가 표시된다.

(3) Block Diagram

블록다이어그램에서는 Functions Palette를 사용할 수 있으며, Front Panel의 아이콘에 대응되는 터미널이 위치하며, Front Panel의 아이콘에 라벨을 붙여주면, 대응되는 터미널에도 같은 라벨이 붙게 된다.

〈그림 14-5〉 Blank Block Diagram

(4) Function Palette

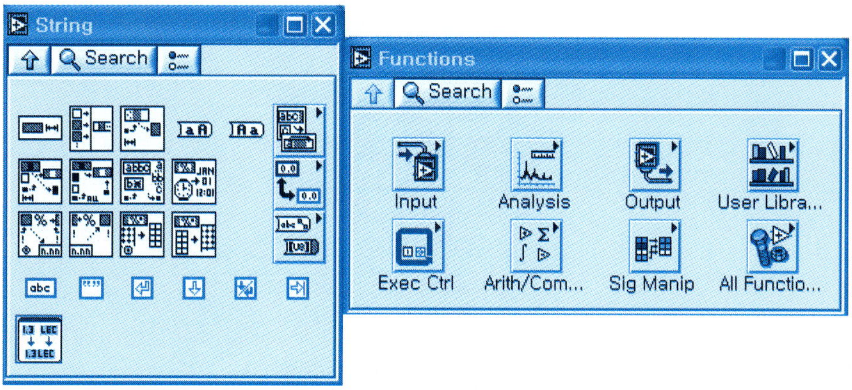

〈그림 14-6〉 Function Palette(show Function 설정 상태)

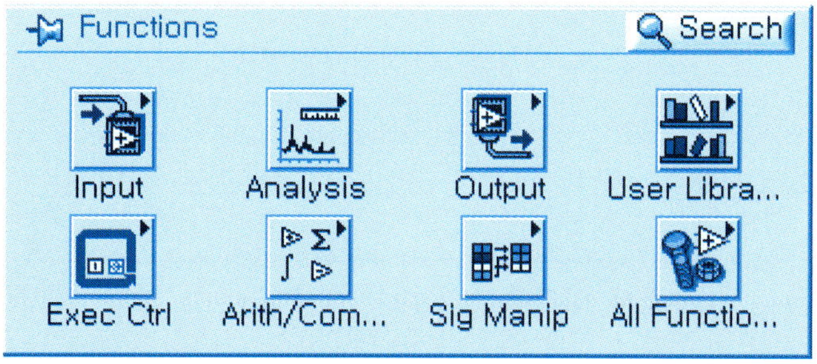

〈그림 14-7〉 Function Palette(Block Diagram Right_mouse_Click)

Functions palette는 블록다이어그램에서만 사용이 가능하다. Functions palette는 VI(Virtual Instrument)와 블록다이어그램에서 사용할 수 있는 함수들을 포함하고 있다.

Menu에서 Show Functions 또는 Palette Front Panel에서 마우스의 오른쪽 버튼을 누르면 Functions palette가 표시된다.

제 14 장

(5) Tools Pallette

〈그림 14-8〉 Tools Palette

Tools Palette에서 마우스의 기능을 선택할 수 있다.

Tools Palette에서 마우스의 기능을 선택할 수 있다.

 **자동선택** 상황에 적절한 Tools를 자동으로 선택해준다.

 **실행** Front Panel에서 버튼을 누른다든지, Numeric 값을 입력하거나, Graph나 Slide의 Scale을 바꿀 때 사용된다.

 **선택** 아이콘을 선택하고, 위치를 바꾸거나, 크기를 바꿀 때 사용한다.

 **문자입력** 문자를 입력하거나, 라벨을 바꾸거나, Numeric 값을 입력할 때 사용한다.

 **Wire 연결** 블록다이어그램에서 와이어를 연결하는 Tool이다. Wire를 통하여 데이터가 흘러가며, 와이어의 색깔과 모양은 그 와이어를 통하여 흘러가는 데이터 타입에 따라 달라진다.

 **단축메뉴** 단축메뉴를 띄울 때 사용된다. 아이콘을 선택하고 마우스 오른쪽 버튼을 클릭하면 단축메뉴가 뜨는 것과 같은 역할이다.

화면이동 화면의 위치를 움직일 때 사용한다.

BreakPoint 블록다이어그램에서 사용되는 Tool 이며 Breakpoint의 생성하거나 취소할 수 있다. 디버깅 Tool로 사용된다.

Probe 블록다이어그램에서 와이어를 통하여 흐르는 데이터 값을 관찰할 수 있다.

스포이드 LabVIEW의 Front Panel에서 아이콘 등의 색을 읽어들일 때 사용한다.

붓 Front Panel이나 블록다이어그램에서 RGB 255 Color로 사용자 인터페이스를 꾸밀 때 사용한다.

3) LabVIEW를 설치하기 위한 시스템 요구 사항

〈표 14-1〉 LavVIEW의 시스템 요구 사항

Windows		
	Minimum	Recommended
Processor	Pentium III/ Celeron 866 MHz or equivalent	Pentium 4/M or equivalent
RAM	256MB	512 MB
Screen Resolution	1024x768 pixels	1024x768 pixels
Operating System	Windows 2000/XP	Windows XP
Disk space	900 MB	1.2GB(Note -- Include default drivers from NI Device Drivers CD)
Mac OS X		
	Minimum	Recommended
Processor	G3 or better	G4 or better
RAM	256MB	512MB
Screen Resolution	1024x768 pixels	1024x768 pixels
Operating System	Msc OS X 10.3 or later	Msc OS X 10.3 or later
Disk space	500MB	600MB

Linux		
	Minimum	Recommended
Processor	Pentium III/ Celeron 866 MHz or equivalent	Pentium 4/M or equivalent
RAM	256MB	512 MB
Screen Resolution	1024x768 pixels	1024x768 pixels
Operating System	Linux kernel 2.2.x, 2.4.x or 2.6.x fot the Intel x86 architecture, GNU C Library (glibc) Version 2.2.4 or later	RedHat Enterprise Linux WS3 or later, Mandrake Linux/Mandriva 10.0 or later, SuSE Linux 9.1 or Later
Disk Space	400MB	550MB

4) LabVIEW를 이용한 직렬 포트 통신

직렬 통신(Serial Communication)은 컴퓨터와 다른 컴퓨터, 또는 컴퓨터와 주변 장치 사이의 데이터를 전송하는 방법이다. 그러나 GPIB와는 다르게, 직렬 포트는 단지 한 장치와 통신할 수 있다. 또한 직렬 포트 통신은 매우 느리다.

대부분의 컴퓨터와 많은 장치들은 내장형 직렬 포트를 가진다. 직렬통신은 컴퓨터의 내장형 직렬 포트를 사용하기 때문에 특별한 하드웨어를 구입하지 않고도 데이터를 송 · 수신할 수 있다. 직렬통신은 수신기로 단일 통신선을 따라 데이터를 송신 - 한 번에 한 비트씩 - 하기 위해 송신기(Transmitter)를 사용한다. 이 방법은 장거리와 데이터 전송 비율이 낮은 경우에 잘 동작한다. 직렬통신은 GPIB보다 느리고 신뢰성이 낮지만, 컴퓨터에 특정한 보드가 필요하지 않고 인스트루먼트들은 GPIB 표준을 따를 필요가 없다. 다음 그림은 전형적인 직렬통신 시스템을 보여 준다.

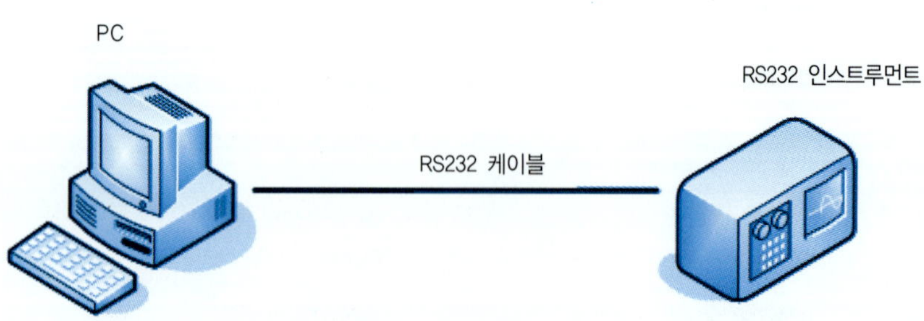

〈그림 14-9〉 직렬통신 시스템

직렬통신 포트 통신 표준으로 RS232가 있다. 모뎀과 플로터와 같은 데이터 터미널 장비(DTE : Data Terminal Equipment)라고 알려져 있는 장치와 컴퓨터와 터미널과 같은 데이터 통신 장치(DCE : Data Communication Equipment) 사이의 직렬 인터페이스를 정의하기 위해 전기 산업 기구(EIA)에서 개발한 RS232 표준은 신호와 전압 특성, 커넥터 특성, 개별적인 신호 함수, 터미널 모뎀 연결 방법을 포함한다.

RS232 직렬 포트 커넥터는 2가지 종류 - 25핀 커넥터와 9핀 커넥터 - 를 가진다. 양쪽 커넥터는 아래 그림과 같다. 9핀 커넥터는 2개의 데이터 선(TXD, RXD)과 5개의 핸드쉐이크선(RTS, CTS, DSR, DCD, DRT)을 가진다. 이 소형 커넥터는 때때로 작은 RS232 실험용 장치에서 찾을 수 있고 이것은 대부분의 RS232 인터페이스에 사용되는 핵심 셋으로 충분한 핀을 가진다. 25핀 커넥터는 RS232 표준에서 정의된 모든 신호를 포함하는데 충분한 핀을 가지는 표준 RS232 커넥터이다.

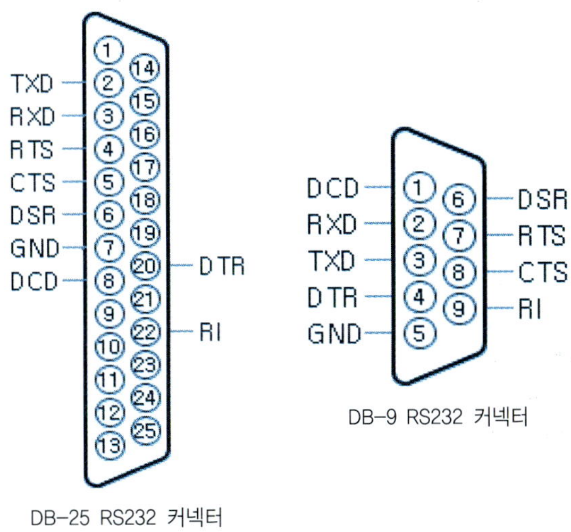

〈그림 14-10〉 RS232 직렬 포트 커넥터

직렬통신은 4개의 매개 변수를 지정하는 것이 요구된다. 전송 보율(baud rate), 문자 암호 데이터 비트(data bit)수, 임의의 패리티 비트(parity bit)사용 결정, 정지 비트(stop bit)수, 각각의 전송되는 문자는 단일 시작 비트와 뒤따르는 데이터 비트, 선택적인 패리티 비트, 그리고 정지 비트 또는 비트들로 구성되는 문자 프레임으로 포장된다.

14-2-2. 프로토콜

1) 프로토콜의 개요

전력선 통신 모뎀은 전력선을 매체로 하여 전력선에 접속되어 있는 전력선 응용 기기를 제어할 수 있다. 이는 전력선 프로토콜 X10, Z256 프로토콜을 사용하여 홈 오토메이션을 위한 전력선 통신에 관련된 규약을 정의하였다.

(1) Interface 프로토콜 RS232C/UART 통신규약

① 통신속도 : 4,800비트 - 데이터 비트 : 8비트

② 정지 비트 : 1비트 - 패리티 비트 : None

(2) AIC 프로토콜 Standard Packet Structure

STX	Len.P	CMD	MSG	C/S
1Byte	1Byte	1Byte	nByte	1Byte

AIC Packet Description

STX	Start Code	1 Byte	FEh	Packet의 시작
Len.P	Packet Length	1 Byte	Hex	CMD + MSG + C/S
CMD	Commad Code	1 Byte	Hex	AIC Command Code Table
MSG	Message Data	n Byte	Hex	Max Length 8Byte
C/S	Check Sum	1 Byte	Hex	STX ~ MSG Exclusive OR

Response CMD

Item	Value	Description
ACK	06h	RS232C 통신 성공.
NAK	15h	RS232C 통신 중 Packet Error.
BUSY	04h	명령을 송신할 수 없다.

① Result Command

Item	Value	Description
Status OFF	37h	현재 상태가 OFF 상태.
Status ON	3Bh	현재 상태가 ON 상태.
Status Fail	40h	장치를 찾을 수 없다.
Status Nothing	4Ah	상태가 없는 Device.

② AIC Collision Packet

STX	Len.P	CMD	MSG	C/S
FEh	1Byte	4Ch	1Byte	1Byte

③ AIC PLC_TX_Stop Packet

STX	Len.P	CMD	MSG	C/S
FEh	1Byte	57h	1Byte	1Byte

④ AIC Command Code Table

HEX	Asc	COMMAND	Type	Description
30H	0	ALL UNIT OFF	CMD	모든 Concent OFF
31H	1	HAIL REQUEST	NOT	
32H	2	DIM	CMD	S/W 어둡게
33H	3	EXTENDED DATA	NOT	
34H	4	ON	CMD	Device ON
35H	5	PRESET DIM 50%	NOT	
36H	6	ALL LIGHT OFF	CMD	모든 S/W OFF
37H	7	STATUS OFF	RLT	상태가 OFF
38H	8	ALL LIGHT ON	CMD	모든 S/W를 ON
39H	9	HAIL ACKNOWLEDGE	RLT	Home Code Find OK
3AH	:	BRIGHT	CMD	S/W를 밝게
3BH		STATUS ON	RLT	상태가 ON
3CH	〈	OFF	CMD	Device OFF
3DH	=	PRESET DIM 25%	NOT	
3EH	〉	EXTENDE CODE	NOT	
3FH	?	STATUS REQUEST	CMD	장치가 상태 요구
40H	@	STATUS FAIL	RLT	장치를 찾을 수 없음
41H	A	EXTENDED ADDRESS	CMD	확장 ADD
42H	B	INSTALL CODE	CMD	장치 Install용
43H	C	EMERGENCY	RLT	비상이 발생했다

HEX	Asc	COMMAND	Type	Description
44H	D	UP(OPEN)		
45H	E	DOWN(CLOSE)		
46H	F	LEFT(LEFT TURN)		
47H	G	RIGHT(RIGHT TURN)		
48H	H	STATUS ALL REQUEST	BRD	모든 장치의 상태 요구
49H	I	EXTENDED DATA (P)	CMD	확장 데이터 전송
4AH	J	STATUS NOTHING	RLT	장치의 상태가 없음
4BH	K	TRABLE	RLT	장치의 고장 여부
4CH	L	COLLISION	RLT	Collision이 발생되었다.
4DH	M	EEPROM READ RETURN	RLT	EEPROM Read에 의한 결과값이다.
4EH	N	EEPROM WRITE	CMD	EEPROM에 쓰기
4FH	O	EEPROM READ	CMD	EEPROM에서 읽기
50H	P	HHRQ	BRD	Find Home Code Start
51H	Q	Broadcast Set Homecode	BRD	Broadcast Home Setting
52H	R	Request Group Status	CMD	Group 상태를 요구
53H	S	Result Group State	RLT	Group의 상태
54H	T	HHRS	BRD	Home Code Find OK
55H	U	P&PAHail	BRD	Find Address Start
56H	V	Address Change (PCM)	CMD	PC Module Add 변경
57H	W	PLC TX Stop	CMD	전력선으로 송신을 중단해라
58H	X	HomeCode_Erase	CMD	PC Module 홈코드를 지워라
59H	Y	Group ON	CMD	Group으로 장치를 On 해라
5AH	Z	Group OFF	CMD	Group으로 장치를 OFF 해라
5BH	[			
5CH	₩	PLC TX End	RLT	전력선으로 송신을 마쳤다.
5DH	]			
5EH	^			
5FH	_			
60H		비밀번호 저장		
61H	a	비밀번호 확인		
62H	b			
63H	c			
64H	d			
65H	e			
66H	f			
67H	g			
68H	h			
69H	i			
6AH	j			
6BH	k	IR Reserved 1	CMD	
6CH	l	IR Reserved 2	CMD	

HEX	Asc	COMMAND	Type	Description
6DH	m	IR Reserved 3	CMD	
6EH	n	IR Reserved 4	CMD	
6FH	o	IR Reserved 5	CMD	

(shaded)	:	X10	(blank)	:	Z256
CMD	:	Command	RLT	:	Result Command
BRD	:	Broadcast Command	NOT	:	Not Used

14-3 LabVIEW 직렬통신 응용 실습 절차

1) 실험 준비 사항

(1) IBM 호환 PC

(2) LabVIEW 7.1

(3) ED-5964 전력선 모뎀 실습장치

2) 실험 주의 사항

LabVIEW가 설치되어 있는 PC는 실습하는 동안 전원이 꺼지지 않도록 유의한다.

3) LabVIEW 직렬 통신 실습

NI사의 LabVIEW가 설치되어 있는 PC의 바탕화면에서 시작을 누른다. 프로그램에서 National Instrument LabVIEW 7.1을 클릭하여 실행하도록 한다.

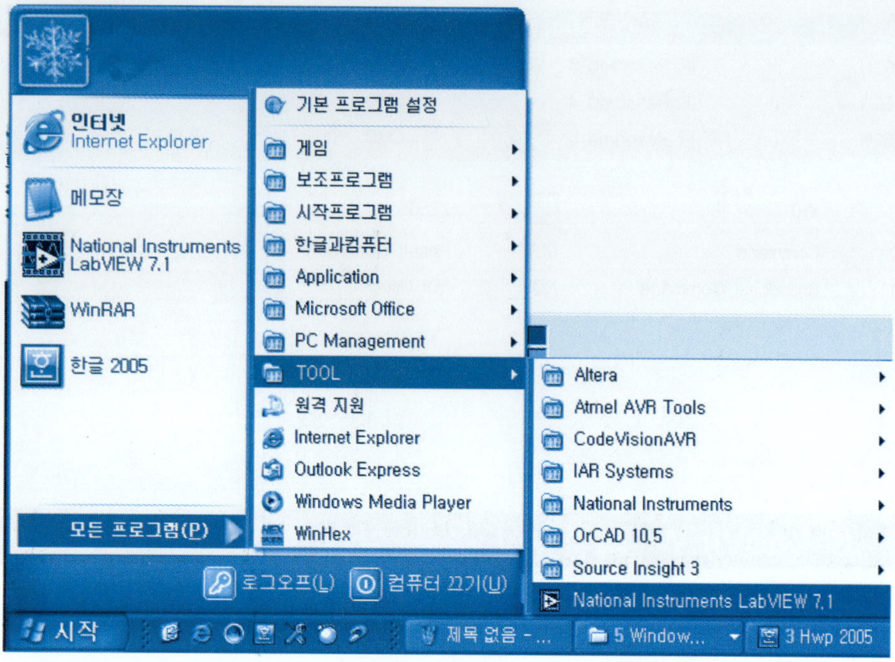

〈그림 14-11〉 윈도우즈에서 LabVIEW 실행하기

실행되어진 화면에서 Open을 클릭하여 직렬 통신 VI를 실행한다.

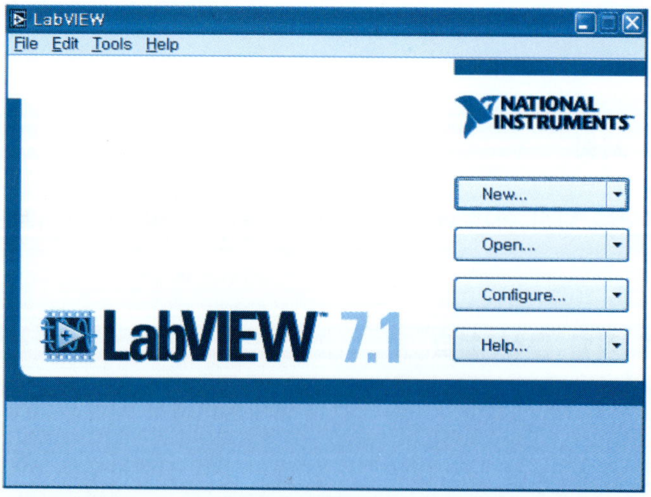

〈그림 14-12〉

(1) 직렬 통신 VI를 이용한 PLC 제어 VI 만들기(콘센트) 실습

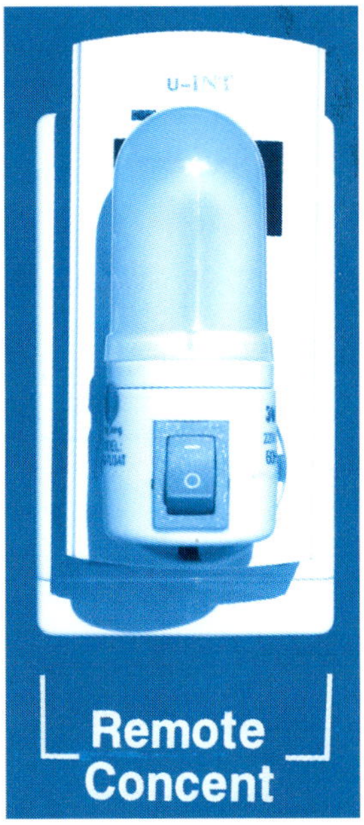

〈그림 14-13〉 콘센트

① 콘센트 제어 VI

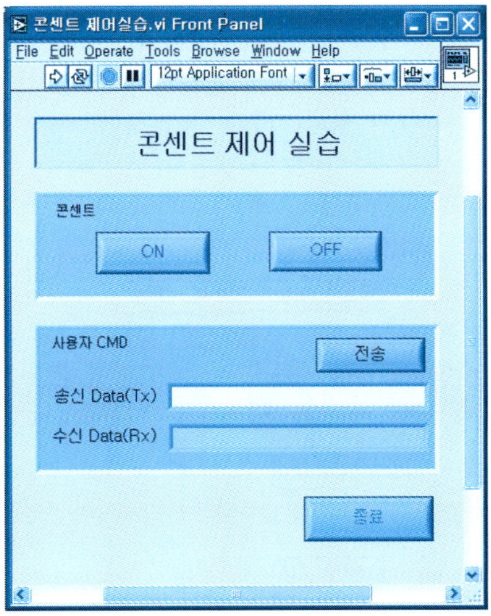

〈그림 14-14〉 콘센트 제어 VI

앞의 그림은 LabVIEW에서 지금까지 작성한 직렬 통신 VI를 이용하여 Front Panel을 구성한 것이다. 직렬 통신 vi와 다른 점은 콘센트 제어의 ON, OFF라는 버튼이 추가되었으며, 버튼의 배열과 구성이 조금 다를 뿐이다. 이것은 Front panel에서 약간의 Decoration만 하면 된다.

② Front Panel의 구성을 완료하고, Block Diagram을 수정해 보도록 하자. 먼저 수정이 완료된 Block Diagram 전체를 보도록 하겠다.

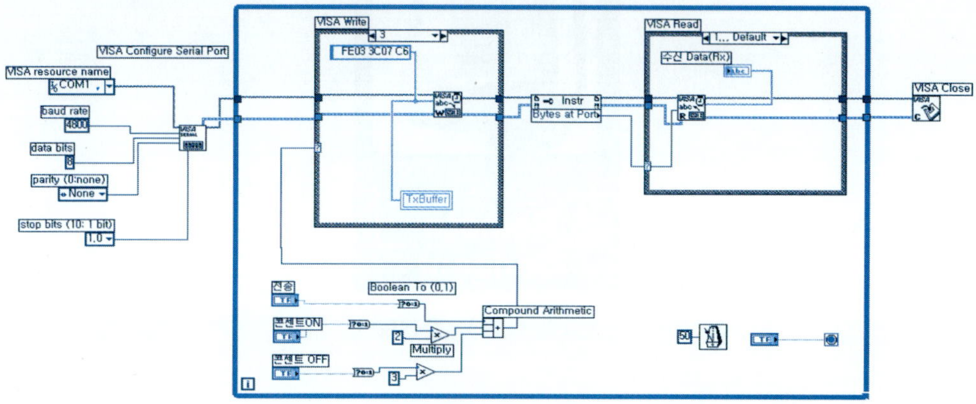

〈그림 14-15〉 콘센트 제어 블록다이어그램

③ VISA Configuration

VISA의 Configuration은 직렬 통신 VI와 동일하게 사용하므로 수정하지 않아도 된다.

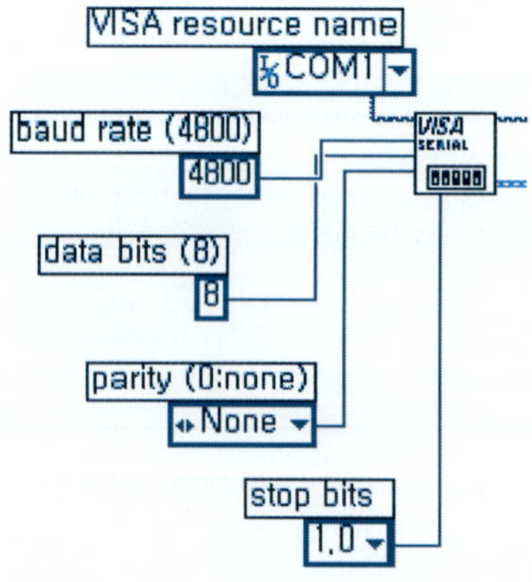

〈그림 14-16〉 VISA Configuration

④ VISA Write

직렬 통신에서의 VISA Write와는 다르게 구성이 된다. CASE문의 ADD CASE를 하여 경우의 수를 추가해야 한다. 직렬 통신의 VI true or false 두 가지의 경우만 있었으나, 지금 하고자 하는 콘센트 제어는 두 가지의 경우를 추가하여야 한다.

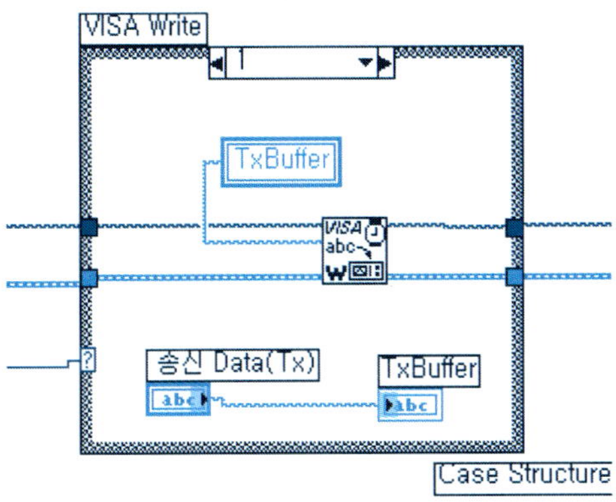

〈그림 14-17〉 case '1'

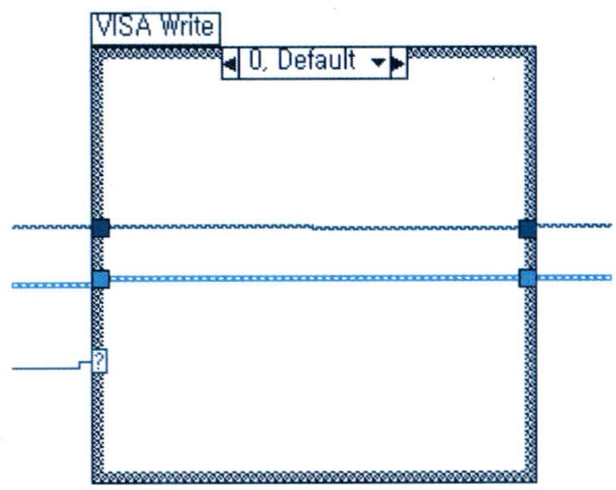

〈그림 14-18〉 case '0'

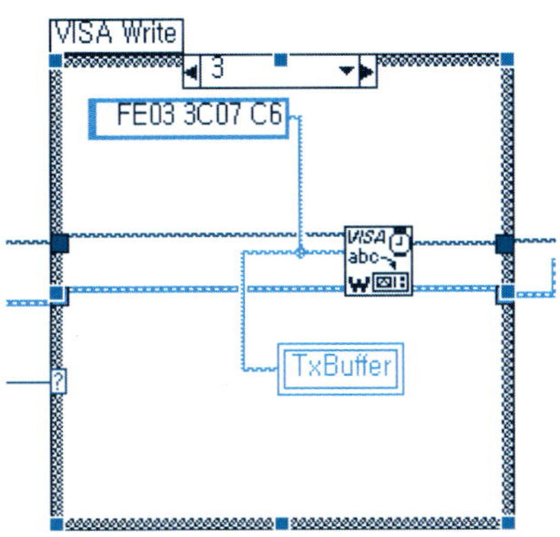

〈그림 14-19〉 case '3'

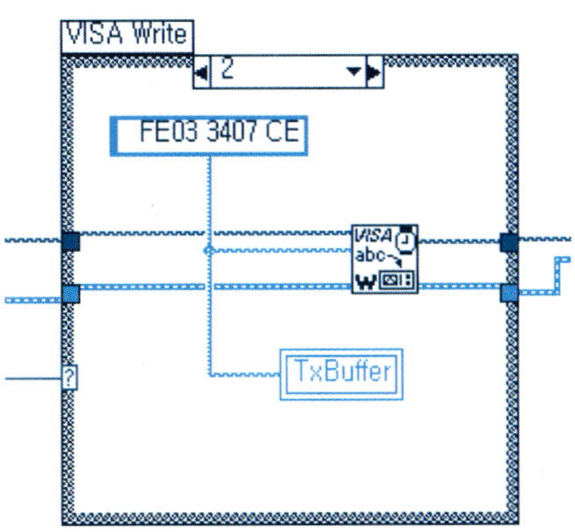

〈그림 14-20〉 case '2'

제 14 장

상기 그림은 case 블록다이어그램이다. 이 경우를 선택하게 하는 것은 다음과 같이 구성된다.

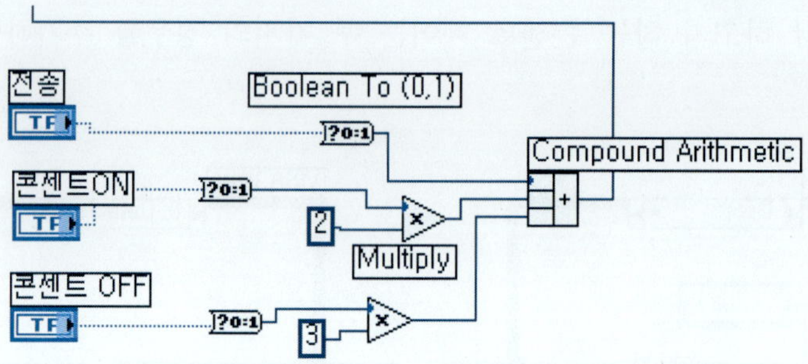

〈그림 14-21〉 경우를 선택하게 하는 부분

['0'default]

- 전송 버튼이나 콘센트 제어 버튼을 누르지 않는 경우

['1']

- 전송 버튼을 누르면 Boolean To (0,1)을 통해 1이 전송되어지고 Compound Arithmetic에서 더해진 결과가 case 문의로 전송되어 '1'이 선택되어진다.

['2']

- 콘센트 ON 버튼을 누르면 Boolean To (0,1)을 통해 1이 전송되어지고 Multiply 부분에서 상수 2와 곱해져 값이 2가 된다. 그리고 Compound Arithmetic(전송버튼 동작하지 않으므로 0 + 2)를 통해 '2'라는 값이 case 문으로 전송되어진다.

['3']

- 콘센트 OFF 버튼을 누르면 Boolean To (0,1)을 통해 1이 전송되어지고 Multiply 부분에서 상수 3와 곱해져 값이 3가 된다. 그리고 Compound Arithmetic(전송 버튼 동작하지 않으므로 0 + 3)를 통해 '3'라는 값이 case 문으로 전송되어진다.

⑤ VISA Read ,VISA Close

직렬 통신 VI와 동일하게 사용하면 된다.

⑥ 실행 실습

a) 콘센트 ON 또는 OFF 버튼을 눌러보자.

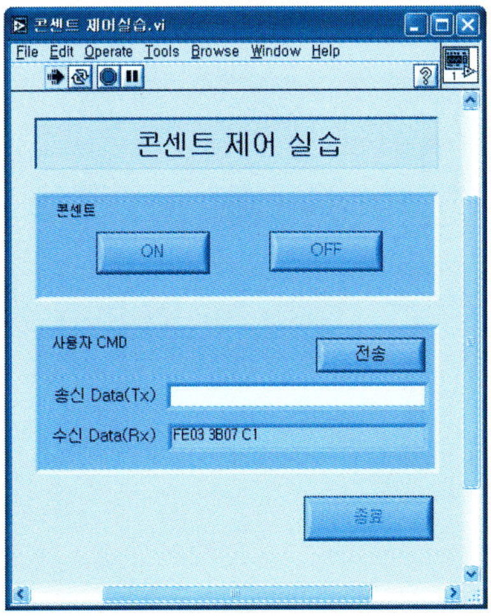

〈그림 14-22〉 콘센트 ON 실행 후

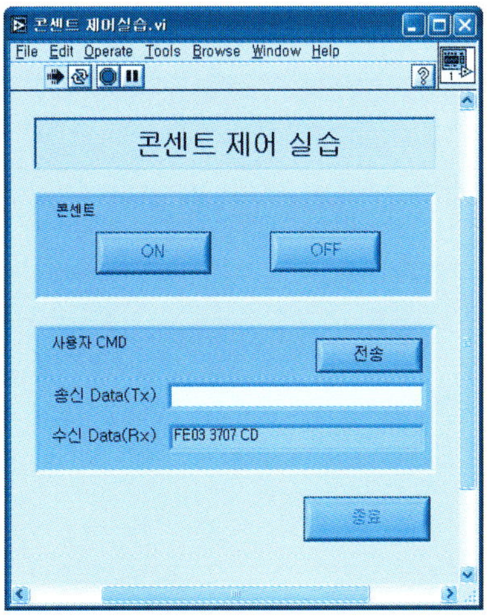

〈그림 14-23〉 콘센트 OFF 실행 후

b) 하단의 사용자 CMD의 수신 데이터를 확인하는 곳에 수신 데이터가 보일 것이다. 콘센트가 정상적으로 동작을 하여 콘센트의 상태가 ON 상태 또는 OFF 상태라고 알려온 것이다.

c) 사용자 CMD의 송신 데이터를 직접 입력하여 보겠다.

'FE03 3407 CE(콘센트 ON)' 또는 'FE03 3C07 C6(콘센트 OFF)'를 입력하고 전송 버튼을 눌러보자.

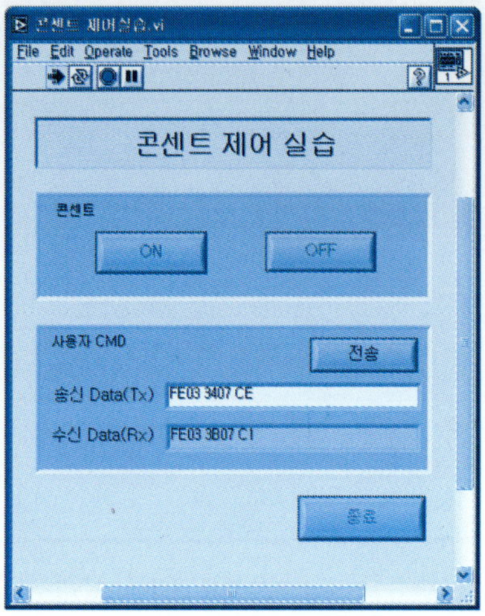

〈그림 14-24〉 사용자 TX 데이터 직접 입력 (콘센트 ON)

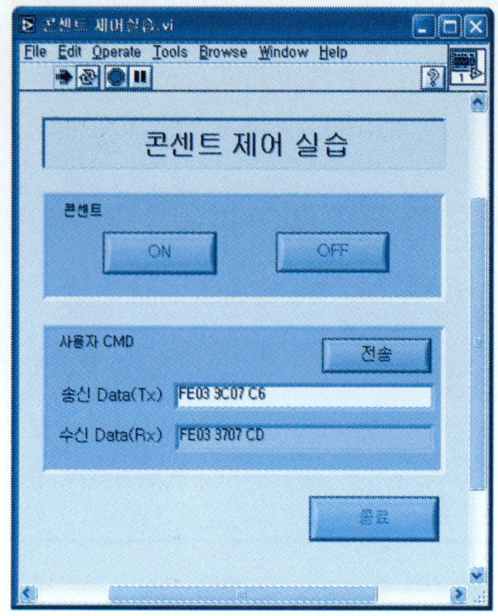

〈그림 14-25〉 사용자 TX 데이터 직접 입력 (콘센트 OFF)

콘센트 ON, OFF 버튼과 동일한 수신 데이터가 있음을 확인할 수 있다. 즉 버튼을 통해서 일정한 명령어를 전달할 수도 있지만, 이것처럼 사용자 CMD를 직접 입력하여 명령을 전달할 수도 있는 것이다.

(2) 2구 스위치 제어 실습

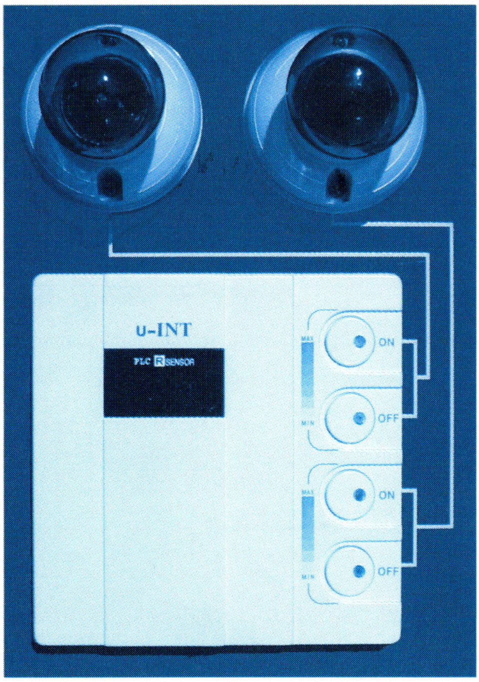

〈그림 14-26〉 2구 스위치

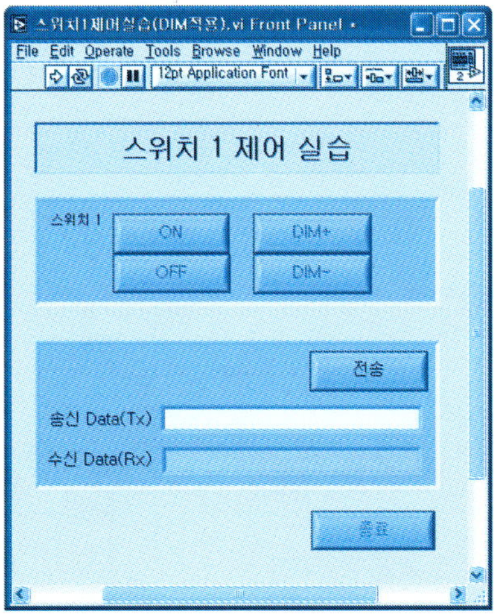

〈그림 14-27〉 스위치 1 제어 VI

앞의 그림은 LabVIEW에서 지금까지 작성한 직렬 통신 VI를 이용하여 Front Panel을 구성한 것이다. 직렬 통신 vi와 다른 점은 스위치제어의 ON, OFF 라는 버튼과 밝기 조절을 위한 DIM+, DIM- 버튼이 추가 되었으며, 버튼의 배열과 구성이 조금 다를 뿐이다.

① Front Panel의 구성을 완료하고, 블록다이어그램을 수정해 보도록 하자. 먼저 수정이 완료된 블록다이어그램 전체를 보도록 하겠다.

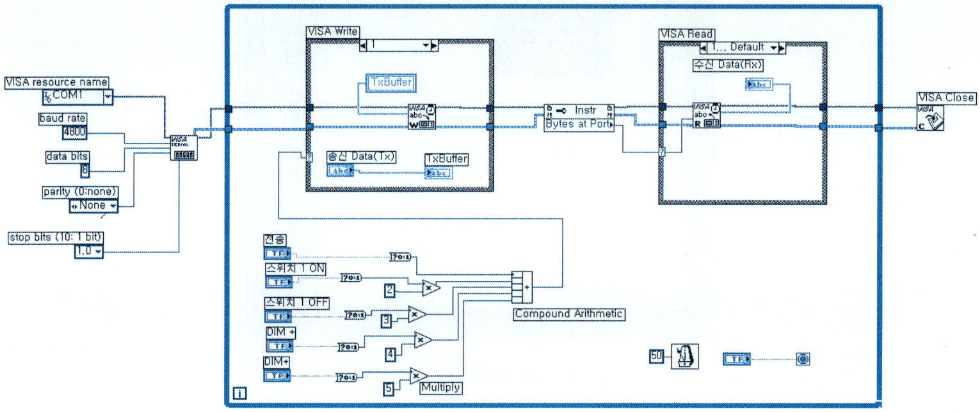

〈그림 14-28〉 스위치 1 제어 블록다이어그램

② VISA Configuration

VISA의 Configuration은 직렬 통신 VI와 동일하게 사용하므로 수정하지 않아도 된다.

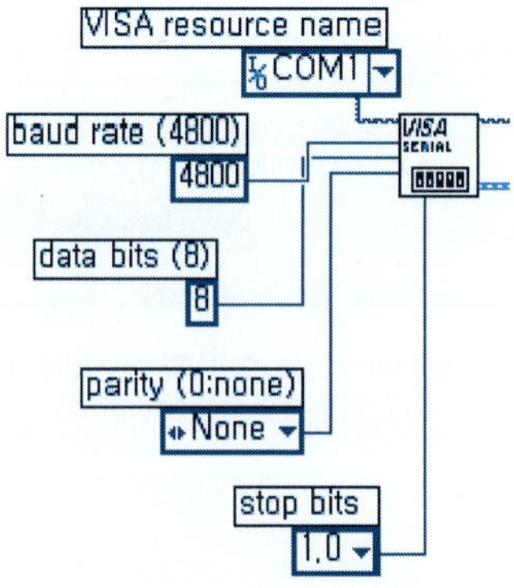

〈그림 14-29〉 VISA Configuration

③ VISA Write

직렬 통신에서의 VISA Write와는 다르게 구성이 된다. CASE문의 ADD CASE를 하여 경우의 수를 추가해야 한다. 직렬 통신의 VI true or false 두 가지의 경우만 있었으나, 지금 하고자 하는 콘센트 제어는 4개의 경우를 추가하여야 한다.

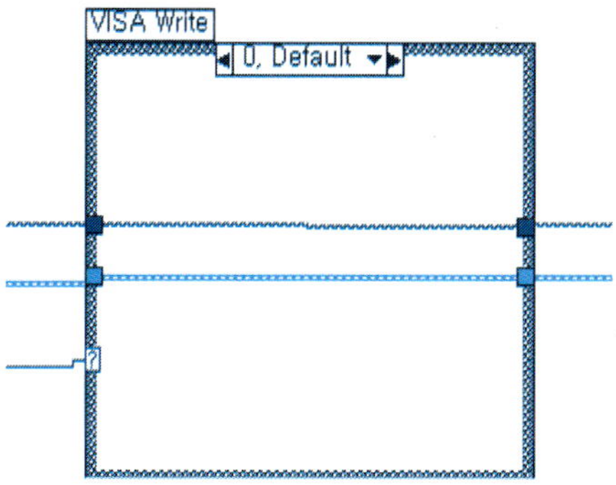

〈그림 14-30〉 case '0'

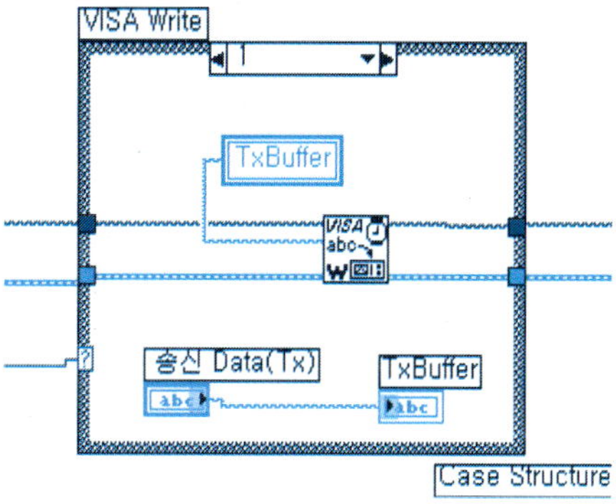

〈그림 14-31〉 case '1'

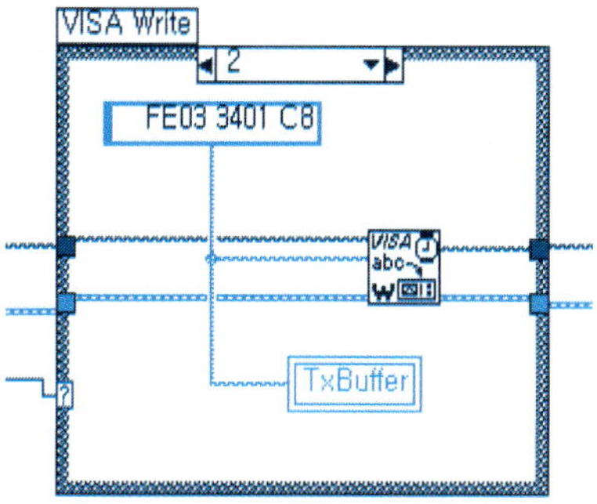

〈그림 14-32〉 case '2'

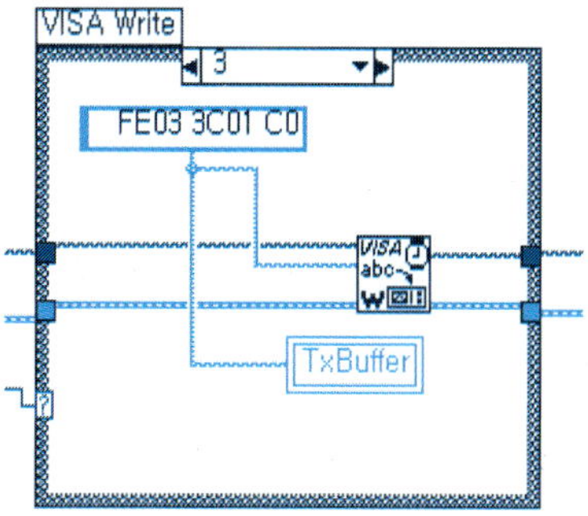

〈그림 14-33〉 case '3'

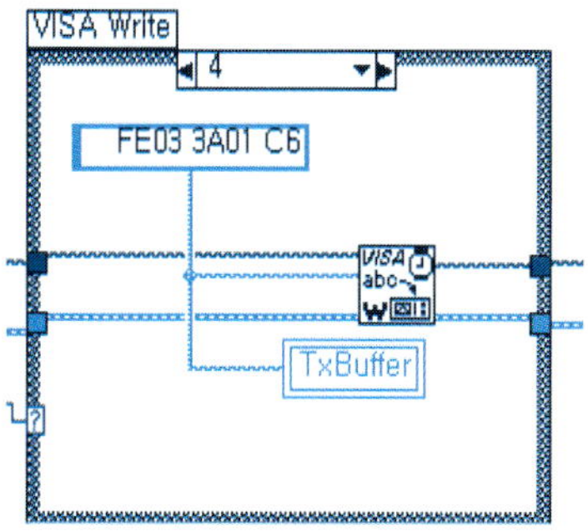

〈그림 14-34〉 case '4'

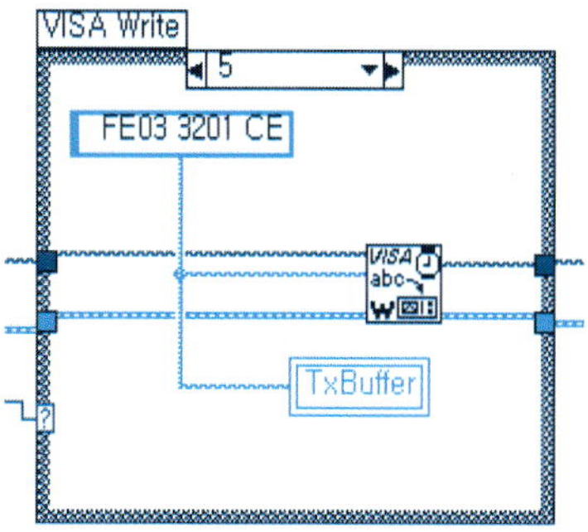

〈그림 14-35〉 case '5'

제 14 장

앞의 그림은 case block diagram 이다. 이 경우를 선택하게 하는 것은 다음과 같이 구성된다.

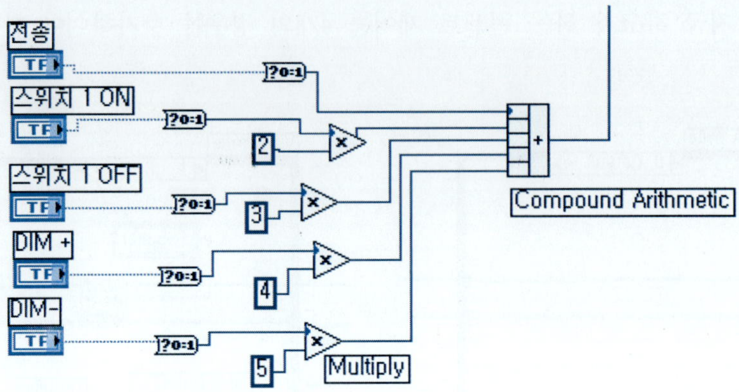

〈그림 14-36〉 경우를 선택하게 하는 부분

['0' default]

- 전송 버튼이나 스위치 제어 버튼을 누르지 않는 경우

['1']

- 전송 버튼을 누르면 Boolean To (0,1)을 통해 1이 전송되어지고 Compound Arithmetic에서 더해진 결과가 case 문의로 전송되어 '1'이 선택되어진다.

['2']

- 스위치 1 ON 버튼을 누르면 Boolean To (0,1)을 통해 1이 전송되어지고 Multiply 부분에서 상수 2와 곱해져 값이 2가 된다. 그리고 Compound Arithmetic(전송버튼 동작하지 않으므로 0 + 2)를 통해 '2'라는 값이 case 문으로 전송되어진다.

['3']

- 스위치 1 OFF 버튼을 누르면 Boolean To (0,1)을 통해 1이 전송되어지고 Multiply 부분에서 상수 3와 곱해져 값이 3가 된다. 그리고 Compound Arithmetic을 통해 '3'라는 값이 case 문으로 전송되어진다.

['4']

- 스위치 1 DIM+ 버튼을 누르면 Boolean To (0,1)을 통해 1이 전송되어지고

Multiply 부분에서 상수 4와 곱해져 값이 4가 된다. 그리고 Compound Arithmetic을 통해 '4'라는 값이 case 문으로 전송되어진다.

['5']

- 스위치 1 DIM- 버튼을 누르면 Boolean To (0,1)을 통해 1이 전송되어지고 Multiply 부분에서 상수 5와 곱해져 값이 5가 된다. 그리고 Compound Arithmetic을 통해 '5'라는 값이 case 문으로 전송되어진다.

④ VISA Read ,VISA Close

직렬 통신 VI와 동일하게 사용하면 된다.

⑤ 실행 실습

a) 스위치 1 ON 또는 OFF 버튼을 눌러보자.

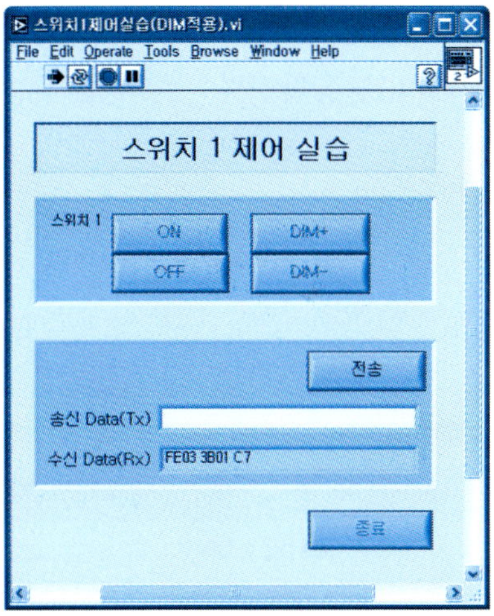

〈그림 14-37〉 스위치 1 ON 실행 후

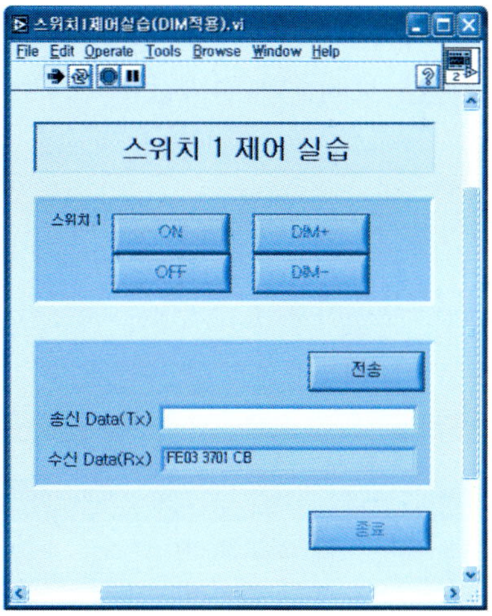

〈그림 14-38〉 스위치 1 OFF 실행 후

b) 하단의 사용자 CMD의 수신 데이터를 확인하는 곳에 수신 데이터가 보일 것이다. 스위치가 정상적으로 동작을 하여 스위치의 상태가 ON 상태 또는 OFF 상태라고 알려온 것이다.

c) 스위치 1 ON 상태에서 DIM+ 또는 DIM− 버튼을 눌러보자.

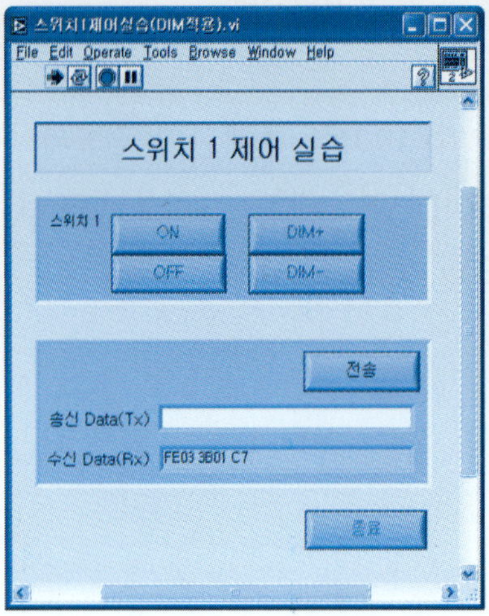

〈그림 14-39〉 스위치 1 DIM+ 실행 후

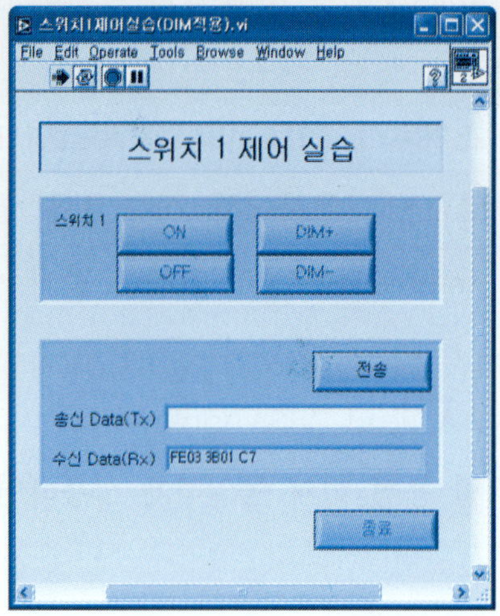

〈그림 14-40〉 스위치 1 DIM− 실행 후

d) 하단의 사용자 CMD의 수신 데이터를 확인하는 곳에 수신 데이터가 보일 것이다. 스위치가 ON 상태에서 정상적으로 DIM+ 또는 DIM- 기능을 수행한 결과를 보여준다(결과값은 스위치 1 ON 상태라고 응답한다).

e) 사용자 CMD의 송신 데이터를 직접 입력하여 보겠다. 스위치 제어에 사용되는 CMD는 다음과 같다.

〈표 14-2〉 CMD 송신 데이터

CMD	비 고
FE03 3C01 C0	스위치 1 ON
FE03 3C01 C0	스위치 1 OFF
FE03 3A01 C6	스위치 1 DIM+(밝게)
FE03 3201 CE	스위치 1 DIM−(어둡게)

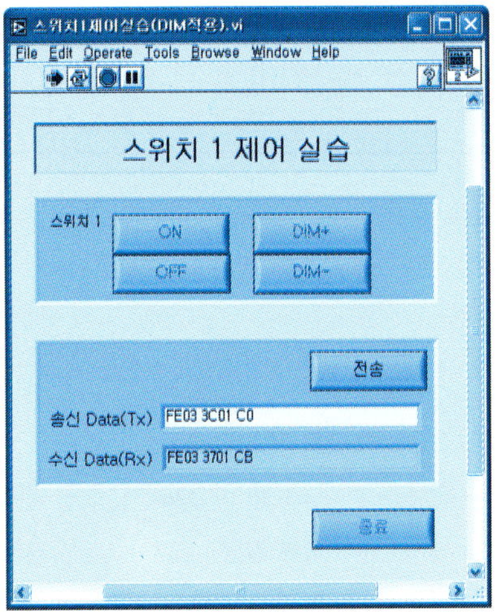

〈그림 14-41〉 CMD TX 데이터 직접 입력 (스위치 1 ON)

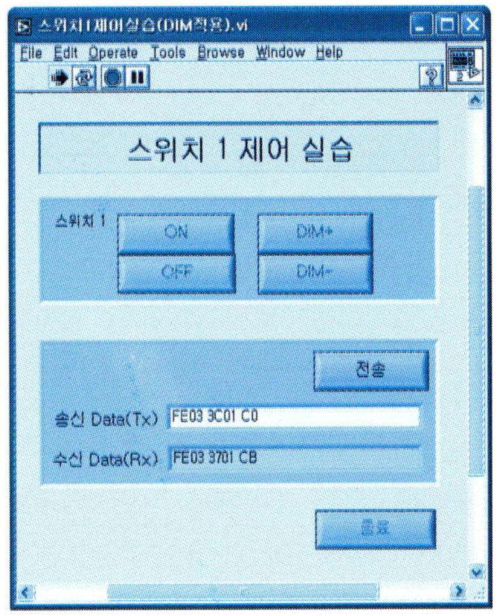

〈그림 14-42〉 CMD TX 데이터 직접 입력 (스위치 1 OFF)

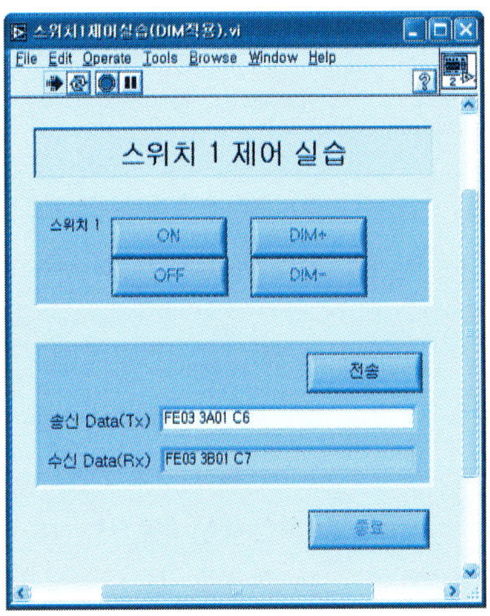

〈그림 14-43〉 CMD TX 데이터 직접 입력 (스위치 1 DIM)

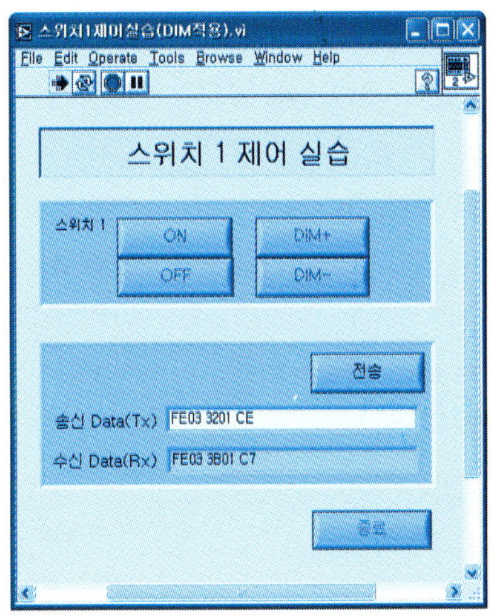

〈그림 14-44〉 CMD TX 데이터 직접 입력 (스위치 1 DIM)

스위치 1의 제어 버튼과 동일한 수신 데이터가 있음을 확인할 수 있다. 즉 버튼을 통해서 일정한 명령어를 전달할 수도 있지만, CMD를 직접 입력하여 명령을 전달할 수도 있다.

찾아보기

저자 약력

■ 남 상 엽

- 공학박사
- 삼성종합기술원 정보시스템연구소 근무
- 모토로라 반도체통신(주) 기술연구소 근무
- (현) 국제대학 정보통신과 교수

■ 강 이 철

- 공학박사수료(부산대)
- (현) 한국정보사회진흥원 선임연구원

■ 김 석 중

- (현) (주)ED 기술연구소 본부장

X10/Z256 전력선 통신기술 구성 및 응용

2007년 8월 20일 1판 1쇄 발행

저 자 남상엽 · 강이철 · 김석중
발행인 남 승 우

발행처 도서출판 상尙 학學 당堂

서울특별시 동작구 사당3동 220-43
TEL : 02) 595-1692~4
FAX : 02) 595-1394
E-mail : namdoo6@unitel.co.kr
신고 : 2-155호 (1968. 11. 29)

(CD 포함) 정가 24,000원

ISBN 978-89-85437-72-1 93560

임베디드 시스템 구성도 EMBEDDED SYSTEM

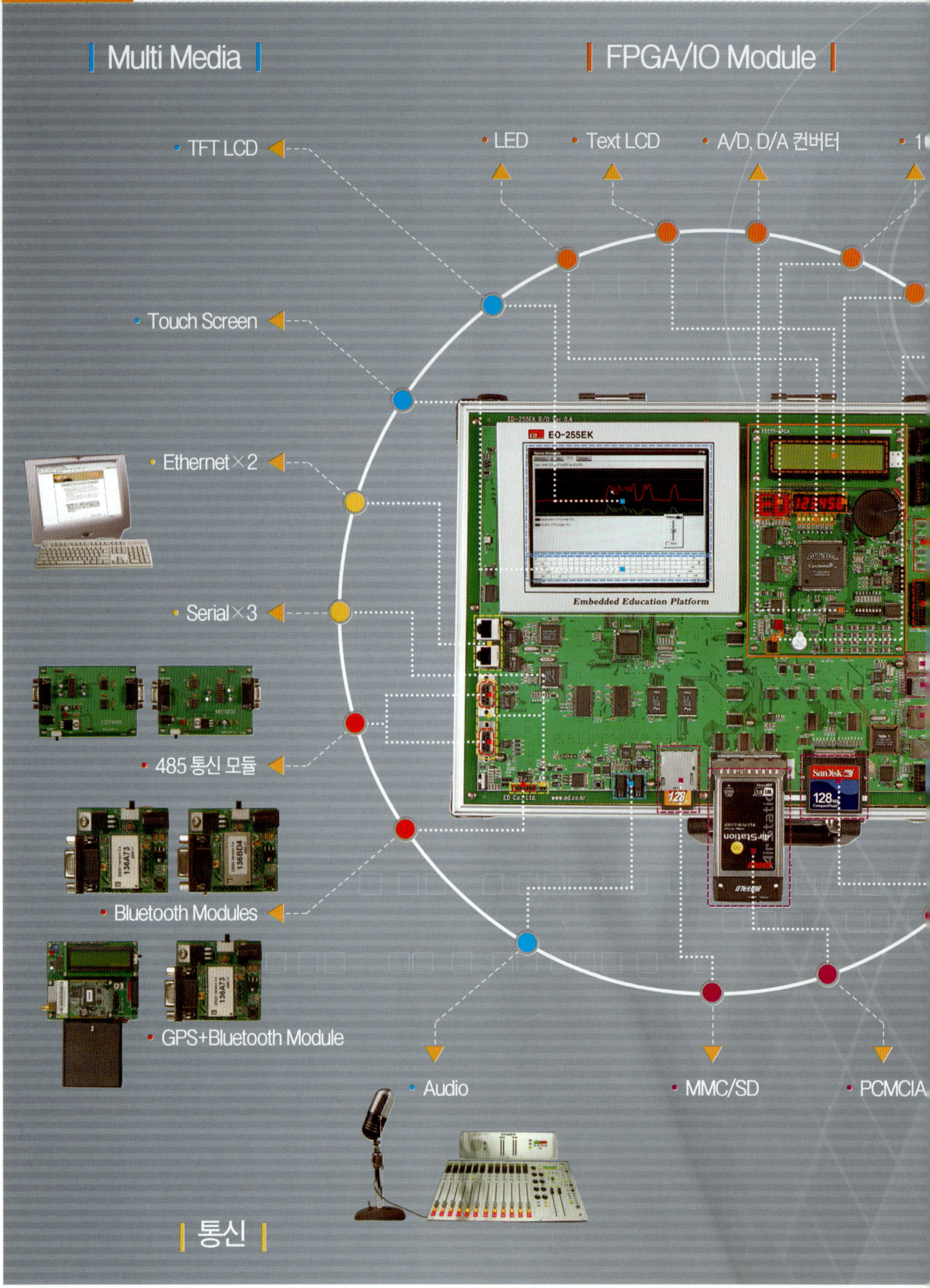

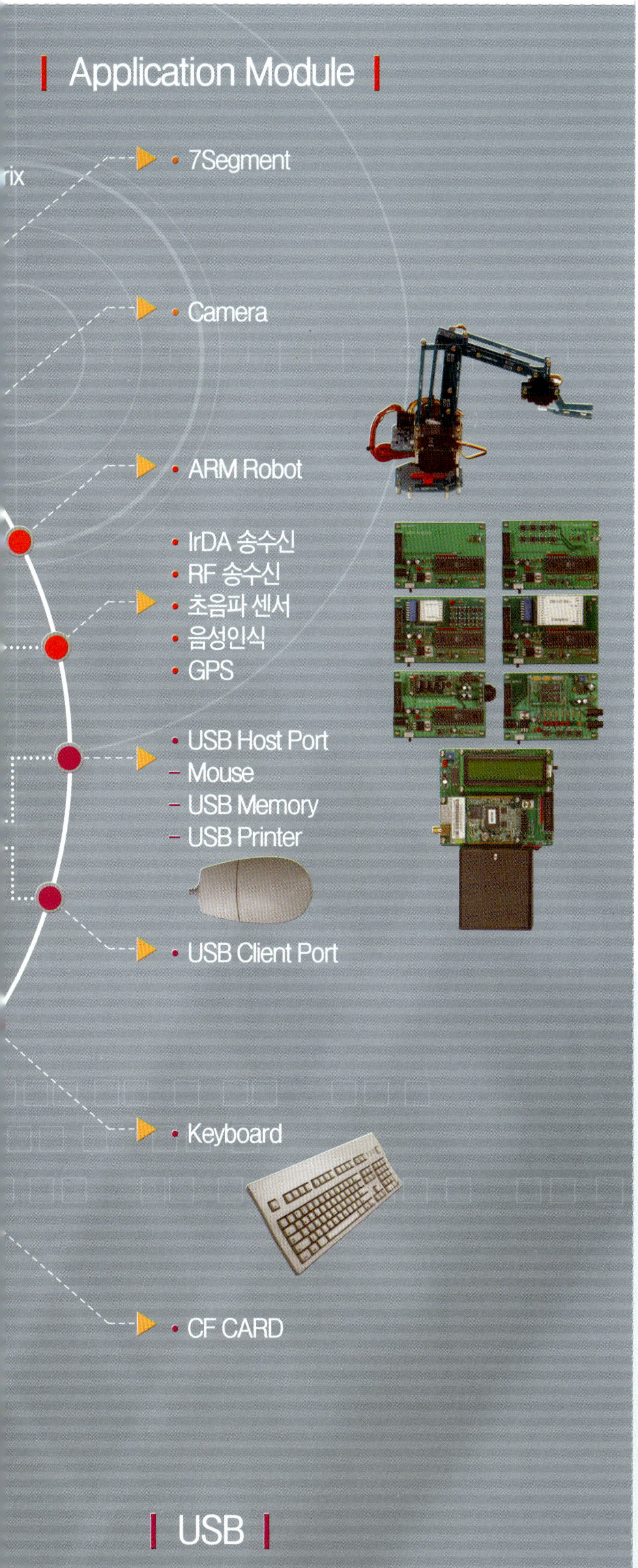

임베디드 응용 시스템 활용 구성 (Embedded System)

ED-255EK

Intel XScale PXA255 400MHz의 저전력 고성능의 프로세서를 채택하였으며 이 실습 장비를 이용하여 네비게이션, Bluetooth, PDA, 라우터, 웹 패드 등 보다 빠른 IT장비들을 개발하기 위한 임베디드 실습 및 개발 솔루션을 제공합니다.

풍부한 시스템 제원

Flash 32Mbyte, SDRAM 128Mbyte, 10Mbps Ethernet 포트와 10/100 Ethernet 포트, Wireless LAN을 지원하여 다양한 네트워크 디바이스를 경험할 수 있으며 USB 1.1/2.0Host/Client, UART, 6.4˝ TFT LCD, AC' 97 Codec, RTC와 Multi Media Card들인 PCMCIA, CF, MMC/SD Card를 지원하여 시스템 활용을 극대화 시켰습니다.

12만 Gate FPGA 지원

임베디드 시스템과 독립적으로 또는 병행하여 시스템을 운용할 수 있으며 직접 VHDL코드로 설계하여 LED, Text LCD, A/D, D/A 컨버터, 7-Segment, Dot Matrix, Step Motor, Buzzer, CMOS Image Sensor 등을 설계하고 응용할 수 있습니다.

확장 어플리케이션 시스템 지원

ED-255EK장비의 활용을 극대화하기 위해 다양한 어플리케이션 모듈과 이 모듈들을 설명하는 교재도 같이 제공하고 있습니다. 모듈은 GPS, 초음파, IrDA, RF, 485통신, Bluetooth, 음성인식, ARM Robot 등이 있으며 현재 필드에서 많이 사용되는 것들로 구성을 하였습니다.

임베디드 시스템 응용 모드

▶ **Application Module**
• 음성인식 • Robot • ARM로봇 • IrDA
• RF • GPS • Bluetooth • 초음파

▶ **FPGA/IO(Option) Module**
• FPGA/IO • 20X2 Text LCD • Key Pad
• AD/DA • Motor • Camera • LED • Buzzer

▶ **통 신**
• 네트워크 장비 • 인터넷 • 홈 네트워크 • Webserver

▶ **Multi Media**
• Audio • Display • MP3 • 동영상 플레이

▶ **USB**
• 입력/저장/출력 • Multi Media • Webcam • Printer

SoC 토탈솔루션

System on a Chip Training System

Model : ED-SoCwinner

특징

- 10만, 40만, 100만 Gates 모두 사용 가능한 통합 Platform으로 구성
- 마이크로 프로세서인 ARM922T를 내장, 쉽고 빠른 OS 탑재가 가능
- Ethernet, UART, IDE, VGA Port, USB, PCMAIA 등의 주변 장치들을 다양한 IP 검증 및 OS를 이용한 디바이스 제어가 가능
- PCI Master / Slave 설계 구현 및 테스트
- 640×480 6.4″ TFT LCD와 CMOS Image Sensor를 이용하여 멀티미디어 장비 구현 가능
- Xilinx Vertex II 3,000,000 ~ 8,000,000 Gate 디바이스가 장착된 확장 모듈을 지원

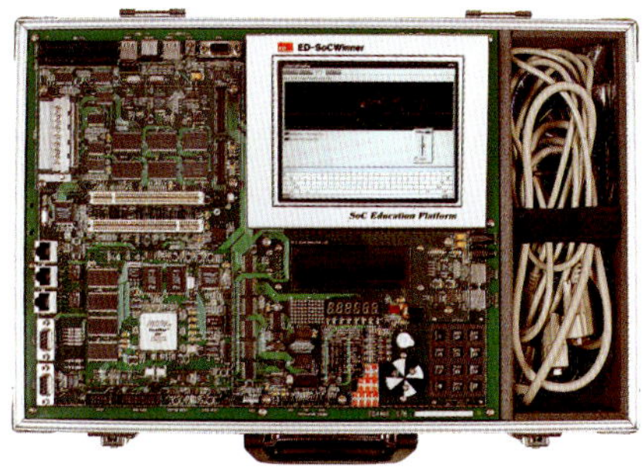

실험실습내용

- H/W와 S/W Co-Verification 및 알고리즘
- AMBA AHB Bus 설계 및 검증
- DMA 설계 및 실습
- CMOS Image Sensor를 통한 영상 처리 실습
- IDE를 이용한 대용량 HDD 제어 실습
- AC97 Codec을 이용한 MP3
- 리눅스 디바이스 드라이버를 설계하여 주변 기기 제어
- 리눅스 OS 포팅
- ARM 프로세서 구조 및 개념
- SDRAM Controller 설계 및 실습
- TFT LCD / VGA 포트를 통한 이미지 처리 실습
- Dual Ethernet 을 통한 네트워크 실습
- AD/DA 컨버터 제어 실습
- 다양한 주변기기를 활용한 IP 설계 및 제어

규격

Excalibur	Device (EPXA4F672C3, EPXA10F1020C2, EPXA1F672C3) CPU (ARM922T) FPGA 10만/40만/100만 Gates SRAM (128kbytes) / DPRAM (64kbytes)
Memory	Flash : 32Mbytes (Max. 64Mbytes), SDRAM : 256Mbytes (Max. 512Mbytes)
TFT-LCD	6.4″ TFT Color LCD
VGA	VGA Port
Serial	UART Port (2ea)
Ethernet	10/100Mbps Ethernet Port (2ea)
PS/2	PS/2 Port 2ea for Keyboard / Mouse
USB	USB 2.0 Host / Client Port (2ea)
RTC	Real Time Clock
Audio	AC97 Audio Codec
CMOS Camera	Hynix CMOS Image Sensor
Character LCD	20×2 Character LCD
ADC / DAC	12bit A/D Converter / 14bit D/A Converter
Dot Matrix	5×7 Dot Matrix (2ea)
7-Segment	6×7-Segment
Keypad	4×4 Keypad / DIP S/W (8 Input DIP Switch)
Step Motor	Step Motor
Buzzer	Buzzer
Expansion	Ubiquitous Sensor Network Board (Option) FPGA Daughter Board (Option) Application Module Port
Debug	JTAG Port, Multi-ICE Port

RFID 토탈솔루션

RFID Application Trainer

Model : ED-3100

특징

- RFID 리더기에 대한 F/W 프로그램 실습
- Air-interface 등의 실험이 가능하도록 다수의 Test Point 제공
- Anti-Collision 기능 지원
- Application Engineer를 위한 OCX Library 제공
- 범용으로 사용되는 13.56MHz I-CODE Type
- Tag에 Data를 Read / Write 가능
- 컨베이어와 연동되는 미니 플랜트 제공 (창고관리, 공정관리, 주차관리 등)
- 탈부착이 가능한 응용 모듈 (출입통제, 물류관리, 자판기 등)

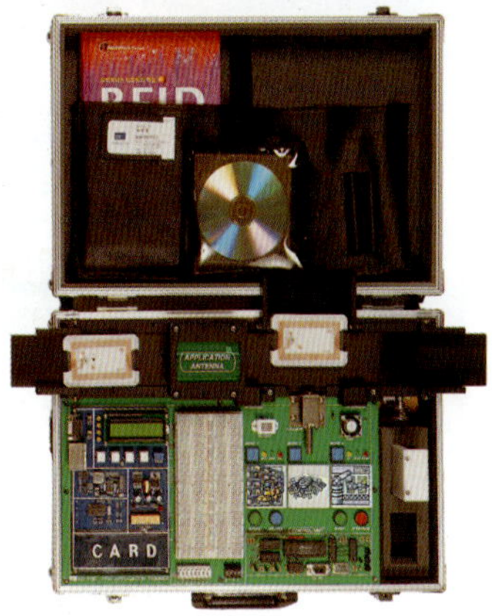

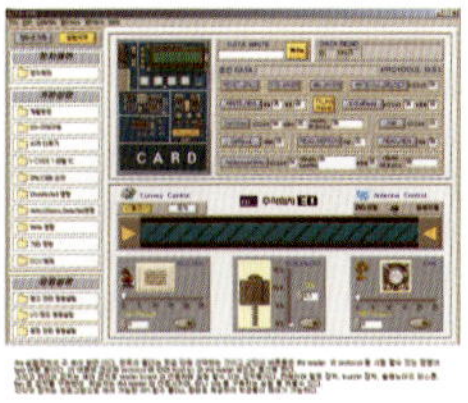

실험실습내용

- 개발환경 익히기 (AVR, JTAG, 컴파일러)
- ED-3100 구성 및 구동법
- 예제를 통한 AVR 장치 학습
- I-CODE1 라벨 IC 학습
- SLRC400 Reader IC 학습
- Unselected 명령어 학습
- Anticollision and Selected 명령
- Write, Selected, Addressed 명령
- 기타명령 (Selected Read, Halt, EAS/Quiet)
- OCX (예제)

규격

RFID Reader	Reader Control CPU	ATMEG128
	Carrier Frequency	13.56MHz ± 1kHz
	Protocol	I-CODE1
	Reading Distance	100mm 내외
	Display	4 Line Character LCD
	입력장치	모드설정용 입력 스위치 4ea
	Interface	RS-232, RS-422
RFID Antenna	2종 (PCB패턴, 플랜트 실습부)	
RFID Tag	13.56MHz I-CODE1 (R/W) : 10ea	
응용모듈	창고관리, 공정관리, I/O확장모드	

유비쿼터스 센서네트워크 토탈솔루션

Ubiquitous Sensor Network Trainer

Model : ED-3120, ED-3160

ED-3120 특징

- 유비쿼터스 센서네트워크 ZigBee (IEEE 802.15.4) 방식 원리 및 개념이해 가능
- 다양한 센서의 장착 및 확장성 확보 (조도센서, 온도센서, 습도센서, 가스센서, 초음파센서)
- 센서네트워크 시스템 교육 및 개발에 필요한 토탈 솔루션을 제공
- 다양한 적응 분야 (운영체제, 네트워크, Security, 로봇, H/W 개발, 센서 응용 등)
- PAN Coordinator에 접수된 화재, 가스누출 등의 경보상황을 PC를 통해 모바일 SMS로 수신 가능

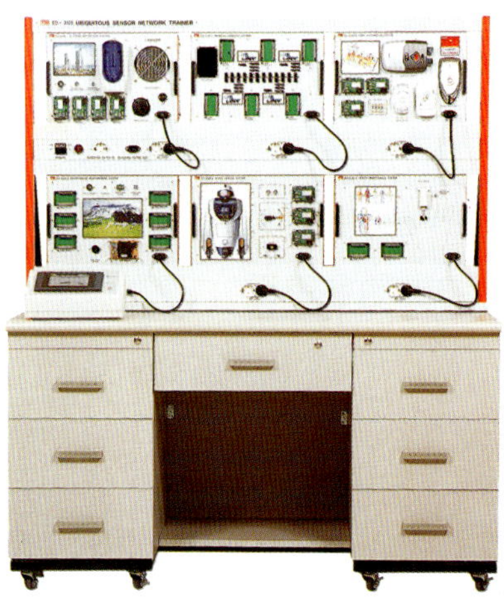

ED-3120

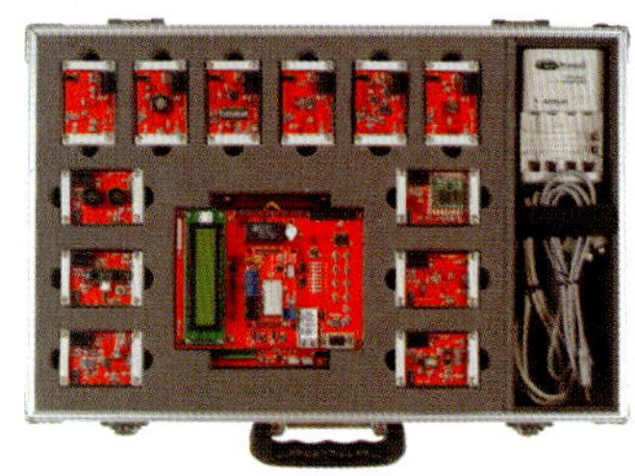

ED-3160

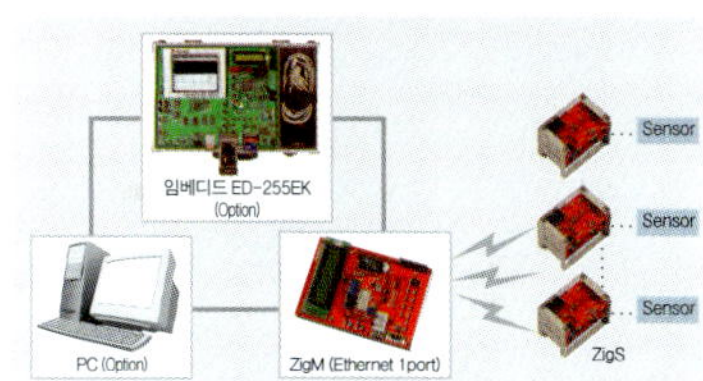

■ ED-3160 구성도

ED-3120 실험실습내용

- 센서 네트워크의 개요
- 센서 네트워크 모듈 하드웨어 이해
- 센서 네트워크 OS의 이해
- 센서 네트워크 환경 구축
- UART를 이용한 통신 프로그램
- 센서 기초 프로그램 (가스, 습도, 온도, 조도)
- 센서 기초 프로그램 (맥박, 체온, 기울기, 방위센서 등)
- RF 응용실습
- 센싱 및 제어 프로그램 및 Multi-hop Routing 프로그램
- Multi-hop을 이용한 제어 프로그램
- 센서네트워크 모니터링
- SMS 전송장치 연동 모니터링
- 센서 네트워크 구축 팀 프로젝트 제안서 작성
- 센서 네트워크 구축 팀 프로젝트 중간보고 및 프로젝트 수정
- 센서 네트워크 구축 팀 프로젝트 최종 보고 및 자료정리
- 팀 프로젝트 결과평가 및 보고회

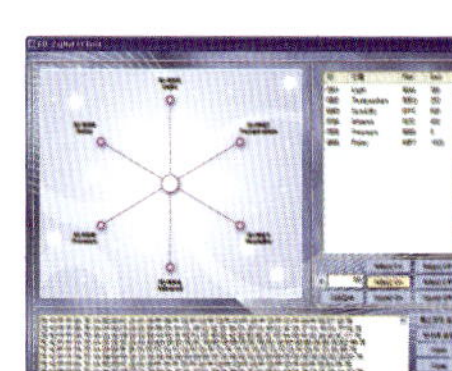

제품문의 : 031-730-7362 www.ed.co.kr

지능형 로봇 토탈솔루션

Intelligent Robot Trainer

Model : ED-7270, 7271, 7272

ED-7270 특징

- 유비쿼터스 및 홈네트워크 기반 실험실습에 적합
- 차세대 2차 전지(리튬이온)을 사양한 배터리 소형화 및 사용시간 증가
- 대화형 언어(프로그램)을 통한 다양한 콘텐츠 로봇 실험실습
- 지능형 로봇에 대한 전반적인 이해와 단계별 실습 가능
- Pan/Tilt USB 카메라를 이용한 영상처리 학습 기능
- 경사도 15° 에서 안정된 자세 제어를 통한 주행 알고리즘 적용
- 무인 방범 기능을 활용한 홈 시큐리티 실험실습
- 인간과 교감할 수 있는 인간 친화형 디자인

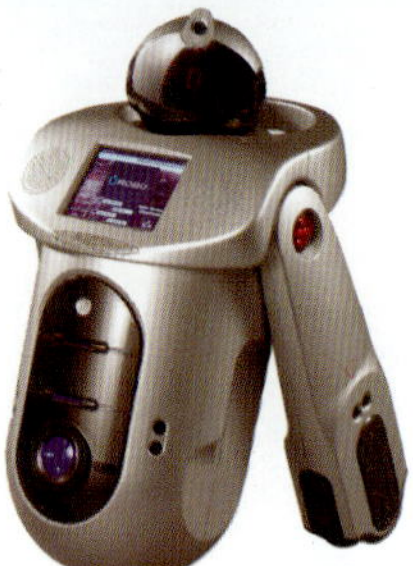

ED-7270

ED-7271 특징

- 지능형 로봇에 꼭 필요한 센서 9종 및 구동기 3종, 응용모듈 4종으로 구성
- 지능형 로봇 구조를 쉽게 파악할 수 있는 시스템
- 초기 로봇 입문 및 활용 교육까지 가능한 풍부한 실습예제 제공
- 창의적인 실험실습이 가능한 탈부착 모듈형 타입
- 유비쿼터스 및 홈 네트워크에서 사용되는 센서 응용 학습 가능
- 센서 결과 데이터를 Visual한 그래픽 형태로 표현하여 센서의 특성 파악 용이
- USB 카메라를 이용한 영상처리 학습 기능
- USB High Speed(480Mbps) 인터페이스 방식 채용

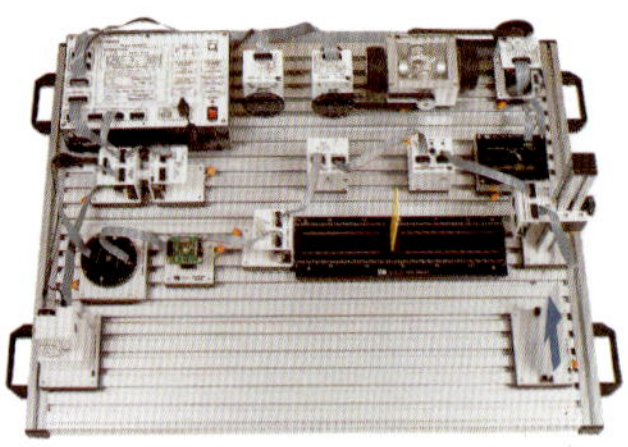

ED-7271

ED-7272 특징

- 무선 네트워크를 통한 실시간 원격제어 가능
- 지능형 로봇 센서 9종에 대한 요소 기술 및 응용 학습 기능
- 화상통신 및 영상처리를 이용한 로봇 응용 실험실습
- 초음파 및 적외선 거리 감지 센서를 이용한 장애물 감지 기능 제공
- USB 카메라를 이용한 영상처리 학습 기능
- USB High Speed(480Mbps) 인터페이스 방식 채용
- 무인 방범 기능을 활용한 홈 시큐리티 실험실습
- 5-Joint ARM을 부착한 통합 로봇 시스템(Option)

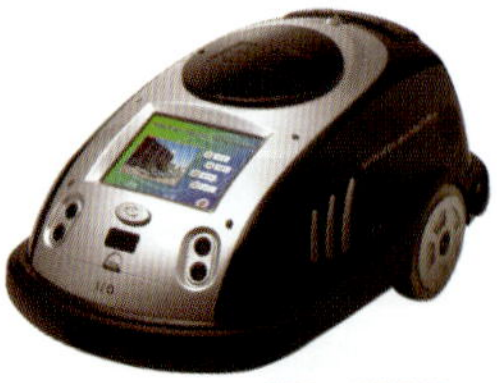

ED-7272

실험실습내용

- 지능형 로봇의 이해
- 지능형 로봇의 요소기술 분류
- 로봇의 기본 구조, 메커니즘 종류 및 장단점 실험실습
- 센서 모듈의 기본 원리 이해 및 실험실습
- Actuator 종류, 특성에 대한 기본 이해와 실험실습 (DC Servo motor, Step motor, RC motor)
- CCD Image Sensor을 이용한 영상처리 실험실습 (디지털 영상처리 기초이론, 패턴, 색채 인식에 대한 원리 및 실험실습)

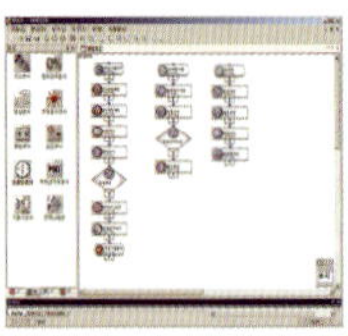

제품문의 : 031-730-7362 www.ed.co.kr